21世纪高等学校规划教材 | 计算机科学与技术

Web应用程序测试

兰景英 王永恒 主编

清华大学出版社
北京

内容简介

随着Web应用开发技术和应用水平的飞速发展，用户对Web系统的功能、性能、安全性、稳定性等提出了更高的要求。Web应用程序在发布之前必须进行深入全面的测试。

本书从理论、技术、实战和工具4个方面深入详实地介绍Web应用程序测试全过程。理论篇包括软件测试基础和Web应用基础两个章节，重点介绍Web测试中所涉及的软件测试理论和技术，以及Web应用程序的原理、技术和特点。技术篇包括Web功能测试、Web用户界面测试、Web性能测试、Web安全性测试和Web兼容性测试5个章节，深入分析了Web测试的原理和技术，并以生产项目中的各类缺陷为案例，由浅入深地引导读者运用测试技术解决实际问题。实战篇以博客系统为测试实例，系统介绍了对一个Web系统进行全面测试的过程，引导读者一步步动手实践。工具篇详细地介绍了性能测试工具LaodRunner和安全测试工具AppScan的使用。通过本书内容的学习，读者能快速掌握Web应用程序测试的方法和技术，增强Web测试技能，提升测试水平。

本书以关键的测试理论为基础，以丰富的测试技术为指导，以实际项目为范例，案例丰富，实用性强。本书可作为高等院校、高职高专、示范性软件学院的计算机专业、软件专业、信息安全专业的教材，也可作为Web应用测试的初、中级培训教程，同时可供从事软件开发和软件测试的专业技术人员和管理人员参阅。

图书在版编目(CIP)数据

Web应用程序测试/兰景英等主编. —北京：清华大学出版社，2015(2023.2重印)
(21世纪高等学校规划教材·计算机科学与技术)
ISBN 978-7-302-39969-8

Ⅰ. ①W… Ⅱ. ①兰… Ⅲ. ①网页制作工具—高等学校—教材 Ⅳ. ①TP393.092

中国版本图书馆CIP数据核字(2015)第087772号

责任编辑：付弘宇 薛 阳
封面设计：傅瑞学
责任校对：梁 毅
责任印制：杨 艳

出版发行：清华大学出版社
网　址：http://www.tup.com.cn，http://www.wqbook.com
地　址：北京清华大学学研大厦A座　**邮　编**：100084
社 总 机：010-83470000　**邮　购**：010-62786544
投稿与读者服务：010-62776969，c-service@tup.tsinghua.edu.cn
质量反馈：010-62772015，zhiliang@tup.tsinghua.edu.cn
课件下载：http://www.tup.com.cn，010-83470236
印 装 者：三河市铭诚印务有限公司
经　销：全国新华书店
开　本：185mm×260mm　**印　张**：24.75　**字　数**：620千字
版　次：2015年5月第1版　**印　次**：2023年2月第12次印刷
印　数：5801～6300
定　价：69.80元

产品编号：062554-02

出版说明

随着我国改革开放的进一步深化，高等教育也得到了快速发展，各地高校紧密结合地方经济建设发展需要，科学运用市场调节机制，加大了使用信息科学等现代科学技术提升、改造传统学科专业的投入力度，通过教育改革合理调整和配置了教育资源，优化了传统学科专业，积极为地方经济建设输送人才，为我国经济社会的快速、健康和可持续发展以及高等教育自身的改革发展做出了巨大贡献。但是，高等教育质量还需要进一步提高以适应经济社会发展的需要，不少高校的专业设置和结构不尽合理，教师队伍整体素质亟待提高，人才培养模式、教学内容和方法需要进一步转变，学生的实践能力和创新精神亟待加强。

教育部一直十分重视高等教育质量工作。2007 年 1 月，教育部下发了《关于实施高等学校本科教学质量与教学改革工程的意见》，计划实施“高等学校本科教学质量与教学改革工程”（简称“质量工程”），通过专业结构调整、课程教材建设、实践教学改革、教学团队建设等多项内容，进一步深化高等学校教学改革，提高人才培养的能力和水平，更好地满足经济社会发展对高素质人才的需要。在贯彻和落实教育部“质量工程”的过程中，各地高校发挥师资力量强、办学经验丰富、教学资源充裕等优势，对其特色专业及特色课程（群）加以规划、整理和总结，更新教学内容、改革课程体系，建设了一大批内容新、体系新、方法新、手段新的特色课程。在此基础上，经教育部相关教学指导委员会专家的指导和建议，清华大学出版社在多个领域精选各高校的特色课程，分别规划出版系列教材，以配合“质量工程”的实施，满足各高校教学质量和教学改革的需要。

为了深入贯彻落实教育部《关于加强高等学校本科教学工作，提高教学质量的若干意见》精神，紧密配合教育部已经启动的“高等学校教学质量与教学改革工程精品课程建设工作”，在有关专家、教授的倡议和有关部门的大力支持下，我们组织并成立了“清华大学出版社教材编审委员会”（以下简称“编委会”），旨在配合教育部制定精品课程教材的出版规划，讨论并实施精品课程教材的编写与出版工作。“编委会”成员皆来自全国各类高等学校教学与科研第一线的骨干教师，其中许多教师为各校相关院、系主管教学的院长或系主任。

按照教育部的要求，“编委会”一致认为，精品课程的建设工作从开始就要坚持高标准、严要求，处于一个比较高的起点上。精品课程教材应该能够反映各高校教学改革与课程建设的需要，要有特色风格、有创新性（新体系、新内容、新手段、新思路，教材的内容体系有较高的科学创新、技术创新和理念创新的含量）、先进性（对原有的学科体系有实质性的改革和发展，顺应并符合 21 世纪教学发展的规律，代表并引领课程发展的趋势和方向）、示范性（教材所体现的课程体系具有较广泛的辐射性和示范性）和一定的前瞻性。教材由个人申报或各校推荐（通过所在高校的“编委会”成员推荐），经“编委会”认真评审，最后由清华大学出版社审定出版。

目前，针对计算机类和电子信息类相关专业成立了两个"编委会"，即"清华大学出版社计算机教材编审委员会"和"清华大学出版社电子信息教材编审委员会"。推出的特色精品教材包括：

（1）21世纪高等学校规划教材·计算机应用——高等学校各类专业，特别是非计算机专业的计算机应用类教材。

（2）21世纪高等学校规划教材·计算机科学与技术——高等学校计算机相关专业的教材。

（3）21世纪高等学校规划教材·电子信息——高等学校电子信息相关专业的教材。

（4）21世纪高等学校规划教材·软件工程——高等学校软件工程相关专业的教材。

（5）21世纪高等学校规划教材·信息管理与信息系统。

（6）21世纪高等学校规划教材·财经管理与应用。

（7）21世纪高等学校规划教材·电子商务。

（8）21世纪高等学校规划教材·物联网。

清华大学出版社经过三十多年的努力，在教材尤其是计算机和电子信息类专业教材出版方面树立了权威品牌，为我国的高等教育事业做出了重要贡献。清华版教材形成了技术准确、内容严谨的独特风格，这种风格将延续并反映在特色精品教材的建设中。

清华大学出版社教材编审委员会

联系人：魏江江

E-mail：weijj@tup.tsinghua.edu.cn

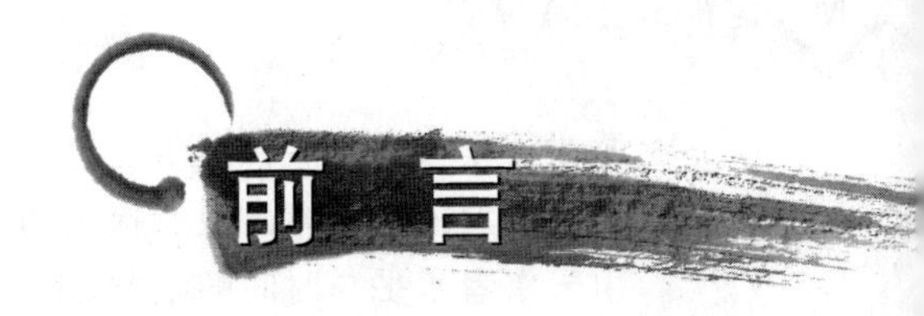

随着 Web 技术的迅猛发展，Web 正以其广泛性、交互性和易用性等特点迅速风靡全球，并且已经渗入到社会的各个应用领域。Web 应用系统涉及的领域越来越广，Web 系统的复杂性也越来越高，用户对 Web 系统的功能、性能、安全性、稳定性等方面也提出了更高的要求。作为保证软件质量和可靠性的重要手段，Web 应用软件测试已成为 Web 开发过程中的一个重要环节，得到越来越多的重视，并取得了一定的研究成果。但由于 Web 应用软件的异构、分布、并发等特性，使得对 Web 应用软件的测试要比对传统程序的测试更困难，从而给测试人员提出了新的挑战。

本书以关键的测试理论为基础，以丰富的测试技术为指导，以实际项目为范例，深入浅出地介绍 Web 应用程序测试的方法、技术，并通过 Web 测试案例引导读者动手实践。本书实例丰富、实用性强、结构清晰、内容详尽，通过阅读本书能使读者对 Web 应用程序测试有全方位的了解，提升测试实战能力。

本书分 4 篇，每一篇都是层层递进、相互关联的。

第一篇：理论篇，共分 2 章，分别是软件测试基础和 Web 应用技术，简明扼要地介绍 Web 测试中涉及的软件测试理论和技术，分析 Web 应用程序的原理、技术和特点。

第二篇：技术篇，共分 5 章，分别是 Web 功能测试、Web 用户界面测试、Web 性能测试、Web 安全性测试、Web 兼容性测试，深入分析 Web 测试的原理和技术。

第三篇：实战篇，共分 2 章，采用博客系统为测试实例，介绍如何对一个 Web 系统进行全面的测试，引导读者一步步动手实践。

第四篇：工具篇，共分 2 章，通过性能测试工具 LoadRunner 和 Web 安全测试工具 AppScan 的使用，展示工具的强大功能，帮助测试工程师完成特定的测试工作。

本书内容新颖，体系完整，结构清晰，实践性强，从理论、技术和实践 3 方面深入细致地介绍 Web 应用程序测试方法和技术。通过本书内容的学习，读者能较快地掌握 Web 应用程序测试的方法和技术，增强 Web 测试技能，提升测试水平。

本书由兰景英、王永恒策划和编写，王顺主审。作者结合多年的教学与实践经验，由浅入深地详细阐述了 Web 应用程序测试技术，方便读者深入了解和学习软件测试技术。王顺老师对本书的内容进行了细致的阅读和审核，对本书框架结构提出了宝贵的建议。技术篇的各章典型缺陷案例由王顺老师提供，主要缺陷案例节选自言若金叶软件研究中心历年全国大学软件实践与创新能力大赛获奖选手的作品。

感谢清华大学出版社提供的这次合作机会，使本书能够早日与读者见面。感谢范勇教授和潘娅副教授为书籍出版所提供的支持和帮助。

由于作者水平与时间的限制，本书难免会存在一些问题，如果在使用本书过程中有什么疑问，请发送 E-mail 到 lanfox888@foxmail.com 或 roy.wang123@gmail.com，作者及其团队将会及时给予回复。

作　者

2014 年 11 月

第一篇 理 论 篇

第1章 软件测试基础 …… 3

1.1 软件测试 …… 3
1.1.1 什么是软件测试 …… 3
1.1.2 软件测试的原则 …… 3
1.1.3 软件测试的分类 …… 4
1.2 软件缺陷 …… 9
1.2.1 什么是软件缺陷 …… 9
1.2.2 软件缺陷的分类 …… 9
1.2.3 软件缺陷管理 …… 12
1.3 测试用例 …… 14
1.3.1 什么是测试用例 …… 14
1.3.2 黑盒测试技术 …… 14
1.3.3 白盒测试技术 …… 24
1.4 软件测试流程 …… 30
1.5 软件自动化测试 …… 31
1.5.1 软件自动化测试定义 …… 31
1.5.2 软件测试工具 …… 32
1.6 软件测试文档 …… 33
1.7 本章小结 …… 35

第2章 Web应用技术 …… 37

2.1 Web应用系统 …… 37
2.1.1 Web定义 …… 37
2.1.2 Web应用体系结构 …… 37
2.1.3 Web服务器 …… 38
2.2 Web应用技术 …… 40
2.2.1 URL …… 40
2.2.2 HTTP …… 43
2.2.3 HTML …… 52
2.2.4 XML …… 59
2.2.5 客户端脚本语言 …… 62

2.2.6 动态网页技术 …… 63
2.3 Web应用测试特点 …… 66
2.3.1 Web应用特点 …… 66
2.3.2 Web应用测试的特点 …… 67
2.4 Web应用测试内容 …… 68
2.4.1 功能测试 …… 68
2.4.2 性能测试 …… 69
2.4.3 用户界面测试 …… 70
2.4.4 安全性测试 …… 70
2.4.5 接口测试 …… 70
2.4.6 客户端兼容性测试 …… 70
2.4.7 其他测试 …… 70
2.5 本章小结 …… 71

第二篇 技 术 篇

第3章 Web功能测试 …… 75
3.1 链接测试 …… 75
3.1.1 链接的定义 …… 75
3.1.2 链接测试内容 …… 75
3.1.3 链接测试工具 …… 76
3.1.4 Xenu链接测试工具的使用 …… 77
3.2 表单测试 …… 80
3.2.1 表单的定义 …… 80
3.2.2 表单控件的测试 …… 81
3.2.3 表单按钮的测试 …… 89
3.2.4 表单数据检查 …… 90
3.2.5 表单测试用例设计 …… 90
3.3 Cookie测试 …… 93
3.3.1 什么是Cookie …… 93
3.3.2 Cookie测试 …… 98
3.3.3 Cookie管理工具 …… 99
3.4 Session测试 …… 102
3.4.1 什么是Session …… 102
3.4.2 Session生命周期 …… 103
3.4.3 Session测试 …… 104
3.5 业务功能测试 …… 104
3.5.1 功能项测试 …… 105
3.5.2 业务流测试 …… 106

3.6 数据库功能测试 …… 110
3.7 接口测试 …… 112
3.8 功能测试工具 …… 113
3.9 功能测试缺陷案例 …… 115
3.9.1 403 错误 …… 115
3.9.2 404 错误 …… 116
3.9.3 E-mail 问题 …… 116
3.9.4 用户名验证问题 …… 117
3.9.5 表单域验证问题 …… 118
3.9.6 搜索功能错误 …… 118
3.9.7 数据库错误 …… 121
3.9.8 SQL 错误 …… 121
3.10 本章小结 …… 122

第 4 章 Web 用户界面测试 …… 123

4.1 用户界面 …… 123
4.2 界面设计原则 …… 123
4.2.1 界面设计的行业标准 …… 123
4.2.2 界面设计原则 …… 126
4.3 Web 界面测试 …… 128
4.3.1 导航测试 …… 129
4.3.2 图形测试 …… 130
4.3.3 内容测试 …… 130
4.3.4 表格测试 …… 131
4.3.5 整体界面测试 …… 132
4.3.6 输入有效性验证 …… 133
4.4 界面控件测试 …… 133
4.5 用户体验测试 …… 136
4.5.1 用户体验测试的内容 …… 137
4.5.2 Web 用户体验测试 …… 137
4.6 界面测试缺陷案例 …… 140
4.6.1 重复文字和链接 …… 140
4.6.2 页面布局不合理 …… 140
4.6.3 页面出现乱码 …… 141
4.6.4 页面放大缩小问题 …… 142
4.6.5 表格单元格内容与列名不符 …… 142
4.6.6 缩小浏览器窗口导航条消失 …… 143
4.6.7 无关的文本描述 …… 144
4.7 本章小结 …… 146

第5章 Web性能测试 …… 147
5.1 性能测试基础 …… 147
5.1.1 性能测试概念 …… 147
5.1.2 性能测试目的 …… 147
5.1.3 性能测试类型 …… 148
5.1.4 性能测试内容 …… 151
5.1.5 性能测试用例模型 …… 152
5.2 性能测试流程 …… 154
5.2.1 确定性能测试目标 …… 154
5.2.2 测试计划 …… 155
5.2.3 建立测试环境 …… 155
5.2.4 设计测试 …… 157
5.2.5 执行测试 …… 161
5.2.6 分析结果并调优 …… 161
5.2.7 撰写测试报告 …… 162
5.3 性能测试数据 …… 162
5.3.1 性能指标 …… 163
5.3.2 性能计数器 …… 167
5.3.3 性能参数 …… 171
5.3.4 性能监控与分析 …… 172
5.4 性能测试工具 …… 173
5.4.1 性能测试工具引入 …… 173
5.4.2 常见性能测试工具 …… 174
5.5 本章小结 …… 178
第6章 Web安全性测试 …… 180
6.1 Web应用安全基础 …… 180
6.1.1 Web应用程序安全 …… 180
6.1.2 Web应用安全体系 …… 180
6.1.3 Web应用十大漏洞 …… 181
6.2 Web常见攻击 …… 188
6.2.1 跨站点脚本攻击 …… 188
6.2.2 SQL注入 …… 194
6.2.3 跨站请求伪造 …… 200
6.2.4 拒绝服务攻击 …… 203
6.2.5 Cookie欺骗 …… 206
6.2.6 其他攻击 …… 207
6.3 Web安全测试 …… 207

6.3.1 Web安全测试方法 …… 208
6.3.2 Web安全测试内容 …… 208
6.3.3 Web安全测试常见的检查点 …… 211
6.4 Web安全测试工具 …… 214
6.5 安全测试案例 …… 217
6.5.1 XSS攻击 …… 217
6.5.2 钓鱼风险 …… 217
6.5.3 SQL注入攻击 …… 219
6.5.4 目录泄露 …… 221
6.5.5 上传图片未限制 …… 221
6.5.6 网站配置信息泄露 …… 221
6.5.7 存在测试页面 …… 222
6.6 本章小结 …… 223

第7章 Web兼容性测试 …… 224

7.1 兼容性测试 …… 224
7.2 操作系统兼容性测试 …… 224
7.2.1 常用的操作系统 …… 224
7.2.2 Web操作系统兼容性测试 …… 226
7.3 浏览器兼容性测试 …… 226
7.3.1 常见浏览器 …… 226
7.3.2 浏览器分类 …… 227
7.3.3 浏览器兼容性测试 …… 229
7.3.4 浏览器兼容性测试工具 …… 230
7.4 分辨率兼容性测试 …… 230
7.5 打印测试 …… 231
7.6 兼容性测试缺陷案例 …… 232
7.6.1 页面显示乱码 …… 232
7.6.2 页面图片显示问题 …… 233
7.6.3 页面文字重叠 …… 234
7.6.4 JS错误 …… 235
7.7 本章小结 …… 235

第三篇 实 战 篇

第8章 博客系统测试计划 …… 239

8.1 博客系统的安装 …… 239
8.2 博客系统介绍 …… 243
8.2.1 博客系统体系结构 …… 243

8.2.2 博客系统功能 …… 243
8.3 博客系统测试计划 …… 247
8.3.1 测试需求 …… 247
8.3.2 测试资源 …… 248
8.3.3 测试策略 …… 249
8.3.4 测试标准 …… 252

第9章 博客系统测试 …… 254

9.1 博客系统功能测试 …… 254
9.1.1 用户登录测试 …… 254
9.1.2 发表日志测试 …… 262
9.1.3 上传照片测试 …… 273
9.1.4 链接测试 …… 275
9.1.5 功能测试报告 …… 276
9.2 博客系统性能测试 …… 277
9.2.1 计划测试 …… 277
9.2.2 建立测试环境 …… 279
9.2.3 创建测试脚本 …… 279
9.2.4 执行测试 …… 292
9.2.5 分析测试结果 …… 296
9.3 博客系统安全性测试 …… 297
9.3.1 创建扫描 …… 297
9.3.2 执行扫描 …… 299
9.3.3 扫描结果 …… 299
9.3.4 结果报告 …… 300
9.4 博客系统兼容性测试 …… 302
9.5 博客系统界面测试 …… 303

第四篇 工 具 篇

第10章 LoadRunner的使用 …… 307

10.1 LoadRunner概述 …… 307
10.1.1 LoadRunner简介 …… 307
10.1.2 LoadRunner的组成 …… 308
10.1.3 LoadRunner测试原理 …… 309
10.1.4 LoadRunner测试流程 …… 310
10.2 脚本生成器 …… 310
10.2.1 创建脚本 …… 311
10.2.2 回放脚本 …… 314

10.2.3 增强脚本 …… 320
10.3 控制器 …… 330
10.3.1 设计场景 …… 330
10.3.2 执行场景 …… 336
10.3.3 场景监控 …… 338
10.4 分析器 …… 340
10.4.1 新建数据分析 …… 340
10.4.2 场景摘要 …… 341
10.4.3 数据图 …… 343
10.4.4 图的操作 …… 347
10.4.5 生成报告 …… 351

第11章 AppScan …… 353

11.1 AppScan 概述 …… 353
11.1.1 AppScan 简介 …… 353
11.1.2 扫描原理 …… 353
11.1.3 典型工作流程 …… 354
11.2 Appscan 窗口 …… 356
11.3 AppScan 操作 …… 359
11.3.1 创建扫描 …… 359
11.3.2 执行扫描 …… 363
11.3.3 扫描结果 …… 365
11.3.4 结果报告 …… 368

附录A 相关术语 …… 372

附录B 软件测试文档模板 …… 378

参考文献 …… 381

理 论 篇

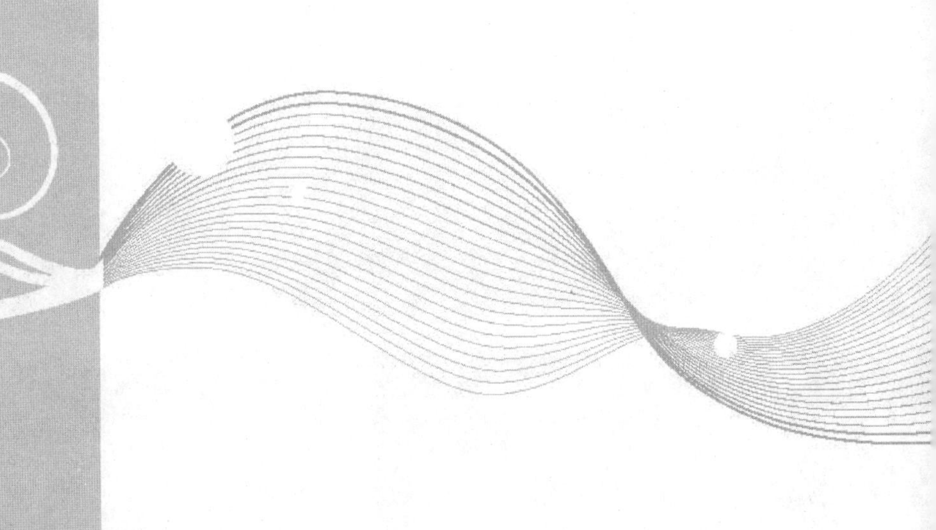

- 第1章　软件测试基础
- 第2章　Web应用技术

第1章 软件测试基础

1.1 软件测试

1.1.1 什么是软件测试

软件测试(Software Testing)是软件质量保证过程中的重要环节,同时也是软件质量控制的重要手段之一。软件测试是对软件产品进行验证和确认的活动过程,通过测试工程师与整个项目团队共同努力,确保按时向客户提交满足客户要求的高质量软件产品。软件测试的目的就是尽快尽早地将被测件中所存在的缺陷找出来,并促进系统分析工程师、设计工程师和程序员等尽快地解决这些缺陷,并评估被测试件的质量水平。

软件测试是为软件开发过程服务的,在整个软件开发过程中,要强调测试服务的理念。虽然软件测试的重要任务之一是发现软件中存在的缺陷,但其根本目的是为了提高软件质量,降低软件开发过程的风险。

1.1.2 软件测试的原则

在软件测试中应力求遵循以下原则。

1. 所有的测试都应追溯到用户需求

软件开发的最终目的是满足用户的需求。从用户角度来看,最严重的缺陷就是那些导致软件无法满足用户需求的缺陷。如果软件实现的功能不是用户所期望的,将导致软件测试和软件开发工作毫无意义。

2. 尽早开展预防性测试

测试工作进行得越早,越有利于提高软件的质量和降低软件的质量成本,这是预防性测试的基本原则。研究数据显示,软件开发过程中发现缺陷的时间越晚,修复缺陷所花费的成本就越大。因此在需求分析阶段就应开始进行测试工作,这样才能尽早发现和预防错误,尽量避免将软件缺陷遗留到下一个开发阶段,提高软件质量。

3. 投入/产出原则

根据软件测试的经济成本观点,在有限的时间和资源下进行完全测试,并找出软件中所有的错误和缺陷是不可能的，而且也是软件开发成本所不允许的。因此软件测试不能无限进行下去，应适时终止。不充分的测试是不负责任的，过分的测试是一种资源的浪费，同样也是一种不负责任的表现。因此在满足软件预期的质量标准时，确定质量的投入/产出比。

4. 注意测试中的群集现象

在所测程序段中，若发现错误数目多，则残存错误数目也比较多。这种错误群集性现象，已为许多程序的测试实践所证实。根据这个规律，应当对错误较多的程序段进行重点测试，以提高测试投资的效益。

5. 考虑有效输入和无效输入

在测试软件时，一个自然的倾向就是将重点集中在有效和预期的输入情况上，而容易忽略无效和未预料到的情况。但软件产品中突然暴露出来的许多问题常常是程序以某些新的或未预料到的方式运行时发现的。因此针对未预料到的和无效输入情况设计的测试用例，似乎比针对有效输入情况的那些测试用例更能发现问题。

6. 避免测试自己的程序

由于思维定势和心理因素等原因，开发工程师难以发现自己的错误，同时揭露自己程序中的错误也是件非常困难的事。因此，测试一般由独立的测试部门或第三方机构进行，但需要软件开发工程师的积极配合。

7. 合理安排测试计划

测试时合理安排测试计划，并严格按测试计划执行测试，避免测试的随意性。测试计划应包括被测软件的功能、输入和输出、测试内容、各项测试的进度安排、资源要求、测试资料、测试工具、测试用例的选择、测试的控制方式和过程、系统组装方式、跟踪规程、调试规程、回归测试的规定以及评价标准等。

8. 进行回归测试

由于修改了原来的缺陷，将可能导致新的缺陷产生，因此修改缺陷后，应集中对软件可能受影响的模块/子系统进行回归测试，以确保修改缺陷后不引入新的缺陷。回归测试在整个软件测试过程中占有很大的比重，每个测试级别都会进行多次回归测试。

1.1.3 软件测试的分类

软件测试的分类可按照软件开发的阶段、测试技术、测试组织、测试内容以及软件工程的发展历史阶段等来进行划分。

1. 按照开发阶段划分

按照开发阶段划分，软件测试可分为单元测试、集成测试、系统测试和验收测试。

(1) 单元测试(Unit Testing)

单元测试又称模块测试，是对软件设计的最小单元进行功能、性能、接口和设计约束等的正确性检验，检查程序在语法、格式和逻辑上的错误，并验证程序是否符合规范，发现单元内部可能存在的各种缺陷。

单元测试的对象是软件设计的最小单位——模块、函数或者类。在传统的结构化程序设计语言中（如C语言），单元测试的对象一般是函数或者过程。在面向对象设计语言中（如Java、C++），单元测试的对象可以是类，也可以是类的成员函数。

单元测试与程序设计和编程实现密切相关，因此测试者要根据详细设计说明书和源程序清单，了解模块的I/O条件和模块的逻辑结构。单元测试主要采用白盒测试技术，辅之以黑盒测试，使之对任何合理和不合理的输入都能鉴别和响应。

在实际软件开发工作中，单元测试很烦琐，但经验表明单元测试可以发现大量的缺陷，并且修复成本低。因此，有效的单元测试是软件产品质量保证的重要一环。

（2）集成测试（Integration Testing）

集成测试又称为组装测试、子系统测试，是在单元测试基础之上将各模块组装起来进行的测试，其主要目的是发现单元之间的接口问题。集成测试内容包括功能正确性验证、接口测试、全局数据结构的测试以及计算精度检测等。

集成测试的策略可以粗略地划分成非增量型集成测试和增量型（渐增式）集成测试。

非增量型集成测试是将所有软件模块统一集成后进行整体测试，也称大棒集成（Big-Bang Integrate Testing）。这种方法速度很快，但极容易出现混乱，因为测试时可能发现很多错误，错误定位和修复非常困难。对于复杂的软件系统，一般不宜采用非增量型集成测试。

增量型集成测试是从一个模块开始，每测试一次添加一个模块，边组装边测试，以发现与接口相关的问题。在测试设计实施过程中，渐增式测试模式需要编写驱动模块（Driver）或桩模块（Stub）程序。增量型集成测试可以更早发现模块间的接口错误，并有利于错误的定位和纠正。增量型集成测试的实施策略有很多种，如基于功能分解的集成（自底向上集成测试、自顶向下集成测试、三明治集成测试）、基于调用图的集成（成对集成、相邻集成）、基于路径的集成、高频集成、基于进度的集成等。

（3）系统测试（System Testing）

系统测试是将已经集成好的软件系统，作为整个计算机系统的一个元素，与支持软件、计算机硬件、外设、数据、网络等其他系统元素结合在一起，在模拟实际使用环境下，对计算机系统进行一系列测试活动。

系统测试的基本测试方法是通过与系统的需求定义作比较，发现软件与系统定义不符合或矛盾的地方，以验证系统的功能和性能等是否满足其规约所指定的要求。为了测试出系统在真实应用环境下的运行情况，测试用例应根据需求规格说明书来设计，并在测试实施过程中尽量模拟软件实际使用环境。

系统测试除了验证系统的功能外，还会涉及系统的性能、安全性、可用性、可靠性、健壮性、可恢复性等方面的测试，而且每一种测试都有其特定的目标。

（4）验收测试（Acceptance Testing）

验收测试也称为交付测试，是在软件产品完成了单元测试、集成测试和系统测试之后，产品发布之前所进行的软件测试活动，它是技术测试的最后一个阶段。验收测试对软件产品的功能、性能、可靠性、易用性等方面做全面的质量检测，并出具相应的产品质量报告。其目的是确保软件准备就绪，并且可以让最终用户将其用于执行软件的既定功能和任务。

验收测试一般包括用户验收测试、系统管理员的验收测试(包括测试备份和恢复、灾难恢复、用户管理、任务维护、定期安全漏洞检查等)、基于合同的验收测试、α 测试和 β 测试。

2. 按照测试技术划分

按照测试技术划分，软件测试可划分为静态测试和动态测试。

(1) 静态测试(Static Testing)

静态测试是指不运行程序，通过人工或者借助专用的软件测试工具对程序和文档进行分析与检查，借以发现程序和文档中存在的问题。静态测试实际上是对软件中的需求说明书、设计说明书、程序源代码等进行检查和评审。

静态测试包括代码检查、静态结构分析、代码质量度量等。代码检查包括代码走查、桌面检查、代码审查等，主要检查代码和设计的一致性、代码对标准的遵循和可读性、代码逻辑表达的正确性、代码结构的合理性等方面，以发现违背编码标准的问题，以及程序中不安全、不明确和模糊的部分，找出程序中不可移植部分、违背编程风格的问题，包括变量检查、命名和类型审查、程序逻辑审查、程序语法检查和程序结构检查等内容。

静态测试成本低、效率较高，并且可以在软件开发早期阶段发现软件缺陷。因此静态测试是一种非常有效而重要的测试技术。

(2) 动态测试(Dynamic Testing)

动态测试是指通过人工或使用工具运行被测程序，检查运行结果与预期结果的差异，并分析运行效率和健壮性等特性。动态测试一般由三部分组成，即构造测试用例、执行程序、分析程序的输出结果。

动态测试分为白盒测试、黑盒测试和灰盒测试。

① 白盒测试(White Box Testing)

白盒测试又称结构测试。白盒测试是按照程序内部的结构进行测试，通过测试来检测产品内部动作是否按照设计规格说明书的规定正常进行，检验程序中的每条通路是否都能按预定要求正确工作。此方法是把测试对象看作一个透明的盒子，测试人员依据程序内部逻辑结构相关信息，设计或选择测试用例，对程序所有逻辑路径进行测试，通过在不同点检查程序的状态，确定实际的状态是否与预期的状态一致。

白盒测试经常用在单元测试中，可借助于测试工具来实现。

② 黑盒测试(Black Box Testing)

黑盒测试又称功能测试或数据驱动测试。它是已知产品所应具有的功能，通过测试来检测每个功能是否都能正常使用。黑盒测试着眼于程序外部结构，不考虑内部逻辑结构，主要针对软件界面和软件功能进行测试。在测试时，把程序看作一个不能打开的黑盒子，在完全不考虑程序内部结构和处理过程的情况下，测试者通过程序接口进行测试，检查程序是否按照需求规格说明书的规定正常运行，检查程序是否能适当地接收输入数据而产生正确的输出信息。

③ 灰盒测试(Gray-box testing)

灰盒测试是介于白盒测试与黑盒测试之间的测试。灰盒测试关注输出对于输入的正确性，同时也关注内部表现，但这种关注不像白盒测试那样详细、完整。灰盒测试只是通过一

些表征性的现象、事件、标志来判断内部的运行状态。有时候输出是正确的,但内部其实已经错误了,对于这种情况,如果每次都通过白盒测试来检查,效率会很低,因此需要采取灰盒测试的方法。灰盒测试结合了白盒测试和黑盒测试的要素。

3. 按照测试执行者划分

按照测试执行者划分,软件测试可分为开发方测试、用户测试(β测试)、第三方测试。

(1) 开发方测试

开发方测试是软件开发公司人员在软件开发环境下,通过检测和提供客观证据,证实软件的实现是否满足规定的需求。

(2) 用户方测试

用户方测试是在用户实际应用环境下,通过用户运行和使用软件找出软件使用过程中发现的软件的缺陷与问题,检测与核实软件实现是否符合用户的预期要求,并把信息反馈给开发者。

(3) 第三方测试

第三方测试又称独立测试,是介于软件开发方和用户方之间的测试组织开展的测试。软件第三方测试是由在技术、管理和财务上与开发方和用户方相对独立的组织进行的软件测试。一般情况下是在模拟用户真实应用环境下,进行软件确认测试。

4. 按照测试内容划分

按照测试的具体内容划分,可分为功能测试、性能测试、容量测试、健壮性测试、安全性测试、可靠性测试、兼容性测试、易用性测试、GUI测试、配置测试、安装/卸载测试、文档测试等。

(1) 功能测试(Functional Testing)

功能测试又称为行为测试(Behavioral Testing),是根据产品特性、操作描述和用户方案,测试一个产品的特性和可操作行为,以确定它们是否满足设计需求。

功能测试是为了确保程序以期望的方式运行而对软件进行的测试,通过对一个系统的所有特性和功能进行测试确保其符合需求和规范。

(2) 性能测试(Performance Testing)

性能测试是通过自动化的测试工具模拟多种正常、峰值以及异常负载条件来对系统的各项性能指标进行测试。负载测试、压力测试和并发测试都属于性能测试,它们可以结合进行。

① 负载测试(Load Testing):是确定在各种工作负载下系统的性能,目标是测试当负载逐渐增加时,系统组成部分的相应输出项,例如事务通过量、响应时间、CPU负载、内存使用等来分析系统的性能。通俗地说,这种测试方法就是要在特定的运行条件下验证系统的能力状况。

② 压力测试(Stress Testing):是对系统不断施加压力,通过确定一个系统的瓶颈或者不能接收用户请求的性能点,来获得系统能提供的最大服务级别的测试。压力测试是为了发现在什么条件下应用程序的性能会变得不可接受。

③ 并发测试(Concurrency Testing):是指测试多个用户同时访问同一个应用程序、同

一个模块或者数据记录时是否存在死锁或者其他性能问题。并发测试用于验证系统的并发处理能力，一般是和服务器端建立大量的并发连接，通过客户端的响应时间和服务器端的性能监测情况来判断系统是否达到了既定的并发能力指标。

(3) 容量测试(Volume Testing)

容量测试是检验系统的能力最高能达到什么程度，其目的是通过测试预先分析出反映软件系统应用特征的某项指标的极限值(如最大并发用户数、数据库记录数等)，系统在其极限状态下没有出现任何软件故障，还能保持主要功能正常运行。容量测试还将确定测试对象在给定时间内能够持续处理的最大负载或工作量。

(4) 健壮性测试(Robustness Testing)

健壮性测试又称为容错性测试，用于测试系统在出现故障时，是否能够自动恢复或者忽略故障继续运行。健壮性测试包括以下两个方面。

① 输入异常数据或进行异常操作，以检验系统的保护性。

② 灾难恢复性测试：通过各种手段，让系统强制性地发生故障，然后验证系统已保存的用户数据是否丢失，系统和数据是否能尽快恢复。

(5) 安全性测试(Security Testing)

安全性测试是验证集成在系统内的保护机制是否能够在实际应用中保护系统不受到非法的侵入。软件系统的安全性要求系统除了能够经受住正面的攻击，还必须能够经受住侧面的和背后的攻击。软件系统安全性一般分为三个层次，即应用程序级别的安全性、数据库管理系统的安全性，以及系统级别的安全性。

(6) 可靠性测试(Reliability Testing)

可靠性测试是指在一定的环境下，在给定的时间内，系统不发生故障的概率。可靠性测试包括的内容非常广泛。通常使用以下几个指标来度量系统的可靠性：平均失效间隔时间是否超过规定时限；因故障而停机的时间在一年中应不超过多少时间。

(7) 兼容性测试(Compatibility Testing)

兼容性测试是测试软件在特定的硬件、软件、操作系统、网络等环境下能否正常运行，其目的就是检验被测软件对其他应用软件或者其他系统的兼容性。例如在对一个共享资源(数据、数据文件或者内存)进行操作时，检测两个或多个系统需求能否正常工作以及相互交互使用。

(8) 易用性测试(Usability Testing)

易用性测试是考察评定软件的易学易用性，各个功能是否易于完成，软件界面是否友好等方面进行测试。通常易用性包括易见性、易学性和易用性。易见性是指单单凭观察，用户就应知道设备的状态，该设备供选择可以采取的行动。易学性是指不通过帮助文件或通过简单的帮助文件，用户就能对一个陌生的产品有清晰的认识。易用性是指用户不翻阅手册就能使用软件。

(9) 本地化测试(Localization Testing)

本地化测试是保证本地化的软件在语言、功能和界面等方面符合本地用户的最终需要。本地化测试的环境是在本地化的操作系统上安装本地化的软件。从测试方法上可以分为基本功能测试、安装/卸载测试和本地的软硬件兼容性测试。测试的内容主要包括软件本地化后的界面布局和软件翻译的语言质量，包含软件、文档和联机帮助等部分。

(10) 配置测试(Configuration Testing)

配置测试是指在不同的硬件配置下,在不同的操作系统和应用软件环境中,检查系统是否出现功能或者性能上的问题,从而了解不同环境对系统性能的影响程度,找到系统各项资源的最优分配。配置测试的目的是保证被测试的软件在尽可能多的硬件平台上运行。

(11) 安装测试(Installation Testing)

安装测试是对软件的安装/卸载处理过程的测试。其目的是检测系统的各类安装(例如典型、全部、自定义、升级等)和卸载是否全面、完整,是否会影响到其他软件系统,硬件的配置是否合理。

(12) 文档测试(Documentation Testing)

文档测试是对系统提交给用户的文档进行验证,检查系统的文档是否齐全,检查文档内容是否正确、规范和一致。通过文档测试保证用户文档的正确性并使得操作手册能够准确无误。文档测试一般由单独的一组测试人员实施。

1.2 软件缺陷

1.2.1 什么是软件缺陷

软件缺陷(Software Defect),常常被叫做 Bug。软件缺陷是对软件产品预期属性的偏离现象。缺陷的存在会导致软件产品在某种程度上不能满足用户的需求。IEEE 729—1983 对缺陷的定义:"从产品内部看,缺陷是软件产品在开发和维护过程中存在的错误、缺点等问题;从产品外部来看,缺陷是系统所需要实现的某种功能的失效或违背"。

缺陷的表现形式有很多,不仅体现在功能上的失效,还体现在性能、安全性、兼容性、易用性、可靠性等方面不能满足用户需求。

软件缺陷是影响软件质量的重要因素之一,发现并排除缺陷是软件生命周期中的一项重要工作。

1.2.2 软件缺陷的分类

由于软件缺陷分布在软件开发周期中的不同阶段,对于不同阶段,其缺陷的分类标准是不一样的。由于缺陷有很多属性,根据属性也可将缺陷分成不同的种类。

1. 缺陷起源

缺陷起源是指缺陷引起的故障或事件第一次被检测到的阶段,缺陷起源如表 1-1 所示。

表 1-1 缺陷起源示例

缺陷起源	描述	缺陷起源	描述
需求(Requirement)	在需求阶段发现的缺陷	代码(Code)	在编码阶段发现的缺陷
架构(Architecture)	在架构阶段发现的缺陷	测试(Test)	在测试阶段发现的缺陷
设计(Design)	在设计阶段发现的缺陷		

2. 缺陷严重级别

软件缺陷一旦被发现，就应该设法找出引起这个缺陷的原因，并分析其对软件产品质量的影响程度，然后确定处理这个缺陷的优先顺序。一般来说，问题越严重，其处理的优先级越高，越需要得到及时的修复。

缺陷严重级别是指因缺陷引起的故障对被测试软件的影响程度。在软件测试中，缺陷的严重级别应该从软件最终用户的观点出发来判断，考虑缺陷对用户使用所造成的后果的严重性。由于软件产品应用的领域不同，软件企业对缺陷严重级别的定义也不尽相同，但一般包括 5 个级别，如表 1-2 所示。

表 1-2 缺陷严重级别示例

缺陷级别	描 述
严重缺陷(Critical)	不能执行正常工作功能或重要功能，使系统崩溃或资源严重不足。如： (1) 由程序所引起的死机，非法退出 (2) 死循环 (3) 数据库发生死锁 (4) 错误操作导致的程序中断 (5) 严重的计算错误 (6) 与数据库连接错误 (7) 数据通信错误
较严重缺陷(Major)	严重影响系统要求或基本功能的实现，且没有办法更正(重新安装或重新启动该软件不属于更正办法)。如： (1) 功能不符 (2) 程序接口错误 (3) 数据流错误 (4) 轻微数据计算错误
一般缺陷 (Average Severity)	影响系统要求或基本功能的实现，但存在合理的更正办法。如： (1) 界面错误(附详细说明) (2) 打印内容、格式错误 (3) 简单的输入限制未放在前台进行控制 (4) 删除操作未给出提示 (5) 数据输入没有边界值限定或不合理
次要缺陷(Minor)	使操作者不方便或遇到麻烦，但不影响执行工作或功能实现。如： (1) 辅助说明描述不清楚 (2) 显示格式不规范 (3) 系统处理未优化 (4) 长时间操作未给用户进度提示 (5) 提示窗口文字未采用行业术语
改进型缺陷(Enhancement)	(1) 对系统使用的友好性有影响，例如名词拼写错误、界面布局或色彩问题、文档的可读性、一致性等 (2) 建议

缺陷的严重级别可根据项目的实际情况制定，一般在系统需求评审通过后，由开发人员、测试人员等组成相关人员共同讨论，达成一致，为后续的系统测试的Bug级别判断提供依据。

3. 缺陷优先级

缺陷优先级是指缺陷必须被修复的紧急程度。一般地，严重级别程度高的缺陷具有较高的优先级。严重性高说明缺陷对软件造成的质量危害大，需要优先处理，而严重性低的缺陷可能只是软件的一些局部的、轻微的问题，可以稍后处理。但是，严重级别和优先级并不总是一一对应的。有时候严重级别高的缺陷，优先级不一定高，而一些严重级别低的缺陷却需要及时处理，因此具有较高的优先级。

缺陷优先级如表1-3所示。

表1-3　缺陷优先级示例

缺陷优先级	描　　述
Ⅰ级(Resolve Immediately)	缺陷必须被立即解决
Ⅱ级(Normal Queue)	缺陷需要正常排队等待修复或列入软件发布清单
Ⅲ级(Not Urgent)	缺陷可以在方便时被纠正

4. 缺陷状态

缺陷状态是指缺陷通过一个跟踪修复过程的进展情况。缺陷管理过程中的主要状态如表1-4所示。

表1-4　缺陷状态示例

缺陷状态	描　　述
新缺陷(New)	已提交到系统中的缺陷
接受(Accepted)	经缺陷评审委员会的确认，认为缺陷确实存在
已分配(Assigned)	缺陷已分配给相关的开发人员进行修改
已打开(Open)	开发人员开始修改缺陷，缺陷处于打开状态
已拒绝(Rejected)	拒绝已经提交的缺陷，不需修复或不是缺陷或需重新提交
推迟(Postpone)	推迟修改
已修复(Fixed)	开发人员已修改缺陷
已解决(Resolved)	缺陷被修改，测试人员确认缺陷已修复
重新打开(Reopen)	回归测试不通过，再次打开状态
已关闭(Closed)	已经被修改并测试通过，将其关闭

除了以上主要状态外，在缺陷管理过程中，还存在其他一些状态。

(1) Investigate(研究)：当缺陷分配给开发人员时，开发人员并不是都可以直接找到相关的解决方案的。开发人员需要对缺陷和引起缺陷的原因进行调查研究，这时候可以将缺陷状态改为研究状态。

(2) Query & Reply(询问/回答)：负责缺陷修改的开发工程师认为相关的缺陷描述信息不够明确，或希望得到更多和缺陷相关的配置和环境条件，或引起缺陷时系统产生的调试命令和信息等。

(3) Duplicate(重复):缺陷评审委员会认为这个缺陷和某个已经提交的缺陷是同一个问题,因此设置为重复状态。

(4) Reassigned(再分配):缺陷需要重新分配。

(5) Unplanned(无计划):在用户需求中没有要求或计划。

(6) Wontfix(不修复):问题无法修复或者不用修复。

1.2.3 软件缺陷管理

1. 缺陷管理流程

为正确跟踪软件中缺陷的处理过程,通常将软件测试中发现的缺陷作为记录输入到缺陷跟踪管理系统。在缺陷管理系统中,缺陷的状态主要有提交、确认、拒绝、修正和已关闭等,其生命周期一般要经历从被发现和报告,到被打开和修复,再到被验证和关闭等过程。缺陷的跟踪和管理一般借助于工具来实施。Bugzilla 缺陷跟踪系统中的缺陷管理流程如图 1-1 所示。

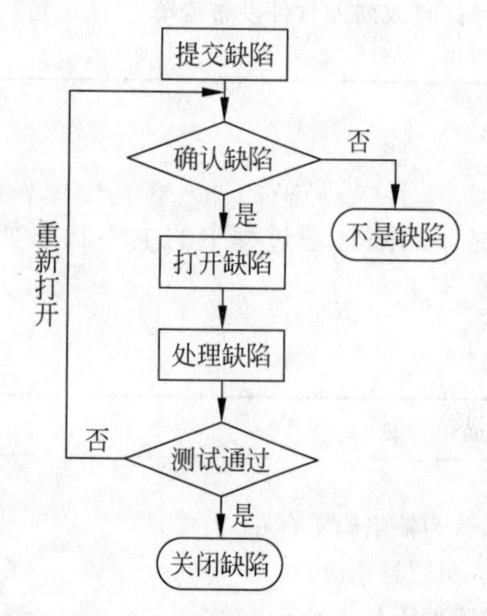

图 1-1 缺陷管理一般流程图

缺陷管理的流程说明如下。

(1) 测试人员发现软件缺陷,提交新缺陷入库,缺陷状态设置为 New。

(2) 软件测试经理或高级测试经理对新提交的缺陷进行确认。若确认是缺陷,则分配给相应的开发人员,将缺陷状态设置为 Open 状态。若不是缺陷(或缺陷描述不清楚)则拒绝,设置为 Declined 状态。

(3) 开发人员对标记为 Open 状态的缺陷进行确认,若不是缺陷,修改状态为 Declined;若是缺陷,则进行修复,修复后将缺陷状态改为 Fixed。对于不能解决的缺陷,提交到项目组会议评审,以做出延期或进行修改等决策。

(4) 测试人员查询状态为 Fixed 的缺陷,然后通过测试(即回归测试)验证缺陷是否已解决。如果缺陷已经解决,则将此缺陷的状态置为 Closed。如果缺陷依然存在或者还引入了新的缺陷,则置缺陷状态为 Reopen。

对于已被验证后已经关闭的缺陷,由于种种原因被重新打开,测试人员将此类缺陷标记为 Reopen,重新经历修正和测试等阶段。

在缺陷管理过程中,应加强测试人员与开发人员之间的交流,对于那些不能重现的缺陷或很难重现的缺陷,可以请测试人员补充必要的测试用例,给出详细的测试步骤和方法。同时,还需要注意以下一些细节。

(1) 软件缺陷跟踪过程中不同阶段是测试人员、开发人员、配置管理人员和项目经理等协调工作的过程,要保持良好的沟通,尽量与相关的各方人员达成一致。

(2) 测试人员在评估软件缺陷的严重性和优先级上,要根据事先制定的相关标准或规范来判断,应具独立性、权威性,若不能与开发人员达成一致,由产品经理来裁决。

(3) 当发现一个缺陷时,测试人员应分配给相应的开发人员。若无法判断合适的开发人员，应先分配给开发经理，由开发经理进行二次分配。

(4) 一旦缺陷处于修正状态，需要测试人员的验证，而且应围绕该缺陷进行相关的回归测试，并且包含该缺陷修正的测试版本是从配置管理系统中下载的，而不是由开发人员私下给的测试版本。

(5) 只有测试人员有关闭缺陷的权限，开发人员没有这个权限。

2. 缺陷描述

测试人员发现缺陷后，需要对缺陷进行详细的描述。对缺陷的描述一般包含以下内容。

(1) 缺陷 ID：唯一的缺陷标识符，可以根据该 ID 追踪缺陷。

(2) 缺陷标题：描述缺陷的名称。

(3) 缺陷状态：标明缺陷所处的状态，如“新建”、“打开”、“已修复”、“关闭”等。

(4) 缺陷的详细说明：对缺陷进行详细描述，说明缺陷复现的步骤等。对缺陷描述的详细程度直接影响开发人员对缺陷的修改，描述应该尽可能详细。

(5) 缺陷的严重程度：指因缺陷引起的故障对软件产品的影响程度。

(6) 缺陷的紧急程度：指缺陷必须被修复的紧急程度(优先级)。

(7) 缺陷提交人：缺陷提交人的名字。

(8) 缺陷提交时间：缺陷提交的时间。

(9) 缺陷所属项目/模块：缺陷所属的项目和模块，最好能较精确地定位至模块。

(10) 缺陷解决人：最终解决缺陷的人。

(11) 缺陷处理结果描述：对处理结果的描述，如果对代码进行了修改，要求在此处体现出修改的内容。

(12) 缺陷处理时间：缺陷被修正的时间。

(13) 缺陷复核人：对被处理缺陷复核的验证人。

(14) 缺陷复核结果描述：对复核结果的描述(通过、不通过)。

(15) 缺陷复核时间：对缺陷复核的时间。

(16) 测试环境说明：对测试环境的描述。

(17) 必要的附件：对于某些文字很难表达清楚的缺陷，使用图片等附件是必要的。

除上述描述项外，配合不同的统计角度，还可以添加“缺陷引入阶段”、“缺陷修正工作量”等属性。

3. 缺陷提交原则

缺陷报告是测试过程中提交的最重要的东西，它的重要性丝毫不亚于测试计划，并且比其他的在测试过程中的产出文档对产品质量的影响更大。对缺陷的描述要求准确、简洁、步骤清楚、有实例、易再现、复杂问题有据可查(截图或其他形式的附件)。

有效的缺陷报告需要做到以下 6 点。

(1) 单一：每个报告只针对一个软件缺陷。

(2) 再现：不要忽视或省略任何一项操作步骤，特别是关键性的操作一定要描述清楚，确保开发人员按照所述的步骤可以再现缺陷。

(3) 完整：提供完整的缺陷描述信息。

(4) 简洁：使用专业语言，清晰而简短地描述缺陷，不要添加无关的信息。确保所包含信息是最重要的，而且是有用的，不要写无关信息。

(5) 客观：用中性的语言客观描述事实，不带偏见，不用幽默或者情绪化的语言。

(6) 特定条件：必须注明缺陷发生的特定条件。

1.3 测试用例

1.3.1 什么是测试用例

测试用例(Test Case)是为某个特定测试目标而设计的，它是输入数据、操作过程序列、条件、期望结果及相关数据的一个特定的集合。因此，测试用例必须给出测试目标、测试对象、测试环境、前提条件、输入数据、测试步骤和预期结果。

(1) 测试目标：回答为什么测试，如测试软件的功能、性能、兼容性、安全性等。

(2) 测试对象：回答测试什么，如对象、类、函数、接口等。

(3) 测试环境：测试用例运行时所处的环境，包括系统的软硬件配置和设定等要求。

(4) 前提条件：在满足什么条件下开始测试，也就是测试用例运行时所需要的前提条件。

(5) 输入数据：运行测试时需要输入哪些测试数据，即在测试时，系统所接受的各种可变化的数据组；

(6) 测试步骤：运行测试用例的操作步骤序列，例如先打开对话框，输入第一组测试数据，单击【运行】按钮等。

(7) 预期结果：按操作步骤序列运行测试用例时，被测件的预期运行结果。

测试用例的设计和编制是软件测试活动中最重要的工作内容。测试用例是测试工作的指导，是软件测试必须遵守的准则，更是软件测试质量稳定的根本保障。

测试用例设计就是将软件测试的行为做一个科学化的组织归纳。常用的测试用例设计技术有黑盒测试技术和白盒测试技术。

1.3.2 黑盒测试技术

黑盒测试是从软件外部对软件实施的一种测试。测试者通过被测试软件的输入和输出之间的关系或软件的功能来测试，以检查软件是否按照需求规格说明书的规定正常运行。黑盒测试把软件看成一个打不开的黑盒，无法了解程序内部结构，只依据软件的外部特性来进行测试。黑盒测试时，测试人员从用户观点出发，根据需求规格说明书设计测试用例，以尽可能地发现软件缺陷。

常用的黑盒测试方法有等价类划分、边界值分析、基于判定表的测试、因果图法、正交试验法、场景法、错误推测法等。

1. 等价类划分法

(1) 等价类

等价类划分测试法(Equivalence Partition Testing)是把所有可能的输入数据，即程序的输入域划分成若干个互不相交的子集，并且划分的各个子集是由等价关系决定的，然后从每一个子集中选取少数具有代表性的数据作为测试用例。这样可以使用较少的测试用例，达到较好的测试效果，保证了测试的完备性和无冗余性。

等价类中的等价关系是指在子集合中，各个输入数据对于揭露程序中的错误都是等效的，并合理地假定测试某等价类的代表值就等同于对这个类中其他值的测试。也就是说，如果等价类中某个输入条件不能导致问题发生，那么对该等价类中其他输入条件进行测试也不可能发现错误。

使用等价类划分法设计测试用例时，需要同时考虑有效等价类和无效等价类。因为用户在使用软件时，有意或无意输入一些非法的数据是常有的事情。软件不仅要能接收合理的数据，也要能经受意外的考验，这样的测试才能确保软件具有更高的可靠性。

有效等价类是指对于程序的规格说明来说是合理的、有意义的输入数据构成的集合。利用有效等价类可检验程序是否实现了规格说明中所规定的功能和性能。

无效等价类与有效等价类的定义恰巧相反。无效等价类是指对于程序的规格说明是不合理的或无意义的输入数据所构成的集合。对于具体的问题，无效等价类至少应有一个，也可能有多个。

(2) 等价类划分方法

等价类划分首先要分析程序所有可能的输入情况，然后按照下列规则对其进行划分。

① 按照区间划分

在输入条件规定了取值范围或值的个数的情况下，则可以确立一个有效等价类和两个无效等价类。例如，某程序输入学生成绩，其有效范围是[0,100]，则输入条件的等价类可分为有效等价类[0,100]，无效等价类(−∞,0)和(100,+∞)。

② 按照数值划分

输入条件规定了输入数据的一组值(假定 n 个)，且程序要对每一个输入值分别处理的情况下，可确立 n 个有效等价类和一个无效等价类。

例如：某程序输入月份，其取值是一个固定的枚举类型{1,2,3,4,5,6,7,8,9,10,11,12}，并且程序中对这些数值分别进行了处理，则有效等价类分别为这 12 个值，无效等价类为这 12 个值以外的数据组成的集合。

③ 按照数值集合划分

在输入条件规定了输入值的集合或者规定了"必须如何"的情况下，可确立一个有效等价类和一个无效等价类。例如，某程序标识符的输入条件是"必须以字母开头"，则可以这样划分等价类："以字母开头"作为有效等价类，"以非字母开头"作为无效等价类。

④ 输入条件是一个布尔量时，可确定一个有效等价类和一个无效等价类。例如：验证码在登录各种网站时经常使用。验证码是一种布尔型取值，True 或者 False。对于验证码，可划分出一个有效等价类和一个无效等价类。

⑤ 细分等价类

在已划分的等价类中，各元素在程序处理中的方式如果不同，则应再将该等价类进一步划分为更小的等价类。例如：程序用于判断几何图形的形状，则可以首先根据边数划分出三角形、四边形、五边形、六边形等。然后对于每一种类型，可以做进一步的划分，例如三角形可以进一步分为等边三角形、等腰三角形、一般三角形。

⑥ 等价类划分还应特别注意默认值、空值、Null、0 等情形。

(3) 等价类划分法的运用

例 1：某一种 8 位计算机，其十六进制常数的定义是以 0x 或 0X 开头的十六进制整数，其取值范围为－7f～7f(不区分大小写字母)，如 0x11、0x2A、－0x3c。下面用等价类划分法设计测试用例。

① 划分等价类，如表 1-5 所示。

表 1-5 等价类表

输入条件	有效等价类	编号	无效等价类	编号
符号	无	1	长度大于 1 的字符串	8
	＋ 或 －	2	非＋和－的一个其他字符	9
前缀	0X	3	一个数字或字符	10
	0x	4	长度大于 2 的数字字符串	11
			长度为 2 的非 0x 和 0X 字符串	12
第一位数值	0 到 7 之间的数	5	非数字符号	13
			大于 7 的整数	14
第二位数值	数字	6	非数字非字母的符号	15
	a 到 f 的字母或 A 到 F 的字母	7	其他字母	16

注：等价类的划分有多种，只要满足无冗余和遗漏就可以。

② 根据上述等价类设计测试用例，如表 1-6 所示。

表 1-6 测试用例

测试用例编号	输入数据				预期结果	覆盖等价类
	符号	前缀	第一位数值	第二位数值		
1		0x	7	5	接收	1、3、5、6
2	－	0X	0	A	接收	2、4、5、7
3	Ab	0x	0	5	拒绝	8
4	*	0X	0	a	拒绝	9
5	＋	A	0	B	拒绝	10
6		01X	5	7	拒绝	11
7	＋	Ab	6	3	拒绝	12
8	－	0x	a	B	拒绝	13
9	－	0X	8	9	拒绝	14
10	＋	0x	7	*	拒绝	15
11		0X	5	Z	拒绝	16

2. 边界值分析

(1) 边界值

对于软件缺陷，有句谚语："缺陷遗漏在角落里，聚集在边界上"。边界值测试背后的基本原理是错误更可能出现在输入变量的极值附近。边界值分析关注的是输入空间的边界。

因此针对各种边界情况设计测试用例，可以查出更多的错误。

一般情况下，确定边界值应遵循以下几条原则。

① 如果输入条件规定了值的范围，则应取刚达到这个范围的边界值，以及刚刚超越这个范围的边界值作为测试输入数据。

② 如果输入条件规定了值的个数，则用最大个数、最小个数、比最小个数少1、比最大个数多1的数作为测试数据。

③ 如果程序的规格说明给出的输入域或输出域是有序集合，则应选取集合的第一个元素和最后一个元素作为测试数据。

④ 如果程序中使用了一个内部数据结构，则应当选择这个内部数据结构的边界上的值作为测试数据。

⑤ 分析规格说明，找出其他可能的边界条件。

⑥ 分析变量之间的相关性，以选取合理的测试数据。

⑦ 取中间值或正常值时，只要所取的值在正常范围内就可以了。

⑧ 取小于最小值的数时，可以根据情况取多个，如小于最小的负数、零、小数等。

⑨ 取大于最大值的数时，可以根据情况取多个。当系统没有规定最大值时，可根据业务要求，选取足够大的数据就可以了。

(2) 边界值分析法设计测试用例

边界值分析(Boundary Values Analysis)的基本思想是使用输入变量的最小值、略高于最小值、正常值、略低于最大值和最大值设计测试用例，通常用 min、min＋、nom、max－和 max 来表示。如果要考虑无效输入，则边界取值里增加两个值：略小于最小值(min－)和略高于最大值(max＋)。

当一个函数或程序有两个及两个以上的输入变量时，就需要考虑如何组合各变量的取值。我们可根据可靠性理论中的单缺陷假设和多缺陷假设来考虑。单缺陷假设是指失效极少是由两个或两个以上的缺陷同时发生引起的。因此依据单缺陷假设来设计测试用例，只需让一个变量取边界值，其余变量取正常值。多缺陷假设是指失效是由两个或两个以上缺陷同时作用引起的。因此依据多缺陷假设来设计测试用例，要求在选取测试用例时同时让多个变量取边界值。

在边界值分析中，用到了单缺陷假设，即选取测试用例时仅仅使得一个变量取极值，其他变量均取正常值。如果程序/系统的输入中只有一个变量，设计测试用例时，直接取边界值作为测试数据，检查系统功能是否正确。如果输入变量有多个，设计测试用例时，使一个变量取边界值，其他变量取正常值，设计足够的测试用例，使每个变量的边界值都覆盖到。例如：对于有两个输入变量的程序 P，其边界值分析的测试用例为$\{\langle x_{1nom}, x_{2min}\rangle, \langle x_{1nom}, x_{2min+}\rangle, \langle x_{1nom}, x_{2nom}\rangle, \langle x_{1nom}, x_{2max-}\rangle, \langle x_{1nom}, x_{2max}\rangle, \langle x_{1min}, x_{2nom}\rangle, \langle x_{1min+}, x_{2nom}\rangle, \langle x_{1max-}, x_{2nom}\rangle, \langle x_{1max}, x_{2nom}\rangle\}$。

(3) 边界值分析法运用

例 2：输入三个整数 a、b、c，分别作为三角形的三条边，通过程序判断这三条边是否能构成三角形。如果能构成三角形，则判断出三角形的类型(等边三角形、等腰三角形、一般三角形)。要求输入的三个整数 a、b、c 必须满足条件 $1\leqslant a\leqslant 100$、$1\leqslant b\leqslant 100$、$1\leqslant c\leqslant 100$。下面用边界值分析法设计测试用例。

① 分析各变量取值

三角形三条边 a,b,c 的边界取值是－1,1,2,50,99,100,101。

② 设计测试用例

用边界值分析法设计测试用例就是使一个变量取边界值，其余变量取正常值，然后对每个变量重复进行。本例用边界值分析法设计的测试用例见表1-7。

表1-7 三角形问题的测试用例

测试用例编号	输入数据			预期输出
	a	b	c	
1	50	50	－1	输入无效
2	50	50	1	等腰三角形
3	50	50	2	等腰三角形
4	50	50	50	等边三角形
5	50	50	99	等腰三角形
6	50	50	100	非三角形
7	50	50	101	输入无效
8	50	－1	50	输入无效
9	50	1	50	等腰三角形
10	50	2	50	等腰三角形
11	50	99	50	等腰三角形
12	50	100	50	非三角形
13	50	101	50	输入无效
14	－1	50	50	输入无效
15	1	50	50	等腰三角形
16	2	50	50	等腰三角形
17	99	50	50	等腰三角形
18	100	50	50	非三角形
19	101	50	50	输入无效

3. 基于判定表的测试

(1) 判定表

自从20世纪60年代初以来，判定表(Decision Table，也叫决策表)就一直被用来分析和表示复杂逻辑关系。判定表能够将复杂的问题按照各种可能的情况全部列举出来，简明并避免遗漏。因此，利用判定表能够设计出完整的测试用例集合。在所有功能性测试方法中，基于判定表的测试方法是最严格的。

条件桩	条件项	规则
动作桩	动作项	

图1-2 判定表结构

判定表通常由4个部分组成，如图1-2所示。

① 条件桩(Condition Stub)：列出了问题的所有条件，通常认为列出的条件的次序无关紧要。

② 动作桩(Action Stub)：列出了问题规定可能采取的操作。这些操作的排列顺序没有约束。

③ 条件项(Condition Item)：列出对应条件桩的

取值。

④ 动作项(Action Item)：列出在条件项的各种取值情况下应该采取的动作。

动作项和条件项紧密相关，它指出了在条件项的各组取值情况下应采取的动作。任何一个条件组合的特定取值及其相应要执行的操作称为规则。在判定表中贯穿条件项和动作项的一列就是一条规则。规则指示了在规则的各条件项指示的条件下要采取动作项中的行为。显然，判定表中列出多少组条件取值，也就有多少条规则，即条件项和动作项有多少列。

为了使用判定表标识测试用例，在这里把条件解释为程序的输入，把动作解释为程序的输出。在测试时，有时条件最终引用输入的等价类，动作引用被测程序的主要功能处理，这时规则就解释为测试用例。判定表的特点，可以保证我们能够取到输入条件的所有可能的条件组合值，因此可以做到测试用例的完整集合。

(2) 用判定表设计测试用例

使用判定表进行测试时，首先需要根据软件规格说明建立判定表。判定表设计的步骤如下。

① 确定规则的个数

假如有 n 个条件，每个条件有两个取值("真"、"假")，则会产生 2^n 条规则。如果每个条件的取值有多个值，规则数等于各条件取值个数的积。

② 列出所有的条件桩和动作桩

在测试中，条件桩一般对应着程序输入的各个条件项，而动作桩一般对应着程序的输出结果或要采取的操作。

③ 填入条件项

条件项就是每条规则中各个条件的取值。为了保证条件项取值的完备性和正确性，可以利用集合的笛卡儿积来计算。首先找出各条件项取值的集合，然后将各集合作笛卡儿积，最后将得到的集合的每一个元素填入规则的条件项中。

④ 填入动作项，得到初始判定表

在填入动作项时，必须根据程序的功能说明来填写。首先根据每条规则中各条件项的取值，来获得程序的输出结果或应该采取的行动，然后在对应的动作项中作标记。

⑤ 简化判定表、合并相似规则(相同动作)

若表中有两条以上规则具有相同的动作，并且在条件项之间存在极为相似的关系，便可以合并。合并后的条件项用符号"—"表示，说明执行的动作与该条件的取值无关，称为无关条件。

(3) 判定表测试法运用

例 3：某公司折扣政策如下。年交易额在 10 万元以下的，无折扣；在 10 万元以上的并且近三个月无欠款的，折扣率 10%；在 10 万元以上，虽然近三个月有欠款，但是与公司交易在 10 年以上的，折扣率 8%；在 10 万元以上，近三个月有欠款，且交易在 10 年以下的折扣率 5%。下面用判定表来设计测试用例。

① 根据问题描述的输入条件和输出结果，列出所有的条件桩和动作桩，如表 1-8 所示。

② 本例中输入有三个条件，每个条件的取值为"是"或"否"，因此有 2×2×2=8 种规则。

③ 每个条件取真假值，并进行相应的组合，得到条件项。

④ 根据每一列中各条件的取值得到所要采取的行动，填入动作项，便得到初始判定表，如表 1-8 所示。

⑤ 根据题目描述，可以对判定表进行简化，简化后的判定表如表 1-9 所示。

表 1-8 初始判定表

		1	2	3	4	5	6	7	8
条件桩	年交易≤10 万元	Y	Y	Y	Y	N	N	N	N
	近三月无欠款	Y	Y	N	N	Y	Y	N	N
	与公司交易≥10 年	Y	N	Y	N	Y	N	Y	N
动作桩	无折扣	√	√	√	√				
	折扣率 5%								√
	折扣率 8%							√	
	折扣率 10%					√	√		

表 1-9 简化后的判定表

		1	2	3	4
条件桩	年交易≤10 万元	Y	N	N	N
	近三月无欠款	—	Y	N	N
	与公司交易≥10 年	—	—	Y	N
动作桩	无折扣	√			
	折扣率 5%				√
	折扣率 8%			√	
	折扣率 10%		√		

⑥ 根据简化后的判定表设计测试用例，如表 1-10 所示。

表 1-10 测试用例

测试用例编号	输入数据			预期输出
	交易额	近三月有无欠款	与公司交易时间	
1	5 万	无	3 年	无折扣
2	12 万	无	11 年	10%
3	11 万	有	12 年	8%
4	15 万	有	3 年	5%

4. 因果图法

(1) 因果图

因果图中使用了简单的逻辑符号，以直线联接左右节点。左节点表示输入状态(或称原因)，右节点表示输出状态(或称结果)。通常用 c_i 表示原因，一般置于图的左部；e_i 表示结果，通常在图的右部。c_i 和 e_i 均可取值 0 或 1，其中 0 表示某状态不出现，1 表示某状态出现。

因果图中包含 4 种关系，如图 1-3 所示。

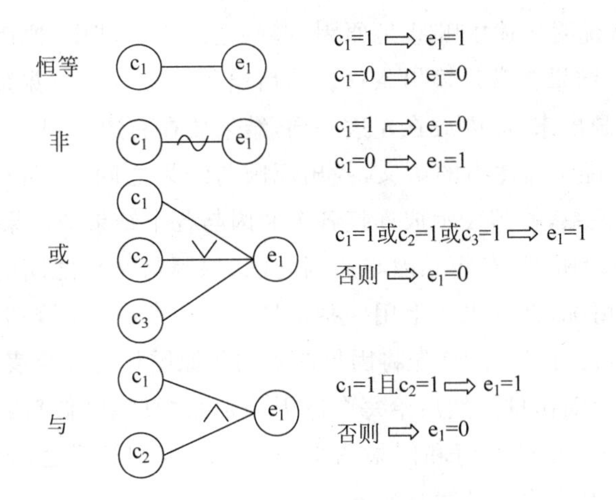

图 1-3　因果图基本符号

① 恒等：若 c_1 是 1，则 e_1 也是 1；若 c_1 是 0，则 e_1 为 0。

② 非：若 c_1 是 1，则 e_1 是 0；若 c_1 是 0，则 e_1 是 1。

③ 或：若 c_1 或 c_2 或 c_3 是 1，则 e_1 是 1；若 c_1、c_2 和 c_3 都是 0，则 e_1 为 0。“或”可有任意多个输入。

④ 与：若 c_1 和 c_2 都是 1，则 e_i 为 1；否则 e_i 为 0。“与”也可有任意多个输入。

在实际问题中输入状态相互之间、输出状态相互之间可能存在某些依赖关系，称为约束。为了表示原因与原因之间，结果与结果之间可能存在的约束条件，在因果图中可以附加一些表示约束条件的符号。对于输入条件的约束有 E、I、O、R 4 种，对于输出条件的约束只有 M 约束，输入输出约束图形符号如图 1-4 所示。

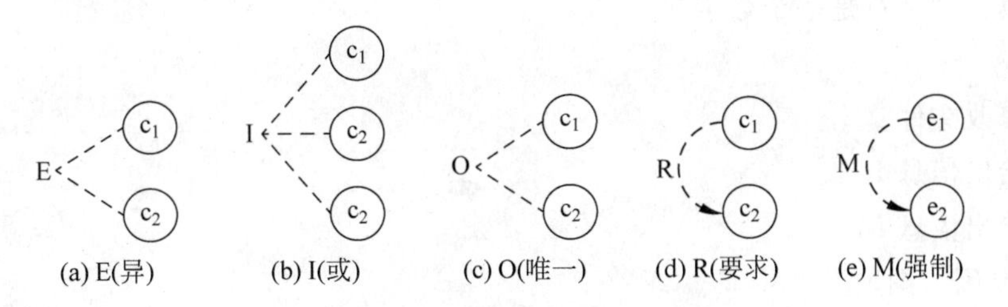

图 1-4　输入输出约束图形符号

为便于理解，这里设 c_1、c_2 和 c_3 表示不同的输入条件。

E(异)：表示 c_1、c_2 中至多有一个可能为 1，即 c_1 和 c_2 不能同时为 1。

I(或)：表示 c_1、c_2、c_3 中至少有一个是 1，即 c_1、c_2、c_3 不能同时为 0。

O(唯一)：表示 c_1、c_2 中必须有一个且仅有一个为 1。

R(要求)：表示 c_1 是 1 时，c_2 必须是 1，即不可能 c_1 是 1 时 c_2 是 0。

M(强制)：表示如果结果 e_1 是 1 时，则结果 e_2 强制为 0。

(2) 用因果图设计测试用例

因果图可以很清晰地描述各输入条件和输出结果的逻辑关系。如果在测试时必须考虑输入条件的各种组合，就可以利用因果图。因果图最终生成的是判定表。采用因果图设计测试用例的步骤如下。

① 分析软件规格说明描述中哪些是原因，哪些是结果。其中，原因常常是输入条件或是输入条件的等价类，结果常常是输出条件。然后给每个原因和结果赋予一个标识符。并且把原因和结果分别画出来，原因放在左边一列，结果放在右边一列。

② 分析软件规格说明描述中的语义，找出原因与结果之间，原因与原因之间对应的是什么关系。根据这些关系，将其表示成连接各个原因与各个结果的因果图。

③ 由于语法或环境限制，有些原因与原因之间、原因与结果之间的组合情况不可能出现。为表明这些特殊情况，在因果图上用一些记号标明约束或限制条件。

④ 把因果图转换成判定表。首先将因果图中的各原因作为判定表的条件桩，因果图的各个结果作为判定表的动作桩。然后给每个原因分别取“真”和“假”两种状态，一般用 0 和 1 表示。最后根据各条件项的取值和因果图中表示的原因和结果之间的逻辑关系，确定相应的动作项的值，完成判定表的填写。

⑤ 把判定表的每一列拿出来作为依据，设计测试用例。

(3) 因果图法设计测试用例运用

例 4：某软件规格说明书要求：第一列字符必须是 A 或 B，第二列字符必须是一个数字，在此情况下进行文件的修改，但如果第一列字符不正确，则给出信息 L，如果第二列字符不是数字，则给出信息 M。下面用因果图法设计测试用例。

① 根据说明书分析出原因和结果。

原因：

C1：第一列字符是 A

C2：第一列字符是 B

C3：第二列字符是一个数字

结果：

E1：修改文件

E2：给出信息 L

E3：给出信息 M

② 绘制因果图。

根据原因和结果绘制因果图。把原因和结果用前面的逻辑符号联接起来，画出因果图，如图 1-5(a)所示。考虑到原因 1 和原因 2 不可能同时为 1，因此在因果图上施加 E 约束。具有约束的因果图如图 1-5(b)所示。

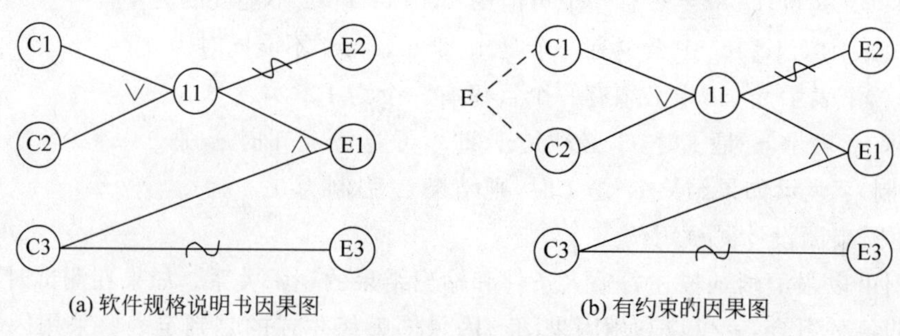

图 1-5 因果图

注：11 是中间节点

③ 根据因果图所建立的判定表，如表 1-11 所示。

表 1-11　软件规格说明书的判定表

		1	2	3	4	5	6	7	8
条件	C1	1	1	1	1	0	0	0	0
	C2	1	1	0	0	1	1	0	0
	C3	1	0	1	0	1	0	1	0
	11	—	—	1	1	1	1	0	0
动作	E1	/	/	√	0	√	0	0	0
	E2	/	/	0	0	0	0	√	√
	E3	/	/	0	√	0	√	0	√

注意：表中 8 种情况的左面两列情况中，原因 1 和原因 2 同时为 1，这是不可能出现的，故应排除这两种情况。因此只需针对第 3～8 列设计测试用例，见表 1-12。

表 1-12　测试用例

测试用例	输入数据 a	预 期 输 出
1	A3	修改文件
2	AM	给出信息 M
3	B5	修改文件
4	B *	给出信息 M
5	F2	给出信息 L
6	TX	给出信息 L 和 M

5. 场景法

(1) 场景

现在的软件几乎都是用事件触发来控制流程的，事件触发时的情景便形成了场景，而同一事件不同的触发顺序和处理结果就形成事件流。这一系列的过程利用场景法可以清晰地描述。将这种方法引入到软件测试中，可以比较生动地描绘出事件触发时的情景，有利于测试设计者设计测试用例，同时使测试用例更容易理解和执行。通过运用场景来对系统的功能点或业务流程进行描述，从而提高测试效果。

场景一般包含基本流和备用流。从一个流程开始，经过遍历所有的基本流和备用流来完成整个场景。

对于基本流和备选流的理解，可以参考图 1-6。图 1-6 中经过用例的每条路径都反映了基本流和备选流，都用箭头来表示。中间的直线表示基本流，是经过用例的最简单的路径。备选流用曲线表示。一个备选流可能从基本流开始，在某个特定条件下执行，然后重新加入到基本流中；也可能起源于另一个备选流，或者终止用例而不再重新加入到某个流。

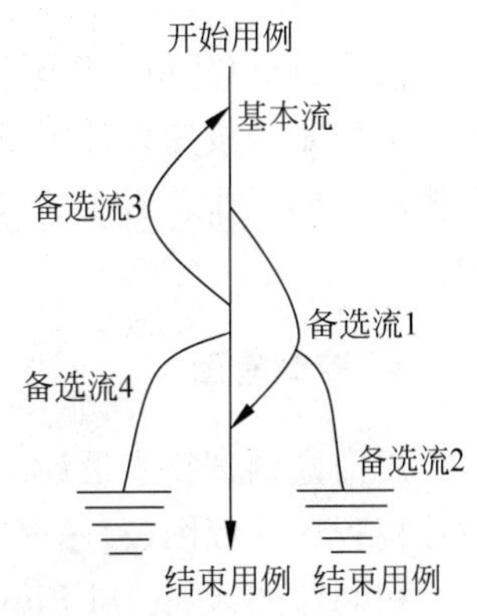

图 1-6　基本流和备选流

根据图 1-6 中每条经过用例的可能路径，可以确定不同的用例场景。从基本流开始，再将基本流和备选流结合起来，可以确定以下用例场景。

场景1：基本流；

场景2：基本流、备选流1；

场景3：基本流、备选流1、备选流2；

场景4：基本流、备选流3；

场景5：基本流、备选流3、备选流1；

场景6：基本流、备选流3、备选流1、备选流2；

场景7：基本流、备选流4；

场景8：基本流、备选流3、备选流4。

注：为方便起见，场景5、6和8只描述了备选流3指示的循环执行一次的情况。

(2) 场景法设计测试用例

使用场景法设计测试用例的基本设计步骤如下。

① 根据说明书或规约，分析出系统或程序功能的基本流及各项备选流。

② 根据基本流和各项备选流生成不同的场景。

③ 对每一个场景生成相应的测试用例。

④ 对生成的所有测试用例重新复审，去掉多余的测试用例。测试用例确定后，对每一个测试用例确定测试数据。

6. 错误推测法

错误推测法的基本思想是列举出程序中所有可能存在的错误和容易发生错误的特殊情况，根据这些特殊情况选择测试用例。

用错误推测法进行测试，首先需罗列出可能的错误或错误倾向，进而形成错误模型；然后设计测试用例以覆盖所有的错误模型。例如，对一个排序的程序进行测试，其可能出错的情况有输入表为空、输入表中只有一个数字、输入表中所有的数字都具有相同的值、输入表已经排好序等情况。

1.3.3 白盒测试技术

1. 白盒测试

白盒测试(White Box Testing)是按照程序内部的结构测试程序，通过测试来检测产品内部动作是否按照设计规格说明书的规定正常进行，检验程序中的每条通路是否都能按预定要求正确工作。常用的白盒测试方法有逻辑覆盖、基路径测试、数据流测试、程序插装、域测试等。

2. 控制流图

用白盒测试技术设计测试用例时，一般需要分析程序内部结构。在程序开发中，我们常常使用程序流程图(程序框图)，在测试时，一般使用控制流图进行分析。

控制流图(Control Flow Graph)是退化的程序流程图，图中每个处理都退化成一个节点，流线变成连接不同节点的有向弧。在控制流图中仅描述程序内部的控制流程，完全不表现对数据的具体操作，以及分支和循环的具体条件。控制流图将程序流程图中结构化构件改用一般有向图的形式表示。

在控制流图中用圆○表示节点，一个圆代表一条或多条语句。程序流程图中的一个处理框序列和一个菱形判定框，可以映射成控制流图中的一个节点。控制流图中的箭头线称为边，它和程序流程图中的箭头线类似，代表控制流。将程序流程图简化成控制流图时，需要注意的是在选择或多分支结构中分支的汇聚处，即使没有执行语句也应该有一个汇聚节点。

在控制流图中，由边和节点围成的面积称为区域。当计算区域数时，应该包括图外部未被围起来的区域。

基本控制流的图形符号如图 1-7 所示。

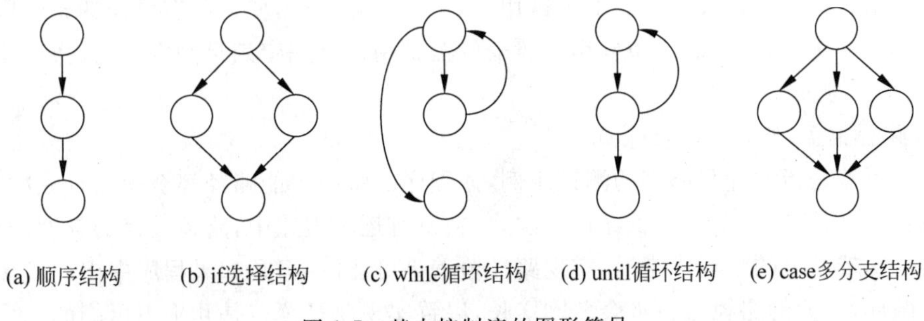

图 1-7　基本控制流的图形符号

3. 逻辑覆盖测试法

(1) 逻辑覆盖

逻辑覆盖测试(Logic Coverage Testing)是根据被测试程序的逻辑结构设计测试用例。逻辑覆盖测试考察的重点是图中的判定框。因为这些判定若不是与选择结构有关，就是与循环结构有关，是决定程序结构的关键成分。

按照对被测程序所作测试的有效程度，逻辑覆盖测试可由弱到强区分为 6 种覆盖。

① 语句覆盖又称行覆盖(Line Coverage)，是最常用的一种覆盖方式。语句覆盖就是设计若干个测试用例，运行被测试程序，使程序中的每条可执行语句至少执行一次。这里所谓“若干个”，当然是越少越好。语句覆盖在所有的逻辑覆盖中是最弱的覆盖，它只管覆盖代码中的执行语句，却不考虑各判定分支、判定条件、程序执行路径的组合等。如果仅仅达到语句覆盖，很难更多地发现代码中的问题。

② 判定覆盖(Decision Coverage)

判定覆盖又称为分支覆盖，其基本思想是设计若干测试用例，运行被测试程序，使得程序中每个判断的取真分支和取假分支至少经历一次，即判断的真假值均曾被满足。

判定覆盖具有比语句覆盖更强的测试能力，而且具有和语句覆盖一样的简单性，无须细分每个判定就可以得到测试用例。但是，大部分的判定语句是由多个逻辑条件组合而成的(例如，判定语句中包含 and、or、case)，若仅仅判断其最终结果，而忽略每个条件的取值情况，必然会遗漏一些需要测试的内容。

③ 条件覆盖(Condition Coverage)

条件覆盖是指设计若干测试用例，执行被测程序以后，要使每个判断中每个条件的可能取值至少满足一次，即每个条件至少有一次为真值、有一次为假值。

对于判定覆盖而言，即使一个布尔表达式含有多个逻辑表达式也只需要测试每个布尔表达式的值分别为真和假两种情况就可以了。条件覆盖要检查每个符合谓词的子表达式值为真和假两种情况，要独立衡量每个子表达式的结果，以确保每个子表达式的值为真和假两种情况都被测试到。

④ 判定-条件覆盖(Decision-condition Coverage)

判定-条件覆盖是将判定覆盖和条件覆盖结合起来，即设计足够的测试用例，使得判断条件中的每个条件的所有可能取值至少执行一次，并且每个判断本身的可能判定结果也至少执行一次。

⑤ 条件组合覆盖(Condition Combination Coverage)

条件组合覆盖是指设计足够的测试用例，运行被测程序，使得所有可能的条件取值的组合至少执行一次。显然，满足条件组合覆盖的测试用例是一定满足判定覆盖、条件覆盖和判定-条件覆盖的。

⑥ 路径覆盖(Path Coverage)

路径覆盖是指设计足够多的测试用例，使程序的每条可能路径都至少执行一次(如果程序图中有环，则要求每个环至少经过一次)。在所有逻辑覆盖中，路径覆盖的程度最高。

对于比较简单的小程序来说，实现路径覆盖是可能的，但是如果程序中出现了多个判断和多个循环，可能的路径数目将会急剧增长，以致实现路径覆盖是几乎不可能的。

(2) 逻辑覆盖测试法的运用

例 5：用逻辑覆盖法对下面的代码(Java 语言)进行测试。

```
public char function(int x, int y) {
        char t;
        if ((x >= 90) && (y >= 90)) {
            t = 'A';
        } else {
            if ((x + y) >= 165) {
                t = 'B';
            } else {
                t = 'C';
            }
        }
        return t;
}
```

为便于分析程序结构和设计测试用例，首先画出程序对应的控制流图，如图 1-8 所示。为了表达清晰，代码中各条件取值标记如下。

$x \geqslant 90$　T1，　$x < 90$　F1，

$y \geqslant 90$　T2，　$y < 90$　F2，

$x + y \geqslant 165$　T3，　$x + y < 165$　F3。

根据程序描述，设计满足逻辑覆盖的测试用例，如表 1-13 所示。

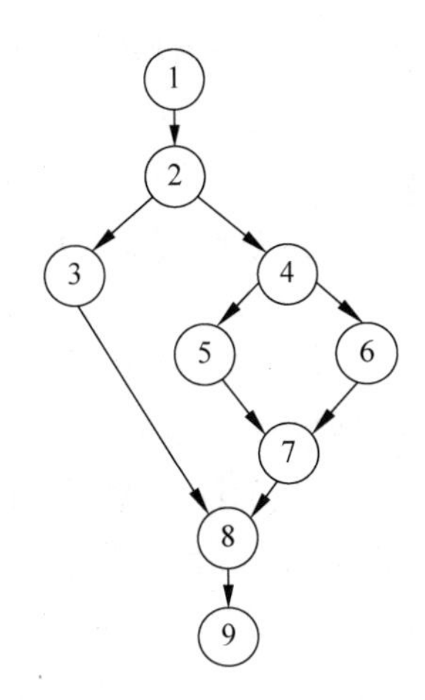

图 1-8 控制流图

表 1-13 例 5 的测试用例

覆盖类型	测试数据	覆盖条件	执行路径
语句覆盖	x=60,y=70 x=83,y=82 x=95,y=95	F1 F2 F3 F1 F2 T3 T1 T2 T3	1-2-4-6-7-8-9 1-2-4-5-7-8-9 1-2-3-8-9
判定覆盖	x=60,y=70 x=82,y=83 x=91,y=90	F1 F2 F3 F1 F2 T3 T1 T2 T3	1-2-4-6-7-8-9 1-2-4-5-7-8-9 1-2-3-8-9
条件覆盖	x=60,y=70 x=90,y=90	F1 F2 F3 T1 T2 T3	1-2-4-6-7-8-9 1-2-3-8-9
判定-条件覆盖	x=60,y=70 x=90,y=90 x=81,y=85	F1 F2 F3 T1 T2 T3 F1 F2 T3	1-2-4-6-7-8-9 1-2-3-8-9 1-2-4-5-7-8-9
条件组合覆盖	x=80,y=80 x=90,y=90	F1 F2 F3 T1 T2 T3	1-2-4-6-7-8-9 1-2-3-8-9
条件组合覆盖	x=85,y=90 x=90,y=60	F1 T2 T3 T1 F2 F3	1-2-4-5-7-8-9 1-2-4-6-7-8-9
路径覆盖	x=80,y=80 x=90,y=90 x=85,y=90	F1 F2 F3 T1 T2 T3 F1 T2 T3	1-2-4-6-7-8-9 1-2-3-8-9 1-2-4-5-7-8-9

4. 基路径测试

(1) 独立路径

基路径测试是在程序控制流图的基础上，通过分析控制构造的环路复杂性，导出基本可执行路径集合，从而设计测试用例的方法。进行基路径测试需要获得程序的环路复杂性，并找出所有的独立路径(基本路径)。

程序的环路复杂性即 McCabe 复杂性度量，定义为控制流图的区域数。从程序的环路复杂性可导出程序基本路径集合中的独立路径条数，这是确保程序中每条可执行语句至少执行一次所必须的最少测试用例数。环路复杂性可以使用下面的三种方法来计算。

方法一：通过控制流图的边数和节点数计算。设 E 为控制流图的边数，N 为图的节点数，则定义环路复杂性为 $V(G)=E-N+2$。

方法二：通过控制流图中的判定节点数计算。若设 P 为控制流图中的判定节点数，则有 $V(G)=P+1$。需要注意的是，对于 switch-case 语句，其判定节点数的计算需要转化。将 case 语句转换为 if-else 语句后再计算判定节点个数。

方法三：将环路复杂性定义为控制流图中的区域数。

独立路径是指包括一组以前没有处理的语句或条件的一条路径。控制流图中所有独立路径的集合就构成了基本路径集。只要设计出的测试用例能够确保这些基本路径的执行，就可以使得程序中的每个可执行语句至少执行一次，每个条件的取真分支和取假分支也能得到测试。需要注意的是基本路径集不是唯一的，对于给定的控制流图，可以得到不同的基本路径集。

(2) 基路径测试方法

基路径测试方法的基本步骤如下。

① 根据详细设计或者程序源代码，绘制出程序的程序流程图。

② 根据程序流程图，绘制出程序的控制流图。

③ 计算程序环路复杂性(圈复杂度)。

④ 找出基本路径(独立路径)，通过程序的控制流图导出基本路径集。

⑤ 设计测试用例。根据程序结构和程序环路复杂性设计用例输入数据和预期结果，确保基本路径集中的每一条路径的执行。

(3) 基路径测试法的运用

例 6：下面的程序代码(Java 语言)的功能是将一个正整数分解质因数。例如：输入 90，打印出 90=2*3*3*5。

```
public static void zhiyinshu( int n ) {
    int k = 2;
    System.out.print(n + "=" );                  //输出: n=
    while(k <= n) {
    if(k == n) {
        System.out.println(n);                   // 输出: n;
            break;
        }
        else {
            if( n % k == 0) {
                System.out.print(k + "*");       //输出: k*
                n = n / k;
            }
            else {
                    k++;
            }
        }
  }
```

下面使用基路径法设计测试用例，对上面的代码进行测试。

① 根据程序代码画出对应的控制流图，如图 1-9 所示。

② 通过公式：$V(G)=E-N+2$ 来计算控制流图的环路复杂性(圈复杂度)。E 是流图中边的数量，在本例中 $E=11$；N 是流图中节点的数量，在本例中，$N=9$，则 $V(G)=11-9+2=4$。也可以使用公式 $V(G)$ = 判定节点数 + 1 计算，则 $V(G)=3+1=4$。

③ 独立路径必须包含一条的定义之前不曾用到的边。根据上面计算的圈复杂度，可得出 4 个独立的路径。

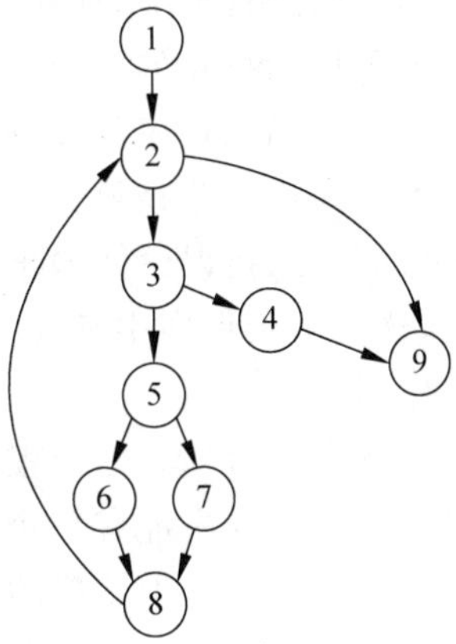

路径 1：1-2-9；

路径 2：1-2-3-4-9；

路径 3：1-2-3-5-6-8-2-3-4-9；

路径 4：1-2-3-5-7-8-2-3-4-9。

1 2 3 4 5 6 7 8 9

图 1-9 控制流图

④ 导出测试用例

为了确保基本路径集中的每一条路径都执行，根据判断节点给出的条件，选择适当的数据以保证某一条路径可以被测试到，满足上面基本路径集的测试用例如表 1-14 所示。

表 1-14 测试用例

用例编号	输入数据	预期输出	执行路径
1	n=1	1=	路径 1：1-2-9
2	n=2	2=2	路径 2：1-2-3-4-9
3	n=4	4=2*2	路径 3：1-2-3-5-6-8-2-3-4-9
4	n=3	3=3	路径 4：1-2-3-5-7-8-2-3-4-9

5. 数据流测试

数据流测试(Data Flow Testing)是基于程序的控制流，从建立的数据目标状态的序列中发现异常的结构测试方法。数据流测试使用程序中的数据流关系来指导测试者选取测试用例。其基本思想是：一个变量的定义，通过辗转的引用和定义，可以影响到另一个变量的值，或者影响到路径的选择等。进行数据流测试时，根据被测试程序中变量的定义和引用位置选择测试路径。因此，可以选择一定的测试数据，使程序按照一定的变量的定义-引用路径执行，并检查执行结果是否与预期相符，从而发现代码的错误。

6. 程序插装

程序插装(Program Instrumentation)概念由 J. G. Huang 教授首次提出，它使被测试程序在保持原有逻辑完整性基础上，在程序中插入一些探针(又称为"探测仪")，通过探针的执行抛出程序的运行特征数据。基于这些特征数据分析，可以获得程序的控制流及数据流信息，进而得到逻辑覆盖等动态信息。

7. 域测试

域测试(Domain Testing)是一种基于程序结构的测试方法。Howden 曾对程序中出现的错误进行分类，他将程序错误分为域错误、计算型错误和丢失路径错误三种。这是相对于执行程序的路径来说的。每条执行路径对应于输入域的一类情况，是程序的一个子计算。如果程序的控制流有错误，对于某一特定的输入可能执行的是一条错误路径，这种错误称为路径错误，也叫做域错误。如果对于特定输入执行的是正确路径，但由于赋值语句的错误致使输出结果不正确，则称此为计算型错误。另一类错误是丢失路径错误，这是由于程序中某处少了一个判定谓词而引起的。域测试是主要针对域错误进行的程序测试。

域测试的“域”是指程序的输入空间。域测试方法基于对输入空间的分析。自然，任何一个被测程序都有一个输入空间。测试的理想结果就是检验输入空间中的每一个输入元素是否都产生正确的结果。而输入空间又可分为不同的子空间，每一子空间对应一种不同的计算。在考察被测试程序的结构以后，我们就会发现，子空间的划分是由程序中分支语句中的谓词决定的。输入空间的一个元素，经过程序中某些特定语句的执行而结束（当然也可能出现无限循环而无出口），那都是满足了这些特定语句被执行所要求的条件的。

域测试有两个致命的弱点，一是为进行域测试对程序提出的限制过多，二是当程序存在很多路径时，所需的测试点也很多。

1.4 软件测试流程

软件测试不等于程序测试，软件测试贯穿于软件开发整个生命周期。软件测试流程主要包括测试准备、测试计划、测试用例设计、测试执行、测试结果分析。

1. 测试准备阶段

测试准备阶段需要组建测试小组，参加有关项目计划、分析和设计会议，获取必要的需求分析、系统设计文档，以及相关产品/技术知识的培训。

2. 测试计划阶段

测试计划阶段的主要工作是确定测试内容或质量特性，确定测试的充分性要求，制定测试策略和方法，对可能出现的问题和风险进行分析和估计，制定测试资源计划和测试进度计划以指导测试的执行。

3. 测试设计阶段

软件测试设计建立在测试计划之上，通过设计测试用例来完成测试内容，以实现所确定的测试目标。软件测试设计的主要内容如下。

(1) 制定测试技术方案，分析测试技术方案是否可行、是否有效、是否能达到预定的测试目标。

(2) 设计测试用例，获取并验证测试数据；根据测试资源、风险等约束条件，确定测试用例执行顺序；分析测试用例是否完整、是否考虑边界条件、能否达到其覆盖率要求。

(3) 测试开发，获取测试资源，开发测试软件（包括驱动模块、桩模块、录制和开发自动化测试脚本等)。

(4) 设计测试环境,建立并校准测试环境,分析测试环境是否和用户的实际使用环境接近。

(5) 进行测试就绪审查,主要审查测试计划的合理性和测试用例的正确性、有效性和覆盖充分性,审查测试组织、环境和设备工具是否齐备并符合要求。在进入下一阶段工作之前,应通过测试就绪评审。

4. 测试执行阶段

建立和设置好相关的测试环境,准备好测试数据,执行测试用例,获取测试结果。分析并判定测试结果,根据不同的判定结果采取相应的措施。对测试过程的正常或异常终止情况进行核对。根据核对结果,对未达到测试终止条件的测试用例,决定是停止测试还是需要修改或补充测试用例集,并进一步测试。

5. 测试结果分析

测试结束后,评估测试效果和被测软件项,描述测试状态。对测试结果进行分析,以确定软件产品的质量,为产品的改进或发布提供数据和支持。在管理上,应做好测试结果的审查和分析,做好测试报告的撰写和审查工作。

1.5　软件自动化测试

1.5.1　软件自动化测试定义

软件自动化测试就是使用自动化测试工具来代替手工进行一系列测试动作,以验证软件是否满足需求,包括测试活动的管理与实施。自动化测试主要是通过所开发的软件测试工具、脚本等来实现,其目的是减轻手工测试的工作量,以达到节约资源(包括人力、物力等)、保证软件质量、缩短测试周期、提高测试效率的目的。

自动化测试以其高效率、重用性和一致性成为软件测试的一个主流。正确实施软件自动化测试并严格遵守测试计划和测试流程,可以达到比手工测试更有效、更经济的效果。相比手工测试,自动化测试具有如下优点。

(1) 程序的回归测试更方便;

(2) 可以运行更多更烦琐的测试;

(3) 执行手工测试很难或不可能进行的测试;

(4) 充分利用资源;

(5) 测试具有一致性和可重复性;

(6) 让产品更快面向市场;

(7) 增加软件信任度。

当然,自动化测试也并非万能,人们对自动化测试的理解也存在许多误区,认为自动化测试能完成一切工作,从测试计划到测试执行,都不需要人工干预。其实自动化测试所完成的测试功能也是有限的。自动化测试存在下列局限性。

(1) 不能完全取代手工测试；

(2) 不能期望自动化测试发现大量新缺陷；

(3) 软件自动化测试可能会制约软件开发；

(4) 软件自动化测试本身没有想象力；

(5) 自动化测试实施的难度较大；

(6) 测试工具与其他软件的互操作性问题。

综上所述，软件自动化测试的优点和收益是显而易见的，但同时它也并非万能，只有对其进行合理的设计和正确的实施才能从中获益。

1.5.2 软件测试工具

1. 白盒测试工具

白盒测试工具一般是针对代码进行的测试，测试所发现的缺陷可以定位到代码级。由于白盒测试通常用在单元测试中，因此又叫单元测试工具。根据测试工具工作原理的不同，白盒测试工具可分为静态测试工具和动态测试工具。

静态测试工具是在不执行程序的情况下，分析软件的特性。静态测试工具一般是对代码进行语法扫描，找出不符合编码规范的地方，根据某种质量模型评价代码的质量，生成系统的调用关系图等。

动态测试工具与静态测试工具不同，动态测试工具一般采用"插桩"的方式，向代码生成的可执行文件中插入一些监测代码，用来统计程序运行时的数据。其与静态测试工具最大的不同就是动态测试工具要求被测系统实际运行。

常用的白盒测试工具有 Parasoft 公司的 Jtest、C++ Test、. test、CodeWizard 等，Compuware 公司的 DevPartner、BoundsChecker、TrueTime 等，IBM 公司的 Rational PurifyPlus、PureCoverage 等，Telelogic 公司的 Logiscope，开源测试工具 JUnit 等。

2. 黑盒测试工具

黑盒测试工具是在明确软件产品应具有的功能的条件下，完全不考虑被测程序的内部结构和内部特性，通过测试来检验软件功能是否按照软件需求规格的说明正常工作。

黑盒测试工具的一般原理是利用脚本的录制/回放，模拟用户的操作，然后将被测系统的输出记录下来同预先给定的预期结果进行比较。黑盒测试工具可以大大减轻黑盒测试的工作量，在迭代开发的过程中，能够很好地进行回归测试。

按照完成的职能不同，黑盒测试工具可以进一步分为以下几种。

(1) 功能测试工具：用于检测程序能否达到预期的功能要求并正常运行。

通过自动录制、检测和回放用户的应用操作，将被测系统的输出同预先给定的标准结果进行比较以判断系统功能是否正确实现。功能测试工具能够有效地帮助测试人员对复杂的系统功能进行测试，提高测试人员的工作效率和质量。其主要目的是检测应用程序是否能够达到预期的功能并正常运行。

常用的功能测试工具有 HP 公司的 WinRunner 和 QuickTest Professional(高版本为 UFT，即 Unified Functional Testing)，IBM 公司的 Rational Robot，Segue 公司的 SilkTest，

Compuware 公司的 QA Run 等。

(2) 性能测试工具：用于测试和分析软件系统的性能。

通常指用来支持压力、负载测试，能够录制和生成脚本、设置和部署场景、产生并发用户和向系统施加持续压力的工具。性能测试工具通过实时性能监测来确认和查找问题，并针对所发现问题对系统性能进行优化，确保应用的成功部署。性能测试工具能够对整个企业架构进行测试，通过这些测试企业能最大限度地缩短测试时间，优化性能和加速应用系统的发布周期。

常用的性能测试工具有 HP 公司的 LoadRunner，Microsoft 公司的 Web Application Stress(WAS)，Compuware 公司的 QALoad，RadView 公司的 WebLoad，Borland 公司的 SilkPerformer，Apache 的 Jmeter 等。

(3) 安全测试工具：用于发现软件的安全漏洞，进行安全评估。

常用的安全测试工具有 HP 公司的 WebInspect，IBM 公司的 Rational® AppScan，Google 公司的 Skipfish，Acunetix 公司的 Acunetix Web Vunlnerability Scanner 等，以及一些免费或开源的安全测试工具，如 Nikto、WebScarab、Websecurify、Firebug、Netsparker、Wapiti 等。

3. 测试管理工具

一般而言，测试管理工具对测试需求、测试计划、测试用例、测试实施进行管理，有些测试管理工具还包括对缺陷的跟踪管理。测试管理工具能让测试人员、开发人员或其他的 IT 人员通过一个中央数据仓库，在不同地方交互信息。

一般情况，测试管理工具应包括以下内容。

(1) 测试用例管理；

(2) 缺陷跟踪管理(问题跟踪管理)；

(3) 配置管理。

常用的测试管理工具有 IBM 公司 TestManager、ClearQuest，HP 公司的 Quality Center 和 TestDirector，Compureware 公司的 TrackRecord，Atlassian 公司的 JIRA，开源的 Bugzilla、TestLink、Mantis、BugFree 等。

4. 专用测试工具

除了上述的自动化测试工具外，还有一些专用的自动化测试工具，例如，针对数据库测试的 TestBytes、数据生成器 DataFactory、对 Web 系统中的链接进行测试的工具 Xenu Link Sleuth 等。

1.6 软件测试文档

1. 测试计划

测试计划(Test Plan)是描述要进行的测试活动的目的、范围、方法、资源和进度的文档。《ANSI/IEEE 软件测试文档标准 829-1983》将测试计划定义为："一个描述了预定的测试活动的范围、途径、资源及进度安排的文档。它确认了测试项、被测特征、测试任务、人员安排，以及任何偶发事件的风险。”

测试计划是指导测试过程的纲领性文件，包含产品概述、测试策略、测试方法、测试区域、测试配置、测试周期、测试资源、测试交流、风险分析等内容。借助软件测试计划，参与测试的项目成员可以明确测试任务和测试方法，保持测试实施过程的顺畅沟通，跟踪和控制测试进度，应对测试过程中的各种变更。

编写测试计划的6要素如下。

(1) why：为什么要进行测试；

(2) what：测试哪些方面，不同阶段的工作内容是什么；

(3) when：测试不同阶段的起止时间；

(4) where：相应文档、缺陷的存放位置、测试环境等；

(5) who：项目有关人员组成，安排哪些测试人员进行测试；

(6) how：如何去做，使用哪些测试工具以及测试方法进行测试。

测试计划中一般包括以下关键内容。

(1) 测试需求：明确测试的范围，估算出测试所花费的人力资源和各个测试需求的测试优先级；

(2) 测试方案：整体测试的测试方法和每个测试需求的测试方法；

(3) 测试资源：测试所需要用到的人力、硬件、软件、技术资源；

(4) 测试组角色：明确测试组内各个成员的角色和相关责任；

(5) 测试进度：规划测试活动和测试时间；

(6) 可交付工件：在测试组的工作中必须向项目组提交的产物，包括测试计划、测试报告等；

(7) 风险管理：分析测试工作所可能出现的风险。

测试计划编写完毕后，必须提交给项目组全体成员，并由项目组中各个角色组联合评审。

2. 测试用例

每个测试用例都将包括下列信息。

(1) 名称和标识：每个测试用例应有唯一的名称和标识。

(2) 用例说明：简要描述测试的对象、目的和所采用的测试方法。

(3) 测试的初始化要求：应考虑硬件配置、软件配置、测试配置、参数设置的初始化要求，以及其他对于测试用例的特殊说明。

(4) 测试的输入：在测试用例执行中发送给被测对象的所有测试命令、数据和信号等。对于每个测试用例应提供如下内容。

① 每个测试输入的具体内容(如确定的数值、状态或信号等)及其性质(如有效值、无效值、边界值等)；

② 测试输入的来源(例如，测试程序产生、磁盘文件、通过网络接收、人工键盘输入等)，以及选择输入所使用的方法；

③ 测试输入是真实的还是模拟的；

④ 测试输入的时间顺序或事件顺序。

(5) 期望测试结果：说明测试用例执行中由被测软件所产生的期望测试结果，即经过验证，认为正确的结果。必要时，应提供中间的期望结果。期望测试结果应该有具体内容，如确定的数值、状态或信号等，不应是不确切的概念或笼统的描述。

(6) 操作过程：实施测试用例的执行步骤。把测试的操作过程定义为一系列按照执行顺序排列的相对独立的步骤，对于每个操作应提供如下内容。

① 每一步所需的测试操作动作、测试程序的输入、设备操作等；

② 每一步期望的测试结果；

③ 每一步的评估标准；

④ 程序终止伴随的动作或错误指示；

⑤ 获取和分析实际测试结果的过程。

(7) 前提和约束：在测试用例说明中施加的所有前提条件和约束条件，如果有特别限制、参数偏差或异常处理，应该标识出来，并说明它们对测试用例的影响。

(8) 测试终止条件：说明测试正常终止和异常终止的条件。

3. 测试报告

测试报告是组成测试后期工作文档的最重要的技术文档。测试报告必须包含以下重要内容。

(1) 测试概述：简述测试的一些声明、测试范围、测试目的、测试方法、测试资源等；

(2) 测试内容和执行情况：描述测试内容和测试执行情况；

(3) 测试结果摘要：分别描述各个测试需求的测试结果，产品实现了哪些功能点，哪些还没有实现；

(4) 缺陷统计与分析：按照缺陷的属性分类进行统计和分析；

(5) 测试覆盖率：覆盖率是度量测试完整性的一个手段，是测试有效性的一个度量。测试报告中需要分析代码覆盖情况和功能覆盖情况；

(6) 测试评估：从总体对项目质量进行评估；

(7) 测试建议：从测试组的角度为项目组提出工作建议。

在软件测试过程中需要加强过程管理和缺陷管理，并提交高质量的测试文档。软件测试相关的文档模板请参见附录B。

1.7 本章小结

本章介绍了软件测试的定义、软件测试的原则和软件测试的分类。软件测试是软件质量保证的重要手段之一，它贯穿于软件开发整个过程中，为软件开发过程服务。

软件缺陷是软件产品在开发和维护过程中存在的错误、缺点等问题，是影响软件质量的重要因素之一。发现并排除缺陷是软件测试人员的一项重要工作。

为保证软件测试的效率和质量，避免测试的随意性和盲目性，测试前需要预先设计测试用例。常用的测试用例设计技术有黑盒测试技术和白盒测试技术。黑盒测试方法有等价类划分、边界值分析、基于判定表的测试、因果图法、正交试验法、场景法、错误猜测法等。白盒测试方法有逻辑覆盖、基路径测试、数据流测试、程序插装、域测试等。

为提高软件测试效率,可以使用自动化测试工具来代替手工进行一系列测试活动。正确实施软件自动化测试并严格遵守测试计划和测试流程,可以达到比手工测试更有效、更经济的效果。

第2章 Web应用技术

随着 Web 技术的迅猛发展，Web 正以其广泛性、交互性和易用性等特点迅速风靡全球，并且已经渗入到社会的各个应用领域。Web 应用系统涉及的领域越来越广，Web 系统的复杂性也变得越来越高。作为保证软件质量和可靠性的重要手段，Web 应用软件测试已成为 Web 开发过程中的一个重要环节，得到人们越来越多的重视，并取得了一定的研究成果。但 Web 应用软件的异构、分布、并发和平台无关等特性，使得对 Web 应用软件的测试要比对传统程序的测试更困难，从而给测试人员提出了新的挑战。

2.1 Web 应用系统

2.1.1 Web 定义

Web 是 WWW(World Wide Web)的简称，又称为“万维网”。Web 是建立在客户机/服务器(Client/Server)模型之上，以 HTML 语言和 HTTP 协议为基础，提供面向各种 Internet 服务的、一致的用户界面的一种信息服务系统。

Web 是一个庞大的、实用的、可共享的信息库。Web 上大量的信息是由彼此关联的文档组成的，这些文档被称为主页(Home Page)或页面(Page)。用户可以通过浏览器(Browser)方便地浏览 Web 服务器上的内容，包括文本文件、图形文件、音频文件和视频文件等信息。

Web 在提供信息服务之前，所有信息都必须以文件方式事先存放在 Web 服务器所管辖的磁盘中的某个文件夹下，其中包括由超文本标记语言 HTML 组成的文本文件。这些文本文件称为超链接文件，又称为网页文件或 Web 页面文件(Web Page)。

当用户通过浏览器在地址栏输入访问网站的网址时，实际上就是向某个 Web 服务器发出调用某个页面的请求。Web 服务器收到页面调用请求后，从磁盘中调出该网页进行相关处理后，传回给浏览器显示。在这里，Web 服务器作为一个软件系统，用于管理 Web 页面，并使这些页面通过本地网络或 Internet 供客户浏览器使用。

2.1.2 Web 应用体系结构

Web 的基本结构采用开放式的客户机/服务器结构，即 C/S 模式。由于这里的客户端是用户的浏览器，所以更准确的描述应该是浏览器/服务器模式，即 B/S(Browser/Server)

模式。整个Web结构体系结构可以分成服务器端、客户接收端(浏览器)以及传输规程三个部分。

一个典型的Web应用通常是三层架构模型,如图2-1所示。在这种最常见的模型中,客户端是第一层;使用动态Web内容技术的部分属于中间层;数据库是第三层。

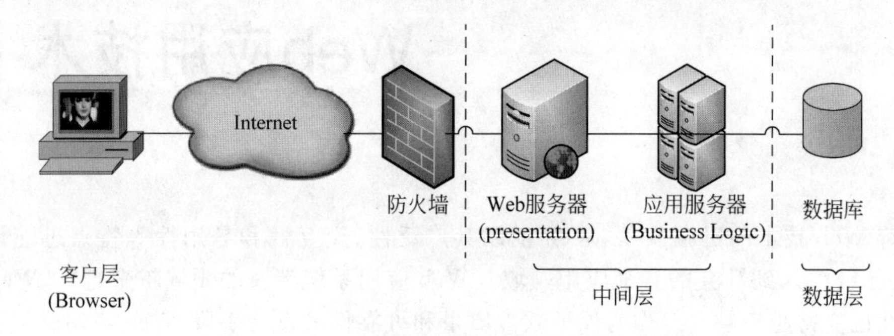

图2-1 Web体系结构示意图

(1) 客户端:包含用户操作的浏览器和运行平台。最常见的就是Windows平台+IE浏览器。

(2) Web服务器:用于发布Web页面,接受来自客户端的请求,并把请求处理结果返回给客户端。常见的Web服务器有Apache、Microsoft IIS、Tomcat等。

(3) 应用服务器:通过各种协议,把商业逻辑暴露给客户端应用程序。

(4) 数据库服务器:现在大多数Web系统都包含数据库。数据库多为关系型数据库,常见的有Oracle、SQL Server、MySQL、Sybase、DB2、Informix等。

(5) 防火墙:系统安全性的一个保障系统。对于重要的系统,防火墙是必不可少的。

2.1.3 Web服务器

1. Web服务器

Web服务器(Web Server)又称WWW服务器、网站服务器、站点服务器,就是将本地的信息用超文本组织,为客户端提供动态的,交互的超文本服务。从本质上来说Web服务器就是一个软件系统。一台计算机可以部署多个Web服务器,但为了提高用户的访问效率,一般情况下一台计算机只充当一个Web服务器。如果有大量用户访问,多台计算机可以形成集群,只提供一个Web服务。

Web服务器可以解析HTTP协议。当Web服务器接收到一个HTTP请求,会返回一个HTTP响应。为了处理一个请求,Web服务器可以响应一个静态页面或图片,进行页面跳转,或者把动态响应委托给一些其他的程序,例如CGI脚本、JSP脚本、servlets、ASP脚本等,或者一些其他的服务器端技术。无论它们的目的如何,这些服务器端的程序通常产生一个HTML的响应到客户端浏览器。

Web服务器的代理模型非常简单。当一个请求被送到Web服务器里时,它只单纯地把请求传递给处理请求的程序(服务器端脚本)。Web服务器仅仅提供一个可以执行服务器端程序和返回响应的环境,而不会超出职能范围。服务器端程序通常具有事务处理、数据库连接和消息等功能。

服务器是一种被动程序，只有当Internet上运行在其他计算机中的浏览器发出请求时，服务器才会响应。当Web浏览器连到服务器上并请求文件时，服务器将处理该请求并将文件反馈到该浏览器上，附带的信息会告诉浏览器如何查看该文件(即文件类型)。Web服务器不仅能够存储信息，还能在用户通过Web浏览器提供的信息的基础上运行脚本和程序。

2. 应用服务器

应用程序服务器(Application Server)简称为应用服务器，它通过各种协议，把商业逻辑暴露给客户端应用程序。Web服务器主要是处理向浏览器发送HTML以供浏览，而应用程序服务器提供访问商业逻辑的途径以供客户端应用程序使用。应用程序使用商业逻辑就像调用对象的一个方法(或函数)一样。

应用程序服务器的客户端可能会运行在一台PC、一个Web服务器甚至是其他的应用程序服务器上。在应用程序服务器与其客户端之间来回穿梭的信息就是程序逻辑。这种逻辑取得了数据和方法调用的形式而不是静态HTML，所以客户端才可以随心所欲地使用这种被暴露的商业逻辑。

在大多数情形下，应用程序服务器是通过组件的应用程序接口把商业逻辑暴露给客户端应用程序，例如基于J2EE(Java2 Platform，Enterprise Edition)应用程序服务器的EJB(Enterprise Java Bean)组件模型。此外，应用程序服务器可以管理自己的资源，包括安全、事务处理、资源池和消息，就像Web服务器一样，应用程序服务器配置了多种可扩展和容错技术。

下面简要介绍几种常见的Web服务器。

(1) Microsoft IIS

IIS(Internet Information Server，互联网信息服务)是Microsoft的Web服务器产品。IIS是目前最流行的Web服务器产品之一，很多著名的网站都建立在IIS的平台上。IIS提供了一个图形界面的管理工具，称为Internet服务管理器，可用于监视配置和控制Internet服务。

IIS是一种Web服务组件，其中包括Web服务器、FTP服务器、NNTP服务器和SMTP服务器，分别用于网页浏览、文件传输、新闻服务和邮件发送等方面。IIS使得在网络上发布信息成了一件很容易的事。它提供ISAPI(Intranet Server API)作为扩展Web服务器功能的编程接口。同时，它还提供一个Internet数据库连接器，可以实现对数据库的查询和更新。

(2) IBM WebSphere

WebSphere软件平台能够帮助客户在Web上创建自己的业务或将自己的业务扩展到Web上，为客户提供一个可靠、可扩展、跨平台的解决方案。作为IBM电子商务应用框架的一个关键组成部分，WebSphere软件平台为客户提供了一个使其能够充分利用Internet的集成解决方案。

WebSphere软件平台提供了一整套全面的集成电子商务软件解决方案。作为一种基于行业标准的平台，它拥有足够的灵活性，能够适应市场的波动和商业目标的变化。它能够创建、部署、管理、扩展出强大、可移植、与众不同的电子商务应用，所有这些内容在必要时都可以与现有的传统应用实现集成。以这一稳固的平台为基础，客户可以将不同的IT环境集成在一起,从而能够最大程度地利用现有的投资。

WebSphere Application Server 是一种功能完善、开放的 Web 应用程序服务器,是 IBM 电子商务计划的核心部分,它基于 Java 的应用环境,用于建立、部署和管理 Internet 和 Intranet Web 应用程序。这一整套产品进行了扩展,以适应 Web 应用程序服务器的需要,范围从简单到高级直到企业级。

(3) BEA WebLogic

BEA WebLogic Server 是一种多功能、基于标准的 Web 应用服务器,为企业构建自己的应用提供了坚实的基础。由于它具有全面的功能、对开放标准的遵从性、多层架构、支持基于组件的开发,基于 Internet 的企业都选择它来开发、部署最佳的应用。

BEA WebLogic Server 为构建集成化的企业级应用提供了稳固的基础,它们以 Internet 的容量和速度,在联网的企业之间共享信息、提交服务,实现协作自动化。BEA WebLogic Server 遵从 J2EE、面向服务的架构,支持丰富的工具集,便于实现业务逻辑、数据和表达的分离,提供开发和部署各种业务驱动应用所必需的底层核心功能。

(4) Apache

Apache 源于 NCSAhttpd 服务器,经过多次修改,成为世界上最流行的 Web 服务器软件之一。Apache 是自由软件,所以不断有人来为它开发新的功能、新的特性、修改原来的缺陷。Apache 的特点是简单、速度快、性能稳定,并可做代理服务器来使用。本来它只用于小型或试验 Internet 网络,后来逐步扩充到各种 UNIX 系统中,尤其对 Linux 的支持相当完美。

Apache 是以进程为基础的结构,进程要比线程消耗更多的系统开支,不太适合于多处理器环境,因此在一个 Apache Web 站点扩容时,通常是增加服务器或扩充群集节点而不是增加处理器。目前 Apache 是世界上用得最多的 Web 服务器,很多著名的网站都是 Apache 的产物。它的成功之处主要在于它的源代码开放、有一支开放的开发队伍、支持跨平台的应用(可以运行在几乎所有的 UNIX、Windows、Linux 系统平台上)以及它的可移植性等方面。

(5) Tomcat

Tomcat 是一个开放源代码、运行 servlet 和 JSP Web 应用软件的基于 Java 的 Web 应用软件容器。Tomcat Server 是根据 servlet 和 JSP 规范进行执行的,因此可以说 Tomcat Server 也实行了 Apache-Jakarta 规范且比绝大多数商业应用软件服务器要好。

Tomcat 是 Java Servlet 2.2 和 JavaServer Pages 1.1 技术的标准实现,是基于 Apache 许可证下开发的自由软件。Tomcat 是完全重写的 Servlet API 2.2 和 JSP 1.1 兼容的 Servlet/JSP 容器。Tomcat 使用了 JServ 的一些代码,特别是 Apache 服务适配器。随着 Catalina Servlet 引擎的出现,Tomcat 第四版号的性能得到提升,使得它成为一个值得考虑的 Servlet/JSP 容器,因此目前许多 Web 服务器都采用 Tomcat。

2.2 Web应用技术

2.2.1 URL

1. URL 定义

统一资源定位符(Uniform Resource Locator,URL)是用来表示 Web 站点内外资源地址的一种形式。使用 URL 的地方包括超链接的 href 属性，指向外部 CSS 文件的<link>元素，指向一个图像的 SRC 属性，或者一个 JavaScript 资源文件和 CSS 特性的 URL 值。

统一资源标识符(Uniform Resource Identifier，URI)是更一般性的术语。URL 是一种特殊类型的 URI。

2. URL 结构

URL 包含了用于查找某个资源的足够的信息，URL 中的每个片段都向客户端和服务器端传达着特定的信息。URL 的一般语法格式为：(带方括号[]的为可选项)

```
protocol :// hostname[:port] / path / [;parameters][?query]#fragment
```

下面详细说明各部分的含义。

(1) protocol

协议(protocol)用于指定所使用的传输协议。协议与 URL 的其余部分用冒号和两个斜线(://)隔开。常见的协议如下。

file：存取本地磁盘文件的服务，其格式为 file://。

ftp：文件传输协议 FTP，其格式为 ftp://。

http：超文本传输协议，HTTP 是目前 WWW 中应用最广的协议，格式为 http://。

https：超文本传输安全协议，其格式为 https://。

mailto 传送 E-mail 协议，通过 SMTP 访问，其格式为 mailto:。

MMS：通过支持 MMS(流媒体)协议的播放器播放该资源(代表软件有 Windows Media Player)，其格式为 MMS://。

ed2k：通过支持 ed2k(专用下载链接)协议的 P2P 软件访问该资源(代表软件有电驴)，其格式为 ed2k://。

Flashget：通过支持 Flashget(专用下载链接)协议的 P2P 软件访问该资源(代表软件有快车)，其格式为 flashget://。

thunder：通过支持 thunder(专用下载链接)协议的 P2P 软件访问该资源(代表软件有迅雷)，其格式为 thunder://。

news：网络新闻组协议。

(2) hostname

主机名(hostname)是指存放资源的服务器的域名系统(DNS)的主机名或 IP 地址。有时，在主机名前也可以包含连接到服务器所需的用户名和密码。

(3) port

端口号(port)为整数，可选，省略时使用方案的默认端口。各种传输协议都有默认的端口号，如 http 的默认端口号为 80。如果输入时省略，则使用默认端口号。有时候出于安全或其他考虑，可以在服务器上对端口进行重定义，即采用非标准端口号，此时，URL 中就不能省略端口号这一项。

(4) path

路径(path)指定了 Web 服务器上包含所请求的文档的目录，就像计算机上保存文件时所指定的文件夹一样。路径是由零或多个“/”符号隔开的字符串，标明客户到达最终目标文件所要经过的路线。

(5) parameters

parameters 是用于指定特殊参数的可选项。

(6) query

query 为可选项,用于给动态网页(如使用 CGI、ISAPI、PHP/JSP/ASP/ASP.NET 等技术制作的网页)传递参数,可有多个参数,用"&"符号隔开,每个参数的名和值用"="符号隔开。

(7) fragment

fragment 是字符串,用于指定网络资源中的片断。例如一个网页中有多个名词解释,可使用 fragment 直接定位到某一名词解释。

有时候,URL 以斜杠/结尾,而没有给出文件名,在这种情况下,URL 引用路径中最后一个目录中的默认文件(通常对应于主页),这个文件常常被称为 index.html 或 default.htm。

例如: http://fund.eastmoney.com/fund.html;

http://fund.eastmoney.com/compare/?code=590008&fix=1;

http://www.swust.edu.cn/s/2/t/851/p/11/c/837/d/1361/list.htm。

3. URL 分类

URL 有两种,分别是绝对 URL 和相对 URL。

(1) 绝对 URL

绝对 URL(Absolute URL)显示文件的完整路径,它包含协议种类、服务器域名、文件路径和文件名,如 http://www.cs.swust.edu.cn/overview/school-overview.html。

(2) 相对 URL

相对 URL(Relative URL)以包含 URL 本身的文件夹的位置为参考点,描述目标文件夹的位置,如 images/cd.swf。

如果目标文件与当前页面(也就是包含 URL 的页面)在同一个目录,那么这个文件的相对 URL 仅仅是文件名和扩展名。如果目标文件在当前目录的子目录中,那么它的相对 URL 是子目录名,后面是斜杠,然后是目标文件的文件名和扩展名。如果要引用文件层次结构中更高层目录中的文件,那么使用两个句点和一条斜杠。可以组合和重复使用两个句点和一条斜杠,从而引用当前文件所在的硬盘上的任何文件。

(3) 绝对 URL 与相对 URL 的用处

绝对 URL 书写起来很麻烦,但可以保证路径的唯一性。通常连接到 Internet 上其他网页的超链接必须用绝对 URL。例如,当想在网站中链接西南科技大学新闻网时,一定要用绝对 URL。

对于同一服务器上的文件,应该使用相对 URL。一方面它们更容易输入,另一方面,在将页面从本地系统转移到服务器上时更方便,只要每个文件的相对位置保持不变,链接就仍然有效。

2.2.2 HTTP

1. HTTP 协议简介

HTTP 协议(Hypertext Transfer Protocol),即超文本传输协议,是 Internet 上使用最广泛的应用层协议之一。HTTP 协议是一个通用的、无状态的、基于对象的超文本传输协议,通过在 HTTP 客户程序和 HTTP 服务程序之间建立端对端的连接实现互联网上超文本文件的传输。

HTTP 在 TCP/IP 协议栈中的位置如图 2-2 所示。

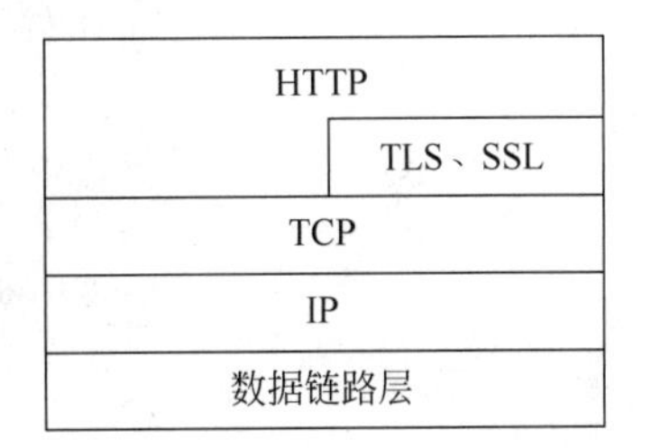

图 2-2　TCP/IP 协议栈

HTTP 协议通常承载于 TCP 协议之上,有时也承载于 TLS 或 SSL 协议层之上,此时就成了人们常说的 HTTPS。默认 HTTP 的端口号为 80,HTTPS 的端口号为 443。

HTTP 协议的主要特点如下。

(1) HTTP 工作在应用层:基于 TCP/IP 的连接方式,但是不提供可靠性或重传机制。

(2) 请求/响应消息对:一旦建立了传输会话,一端(通常是浏览器)必须向响应的另一端(通常是服务器)发送 HTTP 请求,响应的一端则返回 HTTP 消息作为应答内容。

(3) 无状态性:每个 HTTP 请求都是自包含的,服务器不保留以前的请求或会话的历史记录,因此大大减轻了服务器记忆负担,从而保持较快的响应速度。

(4) 面向对象:允许传送任意类型的数据对象,HTTP 通过数据类型和长度来标识所传送的数据内容和大小,并允许对数据进行压缩传送。

(5) 双向传输:浏览器请求 Web 页时,服务器把网页副本传输给浏览器,并且 HTTP 也允许浏览器向服务器传输数据,如用户通过表单提交内容。

(6) 协商能力:HTTP 允许浏览器和服务器协商一些细节,如在传输中使用的字符集、发送方和接收方的传输能力、HTTP 消息首部所使用的文档表示和编码等。

(7) 支持高速缓存:HTTP 允许服务器控制是否能高速缓存页面、如何高速缓存页面以及页面的生命期,也允许浏览器强制页面请求绕过高速缓存,从拥有该页的服务器上得到新的副本。

(8) 支持代理:HTTP 允许在浏览器到服务器之间路径上的机器作为代理服务器,将 Web 页放入高速缓存并从中响应浏览器的请求。

2. HTTP 工作流程

一次 HTTP 操作称为一个事务,其工作过程可分为以下 4 步。

(1) 客户机与服务器需要建立连接。只要单击某个超级链接,HTTP 就开始工作。

(2) 建立连接后,客户机发送一个请求给服务器。

(3) 服务器接到请求后,给予相应的响应信息,其格式为一个状态行,包括信息的协议版本号、一个成功或错误的代码,以及服务器信息、实体信息和可能的内容。

(4) 客户端接收服务器所返回的信息,通过浏览器显示在用户的显示屏上,然后客户机与服务器断开连接。

如果在以上过程中的某一步出现错误，那么产生错误的信息将返回到客户端，由浏览器显示输出。对于用户来说，这些过程是由 HTTP 自己完成的，用户只要用鼠标单击，等待信息显示就可以了。

HTTP 工作过程如图 2-3 所示。

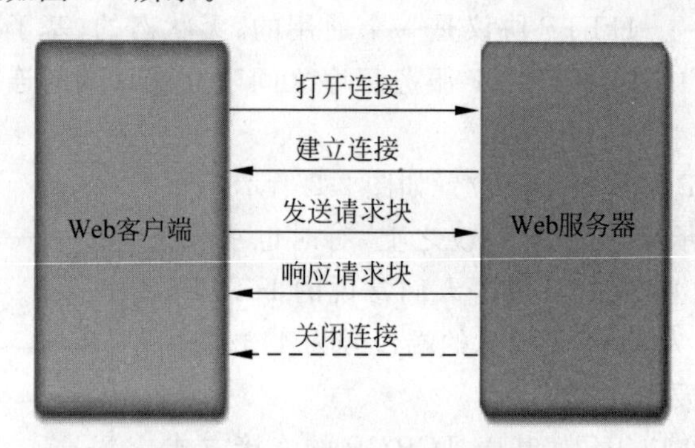

图 2-3　HTTP 工作过程

3. HTTP 报文结构

HTTP 协议采用请求/响应模型。客户端向服务器发送一个请求，请求头包含请求的方法、URI、协议版本，以及请求修饰符、客户信息和内容类似于 MIME(多用途 Internet 邮件扩展协议)的消息结构。服务器以一个状态行作为响应，相应的内容包括消息协议的版本、成功或者错误编码，以及服务器信息、实体元信息以及可能的实体内容。

HTTP 协议有两类报文，分别是请求报文和响应报文。

(1) 请求报文

一个 HTTP 请求报文由请求行(Request Line)、请求头部(Header)、空行(Blank Line)和请求数据(Request Body)4 个部分组成。图 2-4 给出了请求报文的一般格式。

请求方法	空格	URL	空格	协议版本	回车符	换行符	请求行
头部字段名	:	值	回车符	换行符			请求头部
		⋮					
头部字段名	:	值	回车符	换行符			
回车符	换行符						
							请求数据

图 2-4　请求报文的一般格式

报文形式如下：

```
<request-line>
<headers>
<blank line>
[<request-body>]
```

① 请求行

请求行由请求方法字段、URL 字段和 HTTP 协议版本字段三个字段组成，它们用空格分隔。例如,GET/index.html HTTP/1.1。

HTTP/1.1 协议中共定义了 8 种方法(有时也叫"动作")来表明 Request-URI 指定的资源的不同操作方式,如表 2-1 所示。

表 2-1 HTTP 请求方法

方法名	备注
GET	获取一个 URL 指定的资源,即资源实体
HEAD	HEAD 和 GET 本质是一样的,区别在于 HEAD 不含呈现数据,而仅仅是 HTTP 头信息
POST	向指定资源提交数据进行处理请求(例如提交表单或者上传文件)。数据被包含在请求体中。POST 请求可能会导致新的资源的建立和/或已有资源的修改
PUT	从客户端向服务器传送的数据取代指定文档的内容。出于安全考虑,大多数服务器不支持此方法
DELETE	请求服务器删除 Request-URI 所标识的资源。出于安全考虑,大多数服务器不支持此方法
TRACE	回显服务器收到的请求,主要用于测试或诊断。出于安全考虑,大多数服务器不支持此方法
CONNECT	HTTP/1.1 协议中预留给能够将连接改为管道方式的代理服务器
OPTIONS	查询能力,返回服务器针对特定资源所支持的 HTTP 请求方法

其中 GET 和 POST 使用最多。

GET:当客户端要从服务器中读取文档时,使用 GET 方法。GET 方法要求服务器将 URL 定位的资源放在响应报文的数据部分,回送给客户端。使用 GET 方法时,请求参数和对应的值附加在 URL 后面,利用一个问号(?)代表 URL 的结尾与请求参数的开始,传递参数长度受限制,例如/index.jsp?id=100&op=bind。

POST:当客户端给服务器提供信息较多时可以使用 POST 方法。POST 方法将请求参数封装在 HTTP 请求数据中,以名称/值的形式出现,可以传输大量数据。

② 请求头部

请求头部由关键字/值对组成,每行一对,关键字和值用英文冒号":"分隔。请求头部通知服务器有关于客户端请求的信息。典型的请求头有 User-Agent(产生请求的浏览器类型),Accept(客户端可识别的内容类型列表),Host(请求的主机名,允许多个域名同处一个 IP 地址,即虚拟主机)。

③ 空行

最后一个请求头之后是一个空行,发送回车符和换行符,通知服务器以下不再有请求头。

④ 请求数据

请求数据不在 GET 方法中使用,而是在 POST 方法中使用。POST 方法适用于需要客户填写表单的场合。与请求数据相关的最常使用的请求头是 Content-Type 和 Content-Length。

下面是一个典型的 HTTP 请求消息:

```
GET /xml/notices/466.xml HTTP/1.1
Host: www.dean.swust.edu.cn
Accept: */*
(额外的回车符和换行符)
```

（2）响应报文

在接收和解释请求消息后，服务器返回一个 HTTP 响应消息。HTTP 响应由三个部分组成，分别是状态行、消息报头、响应正文。HTTP 响应报文的一般格式如图 2-5 所示。

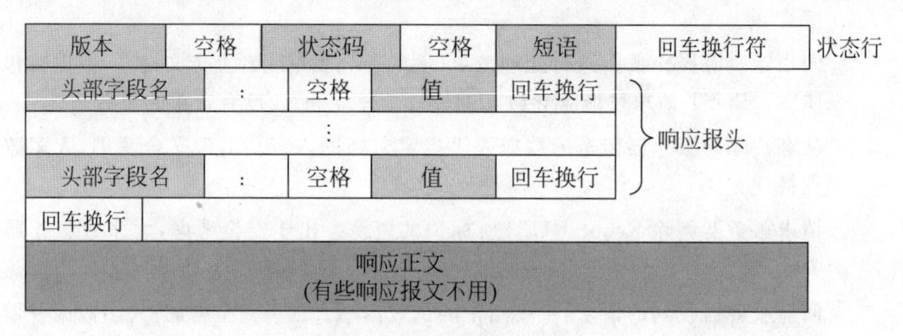

图 2-5　响应报文的一般格式

① 状态行

状态行格式如下：

```
HTTP-Version Status-Code Reason-Phrase CRLF
```

其中，HTTP-Version 表示服务器 HTTP 协议的版本；Status-Code 表示服务器发回的响应状态代码；Reason-Phrase 表示状态代码的文本描述。状态代码由三位数字组成，第一个数字定义了响应的类别，且有 5 种可能取值。状态码详细信息见表 2-2～表 2-6。

② 响应报头

HTTP 消息报头包括普通报头、请求报头、响应报头、实体报头。每一个报头域都是由名字＋"："＋空格＋值组成，消息报头域的名字是大小写无关的。

③ 响应正文

响应正文就是服务器返回的资源的内容。下面是一个典型的 HTTP 响应消息。

```
HTTP/1.1 200 OK
Date: Sun, 08 Dec 2013 08:55:18 GMT
Server: Apache/2.4.3 (Unix)
Last-Modified: Fri, 06 Dec 2013 00:54:33 GMT
ETag: "19fc-4ecd316e1e440"
Accept-Ranges: bytes
Content-Length: 6652
Content-Type: application/xml
(额外的回车符和换行符)
<?xml version="1.0" encoding="utf-8"?>\r\n<?xml-stylesheet type="text/xsl" href="/
xml/xslt/notice.xsl"?>\r\n
<dean>\r\n
…(数据 数据)
```

4. HTTP 状态码

HTTP 状态码(HTTP Status Code)是用以表示网页服务器 HTTP 响应状态的字代码。状态代码由三位数字组成,第一个数字定义了响应的类别,且有 5 种可能取值。

(1) 消息(1 字头)

这类状态码表示请求已被接受,需要继续处理。这类响应是临时响应,只包含状态行和某些可选的响应头信息,并以空行结束。由于 HTTP/1.0 协议中没有定义任何 1xx 状态码,所以除非在某些试验条件下,服务器禁止向此类客户端发送 1xx 响应。HTTP 的消息类状态码详细信息见表 2-2。

表 2-2 1 字头状态码

状态码	状态消息	含义
100	Continue(继续)	收到了请求的起始部分,客户端应该继续请求
101	Switching Protocols(切换协议)	服务器已经理解了客户端的请求,并将通过 Upgrade 消息头通知客户端采用不同的协议来完成这个请求
102	Processing(处理中)	代表处理将被继续执行

(2) 成功(2 字头)

这一类型的状态码代表请求已成功被服务器接收、理解,并接受。HTTP 请求成功的状态码详细信息见表 2-3。

表 2-3 2 字头状态码

状态码	状态消息	含义
200	OK(成功)	服务器成功处理了请求(这个最常见)
201	Created(已创建)	请求已经实现,而且有一个新的资源已经按请求的需要建立,且其 URI 已经随 Location 头信息返回
202	Accepted(已接受)	服务器已接受请求,但尚未处理。返回 202 状态码的响应的目的是允许服务器接受其他过程的请求,而不必让客户端一直保持与服务器的连接直到批处理操作全部完成
203	Non-Authoritative Information(非权威信息)	服务器已成功处理请求,但返回的实体头部元信息不是在原始服务器上有效的确定集合,而是来自本地或者第三方的拷贝。当前的信息可能是原始版本的子集或者超集
204	No Content(没有内容)	服务器成功处理了请求,但不需要返回任何实体内容,并且希望返回更新后的元信息。响应可能通过实体头部的形式,返回新的或更新后的元信息。如果存在这些头部信息,则应当与所请求的变量相呼应
205	Reset Content(重置内容)	服务器成功处理了请求,且没有返回任何内容。与 204 响应不同的是,返回此状态码的响应要求请求者重置文档视图。该响应主要用于接受用户输入后,立即重置表单,以便用户能够轻松地开始另一次输入
206	Partial Content(部分内容)	服务器已经成功处理了部分 Get 请求。类似于 FlashGet、迅雷等 HTTP 下载工具,使用此类响应实现断点续传或者将一个大文档分解为多个下载段同时下载

(3) 重定向(3 字头)

这类状态码表示需要客户端采取进一步的操作才能完成请求。通常,这些状态码用来重定向,后续的请求地址(重定向目标)在本次响应的 Location 域中指明。

当且仅当后续的请求所使用的方法是 GET 或者 HEAD 时,用户浏览器才可以在没有用户介入的情况下自动提交所需要的后续请求。客户端应当自动监测无限循环重定向,因为这会导致服务器和客户端大量不必要的资源消耗。按照 HTTP/1.0 版规范的建议,浏览器不应自动访问超过 5 次的重定向。HTTP 的重定向状态码详细信息见表 2-4。

表 2-4 3 字头状态码

状态码	状态信息	含义
300	Multiple Choices(多项选择)	被请求的资源有一系列可供选择的回馈信息,每个都有自己特定的地址和浏览器驱动的商议信息。用户或浏览器能够自行选择一个首选的地址进行重定向
301	Moved Permanently(永久移除)	请求的资源已永久移动到新位置。服务器返回此响应时,会自动将请求者转到新位置
302	Found(已找到)	服务器临时从不同位置的 URI 响应请求,但请求者应继续使用原有位置来进行以后的请求
303	See Other(参见其他)	对应当前请求的响应可以在另一个 URI 上找到,而且客户端应当采用 GET 的方式访问那个资源。此方法主要是为了满足由脚本激活的 POST 请求输出重定向到一个新的资源
304	Not Modified (未修改)	客户端发送了一个带条件的 Get 请求,且该请求已被允许,而文档的内容(自上次访问以来或者根据请求的条件)并没有改变,服务器将返回此状态码
305	Use Proxy(使用代理)	请求的资源必须通过指定的代理才能被访问。Location 域中将给出指定的代理的 URI 信息,接收者需要重复发送一个单独的请求,通过这个代理才能访问相应资源。只有原始服务器才能建立 305 响应
306	Switch Proxy(切换代理)	在最新版的规范中,306 状态码已经不再被使用
307	Temporary Redirect(临时重定向)	请求的资源现在临时从不同的 URI 响应请求。由于这样的重定向是临时的,客户端应当继续向原有地址发送以后的请求

(4) 请求错误(4 字头)

这类状态码表示客户端看起来可能发生了错误,妨碍了服务器的处理。除非响应的是一个 HEAD 请求,否则服务器就应该返回一个解释当前错误状况的实体,以及这是临时的还是永久性的状况。这些状态码适用于任何请求方法。浏览器应当向用户显示任何包含在此类错误响应中的实体内容。HTTP 的请求错误类状态码详细信息见表 2-5。

表 2-5 4 字头状态码

状态码	状态信息	含义
400	Bad Request(坏请求)	语义有误,服务器无法理解当前请求。请求参数有误
401	Unauthorized(未授权)	当前请求需要用户身份验证。对于需要登录的网页,服务器可能返回此响应

续表

状态码	状态信息	含义
402	Payment Required(要求付款)	该状态码是为了将来可能的需求而预留的
403	Forbidden(禁止)	服务器已经理解请求，但是拒绝执行它
404	Not Found(未找到)	请求失败，服务器未发现请求所希望得到的资源。出现这个错误很可能是因为服务器上没有此页面
405	Method Not Allowed(方法禁用)	请求中的方法不能用于请求相应的资源。该响应必须返回一个 Allow 头信息用以表示出当前资源能够接受的请求方法的列表。鉴于 PUT、DELETE 方法会对服务器上的资源进行写操作，因而绝大部分的网页服务器都不支持或者在默认配置下不允许上述请求方法，对于此类请求均会返回 405 错误
406	Not Acceptable(不接受)	请求的资源的内容特性无法满足请求头中的条件，因而无法生成响应实体。除非这是一个 HEAD 请求，否则该响应就应当返回一个包含可以让用户或者浏览器从中选择最合适的实体特性以及地址列表的实体
407	Proxy Authentication Required (要求进行代理认证)	与 401 响应类似，只是客户端必须在代理服务器上进行身份验证。代理服务器必须返回一个 Proxy-Authenticate 用以进行身份询问。客户端可以返回一个 Proxy-Authorization 信息头用以验证
408	Request Timeout(请求超时)	请求超时。客户端没有在服务器预备等待的时间内完成一个请求的发送。客户端可以随时再次提交这一请求而无须进行任何更改
409	Conflict(冲突)	与被请求的资源的当前状态之间存在冲突，请求无法完成
410	Gone(消失了)	被请求的资源在服务器上已经不可用
411	Length Required(要求长度指示)	服务器拒绝在没有定义 Content-Length 头的情况下接受请求。在添加了表明请求消息体长度的有效 Content-Length 头之后，客户端可以再次提交该请求
412	Precondition Failed(先决条件失败)	服务器在验证请求的头字段中给出的先决条件，没有满足其中的一个或多个。这种情况允许客户端在获取资源时在请求的元信息(请求头字段数据)中设置先决条件，以避免该请求应用到未请求的资源上
413	Request Entity Too Large(请求实体太大)	请求的实体数据大小超过了服务器能够处理的范围，服务器拒绝处理。这种情况下，服务器可以关闭连接以免客户端继续发送这样的请求
414	Request URI Too Long(请求 URI 太长)	请求的 URI 长度超过了服务器能够或希望解释的长度，服务器拒绝对该请求提供服务
415	Unsupported Media Type 不支持的媒体类型	请求中提交的实体并不是服务器中所支持的格式，因此请求被拒绝
416	Requested Range Not Satisfiable (所请求的范围未得到满足)	请求中包含了 Range 请求头，且 Range 中指定的任何数据范围都与当前资源的可用范围不重合，同时请求中又没有定义 If-Range 请求头
417	Expectation Failed(无法满足期望)	服务器无法满足请求头 Expect 中指定的预期内容

续表

状态码	状态信息	含义
421	There are too many connections from your internet address	从当前客户端所在的IP地址到服务器的连接数超过了服务器许可的最大范围
422	Unprocessable Entity	请求格式正确，但是由于含有语义错误，无法响应
423	Locked	当前资源被锁定
424	Failed Dependency	由于之前的某个请求发生的错误，导致当前请求失败

(5) 服务器错误(5字头)

这类状态码表示服务器在处理请求的过程中有错误或者异常状态发生，也有可能是服务器意识到以当前的软硬件资源无法完成对请求的处理。除非这是一个HEAD请求，否则服务器应当包含一个解释当前错误状态以及这个状况是临时的还是永久的解释信息实体。浏览器应当向用户展示任何在当前响应中被包含的实体。HTTP的服务器错误类的状态码详细信息见表2-6。

表2-6 5字头状态码

状态码	状态信息	含义
500	Internal Server Error(内部服务器错误)	服务器遇到错误，导致其无法完成对请求的处理
501	Not Implemented(未实现)	服务器不支持当前请求所需要的某个功能。当服务器无法识别请求的方法，并且无法支持其对任何资源的请求，返回此代码
502	Bad Gateway(网关故障)	作为网关或者代理工作的服务器尝试执行请求时，从上游服务器接收到无效的响应
503	Service Unavailable(未提供此服务)	由于超载或停机维护，服务器目前无法处理请求。这个状况是临时的，并且将在一段时间以后恢复
504	Gateway Timeout(网关超时)	服务器作为网关或代理，未能及时从上游服务器或者辅助服务器收到响应
505	HTTP Version Not Supported(不支持的HTTP版本)	服务器不支持请求中所用的HTTP协议版本。有些服务器不支持HTTP早期的HTTP协议版本，也不支持太高的协议版本

5. HTTP查看工具

使用微软的WFetch可以通过指定主机名、资源路径来很轻松地查看本机HTTP连接详细信息。WFetch主界面如图2-6所示。

Host字段填写的主机名不包括常见的“http://”。Path字段填写资源路径。默认使用主机随机分配的端口号(Port)，HTTP协议版本默认为1.1。同时还要选定想要的请求方法，默认为GET。单击Go按钮就可以开始连接并获得HTTP请求、响应报文了。

下面以http://www.dean.swust.edu.cn/xml/notices/466.xml为例说明WFetch的使用过程。首先Verb项选择Get；接着在Host中输入www.dean.swust.edu.cn；然后在Path中输入/xml/notices/466.xml；最后单击Go按钮，在Log Output框中将看到HTTP报文的详细信息。

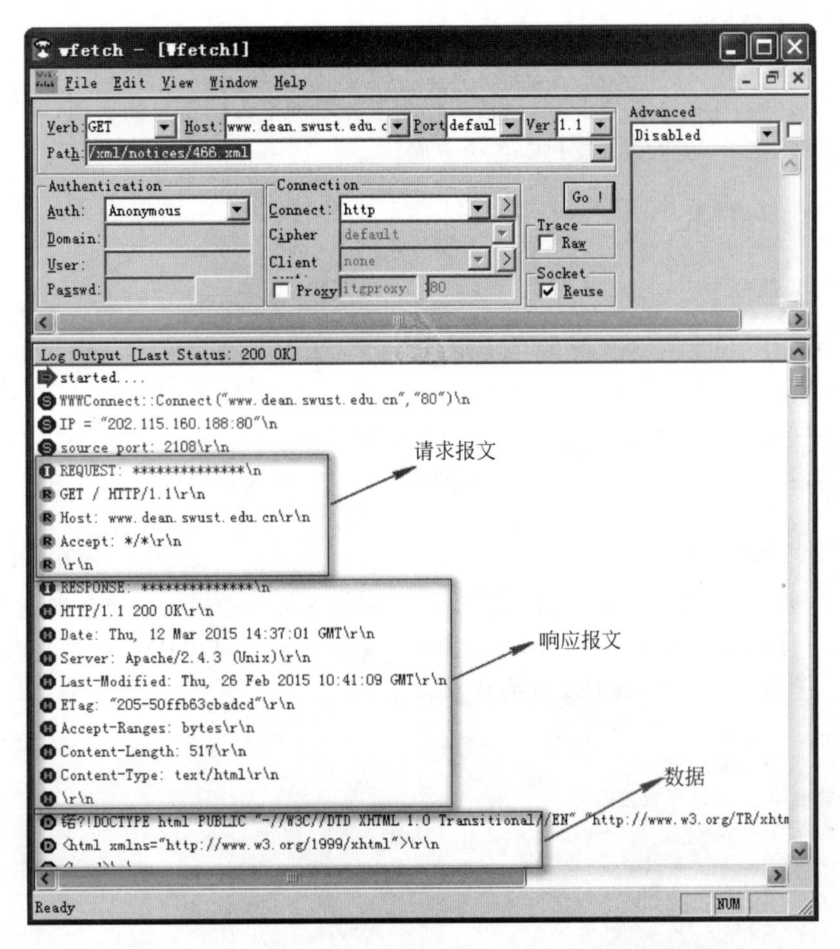

图 2-6 WFetch 主界面

6. HTTPS

HTTPS(Hyper Text Transfer Protocol over Secure Socket Layer)是以安全为目标的HTTP通道。它由Netscape开发并内置于其浏览器中，用于对数据进行压缩和解压操作，并返回网络上传送回的结果。该协议通过应用Netscape的安全套接字层SSL作为HTTP应用层的子层，充分结合并利用了对称加密算法的快速性与非对称密钥的安全性，在Web服务基础传输通道HTTP上，创造性地运用非对称加密算法，实现了对称加密密钥的安全传输，从而保证了该通道内数据的安全性和机密性。HTTPS实现了以下几方面。

(1) 客户端与服务器的双向身份确认

客户端与服务器在传输HTTPS数据之前，需要对双方的身份进行确认，确认过程通过交换各自的X.509数字证书的方式实现。

(2) 保证传输数据的机密性

客户端与服务器在传输HTTPS数据之前，需要根据非对称加密算法协商传输过程中所需要使用的加密密钥，并在随后的数据传输过程中，使用该密钥进行对称加密。

(3) 数据的完整性检验

HTTPS通过信息验证码的方式，对传输数据进行数字签名，因而当内容篡改发生时，由于对应 Hash 值的改变，攻击行为会被发现。

HTTPS 协议在通信的安全性方面，对 HTTP 协议进行了一定程度的增强，基本保证了客户端与服务器端的通信安全，所以被广泛用于互联网上敏感信息的通信，例如网上银行账户、电子邮箱账户，以及交易支付等各个方面。

2.2.3 HTML

1. HTML 简介

HTML (Hyper Text Markup Language，超文本标记语言)是一种用来描述网页的标记语言。HTML 使用标记标签来描述网页，HTML 文档包含 HTML 标签和纯文本。HTML 文档也被称为网页，Web 浏览器的作用是读取 HTML 文档，并以网页的形式显示出来。浏览器不会显示 HTML 标签，而是使用标签来解释页面的内容。

2. HTML 文档结构

一个完整的 HTML 文件由标题、段落、表格和文本等各种嵌入的对象组成，这些对象统称为元素，HTML 使用标记来分隔并描述这些元素。整个 HTML 文件就是由元素与标记组成的。下面是一个 HTML 文件的基本结构。

```
<html> 文件开始标记
    <head> 文件头开始的标记
    ⋮ 文件头的内容
    </head> 文件头结束的标记
    <body> 文件主体开始的标记
            ⋮ 文件主体内容
    </body> 文件主体结束的标记
</html> 文件结束标记
```

(1) <html>…</html>：告诉浏览器 HTML 文件开始和结束的位置，其中包括<head>和<body>标记。HTML 文档中所有的内容都应该在这两个标记之间，一个 HTML 文档总是以<html>开始，以</html>结束。

(2) <head>…</head>：HTML 文件的头部标记，在其中可以放置页面的标题以及文件信息等内容，通常将这两个标签之间的内容统称为 HTML 的头部。

(3) <body>…</body>：用来指明文档的主体区域，网页所要显示的内容都放在这个标记内，其结束标记</body>指明主体区域的结束。

3. HTML 元素和标签

HTML 标签是由尖括号包围的关键词，例如<html>。HTML 标签通常是成对出现的，例如<b>和</b>。标签对中的第一个标签是开始标签，第二个标签是结束标签。例如：

<html>与</html>之间的文本描述网页；

<body>与</body>之间的文本是可见的页面内容；

<title>与</title>之间的文本被显示为网页的标题内容；

<h1>与</h1>之间的文本被显示为标题；

<p>与</p>之间的文本被显示为段落。

(1) 标题

HTML 标题(Heading)是通过<h1>～<h6>标签进行定义的。作为标题，它们的重要性是有区别的，其中<h1>标题的重要性最高，<h6>最低。

标题标记，由<h1>至<h6>变粗变大加宽的程度逐渐减小。每个标题标记所标示的字句将独占一行且上下留一空白行。

(2) 段落

HTML 段落是通过<p>进行定义的，即<p>为段落标记，其作用是为字、画、表格等之间留一空白行。本来<p>是一围堵标记，标于一段落的头尾，但从 HTML 2.0 开始已不需要</p>作结尾。<p>常用参数 align="center"，可选值包括 right、left、center，默认值为 align="left"。

(3) 换行

HTML 换行是通过
进行定义的。
的作用是在不另起一段的情况下将当前文本强制换行。由于浏览器会自动忽略原始码中空白和换行的部分，这使得
成为最常用的标记之一。因为无论您在原始码中编好了多漂亮的文章，若不适当地加上换行标记或段落标记，浏览器只会将它显示成一大段。

(4) 注释

HTML 的注释语句通过<!---->来定义，或者使用“<comment>注释内容</comment>”，如<!--注释语句内容-->。

(5) 链接

HTML 链接是通过<a>标签进行定义的。

① 文本链接

```
<html>
  <body>
    <p>
      <a href = "nextpage.htm">Web 测试</a>
    </p>
    <p>
      <a href = "http://www.microsoft.com/">微软官网</a>
    </p>
  </body>
</html>
```

② 图片链接

```
<html>
  <body>
    <p>
      <a href = "homepage.htm"><img border = "0" src = ".\images\login.gif"></a>
```

```
    </p>
  </body>
</html>
```

③ 锚点链接

HTML 使用锚标签(<a>)来创建一个连接到其他文件的链接。锚可以指向网络上的任何资源,如 HTML 页面、图像、声音、影片等。

先定义锚点: <a name="middle">。

再创建链接: <a href="#middle">跳到中间</a>。

标签<a>被用来创建一个链接指向的锚,href 属性用来指定链接到的地址,锚的起始标签<a>和结束标签</a>中间的部分将被显示为超级链接。

(6) 图像

HTML 图像是通过<img>标签进行定义的。

<img>的一般参数设定如<img src="logo. gif" width=100 height=100 hspace=5 vspace=5 border=2 align="top" alt="Logo of PenPals Garden" lowsrc="pre_logo. gif">。

① src="logo. gif": 图片来源,接受. gif、. jpg 及. png 格式,前两者通行已久,后者从1996 年开始发展,后来取代前两者。若图片文件与该 html 文件同处一目录则只需写上文件名称,否则必须加上正确的路径,相对或绝对皆可。

② width=100 height=100: 设定图片大小,此宽度、高度一般采用 pixels(像素)作单位。通常只设为图片的真实大小以免失真,若要改变图片大小最好事先使用图像编辑工具进行编辑。

③ hspace=5 vspace=5: 设定图片边沿空白,以免文字或其他图片过于贴近。hspace 是设定图片左右的空间,vspace 则是设定图片上下的空间,一般采用 pixels 作单位。

④ border=2: 图片边框厚度。

⑤ align="top": 调整图片旁边文字的位置,可以控制文字出现在图片的上方、中间、底端、左右等,可选值包括 top、middle、bottom、left、right,默认为 bottom。Netscape 还支持 texttop,baseline,absmiddle,absbottom。texttop 表示图片和文字靠顶线对齐,baseline 表示图片对齐到目前文字行底线值,bsmiddle 表示图片对齐到目前文字行绝对中央,absbottom 表示图片对齐到目前文字行绝对底部。

⑥ alt="Logo of PenPal Garden": 描述该图形的文字,若使用者用文字浏览器,由于不支持图片,这些文字则会代替图片而被显示。对于支持图片显示的浏览器,当鼠标移至图片上,这些文字也会显示。

⑦ lowsrc="pre_logo. gif": 设定先显示低像素图片,若所加入的是一张很大的图片,下载耗时很长,这张低像素图片会先被显示。

(7) 表格

HTML 表格是通过<table>标签进行定义的。

<table> <tr> <td>是定义表格的最重要的标记。<table>是一个容器标记,用以声明这是表格而且其他表格标记只能在它的范围内才适用。

<tr>用以标示表格列(row)。

<td>用以标示存储格(cell),通常<td>标签放到<tr>标签中使用。

<table>的参数设定(常用)例如:<table width="400" border="1" cellspacing="2" cellpadding="2" align="CENTER" valign="TOP" background="myweb.gif" bgcolor="#0000FF" bordercolor="#FF00FF" bordercolorlight="#00FF00" bordercolordark="#00FFFF"cols="2">。

① width="400":表格宽度,接受绝对值(如80)及相对值(如80%)。

② border="1":1表示显示表格边框,0代表不显示表格边框。

③ cellspacing="2":表格格线厚度。

④ cellpadding="2":文字与格线的距离。

⑤ align="CENTER":表格的摆放位置(水平),可选值为left、right、center。

⑥ valign="TOP":表格内单元格内容垂直摆放位置,可选值为top、middle、bottom。

⑦ background="myweb.gif":表格背景图纸,与bgcolor不要同用。

⑧ bgcolor="#0000FF":表格底色,与background不要同用。

⑨ bordercolor="#FF00FF":表格边框颜色。

⑩ bordercolorlight="#00FF00":表格边框向光部分的颜色(只适用于IE)。

⑪ bordercolordark="#00FFFF":表格边框背光部分的颜色,使用bordercolorlight或bordercolordark时bordercolor将会失效(只适用于IE)。

⑫ cols="2":表格栏位数目,只是让浏览器在下载表格时先画出整个表格而已。

<tr>的参数设定(常用)例如:<tr align="RIGHT" valign="MIDDLE" bgcolor="#0000FF" bordercolor="#FF00FF" bordercolorlight="#808080" bordercolordark="#FF0000">。

① align="RIGHT":该列单元格内容水平摆放位置,可选值为left、center、right。

② valign="MIDDLE":该列单元格内容垂直摆放位置,可选值为top、middle、bottom。

③ bgcolor="#0000FF":该列底色。

④ bordercolor="#FF00FF":该列边框颜色(只适用于IE)。

⑤ bordercolorlight="#808080":该列边框向光部分的颜色(只适用于IE)。

⑥ bordercolordark="#FF0000":该列边框背光部分的颜色,使用bordercolorlight或bordercolordark时bordercolor将会失效(只适用于IE)。

<td>的参数设定(常用)例如:<td width="48%" height="400" colspan="5" rowspan="4" align="RIGHT" valign="BOTTOM" bgcolor="#FF00FF" bordercolor="#808080" bordercolorlight="#FF0000" bordercolordark="#00FF00" background="myweb.gif">。

① width="48%":该存储格宽度,接受绝对值(如80)及相对值(如80%)。

② height="400":该存储格高度。

③ colspan="5":该存储格向右打通的栏数。

④ rowspan="4":该存储格向下打通的列数。

⑤ align="RIGHT":该存储格内内容水平摆放位置,可选值为left、center、right。

⑥ valign="BOTTOM":该存储格内内容垂直摆放位置,可选值为top、middle、bottom。

⑦ bgcolor="#FF00FF":该存储格底色。

⑧ bordercolor＝"＃808080"：该存储格边框颜色(只适用于 IE)。

⑨ bordercolorlight＝"＃FF0000"：该存储格边框向光部分的颜色(只适用于 IE)。

⑩ bordercolordark＝"＃00FF00"：该存储格边框背光部分的颜色，使用 bordercolorlight 或 bordercolordark 时 bordercolor 将会失效(只适用于 IE)。

⑪ background＝"myweb.gif"：该存储格背景图片，与 bgcolor 任选其一。

单元表格标记示例如下。

```
<center>
<table width = "60 % " cellspacing = "0" cellpadding = "2" align = "center">
<tr>
<td bgcolor = "＃FFD2E9">第一行第一栏</td>
<td bgcolor = "＃FFDAB5">第一行第二栏</td>
<td bgcolor = "＃FFFFB5">第一行第三栏</td>
</tr>
<tr bgcolor = "＃C0C0C0">
<td>第二行第一栏</td>
<td>第二行第二栏</td>
<td>第二行第三栏</td>
</tr>
</table>
</center>
```

带表头的单元表格示例如下。

```
<center>
<table width = "350" border = "1" cellspacing = "0" cellpadding = "2" align = "center">
<tr align = "center">
<th> Month </th><th> % of IE visitor </th><th> % of NC visitor </th> </tr>
<tr align = "center">
<td> August </td><td> 61 % </td><td> 39 % </td>
</tr>
<tr align = "center">
<td> July </td><td> 54 % </td><td> 46 % </td>
</tr>
<tr align = "center">
<td> June </td><td> 52 % </td><td> 48 % </td>
</tr>
</table>
</center>
```

显示结果如表 2-7 所示。

表 2-7 带表头的单元表格示例

Month	% of IE visitor	% of NC visitor
August	61%	39%
July	54%	46%
June	52%	48%

(8) 表单

HTML表单通过<form>元素定义。<form>元素里面可以包含各种其他元素，如段落、表格和图像等。

① 文本输入框

文字输入列的形态就是type="text"，其可设定的属性如下。

name="名称"，是设定此栏位的名称，程序中常会用到。

size="数值"，是设定此栏位显现的宽度。

value="预设内容"，是设定此栏位的预设内容。

align="对齐方式"，是设定此栏位的对齐方式，其值有top(向上对齐)、middle(向中对齐)、bottom(向下对齐)、right(向右对齐)、left(向左对齐)、texttop(向文字顶部对齐)、baseline(向文字底部对齐)、absmiddle(绝对置中)、absbottom(绝对置下)等。

maxlength="数值"，是设定此栏位可设定输入的最大长度。

② 单选按钮

利用type="radio"就会产生单选按钮。单选按钮通常是多个选项一起显示出来供使用者点选，一次只能从中选一个，故称为单选按钮。其可设定的属性如下。

name="名称"，是设定此栏位的名称，程序中常会用到。

value="内容"，是设定此栏位的内容、值或是意义。

align="对齐方式"，是设定此栏位的对齐方式，其值有top(向上对齐)、middle(向中对齐)、bottom(向下对齐)、right(向右对齐)、left(向左对齐)、texttop(向文字顶部对齐)、baseline(向文字底部对齐)、absmiddle(绝对置中)、absbottom(绝对置下)等。

checked，是设定此栏位为预设选取值。

③ 复选框

利用type=" checkbox "就会产生复选框。复选框通常是多个选项一起显示出来供使用者选择，一次可以同时选几个，故称为复选框。其可设定的属性如下。

name="名称"，是设定此栏位的名称，程序中常会用到。

value="内容"，是设定此栏位的内容、值或是意义。

align="对齐方式"，是设定此栏位的对齐方式，其值有top(向上对齐)、middle(向中对齐)、bottom(向下对齐)、right(向右对齐)、left(向左对齐)、texttop(向文字顶部对齐)、baseline(向文字底部对齐)、absmiddle(绝对置中)、absbottom(绝对置下)等。

checked，是设定此栏位为预设选取值。

④ 密码表单

利用type=" password "就会产生一个密码表单，密码表单和文字输入表单外观几乎一样，差别就在于密码表单在输入时全部会以黑点或星号来取代输入的文字，对输入的密码进行安全保护。其可设定的属性如下。

name="名称"，是设定此栏位的名称，程序中常会用到。

size="数值"，是设定此栏位显现的宽度。

value="预设内容"，是设定此栏位的预设内容，不过呈现出来仍是星号。

align="对齐方式"，是设定此栏位的对齐方式，其值有top(向上对齐)、middle(向中对齐)、bottom(向下对齐)、right(向右对齐)、left(向左对齐)、texttop(向文字顶部对齐)、

baseline(向文字底部对齐)、absmiddle(绝对置中)、absbottom(绝对置下)等。

maxlength="数值",是设定此栏位可输入的最大长度。

⑤ 送出按钮

通常表单填完之后,都会有一个送出按钮以及清除重写的按钮,分别利用 type=" submit "及 type=" reset "来产生,其可设定的属性如下。

name="名称",是设定此按钮的名称。

value="文字",是设定此按钮上要呈现的文字,若没有设定,浏览器也会自动加上"送出查询"、"重设"等字样。

align="对齐方式",是设定此栏位的对齐方式,其值有 top(向上对齐)、middle(向中对齐)、bottom(向下对齐)、right(向右对齐)、left(向左对齐)、texttop(向文字顶部对齐)、baseline(向文字底部对齐)、absmiddle(绝对置中)、absbottom(绝对置下)等。

⑥ 多行文本输入框

有时候用户需要输入大量的文字,此时可以利用<textarea></textarea>来产生一个可以输入大量文字的元件,其可设定的属性如下。

name="名称",是设定此栏位的名称。

wrap="设定值",是设定此栏位的换行模式。设定值有三种:off(输入文字不会自动换行)、virtual(输入文字在屏幕上会自动换行,不过若是用户没有自行按下 Enter 换行,送出资料时,也视为没有换行)、physical(输入文字会自动换行,送出资料时,会将屏幕上的自动换行,视为换行效果送出)。

cols="数值",是设定此栏位的行数(横向字数)。

rows="数值",是设定此栏位的列数(垂直字数)。

⑦ 下拉式选单

利用<select name="名称">可以产生一个下拉式选单。另外,还需要配合<option>标签来产生选项,其可设定的属性如下。

size="数值",是设定此栏位的大小,预设值为 1。若是选项有 4 个,则将 size 设成 4,那么下拉式选单便会变成选项方块,将 4 个选项一起呈现在方块中。

multiple,是设定此栏位为复选,可以一次选多个选项。

4. HTML 与 JavaScript

JavaScript 常用来给 HTML 网页添加动态功能,例如响应用户的各种操作。JavaScript 与 HTML 代码结合在一起,通过浏览器解释执行。在 HTML 页面中 JavaScript 的执行环节依赖于浏览器本身,只要安装了支持 JavaScript 的浏览器,JavaScript 代码就可以执行。

5. DHTML

DHTML(Dynamic HTML),即动态 HTML。1997 年,Microsoft 发布了 IE 4.0,并将动态 HTML 标记、级联样式表(CSS)和动态对象(Dynamic Object Model)发展成为一套完整、实用、高效的客户端开发技术体系,用于构建动态的、交互式的 Web 页。同样是实现 HTML 页面的动态效果,DHTML 技术无须启动 Java 虚拟机或其他脚本环境,可以在浏览器的支持下，获得更好的展现效果和更高的执行效率。

2.2.4 XML

1. XML 简介

XML(Extensible Markup Language，可扩展标记语言)是标准通用标记语言的子集，用于标记电子文件使其具有结构性的标记语言，可以用来标记数据、定义数据类型，是一种允许用户对自己的标记语言进行定义的源语言。XML 非常适合 Web 传输，它提供统一的方法来描述和交换独立于应用程序或供应商的结构化数据。XML 是万维网联盟(World Wide Web Consortium，W3C)的推荐标准。

XML 与 Access、Oracle 和 SQL Server 等数据库不同，数据库提供了更强有力的数据存储和分析能力，例如数据索引、排序、查找、相关一致性等，XML 仅仅是存储数据。XML 与其他数据表现形式最大的不同是：它极其简单。XML 的简单使其易于在任何应用程序中读写数据，这使 XML 很快成为数据交换的唯一公共语言。XML 使程序可以与 Windows、Mac OS、Linux 以及其他平台下产生的信息结合，可以加载 XML 数据到程序中并分析它，并以 XML 格式输出结果。

XML 与 HTML 的设计区别是：XML 被设计为传输和存储数据，其焦点是数据的内容。而 HTML 被设计用来显示数据，其焦点是数据的外观。HTML 旨在显示信息，而 XML 旨在传输信息。

XML 和 HTML 语法区别：HTML 的标记不是所有都需要成对出现，XML 则要求所有的标记必须成对出现；HTML 标记不区分大小写，XML 则大小敏感，即区分大小写。

2. XML 的作用

(1) XML 把数据从 HTML 分离

如果需要在 HTML 文档中显示动态数据，那么每当数据改变时将花费大量的时间来编辑 HTML。通过 XML，数据能够存储在独立的 XML 文件中。这样就可以专注于使用 HTML 进行布局和显示，并确保修改底层数据不再需要对 HTML 进行任何的改变。通过使用几行 JavaScript 就可以读取一个外部 XML 文件，然后更新 HTML 中的数据内容。

(2) XML 简化数据共享

XML 数据以纯文本格式进行存储，因此提供了一种独立于软件和硬件的数据存储方法。这让创建不同应用程序可以共享的数据变得更加容易。

(3) XML 简化数据传输

通过 XML，可以在不兼容的系统之间轻松地交换数据。对于开发人员来说，其中一项最费时的挑战就是在因特网上的不兼容系统之间交换数据。由于可以通过各种不兼容的应用程序来读取数据，通过 XML 交换数据降低了这种复杂性。

(4) XML 简化跨平台操作

升级到新的系统(硬件或软件平台)，总是非常费时的。必须转换大量的数据，而且不兼容的数据经常会丢失。XML 数据以文本格式存储。这使得 XML 在不损失数据的情况下，更容易扩展或升级到新的操作系统、新的应用程序或新的浏览器。

(5) XML 使数据更有用

由于 XML 独立于硬件、软件以及应用程序,XML 使数据更可用,也更有用。不同的应用程序都能够访问其中的数据,不仅仅在 HTML 页中,也可以从 XML 数据源中进行访问。通过 XML,数据可供各种阅读设备使用(手持的计算机、语音设备、新闻阅读器等),还可以供盲人或其他残障人士使用。

3. XML 文档结构

XML 文档形成了一种树结构,它从"根部"开始,然后扩展到"枝叶",并扩展到树的最底端。XML 文档必须包含根元素,该元素是所有其他元素的父元素。

所有元素均可拥有子元素,其结构如下。

```
<root>
  <child>
    <subchild>…</subchild>
  </child>
</root>
```

父、子以及同胞等术语用于描述元素之间的关系。父元素拥有子元素。相同层级上的子元素成为同胞(兄弟或姐妹)。所有元素均可拥有文本内容和属性(类似 HTML 中)。

4. XML 语法规则

(1) 所有 XML 元素都要有关闭标签

在 XML 中,省略关闭标签是非法的,所有元素都必须有关闭标签。

```
<?xml version="1.0" encoding="ISO-8859-1"?>
<publicationdate>2010-6-10</publicationdate>
```

(2) XML 标签对大小写敏感

XML 元素使用 XML 标签进行定义。XML 标签对大小写敏感。在 XML 中,标签<Letter>与标签<letter>是不同的。必须使用相同的大小写来编写打开标签和关闭标签。

```
<?xml version="1.0" encoding="ISO-8859-1"?>
<Letter>这是错误的.</letter>
<letter>这是正确的.</letter>
```

(3) XML 必须正确地嵌套

标签必须按合适的顺序进行嵌套,所以结束标签必须按镜像顺序匹配起始标签。这好比将起始和结束标签看作是数学中的左右括号,在没有关闭所有的内部括号之前,是不能关闭外面的括号的。

```
<?xml version = "1.0" encoding = "ISO - 8859 - 1"?>
<letter><b>这是错误的.</letter></b>
<letter><b>这是正确的.</b></letter>
```

(4) XML 文档必须有根元素

XML 文档中必须有一个元素是所有其他元素的父元素,该元素称为根元素。

```
<?xml version = "1.0" encoding = "ISO - 8859 - 1"?>
<root>
  <child>
    <subchild>...</subchild>
  </child>
</root>
```

(5) XML 的属性值要加引号

与 HTML 类似,XML 也可拥有属性(名称和值)。在 XML 中,XML 的属性值必须加引号。下面的两个 XML 文档,第一个是错误的,第二个是正确的。

```
<?xml version = "1.0" encoding = "ISO - 8859 - 1"?>
<book date = 06/08/2010>
<title>XML Study</title>
<author>Jacky</author>
</book>

<?xml version = "1.0" encoding = "ISO - 8859 - 1"?>
<book date =  "06/08/2010">
<title>XML Study</title>
<author>Jacky</author>
</book>
```

(6) XML 中的注释

在 XML 中编写注释的语法与 HTML 的语法很相似。

```
<?xml version = "1.0" encoding = "ISO - 8859 - 1"?>
<book date = "06/08/2010">
<! -- this is comments line -->
<title>XML Study</title>
<author>Jacky</author>
</book>
```

这些规则使得开发一个 XML 解析器十分简便,而且也去除了解析标准通用标记语言中复杂语法规则的工作。仅仅在 XML 出现后的 6 年内就衍生出多种不同的语言,包括 MathML、SVG、RDF、RSS、SOAP、XSLT、XSL-FO,而同时也将 HTML 改进为 XHTML。

5. XML 文档实例

```
<?xml version = "1.0" encoding = "ISO - 8859 - 1"?>
< book >
< title > XML Study </title >
< author > Jacky </author >
< press > Tsinghua University Publishing </press >
< publicationdate > 2010 - 06 - 08 </publicationdate >
</book >
```

第一行是 XML 声明,它定义 XML 的版本(1.0)和所使用的编码(ISO-8859-1 = Latin-1/西欧字符集)。下一行描述文档的根元素(意思在说:“本文档是一个便签”)<book>。接下来 4 行描述根的 4 个子元素(title、author、press 以及 publicationdate)。最后一行定义根元素的结尾</book>。从本例可以设想,该 XML 文档包含了一本书的基本信息(包含书名、作者、出版社、发行日期)。

2.2.5 客户端脚本语言

脚本语言是为了缩短传统的编写—编译—链接—运行过程而创建的计算机编程语言。它通常是在运行时由一个运行时组件解释语言代码并执行其中包含的指令,而非通过编译的方式执行。

对于一个 Web 应用程序来说,核心的内容就是处理用户的输入,根据不同的用户输入产生灵活的输出。由于脚本具有良好的灵活性,因此被广泛地运用到 Web 开发之中。在 Web 脚本技术中,既有用于客户端的脚本,如 JavaScript;也有用于服务器端脚本,如 ASP、PHP、Perl;还有用于数据库的脚本,如 SQL 等。

1. JavaScript

JavaScript 是一种基于对象和事件驱动并具有相对安全性的客户端脚本语言,常用来给 HTML 网页添加动态功能,例如响应用户的各种操作。它最初由网景公司(Netscape)的 Brendan Eich 设计,是一种动态、弱类型、基于原型的语言,内置支持类。JavaScript 是 Sun 公司的注册商标。Ecma 国际以 JavaScript 为基础制定了 ECMAScript 标准。JavaScript 也可以用于其他场合,如服务器端编程。完整的 JavaScript 实现包含三个部分:ECMAScript,文档对象模型,字节顺序记号。

JavaScript 是客户端脚本语言。JavaScript 源代码在发往客户端运行之前不需经过编译,而是将文本格式的字符代码发送给浏览器由浏览器解释运行。解释语言的弱点是安全性较差,而且在 JavaScript 中,如果一条语句运行不了,那么下面的语句也无法运行。而且由于每次重新加载都会重新解释,加载后,有些代码会延迟到运行时才解释,甚至会多次解释,所以速度较慢。随着服务器的强壮,虽然程序员更喜欢运行于服务端的脚本以保证安全,但 JavaScript 仍然以其跨平台、容易上手等优势大行其道。

Javascript 程序是纯文本的,且不需要编译,所以任何纯文本的编辑器都可以编辑 Javascript 文件。

HTML 的任意位置都可以引入 JavaScript，可以直接在 HTML 文档中书写 JavaScript 代码。

例如：

```
<script language="javascript">
<!--
...
(JavaScript 代码)
...
//-->
</script>
```

document. write()是文档对象的输出函数，其功能是将括号中的字符或变量值输出到窗口；document. close()是将输出关闭。

2. VBScript

VBScript 是 Visual Basic Script 的简称，即 Visual Basic 脚本语言，有时缩写为 VBS。VBScript 是微软开发的一种解析型的服务端（也支持客户端）脚本语言，可以看作是 VB 语言的简化版，与 VBA（Visual Basic for Applications，Visual Basic 的一种宏语言）的关系也非常密切。VBScript 是 ASP 动态网页默认的编程语言，配合 ASP 内建对象和 ADO 对象，用户很快就能掌握访问数据库的 ASP 动态网页开发技术。

由于 VBScript 可以通过 Windows 脚本宿主调用 COM，因而可以使用 Windows 操作系统中可以被使用的程序库，例如可以使用 Microsoft Office 的库，尤其是使用 Microsoft Access 和 Microsoft SQL Server 的程序库，当然也可以使用其他程序和操作系统本身的库。

VBScript 最大的优点在于简单易学，它去掉了 Visual Basic 中使用的大多数关键字，而仅保留了其中少量的关键字，大大简化了 Visual Basic 的语法，使得这种脚本语言更加易学易用，也为原先熟悉 VB 语言的开发人员减轻了学习其他语言的负担。但很多浏览器不支持 VBS，因此在 Web 开发中使用 JavaScript 的居多。

2.2.6 动态网页技术

1. ASP

ASP（Active Server Page）又称为动态服务器页面，是微软公司 1996 年 11 月推出的 Web 应用程序开发技术。它既不是一种程序语言，也不是一种开发工具，而是一种技术框架，它含有若干内建对象，用于 Web 服务器端的开发。利用它可以产生和执行动态的、互动的和高性能的 Web 服务应用程序。ASP 使用 VBScript、JavaScript 等简单易懂的脚本语言，结合 HTML 代码，可快速地完成网站的应用程序开发。使用 ASP 开发出来的 Web 应用程序，文件后缀一般是. asp。ASP 可以视为 HTML、Script 及 CGI 的结合体，其程序编写比 HTML 更为方便灵活，程序的安全保密性比 Script 好，运行效率也比 CGI 高。

ASP 具有下列特点。

(1) 开放性

ASP的开放性表现在并不需要程序开发者使用一个专用的脚本语言来生成网络应用程序,ASP包括对VBScript和JavaScript的本机支持。多个脚本语言甚至可以在相同的ASP文件中同时使用并相互调用。ASP支持ActiveX组件,这些组件实际上可以用任何语言编写,包括Java、Visual Basic、C++、COBOL等。

(2) 易操作性

ASP使Web应用开发人员可以在服务器上方便地"激活"页面,可以方便地将网页与应用程序连接起来,以实现高级功能。以前使用Peri或C编写复杂的CGI程序来完成的功能(如数据库连接),使用ASP只需几行简单的代码就可以完成。

(3) 页面设计与程序设计分离

通过使用脚本和组件,ASP允许开发人员将编程工作与页面设计工作分离开来,分别加以完成。这样就可以确保程序开发者将主要的精力用来考虑编写程序的逻辑,而不必担心外观是怎样的。同时,它也使从事页面外观设计的人员可以利用一些工具来对网页进行修改,而不必考虑编程的问题。ASP可以方便地将程序逻辑与页面设计结合起来。

(4) 即时编译

ASP具有一个即时编译系统。在收到对ASP文件的请求时,编译系统自动对ASP文件进行重新编译,并将其载入服务器的高速缓存中。因此,系统开发者对ASP文件的修改可以在浏览器中立即得到反应,只需简单地保存该文件并在浏览器中刷新即可。这样大大提高了调试程序的效率,从而提高系统开发的效率。

(5) 浏览器独立性

ASP运行在服务器端,接受来自浏览器的请求,在服务器端运行用于生成动态内容及操作数据库的脚本,所有的处理都在服务器端进行,然后向浏览器返回标准的HTML文件,所以,不必担心用户用什么样的浏览器来访问站点。

2002年,微软推出了ASP.NET。ASP.NET完全基于模块与组件,具有更好的可扩展性与可定制性,数据处理方面更是引入了许多激动人心的新技术,正是这些具有革命性意义的新特性,让ASP.NET远远超越了ASP,同时也提供给Web开发人员更好的灵活性,有效缩短了Web应用程序的开发周期。ASP.NET与Windows Server家族的完美组合为中小型乃至企业级的Web商业模型提供了一个更为稳定、高效、安全的运行环境。

2. PHP

PHP(Hypertext Preprocessor,超文本预处理器)是一种通用开源脚本语言,其语法吸收了C语言、Java和Perl的特点,易于学习,使用广泛,主要适用于Web开发领域。PHP的文件后缀名为*.php。

虽然PHP的语法简单,但功能却十分强大,自其诞生以来,便迅速得到了广泛使用。在文件操作、网络协议使用、数据库支持上,PHP语言有着独特全面的开发函数接口。此外,PHP具有良好的多平台兼容性,可以在UNIX、Linux及Windows平台下正常使用。

PHP具有下列特性。

(1) PHP独特的语法混合了C、Java、Perl以及PHP自创新的语法。

(2) PHP可以比CGI或者Perl更快速地执行动态网页。与其他的编程语言相比，PHP是将程序嵌入到HTML文档中去执行，执行效率比完全生成HTML标记的CGI要高许多。PHP具有非常强大的功能，所有CGI的功能PHP都能实现。

(3) PHP支持几乎所有流行的数据库以及操作系统。

(4) 最重要的是PHP可以用C、C++进行程序的扩展。

3. JSP

JSP(Java Server Page)是由Sun公司于1999年推出的一项因特网应用开发技术，是基于Java Servlet以及整个Java体系的Web开发技术。利用这一技术可以建立先进、安全和跨平台的动态网站。JSP技术是以Java语言作为脚本语言的，使用JSP标识或者Java Servlet脚本来生成页面上的动态内容。

在传统的网页HTML文件(*.htm，*.html)中加入Java程序片段(Scriptlet)和JSP标签，就构成了JSP网页。插入的Java程序片段可以操作数据库(通过JDBC技术连接数据库)、重新定向网页以及发送E-mail等，实现建立动态网站所需要的功能。

JSP与Servlet一样，是在服务器端执行的。服务器端的JSP引擎解释JSP标识和小脚本，生成所请求的内容，并且将结果以HTML页面形式发送回浏览器。由于所有程序操作都在服务器端执行，网络上传送给客户端的仅是得到的结果，这样大大降低了对客户浏览器的要求，即使客户浏览器端不支持Java，也可以访问JSP网页。因此，JSP适用于需要考虑跨平台移植的应用项目以及需要高可靠性的Internet/Intranet应用系统。

JSP具备了Java技术的简单易用，完全面向对象，与平台无关性且安全可靠的特点。

自JSP推出后，众多大公司都支持JSP技术的服务器，如IBM、Oracle、Bea公司等，所以JSP迅速成为商业应用的服务器端语言。

4. CGI

CGI(Common Gateway Interface，公共网关接口)是WWW技术中最重要的技术之一。CGI是一段程序，运行在服务器上，提供同客户端HTML页面的接口。

CGI是外部应用程序(CGI程序)与Web服务器之间的接口标准，是在CGI程序和Web服务器之间传递信息的规程。CGI规范允许Web服务器执行外部程序，并将它们的输出发送给Web浏览器。CGI将Web的一组简单的静态超媒体文档变成一个完整的新的交互式媒体。

几乎所有的服务器软件都支持CGI，开发者可以使用任何一种Web服务器内置语言编写CGI，包括Perl语言、C、C++、VB和Delphi等。

CGI应用程序主要的用途有以下几种。

(1) 根据浏览者填写的HTML表单发送定制的答复；

(2) 创建可单击的图像缩小图；

(3) 创建一个浏览者可以搜索内容的数据库；

(4) 提供服务器与数据库的接口，并把结果转换成HTML文档；

(5) 制作动态HTML文档。

2.3 Web 应用测试特点

2.3.1 Web 应用特点

与传统的软件相比,Web 应用具有下列特点。

(1) 内容驱动

一般来说,Web 网站不是为了某个或某些特定用户量身定做的,它们一般都拥有一个广大的服务群体,其服务的内容往往由这些群体的要求所决定。在大多数情况下,一个 Web 网站的主要功能是使用 HTML、JavaScript 等语言来提供文本、图形、音频、视频等内容给终端用户。

(2) 易于导航

Web 是一种超文本信息系统。Web 的超文本链接使得 Web 文档可以从一个位置迅速跳转到另一个位置,从一个主题迅速跳转到另一个相关的主题。Web 非常易于导航,只需要从一个连接跳到另一个连接,就可以在各页面或各站点之间进行浏览。

(3) 平台无关性

Web 网站对系统平台没有限制。无论客户机是何种操作系统,只要支持通用的 Web 浏览器,用户就可以访问 Web 数据。无论从 Windows 平台、UNIX 平台、Macintosh 还是别的什么平台,都可以通过 Internet 访问 Web 网站。对 Web 的访问是通过浏览器实现的,如 Netscape 的 Navigator、Microsoft 的 Explore、谷歌的 Chrome 等。

(4) 分布式

大量的图形、音频和视频信息会占用相当大的磁盘空间,我们甚至无法预知信息的多少。对于 Web,没有必要把大量图形、音频和视频等信息都放在一起,可以将这些信息放在不同的站点上,只要通过超链接指向所需的站点,就可以使物理上处于不同位置的信息自逻辑上形成一体。对用户来说,这些信息是一体的。

(5) 动态性

早期的 Web 页面是静态的,由于开发了多种 Web 动态技术,现在用户已经能够方便地定制页面。以 ASP 和 Java 为代表的动态技术使 Web 从静态页面变成可执行的程序,大大提高了 Web 的动态性和交互性。页面中可能包括类似 JavaScript、VBScript 等客户端脚本,由于脚本行为的无法预知性,使得 Web 软件测试变得困难。

(6) 交互性

Web 的交互性首先表现在它的超链接上,用户的浏览顺序和所到站点完全由他自己决定。另外通过表单(form)的形式可以从服务器方获得动态的信息。用户通过填写表单可以向服务器提交请求,服务器可以根据用户的请求返回相应信息。

(7) 美观性

良好的观感会使一个 Web 网站锦上添花。Web 是一种超媒体分布式系统,Web 之所以能够迅速流行,一个很重要的原因就是它可以将文本、图形、音频、视频信息集合于一体。Web 能在页面上充分展示文本、图形、音频、视频等超媒体,给人美的享受。

(8) 即时性

Web网站具有其他任何软件类型中都没有的即时性,或者称为快速性。对于某些较大规模的Web网站,开发时间往往也只有几周或者几天,适度复杂的Web页面可以仅在几小时内完成。这要求开发者必须十分熟练于开发Web应用所需的压缩时间进度的规划、分析、实现以及测试方法。

(9) 持续演化性

不同于传统的、按一系列规律发布进行演化的应用软件(如微软每隔1~2年发布新的Office办公软件),Web网站一般是采取持续演化的模式。对于某些Web应用而言,按小时为单位进行更新都是司空见惯的。

(10) 安全性

Web网站通过网络访问,为了提高系统效率,需要限制访问终端的用户的数量。为了保护敏感内容,必须提供安全的数据传输模式。因此要求Web网站必须有一定的安全性保障。

2.3.2 Web应用测试的特点

Web应用的特性给Web测试带来了新的挑战。Web应用系统测试不但需要检查和验证其是否按照设计的要求运行,还要保证系统能承受海量用户的访问,并且还要从最终用户的角度进行安全性和易用性测试。由于Internet和Web媒体的不可预见性使测试Web系统变得更加困难。

Web测试基于传统测试,传统测试技术都可用于Web测试中。与传统软件相比,Web测试不但注重系统功能,而且更加关注系统的性能和安全性。对于Web测试来说,最大的挑战就是海量用户带来的挑战。

1. 系统性能测试

传统软件的性能测试相对单纯一些,可以比较容易搭建一套环境,流量也比较容易模拟。而一个大型的Web系统可能有几百上千台甚至更多的服务器,多地多层部署,受到各种因素的影响,例如商品促销活动,一瞬间流量可能就达到很高。因此给性能测试带来了新的挑战,而且网站发布非常快,也没有时间去反复地做性能测试。大型Web应用的性能测试是一个很大的课题。

2. 浏览器的兼容性

用户使用的浏览器种类繁多,版本更新速度也很快,除了IE、Chrome和Firefox浏览器,还有很多种国产的浏览器,因此要覆盖用户使用的各种浏览器,是一个很大的挑战,而且也是不可能的,但产品团队希望测试能够尽可能覆盖更多。因此,如何来设计策略,采用什么技术手段,对测试者来说是很重要的。

3. Web系统安全性

Web网站是互联网最重要的资源,同时,Web网站也面临着前所未有的安全威胁,黑客入侵、病毒蔓延将扰乱网站的正常运行,给企业和个人带来损失和不利影响。为保证Web

网站安全正常的运行，对 Web 系统进行全面深入的安全性测试是必不可少的。

4. Web 易用性

对 Web 软件企业来说，易用性是其生存和运营的必要条件。Web 易用性包括易理解性、易学习性和易操作性。随着人们对互联网的依赖，用户体验变得越来越重要，人们对 Web 易用性提出了更高的要求。

2.4 Web 应用测试内容

2.4.1 功能测试

1. 链接测试

链接是 Web 应用系统的一个主要特征，它是在页面之间切换和指导用户去一些不知道地址的页面的主要手段。在 Web 系统中，软件系统都包含大量的页面，每个页面也包含了众多的链接，测试时需要验证这些链接是否可用、链接的页面是否存在、是否有孤立的页面等。

2. 表单测试

当用户给 Web 应用系统管理员提交信息时，就需要使用表单操作，例如用户注册、登录、信息提交等。测试时需要检查表单提交操作的正确性、完整性，还需要验证服务器是否正确保存了这些数据，而且后台运行的程序是否正确解释和使用这些信息。

3. Cookies 测试

Cookies 通常用来存储用户信息和用户对应用系统的操作信息，当一个用户使用 Cookies 访问了某一个应用系统时，Web 服务器将发送关于用户的信息，把该信息以 Cookies 的形式存储在客户端计算机上，这可用来创建动态和自定义页面或者存储登录等信息。如果 Web 应用系统使用了 Cookies，就必须检查 Cookies 是否能正常工作。

4. 设计语言测试

Web 设计语言版本的差异可以引起客户端或服务器端的严重问题，例如使用哪种版本的 HTML 等。当在分布式环境中开发时，开发人员都不在一起，这个问题就显得尤为重要。除了 HTML 的版本问题外，不同的脚本语言，例如 Java Applet、ActiveX、VBScript、JavaScript 或 Perl 等也要进行验证。

5. 数据库测试

在 Web 应用技术中，数据库起着重要的作用，数据库为 Web 应用系统的管理、运行、查询和实现用户对数据存储的请求等提供空间。数据库测试包括验证实际数据的正确性和数据的完整性以确保数据没有被误用,检查数据库结构设计是否正确,并对数据库应用进行功能性测试。

在Web应用中,最常用的数据库类型是关系型数据库,可以使用SQL对信息进行处理。在使用了数据库的Web应用系统中,一般情况下,可能发生两种错误,分别是数据一致性错误和输出错误。数据一致性错误主要是由于用户提交的表单信息不正确而造成的,而输出错误主要是由于网络速度或程序设计问题等引起的,针对这两种情况,可分别进行测试。

6. 应用程序特定功能测试

测试人员需要对应用程序特定的功能需求进行验证。尝试用户可能进行的所有操作,如购物网站中包括下订单、更改订单、取消订单、核对订单状态、在货物发送之前更改送货信息、在线支付等。

2.4.2 性能测试

作为一个网络用户,通常遇到的问题是单击一个链接或者提交一个表单,需要相当长的时间才能得到服务器反馈的页面。这样的Web应用系统即使功能再强大,也会因为性能问题失去用户。在如今的Web应用系统研发中,性能测试的地位逐步提高。这里的性能测试是广义上的性能测试。

在Web软件系统测试中一般包括三个方面的内容:响应速度测试、负载测试、压力测试。

1. 响应速度测试

在Web应用软件中,由于软件的大部分功能是在服务器端实现的,而客户端仅是通过浏览器浏览服务器发来的信息,所以这种结构下的应用软件对连接速度的要求是较高的。当用户访问页面时,如果Web系统响应时间太长(例如超过5s),用户就会因没有耐心等待而离开。另外,有些页面有超时的限制,如果响应速度太慢,用户可能还没来得及浏览内容,就需要重新登录了。而且,连接速度太慢,还可能引起数据丢失,使用户得不到真实的页面。

响应速度测试就是获取系统对用户请求的响应时间。

2. 负载测试

负载测试是为了测量系统在某一负载级别上的性能,以保证系统在需求范围内能正常工作。负载级别可以是某个时刻同时访问Web系统的用户数量,也可以是在线数据处理的数量。例如,应用系统能允许多少个用户同时在线;如果超过了这个数量,会出现什么现象;应用系统能否处理大量用户对同一个页面的请求。

3. 压力测试

压力测试实际上是一种破坏性测试,在一定用户数的压力下来测试系统的反应。压力测试是测试系统的极限和故障恢复能力，也就是测试应用系统会不会崩溃，在什么情况下会崩溃，崩溃以后会怎么样。黑客常常提供错误的数据负载，直到应用系统崩溃，接着当系统重新启动时获得存取权。

在Web应用系统性能测试过程中，常常将压力测试和负载测试结合起来。在负载测试的基础上，增大负载量，直到系统崩溃。

2.4.3 用户界面测试

Web界面面对的是用户，用户通过Web界面实现对软件、数据库的操作。通过Web界面测试可以确保Web应用向用户提供了正确的信息显示，从而使用户能够进行正确的操作，来实现Web应用的功能。除此之外，Web界面测试还要确保UI对象符合预期的要求，满足用户的易用体验要求并符合行业的标准。

用户界面测试包括导航测试、图形测试、内容测试、整体界面测试等。

2.4.4 安全性测试

作为Web应用系统，常受到病毒和非法入侵的攻击，数据传输会被非法截获和伪造传递。因此，Web服务器安全性的测试是非常重要的内容。安全性测试主要是测试系统在没有授权的内部或者外部用户对系统进行攻击或者恶意破坏时如何进行处理，是否仍能保证数据和页面的安全。

Web应用安全性测试包括Web应用程序部署环境测试、应用程序安全性测试、数据库测试和容错测试等。

2.4.5 接口测试

在很多情况下，Web网站不是孤立的，它可能与外部服务器通信、请求数据、验证信息或提交订单等。

Web接口测试需要测试浏览器与服务器之间的接口。有些Web系统有外部接口，测试人员需要检查外部接口返回服务器的消息和数据。另外，最容易被测试人员忽略的地方是接口错误处理，这个也是接口测试时必须要检查的。

2.4.6 客户端兼容性测试

对于Web应用，我们是无法预知用户的客户端配置和运行环境的，所以，做好兼容性测试是非常重要的。Web兼容性测试需要测试Web系统在各种操作系统、浏览器、视频设置、Modem连接速率等环境下能否正常使用。

2.4.7 其他测试

除了以上测试以外，Web测试内容还包括文档测试、本地化测试、可靠性测试等。

2.5 本章小结

开展 Web 测试需要了解 Web 应用的原理和基本技术。本章简要介绍了 Web 系统体系结构和 Web 应用基本技术。在分析 Web 应用测试的特点的基础上，介绍了 Web 应用测试的内容和方向。Web 应用的新特性给测试带来了新的挑战，特别对是大型的网站，其并发性、安全性、可靠性等的测试。

第二篇

技 术 篇

- 第3章　Web功能测试
- 第4章　Web用户界面测试
- 第5章　Web性能测试
- 第6章　Web安全性测试
- 第7章　Web兼容性测试

第3章 Web功能测试

功能测试是根据产品特性、操作描述和用户方案，测试一个产品的特性和可操作行为以确定它们满足设计需求。Web 应用程序的功能测试内容非常丰富，包括链接测试、表单测试、Cookie 测试、数据库测试、接口测试、业务功能测试等。

3.1 链接测试

3.1.1 链接的定义

超链接(Hyperlink)也称链接(Link)，是指从一个网页指向一个目标的连接关系，所指向的目标可以是另一个网页，也可以是相同网页上的不同位置，还可以是图片、多媒体文件(音频、视频)、电子邮箱地址、文件，甚至是应用程序。在网页中用来做超链接的对象，可以是一段文本或者是一张图片。当浏览者单击已经链接的文字或图片后，链接目标将显示在浏览器上，并且根据目标的类型来打开或运行。

按照链接路径的不同，网页中的链接一般分为以下三种类型：内部链接，锚点链接和外部链接。按照使用对象的不同，网页中的链接又可以分为文本链接、图像链接、E-mail 链接、锚点链接、多媒体文件链接、空链接等。按照链接打开方式的不同，有当前窗口打开、上层窗口打开、新窗口打开和顶层窗口打开等类型。

在网页中，一般文字上的链接都是蓝色的(当然，用户也可以自己设置成其他颜色)，文字下面有一条下划线。当移动鼠标指针到该链接上时，鼠标指针就会变成一只手的形状，这时候用鼠标单击，就可以直接跳到与这个链接相连接的网页或 WWW 网站上去。如果用户已经浏览过某个链接，这个链接的文本颜色就会发生改变。只有图像链接访问后颜色不会发生变化。

3.1.2 链接测试内容

链接测试可分为以下三个方面。

(1) 是否按指示的那样确实链接到了该链接的页面，页面上是否有无效链接。

(2) 链接的页面是否存在。若不存在，则应设计出友好的提示信息页面，告之用户请求的页面不存在或给出相应的提示语。

(3) 保证 Web 应用系统上没有孤立的页面。所谓孤立页面是指没有链接指向该页面，只有知道正确的 URL 地址才能访问。

另外在测试过程中,还需要注意链接本身应言简意赅,链接指示应具有可读性,并且可操作性强。

链接测试主要检查点有以下几个方面。

(1) 页面是否有无法连接的内容,图片是否能正常显示,有无冗余图片,代码是否规范,页面是否存在死链接。

(2) 图片是否有无用链接,单击图片上的链接是否跳转到正确页面。

(3) 页面单击 Logo 下的一级栏目或二级栏目名称,是否可进入相应的栏目。

(4) 单击首页或列表页的文章标题链接,是否可进入相应的文章详情页。

(5) 单击首页栏目名称后的【更多】链接,是否正确跳转到相应页面。

(6) 文章列表页、左侧栏目的链接,是否可正确跳转到相应的栏目页面。

(7) 导航链接的页面是否正确,是否可按栏目级别跳转到相应的页面。

(8) 相关信息链接显示页面是否链接正确,是否有空链接和错误链接。

3.1.3 链接测试工具

1. 链接测试工具的优势

在 Web 系统中包含大量的页面,每个页面中又包含了众多的链接,其测试工作量很大。为提高测试效率可采用工具进行测试。

链接测试工具具有下列优势。

(1) 简单易用;

(2) 在实现上采用多线程技术,检查速度特别快;

(3) 对断开的链接可以再次测试,可以避免误判;

(4) 没有检查链接的数量限制,只受系统资源的约束;

(5) 可以分析 Web 应用的结构;

(6) 检查结果可以分类查看,自动生成 HTML 格式的报告。

2. 常用链接测试工具

(1) Xenu Link Sleuth

下载地址:http://home.snafu.de/tilman/xenulink.html

Xenu 可以打开一个本地网页文件来检查它的链接,也可以输入任何网址来检查。执行测试后,Xenu 可以分别列出网站的活链接以及死链接,并分析出转向链接。Xenu 支持多线程,可以把检查结果存储成文本文件或网页文件。Xenu 检测出指定网站的所有死链接包括图片链接等,并用红色显示;同时 Xenu 可制作 html 格式的网站地图(Site Map),检测结束后可生成链接报告,稍加编辑就是一份详尽准确的网站地图。

(2) HTML Link Validator

HTML Link Validator 可以检查 Web 中的链接情况,看看是否有无法连接内容。本程序可以在很短的时间内检查数千个文件,只需双击放有网页的文件夹就能开始检查。可以标记错误链接的文件,很方便地显示链接,使用者也可以编辑这些资料。

(3) Web Link Validator

下载地址：http://www.relsoftware.com/wlv

Web Link Validator 是适用于网管检测网站链接可用性的工具，可以检测 Javascript、Flash、图片地图等。Web Link Validator 是通过输入网址的方式来测试网络链接是否正常。测试者可以给出任意存在的网络链接，如软件文件、HTML 文件、图形文件等都可以。

(4) LinkCheckerPro

下载地址：http://www.link-checker-pro.com

LinkCheckerPro 主要对网页进行分析，检查断链接和其他链接问题。LinkCheckerPro 界面友好、操作简单，适合超过 10 万个链接的企业级网站。

(5) 其他链接测试工具

除了以上链接测试工具外，还有很多其他的链接测试工具，如 Linkbot、LinkTiger、Site Audit、LinkScan、CyberSpyder Link Test、Alert Linkrunner 等。

3.1.4 Xenu 链接测试工具的使用

1. Xenu 简介

Xenu 是一款出色的死链接检测工具，全称为 Xenu's Link SleuthTM。它是由德国柏林的 Tilman Hausherr 为网页死链检测专门开发的免费软件。Xenu 具有如下特点。

(1) 检测范围广，能够检测的链接有普通链接、图片、Frame 框架、插件、背景、local image maps、样式表、脚本和 Java Applets 等。

(2) 检测速度快，最多支持 100 个并发检测线程。一般中小型站点只需要数十秒即可完成检测。

(3) 一次检测可以涵盖 100 万以上的 URL 总量，如果使用 64 位版本，还可以更多。

(4) 用户操作界面简单，安装和使用方便。

(5) 报告采用 HTML 格式输出，死链接情况一目了然，非常直观。

(6) 可以按照网页标题自动生成网站地图。

(7) 支持重定向和 SSL。

2. Xenu 下载/安装

下载地址：http://home.snafu.de/tilman/xenulink.html

安装：解压缩后，直接运行 setup.exe 即可。

3. 运行

(1) 启动 Xenu 后，单击 File，如图 3-1 所示。

(2) 单击 Check URL，弹出 Xenu's starting point 对话框，如图 3-2 所示。根据测试项目的要求进行设置，设置完成后，单击 OK 按钮，Xenu 将开始对输入的 URL 网址进行检测。

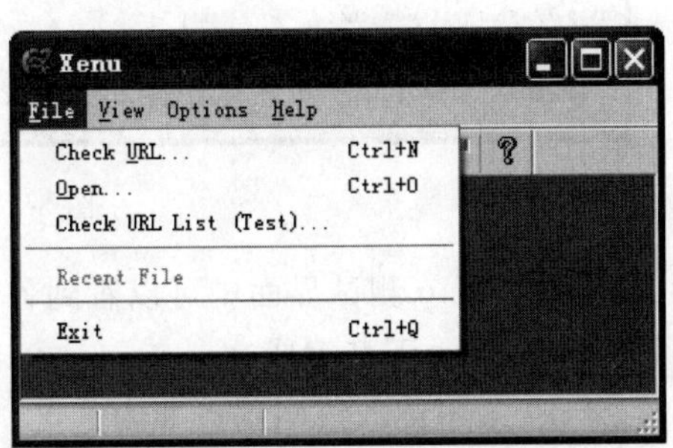

图 3-1　Xenu 的 File 菜单

例如，输入西南科技大学的网址 www

. swust. edu. cn,单击 OK 按钮后,开始测试,如图 3-3 所示。此时会显示当前链接的详细信息,包括地址、状态、类型、大小、标题、日期、层次、外部链接、内部链接、持续时间。

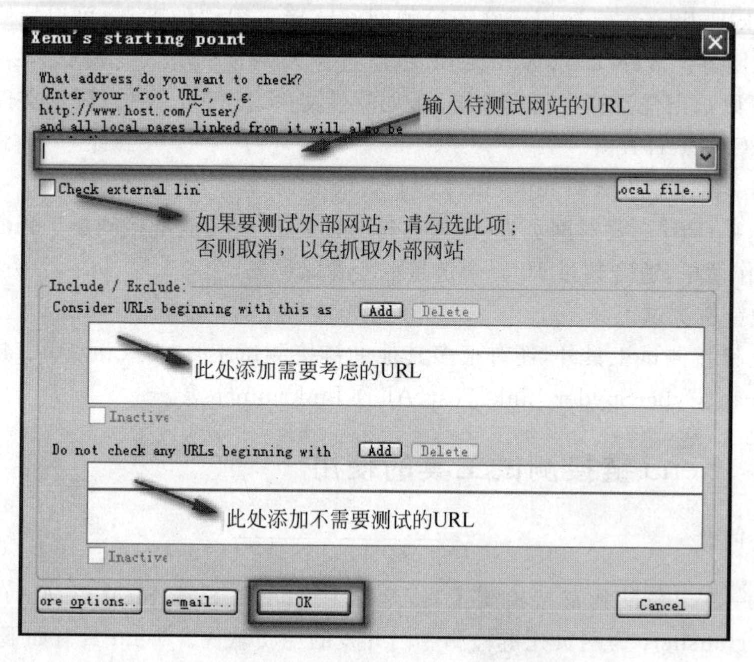

图 3-2　Xenu's starting point 对话框

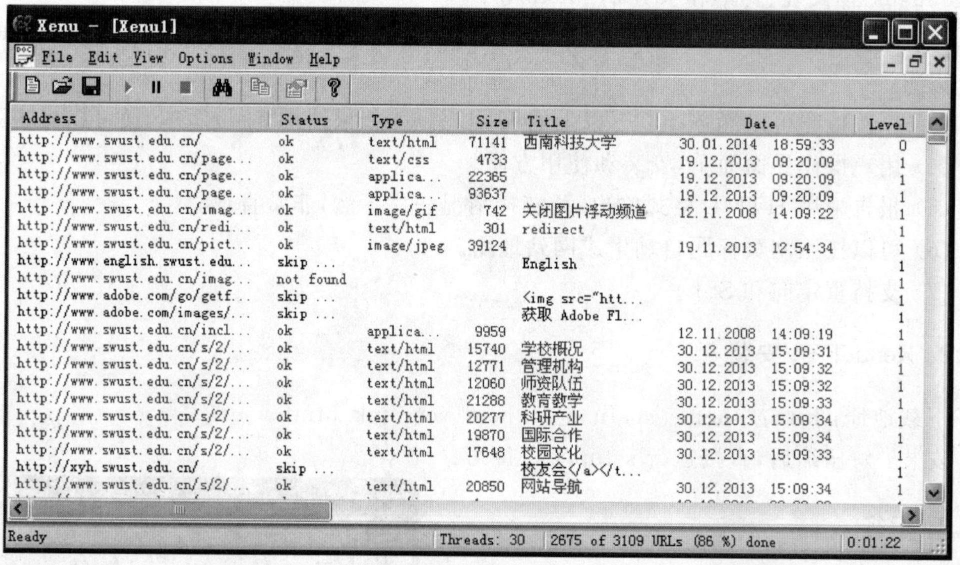

图 3-3　Xenu 测试界面

(3) 在 Xenu 测试界面中可以看到各链接的状态,各状态的含义如下。

① ok: 网页下载完成。

② skip: 不读取该网站以外的链接。

③ not found: 链接不存在。

(4) 选择某条记录右击,然后选择 URL Properties,可以查看该链接地址的信息,其中包括这个页面的标题信息、链接到这个页面的其他链接,以及这个页面所包含的链接。图 3-4 是 www. swust. edu. cn 的详细信息。

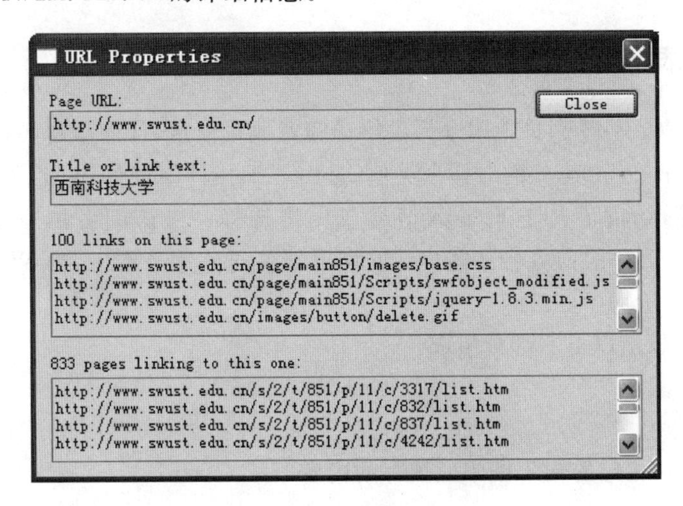

图 3-4　查看 URL 属性

(5) 当网站的所有链接检测完成后,将生成网站链接报告。测试结果将以网页的形式展现出来,如图 3-5 所示。文档最后可以看到检测的统计信息,如图 3-6 所示(说明:本次测试是在公网中测试的,学校的一些网页不能访问,所以测试结果中 not found 占的比重比较大)。

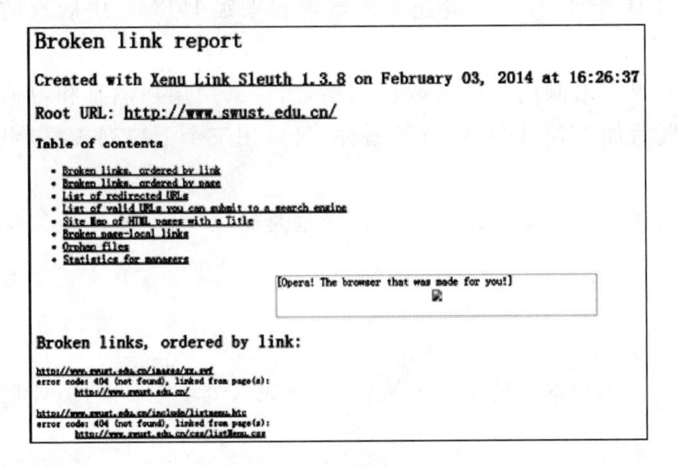

图 3-5　Xenu 生成的测试报告

All pages, by result type:

ok	2034 URLs	60.93%
skip external	405 URLs	12.13%
not found	899 URLs	26.93%
Total	3338 URLs	100.00%

图 3-6　测试结果统计信息

检测完成,需要分析检测结果。测试结果中,用红色显示的 URL 表明是有问题的页面,如检测结果没有红色的 URL,表明测试通过,无死链接存在。选择红色显示的错误链接右击,选择 URL Properties,可以查看该链接地址的详细信息。根据错误链接的网址、标题和链接文本,对错误网页进行查找。最后把测试结果提供给开发人员,让开发人员做相应修改。

3.2 表单测试

3.2.1 表单的定义

表单(Form)在 Web 网页中用来提供给访问者填写信息,从而获得用户信息,实现和用户的交互。表单和 Windows 的对话框类似,是由若干控件组成的,包括文本框、复选框、列表、菜单、按钮等,访问者用它们输入信息或做出选择。当访问者填写完信息后做提交(Submit)操作时,表单的内容将从客户端的浏览器传送到服务器上,由 Web 服务器上的程序处理。

Web 表单一般由以下 6 部分组成。

1. 标签

标签告诉用户相应的输入框中应填写的内容。

2. 输入域

输入域包括文本输入框、密码框、单选框、多选框、滚动条等。

(1) 输入框类型。根据需要选择合适的输入框类型,每种输入框都有它自己的特性。例如,如果只允许选择一个,就用单选按钮;如果可以多选,则用复选框。

(2) 定制输入框。简单通常是最实用的,尽量让输入域看起来跟 HTML 中展现的一个样。

(3) 限制输入框的格式。如果要限制用户输入数据的格式,应采用用户熟悉和习惯的方法。例如,代替在日期文本框后加 MM/DD/YYYY 备注,可采用三个下拉列表框,更好的办法是,用日历控件来控制。

(4) 必填项和选填项。应当让用户清楚地知道哪些输入框是必填的,一般用星号(*)表示必填。

3. 操作

表单操作包括链接和按钮。当用户单击链接或按钮后,可完成一个动作或事件,如提交表单的操作。

4. 帮助

帮助用户完成表单的填写。永远不应该向用户解释如何填写表单。如果它看起来不像表单或很难填写,那么只有重新设计了。帮助文字只应出现在需要的地方,并且要尽量简洁易读。

用户触发和动态帮助。与其每个输入域后都加上帮助文字,不如让其只在用户需要时才出现。可以在输入框旁边放个小图标,让用户在需要时自行单击。或者当用户在输入框里输入数据时,动态显示帮助信息。

5. 信息

针对用户的输入，提供反馈信息。反馈信息可能是积极的信息（如提示表单成功提交），也可能是消极的（如“您选择的用户名已被注册”）。

（1）错误信息。告知用户有错误发生，一般会阻止用户继续填写表单。可采用以下方法突出错误信息：颜色（通常是红色）、熟知图形（如警告标志）、突出显示（通常在表单上方或是发生错误的侧边）、大字体，或者以上综合。

（2）成功信息。用以告知用户其在表单上取得了较大进步。如果表单很长，成功信息可以鼓励用户继续填写。和错误信息一样，成功信息也应突出显示。但是不能阻碍用户继续填写表单。

6. 验证

验证的目的是确保用户提交的数据符合参数规则。

例如：当当网上的注册功能，就是一个表单，如图 3-7 所示。

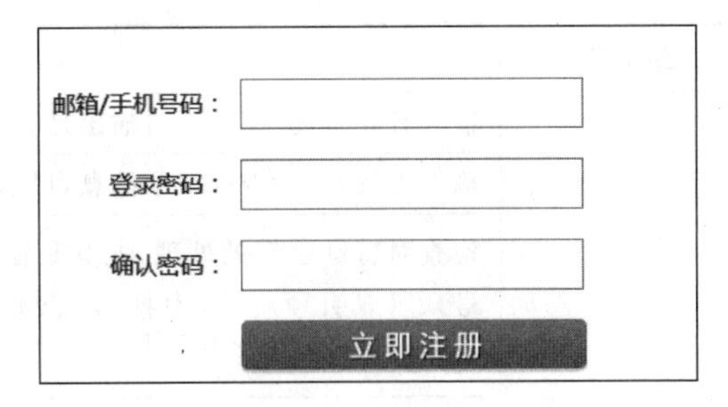

图 3-7 网站注册

3.2.2 表单控件的测试

在一个表单中常常包含各类控件，测试时必须对每个控件进行单独的测试，最后还需要将表单中的各元素组合起来测试。

1. 文本框的测试

文本框是一种让访问者自己输入内容的表单对象。

单行文本框（TextBox）通常被用来填写单个字或者简短的信息。图 3-8 就是一个单行文本框，要求用户填写用户名。

多行文本框（TextArea）又称为滚动文本框，它能够让访问者填写较长的内容。多行文本框默认情况下是文本自动换行。当输入内容超过文本域的右边界时会自动转到下一行，而数据在被提交处理时自动换行的地方不会有换行符出现。图 3-9 中就有两个多行文本框。

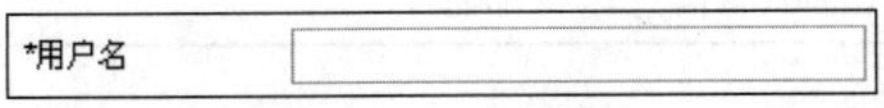

*用户名

图 3-8 单行文本框

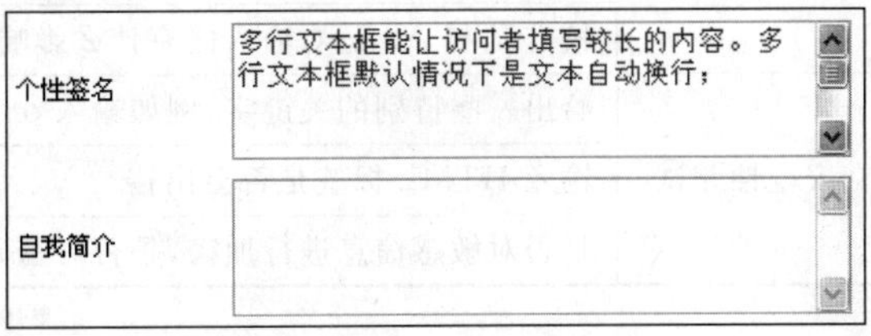

个性签名 多行文本框能让访问者填写较长的内容。多行文本框默认情况下是文本自动换行；

自我简介

图 3-9 多行文本框

文本框是最容易出现缺陷和问题的地方，需要综合考虑，设计周密详细的测试用例。对于多行文本框的测试，可参照单行文本框的测试内容，并补充多行文本框的一些特殊内容的测试，例如文本内容较多时，回车、换行和缩进是否正确；文本内容超出文本框显示范围时，是否有滚动条。

(1) 基本检查项

进行文本框测试时，有些内容是必须要考虑和测试的，对文本框进行基本检查时，可参考表 3-1。

表 3-1 文本框基本检查项

测试分类	检查内容
功能测试	输入有效时，验证输入与输出是否信息一致
	输入无效时，是否有提示信息，提示信息是否准确、友好
	检查对特殊字符的处理，尤其是输入信息需要发送到数据库的。特殊字符包括'(单引号)、"(双引号)、[](中括号)、()(小括号)、{}(大括号)、;(分号)、＜＞(大于小于号)等
	对于有特殊限制的，应该在输入时做出提示，指出不允许的输入或者标出允许的输入，如注册时用户名的限制
	输入超长字符或文本。例如在"地址"框中输入超过允许边界个数的字符，假设最多 255 个字符，尝试输入 256 个字符，检查程序能否正确处理
	是否允许复制(Ctrl+C)、粘贴(Ctrl+V)、删除(Delete)等功能
	当处于某种状态下，输入框是否处于可写或非可写状态。例如，系统自动给予的编号作为唯一标识，当再次处于编辑状态下，此输入框应处于不可写状态，如果可对其编辑，将可能会造成数据重复或出现冲突
界面测试	文本框的大小、长度是否合理
	文本框前面的标题是否正确
	文本框的颜色和字符本身显示的颜色是否美观、协调
	文本框字符或文体过长(但未超出限制)，显示时是否影响显示效果，如出现重叠、覆盖、错位等问题
	密码输入窗口转换成星号或其他符号
	输入错误时的提示信息是否准确
	对空格、Tab 字符的处理机制是否正确
	按 Ctrl 和 Alt 键对输入框有什么影响
安全性测试	给出一些特别的关键字，例如输入 or 1=1，或者输入 Admin--等攻击性语句
	输入 HTML 标签是否会出错
	是否对敏感信息进行加密，是否对密码输入框中的信息进行加密

(2) 字符型

有些文本框要求输入内容是字符型的，对于字符型输入，可参考表 3-2 进行测试。

表 3-2　字符型文本框的测试内容

<table>
<tr><th>测试分类</th><th>检 查 内 容</th></tr>
<tr><td rowspan="5">字符种类</td><td>分别输入英文全角字符、英文半角字符进行测试</td></tr>
<tr><td>分别输入数字、汉字、字母以及它们的组合进行测试</td></tr>
<tr><td>输入为空，或者输入空格</td></tr>
<tr><td>特殊字符"～!@＃＄%^&＊()_＋{}|[]\:"＜＞?;',./?;:'－＝等可能导致系统错误的字符，特别要注意单引号和 & 符号</td></tr>
<tr><td>禁止直接输入特殊字符时，使用粘贴、拷贝功能尝试输入，并测试能否正常提交</td></tr>
<tr><td rowspan="2">长度检查</td><td>分别输入最小长度、最大长度、最小长度－1、最大长度＋1</td></tr>
<tr><td>输入超长字符，例如把很长的文档拷贝到输入框中</td></tr>
<tr><td rowspan="2">空格检查</td><td>输入的字符中间有空格</td></tr>
<tr><td>分别检查字符前有空格、字符后有空格、字符前后均有空格的情况</td></tr>
<tr><td rowspan="4">多行输入</td><td>允许回车换行</td></tr>
<tr><td>查看显示时能够保存输入的格式(缩进、换行等)</td></tr>
<tr><td>只输入回车换行，检查能否正确保存
若能，查看保存结果；若不能，查看是否有正常提示</td></tr>
<tr><td>输入内容超过多行文本框显示范围时，滚动条是否可拖动</td></tr>
<tr><td rowspan="2">安全性检查</td><td>输入特殊字符串 null，NULL， ，javascript，＜script＞，＜/script＞，＜title＞，＜html＞，＜td＞等</td></tr>
<tr><td>输入脚本函数＜script＞alter("abc")＜/script＞，document. write("abc")，＜b＞helle＞＜/b＞</td></tr>
</table>

(3) 数值型

有些文本框要求输入内容是数值型的，对于数值型输入，可参考表 3-3 进行测试。

表 3-3　数值型文本框测试内容

<table>
<tr><th>测试分类</th><th>检 查 内 容</th></tr>
<tr><td>数的大小</td><td>最小值、最大值、最小值－1、最大值＋1、中间值</td></tr>
<tr><td rowspan="2">数的位数</td><td>最小位数、最大位数、最小位数－1、最大位数＋1</td></tr>
<tr><td>输入超长值</td></tr>
<tr><td rowspan="12">异常值、特殊字符</td><td>输入为空白(NULL)、空格或"～!@＃＄%^&＊()_＋{}|[]\:"＜＞?;',./?;:'－＝等可能导致系统错误的字符</td></tr>
<tr><td>当禁止直接输入特殊字符时，使用粘贴、拷贝功能是否可以输入</td></tr>
<tr><td>利用 Word 中的特殊功能，通过剪贴板将分页符、分节符、类似公式的上下标等拷贝到输入框</td></tr>
<tr><td>数值的特殊符号，如∑、log、ln、Π、＋、－等</td></tr>
<tr><td>输入负数、小数、分数、0、0.00</td></tr>
<tr><td>输入字母或汉字</td></tr>
<tr><td>小数点前零舍去的情况，如.12；多个小数点的情况；0 值：0.0.0，.0</td></tr>
<tr><td>首位为零的数值，如 01、02</td></tr>
<tr><td>检查是否支持科学记数法，如 1.0E2</td></tr>
<tr><td>全角数字与半角数字</td></tr>
<tr><td>数字与字母的混合：16 进制数值，8 进制数值</td></tr>
<tr><td>货币型输入</td></tr>
<tr><td>安全性检查</td><td>如果不能直接输入非数字类字符，是否可以拷贝非数字类字符</td></tr>
</table>

(4) 日期型

日期型文本框测试内容可参考表 3-4。

表 3-4 日期型文本框测试内容

<table>
<tr><th>测试分类</th><th>检查内容</th></tr>
<tr><td rowspan="2">合法性检查</td><td>输入合理有效的日期</td></tr>
<tr><td>输入非法的(不合理的)日期,如 0 月 5 日、4 月 31 日、1919 年 2 月 29 日、13 月 5 日等</td></tr>
<tr><td>异常值、特殊字符</td><td>输入[空白(NULL)、空格或"~!@#$%^&*()_+{}|[]\:"<>?;',./?;:'-=等可能导致系统错误的字符</td></tr>
<tr><td rowspan="2">日期格式</td><td>按照程序规定的合法格式,输入日期进行测试,如年/月/日、年.月.日、年月日、年-月-日等格式</td></tr>
<tr><td>不按程序规定的格式输入,提交后是否出错,是否有提示信息</td></tr>
</table>

2. 密码框的测试

密码文本框(Password)是一种特殊的文本域,用于输入密码。当访问者输入文字时,文字会被星号或其他符号代替,使输入的文字被隐藏。图 3-10 是一个注册时用的密码框。

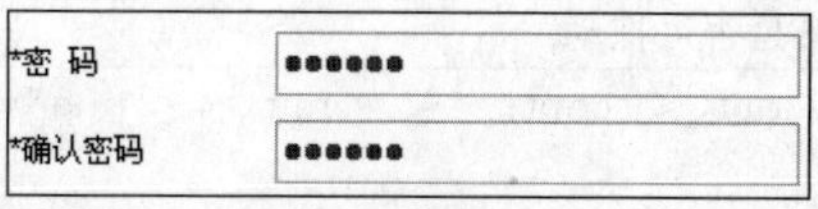

图 3-10 密码框

对密码框进行测试时,可分为登录密码框和注册密码框两种情况。详细测试内容可参考表 3-5。

表 3-5 密码框的测试内容

测试分类	检查内容
登录密码框	填写密码时,是否密文显示
	填写的用户名与密码正确,能否正确登录
	填写的用户名正确,但密码错误,是否给出提示信息
	登录验证时是否区分大小写
	多次登录失败(三次,根据网站的设计而定),是否阻止此用户再次尝试登录
	输入超长字符串是否出错
	是否支持复制、粘贴、删除功能
	是否支持 Tab 键、上下键(↑、↓)、左右键(←、→)、回车键等
	是否能防范注入式攻击,例如密码输入 or 1=1
注册密码框	填写符合要求的密码,其长度为最大长度
	填写符合要求的密码,其长度为最小长度
	填写符合要求的密码,其长度在最小长度和最大长度之间
	填写符合要求的密码,长度大于要求的长度
	填写符合要求的密码,密码长度小于要求的长度
	密码不符合要求的字符(如含有空格、不允许的特殊字符)
	密码不符合要求时,提示信息是否准确、友好
	输入特殊字符,例如。/ '" \</html> 等,是否会造成系统崩溃
	填写的密码是否密文显示

3. 单选按钮的测试

当提供一组选项,而所有选项中只能有一个处于选定状态时,单选按钮(RadioButton)是一种理想的选择。单选按钮的标志是前面有一个圆环,选中某个选项时,出现一个小实心圆点表示该项被选中,图 3-11 是性别的单选按钮。

图 3-11 单选按钮

在一组单选按钮选项中,只能选中其中一项。一个单选按钮被选定之后,除非同一单选按钮组中的另一个按钮代替它被选定,否则无法取消对它的选择。

单选按钮测试内容如下。

(1) 一组单选按钮不能同时选中,只能选中一个。

(2) 逐一执行每个单选按钮的功能,检查数据库对应的数据是否一致。例如选择了【男】,保存到数据库的数据应该为"男"。

(3) 一组执行同一功能的单选按钮在初始状态时必须有一个被默认选中,不能同时为空。

(4) 检查选项是否按一定的顺序排列。

(5) 检查是否有默认选项。

(6) 选项名和选项值是否符合要求。

(7) 刷新页面后,选中的值/默认值是否取消掉了。

4. 复选框的测试

复选框(CheckBox)允许在待选项中选中一项以上的选项。每个复选框都是一个独立的元素,都必须有一个唯一的名称。如图 3-12 所示就是一个复选框的例子。

图 3-12 复选框

复选框测试内容如下。

(1) 检查所有复选框是否可以被同时选中。

(2) 检查所有复选框是否可以被部分选中。

(3) 检查所有复选框是否可以都不被选中。

(4) 逐一执行每个复选框的功能,检查数据库对应的数据是否一致。

(5) 选项名和选项值是否符合要求;存入数据库后是不是选项的值。

(6) 刷新页面后,选中的值/默认值是否取消掉了。

(7) 复选框的值是否被截断,是否能完全显示出来。

(8) 选项是否有序排列,例如按照使用习惯,摆放复选框位置,或者常用的放前面。

5. 列表框的测试

如果选项太多,使用单选按钮或复选框会占据屏幕太多空间,这时可以使用列表框。列表框(ListBox)用来创建一个下拉列表框或可以复选的列表框。设计列表框时要认真考虑列表选项的顺序。按照字母顺序或数字顺序排列选项,是最容易想到的方式。但是,在某些情况下,列表中的某些选项被选中的频率远远高于其他选项,将选择频率较高的选项放置在列表顶端或许更好。图 3-13(a)就是一个典型的列表框,图 3-13(b)是列表框选择后的情况。

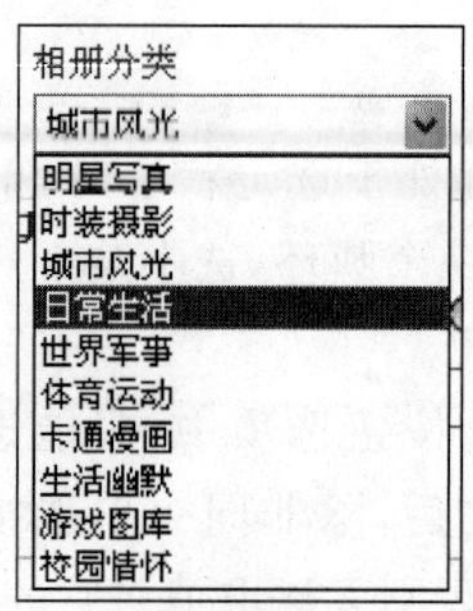

(a) 列表框展开时

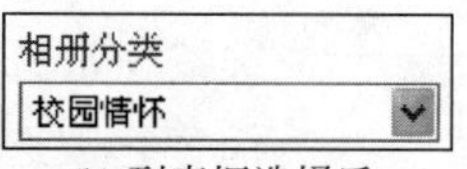

(b) 列表框选择后

图 3-13 列表框

列表框测试内容如下。

(1) 检查条目内容是否正确,根据需求说明书确定列表的各项内容正确,没有丢失或错误。

(2) 列表框的内容较多时要使用滚动条。

(3) 列表框允许多选时,要分别检查 Shift 选中条目、按 Ctrl 选中条目和直接用鼠标选中多项条目的情况。

(4) 逐一执行列表框中每个条目的功能,选中的数据是否与显示一致;检查数据库对应的数据是否与所选的一致。

(5) 选择时,焦点移动到某条目时,其显示效果是否与其他条目不同(例如字体的背景颜色不同)。

(6) 选择时,是否支持键盘的上下键(↑、↓)、回车键、Tab 键。

6. 组合框的测试

组合框控件(ComboBox)与列表框控件有些类似。组合框不仅允许用户在列表框中选择项目,还允许用户在文本框中用输入文本的方式来选择项目或指定文本。图 3-14 就是一个文本编辑时使用的组合框。

图 3-14 组合框

组合框测试内容如下。

(1) 条目内容正确,其详细条目内容可以根据需求说明确定。

(2) 逐一执行列表框中每个条目的功能,可参照列表框的测试方法。

(3) 检查能否向组合列表框输入数据。

(4) 选择时,是否支持键盘的上下键(↑、↓)、回车键、Tab 键。

7. 文件上传的测试

有时,需要用户上传自己的文件。文件上传框看上去和其他文本域差不多,只是它还包含了一个【浏览】按钮。访问者可以通过输入需要上传的文件的路径或者单击【浏览】按钮选择需要上传的文件。如图 3-15 所示为用户上传附件的界面。

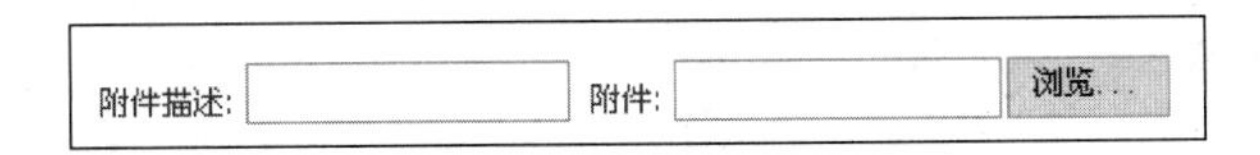

图 3-15　上传附件

测试内容如下。

(1) 路径是否可以手工输入；手工输入时是否有长度限制；手动输入一个不存在的文件地址，是否有提示。

(2) 未选择文件，直接单击【上传】，是否给出提示。连续多次选择不同文件，检查系统是否上传最后选择的文件。

(3) 文件大小是否有限制；如果上传文件超过最大值，是在提交前校验还是提交后校验；能否上传空文件，即 0 字节大小的文件。

(4) 文件格式是否有限制，上传文件支持哪些格式。下面是一些常见的文件格式。

① 图片：gif、jpg、bmp、psd、png 等；

② 文档：txt、doc、docx、pdf、xls、xlsx、ppt、pptx 等；

③ 多媒体：mp3、wma、mp4、mid、avi、rmvb、rm 等；

④ 压缩包：zip、rar、iso 等；

⑤ 安装文件：exe/msi 等。

(5) 上传文件是否支持中文名称。如果不支持中文名称，页面上应给出相应提示。

(6) 文件名称长度为最大值、最小值，或者文件名是特殊字符(包含空格)、程序语句等，是否会对页面造成影响。中文名称是否能正常显示。

(7) 同时选择多文件时，是否能正常上传。

(8) 重复上传相同的文件，是否有覆盖提示。

(9) 确保上传的文件必须能够正常打开，上传的图片能正常显示。

8. 文件下载的测试

(1) 下载内容是否对用户有权限限制；用户不具有下载权限时，是否给出准确、友好的提示。

(2) 右击【另存为】，是否可以正确下载文件，并且记录下载次数；使用工具下载时，能否正确下载，并且记录下载次数。

(3) 单击【下载】时，是提示下载还是在页面打开。

如果是直接打开，检查其显示是否正确。对于本机没有安装工具的文件(如下载的是 *.pdf 格式的文件，但本机没有安装 PDF 的阅读器)，是否能够打开。如果不能打开，是否能给出正确的提示。

对于直接在页面内打开的内容是否能够显示正常，页面是否美观。

如果将下载文件保存到本地，是否能正确显示或打开。

如果取消下载或者下载失败，是否会记录下载次数或者扣除用户的积分。

(4) 下载次数是否被正确记录。

(5) 当下载超大文件时，检查磁盘不足时下载的情况。

(6) 重复下载同一文件至同一目录，是否有覆盖提示。

9. 滚动条的测试

滚动条让用户控制数值在某指定范围内的变化，通过用鼠标移动滚动条的位置来获得特定值。对于不能自动支持滚动的控件，滚动条控件能帮助它们提供滚动功能。滚动条分为水平滚动条(HScrollBar)和垂直滚动条(VScrollBar)。图 3-16 就是一个滚动条的例子。

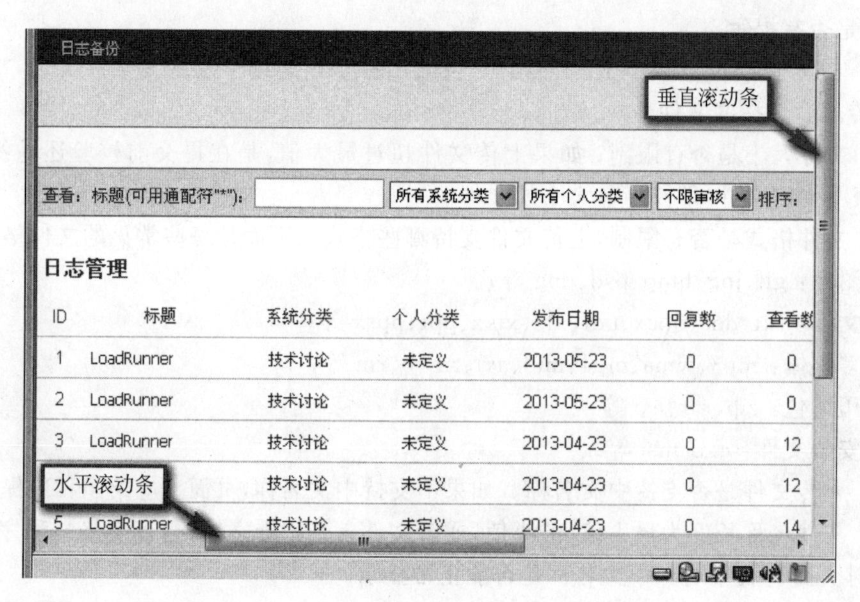

图 3-16 滚动条

滚动条测试内容如下。

(1) 滚动条的长度根据显示信息的长度或宽度及时变换，这样有利于用户了解显示信息的位置和百分比。

(2) 拖动滚动条，检查屏幕刷新情况，并查看是否有乱码。

(3) 用鼠标滚轮控制滚动条，是否有效。

(4) 用鼠标单击滚动条的上下按钮，是否可用。

(5) 快速拖动滚动条，是否会出现抖动或闪屏的情况。

10. 输入格式检查

输入格式检查主要是检查输入数据是否按指定格式输入。当用户没有按指定格式输入时，给出提示信息，并且提示信息表达准确、友好。下面是一些常见有格式要求的数据。

(1) 电话号码格式检查：只接受数字，并且长度有限制。

(2) 电子邮件格式检查：接收合法输入，对输入非法给出提示信息。

(3) 图片格式检查：接收合法格式的图片，对非法格式的图片能正确处理。

(4) 文件格式检查：只接受规定格式的应用文件，非法格式的文件能被正确处理。

(5) 网址格式检查：输入合法网址，对输入的非法网址(如含特殊字符)可正确处理。

(6) 邮编格式检查：只接受数字，长度有限制。

(7) 身份证号码格式检查：只接受数字，长度有特殊规定。

3.2.3 表单按钮的测试

表单按钮包括提交按钮、复位按钮和一般按钮。表单按钮用于控制表单的运作，如将数据传送到服务器上或者取消输入，或者用表单按钮来控制其他处理工作。

1. 提交按钮(Submit)

提交按钮用来将输入的信息提交到服务器。提交按钮的测试内容如下。

(1) 按要求填写表单数据后，单击【提交】按钮，检查表单信息是否被正确保存。如果保存在后台数据库，需要检查后台数据库中数据是否与前台录入内容完全一致，数据没有丢失或被改变。

(2) 按要求填写表单数据后，放弃提交，表单信息应该不会被保存。

(3) 不按要求填写表单数据时，单击【提交】按钮，检查表单信息是否可以保存。如果不能保存，是否给出相应的提示信息。

(4) 对同一数据进行多次提交时(【提交】→【返回】→再次【提交】……)，是否可正确处理。

(5) 表单提交后，重新打开表单进行删除或修改时，是否有提示内容，重新提交时能否提交成功。

(6) 验证提交表单是否支持回车键和 Tab 键。如果 Tab 键有效，检查 Tab 键的顺序与控件排列顺序是否一致。一般情况下 Tab 键是总体从上到下，同行间从左到右的方式。

2. 复位按钮(Reset)

复位按钮用来重置整个表单，清除所有输入的值，并将所有控件设置回初始状态。重置按钮在以往很常见，但是经过一段时间的可用性实践检验，发现它们并不实用。用户极有可能一不小心就单击了复位按钮，重置表单，使之前辛辛苦苦输入的内容化为乌有。现在一般不鼓励使用复位按钮。

复位按钮的测试主要是验证重置功能是否实现。

3. 编辑按钮(Edit)

(1) 修改数据后进行保存，检查修改的数据是否被正确保存。

(2) 再次打开之前添加的数据，不做任何修改进行保存，检查数据是否被正确保存。

(3) 修改数据后放弃修改，检查数据是否被修改。

(4) 修改数据后列印报表，核对是否为修改后的数据。

(5) 将关键字修改为与其他关键字相同是否可以保存。

4. 删除按钮(Delete)

(1) 删除是否有提示。如果有提示，提示信息是否简洁、合理。

(2) 删除之后的焦点跳转是否合理。

(3) 删除之后,检查数据界面及数据库是否已经删除数据(注意连带删除项目)。

(4) 删除数据时,提示是否删除,若选择【否】,核实数据是否没有被删除。

5. 其他按钮

除了以上按钮外,页面上可能还包含其他按钮,如浏览器的【前进】、【后退】、【刷新】按钮。当单击【刷新】按钮时,是否会造成数据库错误或页面报错。检查单击【后退】或【前进】按钮后,是否会出现页面错误,包括页面错误、数据错误和安全性问题。

3.2.4 表单数据检查

当用户通过表单提交信息的时候,都希望表单能正常工作。例如用户使用表单进行在线注册,要确保提交按钮能正常工作;当用户注册完成后应返回注册成功的消息。使用表单收集配送信息,应确保程序能够正确处理这些数据,最后能让客户收到包裹。要测试这些程序,需要验证服务器能否正确保存这些数据,而且后台运行的程序能否正确解释和使用这些信息。

进行测试时,数据检查包括两个方面。一方面要检查表单中的数据是否与数据库中一致;另一方面,还要检查数据库中的数据更新后,表单中的数据是否同步更新。

例如:

(1) 检查下拉列表中的数据是否和服务器端一致;

(2) 检查服务器端的数据更新后,下拉列表中的数据是否同步更新;

(3) 检查更新后的列表数据显示是否合理;

(4) 单击浏览器【前进】、【后退】、【刷新】按钮,是否会造成数据库重现或页面报错。

3.2.5 表单测试用例设计

下面以 CSDN 会员登录页面为例说明表单测试的方法和内容。图 3-17 为 CSDN 会员登录界面,表 3-6 为 CSDN 会员登录页面的测试用例。

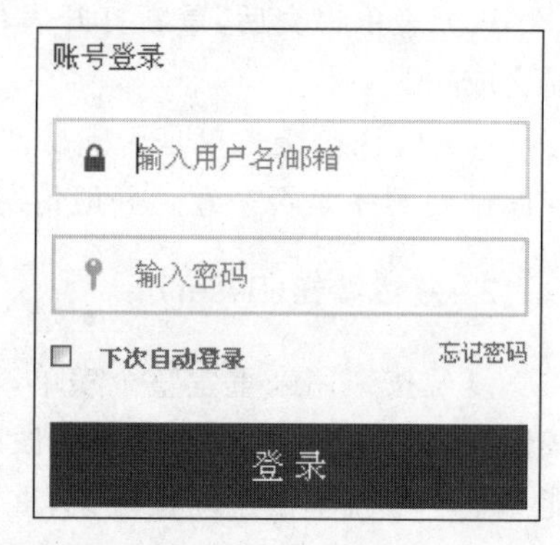

图 3-17 CSDN 会员登录页面

表 3-6 CSDN 会员登录页面的测试用例

项目名称	登录页面测试	项目编号	Function_Test_Login		
模块名称	登录页面	开发人员	××		
测试类型	功能测试	参考信息	需求规格说明书、设计说明书		
优先级	高	用例作者	××	设计日期	××
测试方法	黑盒测试(手工测试)	测试人员	××	测试日期	××
测试对象	登录页面				
测试目的	验证网站登录功能				
前置条件	正确的用户名和密码:zhang,test985				

续表

测试项	用例号	操作描述	输入数据	期望结果	实际结果
功能测试	1	输入用户名和密码，单击【登录】按钮	用户名：zhang 密码：test985	登录成功，转到正确的页面	
	2	输入用户名和密码，单击【登录】按钮	用户名：liming 密码：878980	提示：用户名不存在	
	3	输入用户名和密码，单击【登录】按钮	用户名：zhang 后面有空格 密码：test985	登录成功	
	4	输入用户名和密码，单击【登录】按钮	用户名：zhang 前面有空格 密码：test985	登录成功	
	5	输入用户名和密码，单击【登录】按钮	用户名：zhang 密码：test985 后面有空格	提示：密码错误	
	6	输入用户名和密码，单击【登录】按钮	用户名：Zhang 密码：test985	提示：用户名不存在或密码错误	
	7	输入用户名和密码，单击【登录】按钮	用户名：zhang 密码：teST985	提示：用户名不存在或密码错误	
	8	输入用户名和密码，单击【登录】按钮	用户名：zhang 用户名中间有空格 密码：test985	提示：用户名不存在或密码错误	
	9	单击【登录】按钮	用户名：空 密码：空	提示：请输入用户名和密码	
	10	输入用户名，单击【登录】按钮	用户名：zhang 密码：空	提示：请输入密码	
	11	输入密码，单击【登录】按钮	用户名：空 密码：test985	提示：请输入用户名	
	12	在用户名框中输入超长字符串	用户名：zhang123234…kkkk 密码：test985	提示：用户名不存在	
	13	在密码框中输入超长字符串	用户名：zhang 密码：test985dd…zhangtttt	提示：密码错误	
	14	登录成功后，单击【注销】按钮		用户处于退出状态	
	15	用户注销后，单击【登录】按钮		打开登录页面	
	16	登录成功后，单击【刷新】按钮		用户仍然处于登录状态	
	17	登录成功后，在其他计算机上用同样的用户名登录	用户名：zhang 密码：test985	提示：zhang 不能重复登录	
	18	多个不同的用户登录系统	检查用户信息	用户信息正确，没有串号问题	
	19	输入用户名和密码，勾选下次自动登录，单击【登录】按钮	用户名：zhang 密码：test985	第二次能自动登录	
	20	输入用户名和密码，未勾选下次自动登录，单击【登录】按钮	用户名：zhang 密码：test985	第二次登录需要输入密码	

续表

测试项	用例号	操作描述	输入数据	期望结果	实际结果
可用性测试	21	输入用户名，按Tab键	用户名：zhang	光标跳转到密码框	
	22	输入密码，按Tab键	用户名：zhang 密码：test985	光标跳到【下次登录】选择框上	
	23	输入密码，按三次Tab键	用户名：zhang 密码：test985	光标跳到【登录】按钮上	
	24	输入用户名，按←或者→	用户名：zhang	光标左右移动	
	25	输入用户名和密码，按回车键	用户名：zhang 密码：test985	登录成功	
	26	输入用户名，按Backspace键	用户名：zhang	依次删除字符	
	27	输入用户名，选中输入，按Delete键	用户名：zhang	删除输入内容	
	28	输入用户名，选中输入，按Ctrl+C键，在Word中按Ctrl+V键	用户名：zhang	Word中可复制到用户名	
	29	输入密码，选中输入，按Ctrl+C键，在Word中按Ctrl+V键	用户名：zhang 密码：test985	Word中不可复制到密码	
安全性测试	30	输入用户名和密码，单击【登录】按钮	用户名：zhang 密码：test985	通过加密方式发送到Web服务器	
	31	输入用户名和密码，单击【登录】按钮	用户名：zhang 密码：test985	密码框使用 ** 显示内容	
	32	输入用户名和错误密码，连续登录三次	用户名：zhang 密码：te9999	提示：密码错误，账号被锁定	
	33	登录后，长时间未在页面活动，然后再次单击页面		提示：请输入密码	
	34	登录成功后，复制URL地址，在其他计算机上打开页面		提示：请重新登录	
	35	用户已经处理登录状态，打开新的页面，用同一用户名重复登录	用户名：zhang 密码：test985	提示：您已经登录	
	36	输入用户名和密码，单击【登录】按钮	用户名：$username = 1'or'1'='1 密码：$username = 1'or'1'='1	提示：用户名不存在	
	37	输入用户名	用户名：< script > alert(\'xss')</script>	提示：用户名不存在	

续表

测试项	序号	描　述	实际结果
界面测试	38	界面布局是否合理	
	39	色彩是否协调美观	
	40	文本框、按钮的长度和高度是否符合要求	
	41	错误提示信息是否与操作一致，是否友好	
测试项	序号	操作描述	实际结果
兼容性测试	42	使用不同浏览器打开页面，查看页面显示是否正常，功能是否可用	
	43	设置不同分辨率，查看页面显示情况	
	44	使用不同操作系统，查看网站是否可正常访问	
	45	使用移动设备登录网站，查看网站是否可正常访问	
	46	检查与文字处理软件的兼容性，如拷贝表格到 Excel 中，是否可正确处理	

3.3 Cookie 测试

3.3.1 什么是 Cookie

由于 HTTP 是一种无状态的协议，为弥补 HTTP 存在的不足，出现了 Cookie 这一状态管理机制。Cookie 是对 HTTP 功能的扩展，可以实现对 Web 客户端与 Web 服务器端连接状态的管理。Cookie 技术最先被 Netscape 公司引入到 Navigator 浏览器中。之后，World Wide Web 协会支持并采纳了 Cookie 标准，微软公司也在其浏览器 Internet Explorer 中使用了 Cookie。现在，绝大多数浏览器都支持 Cookie 或兼容 Cookie 机制的使用。

1. Cookie 定义

Cookie 是一种能够让网站服务器把少量数据存储到客户端的硬盘或内存，或是从客户端的硬盘读取数据的一种技术。Cookie 是当用户浏览某网站时，由 Web 服务器置于用户硬盘上的一个非常小的文本文件，它可以记录用户的用户 ID、密码、浏览过的网页、停留的时间等信息。当此用户再次来到该网站时，网站通过读取 Cookie，得知该用户的相关信息，就可以做出相应的动作，如在页面显示欢迎用户的标语，或者让用户不用输入 ID、密码就直接登录等。

从本质上来讲，Cookie 可以看作是客户端用户的身份证。但 Cookie 不能作为代码执行，也不会传送病毒。Cookie 为个人所专有，并只能由提供它的服务器来读取。Cookie 中保存的文本信息以“名称/值”对的形式存储，一个“名称/值”对仅仅是一条命名的数据。Cookie 中的内容大多数经过了加密处理，因此在一般用户看来只是一些毫无意义的字母数字组合，只有对应的 Web 应用程序才知道这些信息真正的含义。

2. Cookie 的工作原理

Cookie 使用 HTTP 头部来传递和交换信息。Cookie 机制定义了两种 HTTP 的报文头部，一种是 Set-Cookies Header，另一种是 Cookies Header。Set-Cookies Header 存放在 Web 服务器站点的响应头部中，当用户通过 Web 浏览器首次打开 Web 服务器的某一站点时，Web 服务器先根据用户端的信息创建一个 Set-Cookies Header，并添加到 HTTP 响应报文中发送给 Web 客户端。Cookies Header 存放在 Web 客户端的请求头部中，当用户通过 Web 浏览器再次访问此 Web 站点时，Web 浏览器根据要访问的 Web 站点的 URL 从客户端的计算机中取回 Cookie，并添加到 HTTP 请求报文中发送给 Web 服务器。

Cookie 的工作过程如图 3-18 所示。

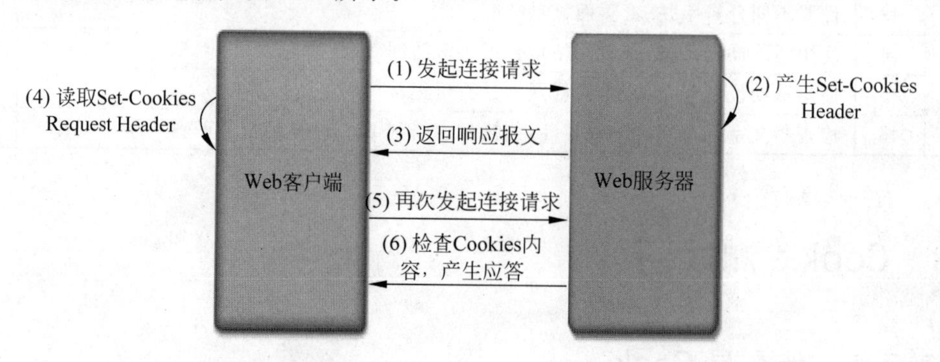

图 3-18 Cookie 的工作过程示意图

(1) Web 客户端通过浏览器向 Web 服务器发起连接请求，通过 HTTP 报文请求行中的 URL 打开某一 Web 页面。

(2) Web 服务器接收到请求后，根据客户端提供的信息产生一个 Set-Cookies Header。

(3) 将生成的 Set-Cookies Header 通过 Response Header 存放在 HTTP 报文中回传给 Web 客户端，建立一次会话连接。

(4) Web 客户端收到 HTTP 应答报文后，如果要继续已建立的这次会话，则将 Cookie 的内容从 HTTP 报文中取出，形成一个 Cookie 文本文件存储在客户端计算机的硬盘中或保存在客户端计算机的内存中。

(5) 当 Web 客户端再次向 Web 服务器发起连接请求时，Web 浏览器首先根据要访问站点的 URL 在本地计算机上寻找对应的 Cookie 文本文件或在本地计算机的内存中寻找对应的 Cookie 内容。如果找到，则将此 Cookie 内容存放在 HTTP 请求报文中发给 Web 服务器。

(6) Web 服务器接收到包含 Cookie 内容的请求后，检索其 Cookie 中与用户有关的信息，并根据检索结果生成一个客户端所请求的页面应答传递给客户端。

Web 浏览器的每一次页面请求（如打开新页面、刷新已打开的页面等），都会与 Web 服务器之间进行 Cookie 信息的交换。

3. Cookie 的类型

Cookie 总是保存在客户端中，按在客户端中的存储位置，可分为内存 Cookie（会话 Cookie）和硬盘 Cookie。内存 Cookie 由浏览器维护，保存在内存中，浏览器关闭后就消失了，其存在时间是短暂的。硬盘 Cookie 保存在硬盘里，有一个过期时间，除非用户手工清理或到了过期时间，硬盘 Cookie 不会被删除，其存在时间是长期的。当创建了此类 Cookie 后，只要在其有效期内，当用户访问同一个 Web 服务器时浏览器首先要检查本地的 Cookie，并将其原样发送给服务器。

4. Cookie 的设置

Cookie 文件是在无声无息中伴随浏览器进入我们本地硬盘的，当我们浏览某个站点时，该站点很可能将记录我们隐私的 Cookie 文件上传到本地硬盘。那么如何来防范阻止 Cookie 文件泄露用户的隐私呢？

(1) 设置 Cookie

用户可以通过浏览器设置计算机接收 Cookie 文件、选择性接收或阻止 Cookie，具体方法如下。

① 进入系统打开 IE 浏览器。

② 通过菜单栏中的【工具】→【Internet 选项】打开 Internet 设置窗口。

③ 打开【隐私】标签，拖动页面中的滑块可选择不同的安全级别，每个安全级别代表着不同的含义。

将设置的滑动按钮调节到最低，如图 3-19(a)所示，这样将接受任何网站的 Cookie。

将滑动按钮调节到“低”级别，该级别将阻止没有合同隐私策略的第三方 Cookie，同时，对没有经过用户允许的第三方读取用户信息的 Cookie 进行限制保存。

拖动滑块，将安全级别设置为“高”，该级别将阻止所有没有合同隐私策略的网站的所有 Cookie，同时阻止使用个人可标识信息而没有用户的明确许可的 Cookie。

将设置的滑动按钮调节到最高，如图 3-19(b)所示。这样将阻止来自所有网站的 Cookie，而且计算机上已有 Cookie 文件都将不能被网站读取，这样隐私也不会再泄露了。

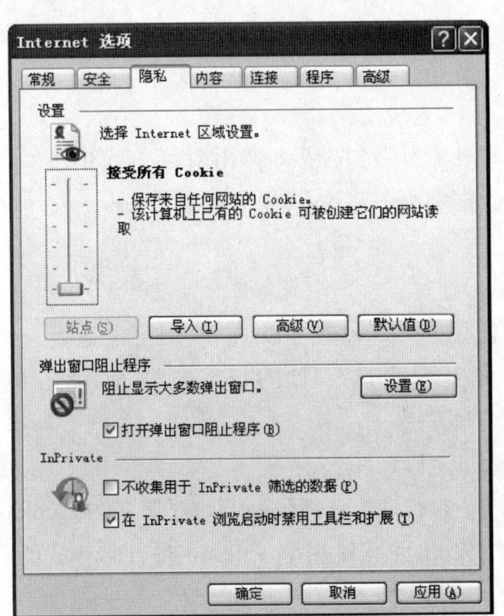

(a) 接受所有Cookie

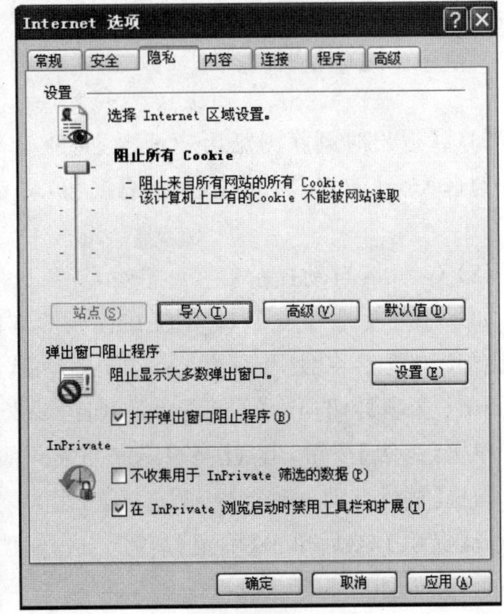

(b) 阻止所有Cookie

图 3-19 接受或阻止所有 Cookie

如果只想阻止个别网站的 Cookie，还可单击【站点】按钮，在【每站点的隐私操作】对话框的【网站地址】文本框中输入拒绝访问的网站，单击【阻止】按钮，将其添加到下面的列表中。当选择非常苛刻的安全级别后，一些不想被阻止的网站也被拒绝访问，此时，也可在【每站点的隐私操作】对话框中设置总是允许访问的网站。在【网站地址】文本框中输入允许访问的网站，单击【允许】按钮，将其添加到下面的列表中，如图 3-20 所示。

(2) 删除 Cookie

在 IE 中，Cookie 与缓存的临时文件存储在一起。可使用 IE 中的删除 Cookies 文件功能来删除所有 Cookie，也可直接找到存储 Cookie 文件的目录进行删除。通过下列步骤即可删除 Cookie：打开 IE 浏览器，选择菜单【工具】→【Internet 选项】，如图 3-21 所示。

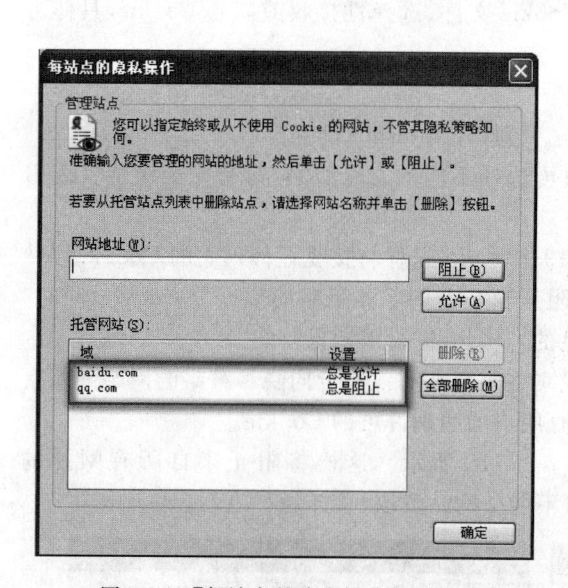

图 3-20 【每站点的隐私操作】对话框

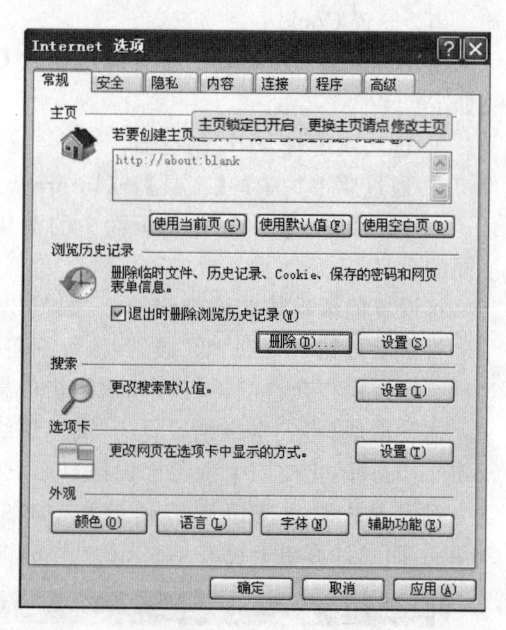

图 3-21 Internet 选项

勾选【退出时删除浏览历史记录】选项。单击【删除】按钮将弹出对话框，如图 3-22 所示。勾选 Cookie 选项，单击【删除】按钮，对话框将消失，这样就把所有 Cookie 文件删除掉了。

(3) Cookie 自动提示

如果想确切地知道 Web 系统在什么地方使用了 Cookie，可以对 IE 浏览器进行一些设置，让 IE 浏览器在使用到 Cookie 时自动弹出提示窗口。IE 的设置方法是：【工具】→【Internet 选项】，切换到【隐私】页面，如图 3-23 所示。

单击【高级】按钮，出现【高级隐私策略设置】页面，如图 3-24 所示。

勾选【替代自动 cookie 处理】选项，在【第一方 Cookie】处选择【提示】，在【第三方 Cookie】处也选择【提示】，然后单击【确定】按钮。这样，当 Web 页面使用到 Cookie 时，IE 浏览器会自动提示，界面如图 3-25 所示。

单击其中的【详细信息】，可以看到如图 3-26 所示的 Cookie 详细信息，包括 Cookie 的名称、来源、路径、数据、截止期限等信息。

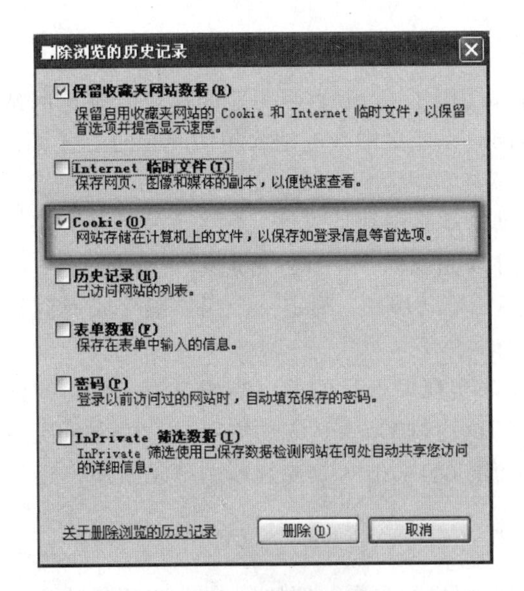

图 3-22　删除 Cookie

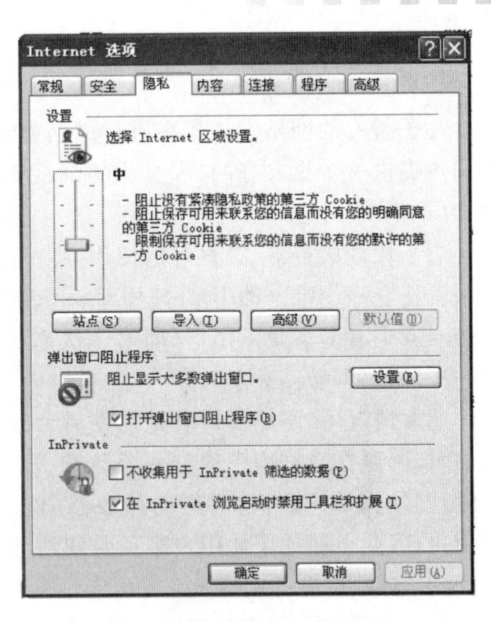

图 3-23　Internet 选项

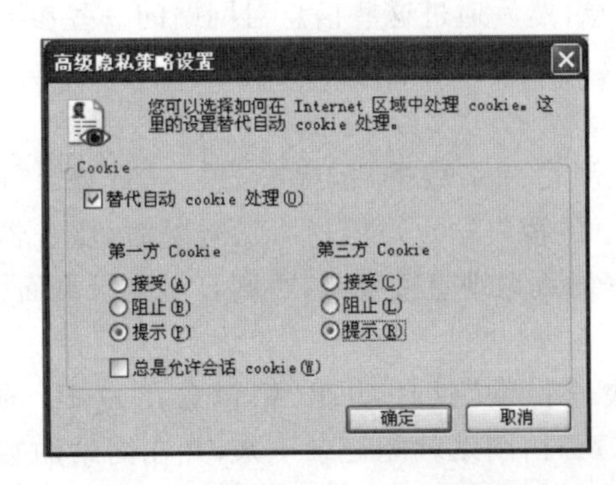

图 3-24　【高级隐私策略设置】页面

图 3-25　隐私警报

图 3-26　查看 Cookie 信息

5. Cookie 的应用

几乎所有的网站设计者在进行网站设计时都使用了Cookie,因为他们都想给浏览网站的用户提供一个更友好的、人文化的浏览环境,同时也能更加准确地收集访问者的信息。

(1) 网站浏览人数管理

由于代理服务器、缓存等的使用,唯一能帮助网站精确统计来访人数的方法就是为每个访问者建立一个唯一的ID。使用Cookie,网站可以完成以下工作:测定多少人访问过;测定访问者中有多少是新用户(即第一次来访),多少是老用户;测定一个用户隔多长时间访问一次网站(即访问频度)。

通常情况下,网站设计者是借助后台数据库来实现以上目的的。当用户第一次访问该网站时,网站在数据库中建立一个新的ID,并把ID通过Cookie传送给用户。用户再次来访时,网站把该用户ID对应的计数器加1,得到用户的来访次数或判断用户是新用户还是老用户,因此也知道了此用户多长时间访问一次。

(2) 对站点进行定制

为了查看每个用户的不同之处,站点可以存储用户的参数。例如,一些站点提供改变内容、布局、颜色设置的能力,允许用户输入自己的信息,然后通过这些信息对网站的一些参数进行修改,以定制网页的外观,或者根据用户的邮政编码提供定制的天气信息。

(3) 记录用户名和密码

使用Cookie记录用户名和密码。在用户首次填写登录数据后,提交表单进行登录验证,如果用户名和密码正确,则把用户名和密码保存在客户端。当用户再次登录时,服务器首先读取客户端Cookie信息,如果存在用户名和密码数据则直接登录,否则显示登录页面。

(4) 在电子商务站点中标识用户

电子商务站点能够实现类似"购物车"和"快速付款"这些功能,用包含用户ID的Cookie来跟踪客户,当用户往"购物车"中放了新东西时,网站就能记录下来,并在网站的数据库里对应该用户的ID记录。当他"下订单"时,网站通过ID检索数据库,就知道他采购了哪些商品。若是没有Cookie或者类似的技术,将不可能实现上述的功能。

在一般的事例中,网站的数据库能够保存用户所选择的内容、浏览过的网页、在表单里填写的信息等;而只有用户的ID是存储在用户计算机上的Cookie里,用以辨识用户的身份。

3.3.2 Cookie 测试

如果Web应用系统使用了Cookie,就必须检查Cookie是否能正常工作。测试的内容包括Cookie是否起作用,存储的内容是否正确,是否按预定的时间进行保存,保存时是否加密,刷新页面对Cookie有什么影响,能否禁用Cookie等。

1. 禁止 Cookie

禁止Cookie是最简单的Cookie测试方法,检查当Cookie被禁止时Web系统会出现什么问题。首先关闭所有浏览器实例,删除测试机器上的所有Cookie。设置IE禁止Cookie,可以通过把IE的【隐私】设置为【阻止所有Cookie】,如图3-19(b)所示。

然后运行Web系统的所有主要功能,很多时候会出现功能不能正常运行的情况。如果用户必须激活 Cookie 使用设置才能正常运行 Web 系统，则需要检查 Web 服务器是否能正确识别出客户端的 Cookie 设置情况。当用户禁止了 Cookie 时，Web 服务器应该发送一个提示页面，告诉用户激活 Cookie 设置才能使用系统。

2. 有选择性地拒绝 Cookie

这种测试方法的目的是验证这种情况：如果某些 Cookie 被接受，某些 Cookie 被拒绝，Web 系统会发生什么事情。

首先删除计算机上的所有 Cookie，然后设置 IE 的 Cookie 选项，当 Web 系统试图设置一个 Cookie 时弹出提示。然后运行 Web 系统的所有主要功能。在弹出的 Cookie 提示中，接受某些 Cookie，拒绝某些 Cookie。检查 Web 系统的工作情况，看 Web 服务器是否能检测出某些 Cookie 被拒绝了，是否出现正确的提示信息。有可能 Web 系统会因为这样而出现错误、崩溃、数据错乱，或其他不正常的行为。

3. 篡改 Cookie

如果某些存储下来的 Cookie 被篡改了，或者被删除了，Web 系统会出现什么问题吗？

测试过程中应该查找是否有业务逻辑是依赖 Cookie 存储值而进行的，如果有，则尝试修改 Cookie 的值，看是否导致功能不正常，或者业务逻辑的混乱。另外，也可以尝试有选择性地删除 Cookie。在运行 Web 系统一段时间后，把其中某些 Cookie 文件删除掉，然后继续使用 Web 系统，看会出现什么情况，是否能恢复、是否有数据丢失或错乱。

4. Cookie 加密测试

检查存储的 Cookie 文件内容，看是否有用户名、密码等敏感信息存储，并且未被加密处理。某些类型的数据即使是加密了也绝对不能存储在 Cookie 文件中，例如信用卡号。测试的方法可以手工地打开所有 Cookie 文件来查看，也可以利用一些 Cookie 编辑工具来查看，例如，使用 Cookie Editor 工具查看。Cookie Editor 的使用详见 3.3.3 节的内容。

5. Cookie 安全内容检查

Cookie 安全内容检查包括前面讲的存储内容的检查，还包括以下方面。

(1) Cookie 过期日期设置的合理性：检查是否把 Cookie 的过期日期设置得过长。

(2) HttpOnly 属性的设置：把 Cookie 的 HttpOnly 属性设置为 True 有助于缓解跨站点脚本威胁，防止 Cookie 被窃取。

(3) Secure 属性的设置：把 Cookie 的 Secure 属性设置为 True，在传输 Cookie 时使用 SSL 连接，能保护数据在传输过程中不被篡改。

对于这些设置，可以利用 Cookie Editor 来查看设置是否正确。

3.3.3 Cookie 管理工具

1. Cookie Editor

下载地址：http://www.proxoft.com/CookieEditor.asp

Cookie Editor 是管理 Cookie 的工具，它能识别并编辑 IE、Firfox、Netscope Cookie 文

件，控制个人隐私信息。使用 Cookie Editor 可以编辑、删除 Cookie 信息，删除历史文件等。Cookie Editor 可以搜索计算机上所有 IE 浏览器的 Cookie，并以网格的格式显示出来，通过它可以很方便地检查任何 Cookie 内容或删除任何不必要的 Cookie。

（1）主界面

Cookie Editor 应用程序的主窗口如图 3-27 所示。使用 Cookie Editor 可以浏览任何可用的属性，并使用排序、过滤、查找等筛选条件。

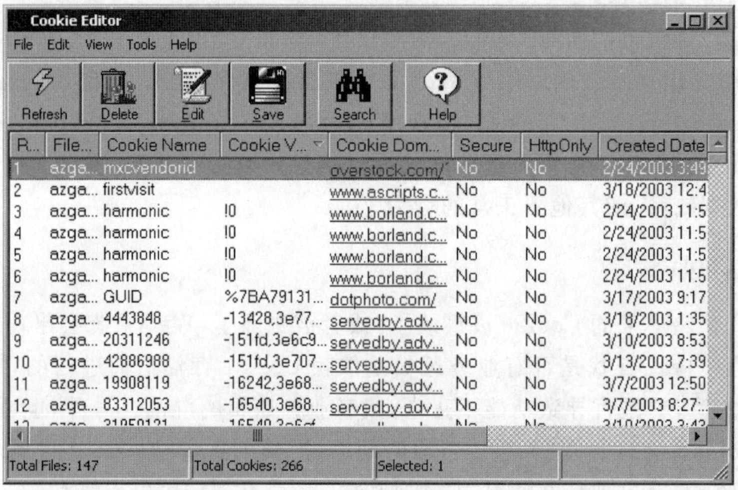

图 3-27　Cookie Editor 主窗口

（2）查找功能

在主界面上单击 Search 按钮，弹出查找对话框，如图 3-28 所示。在 Look for 的输入框中输入需要查找的内容，例如 ID、username、password 等敏感信息的关键字，单击 Go 按钮进行查找。

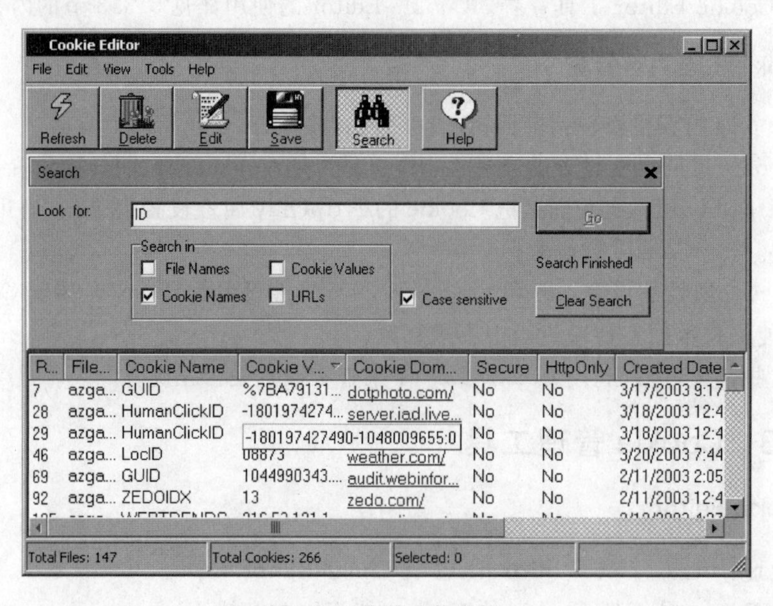

图 3-28　查找功能窗口

（3）编辑功能

从图 3-28 的列表视图中，可以选择任何 Cookie，并修改它的一些属性。单击任意一条 Cookie，将弹出编辑对话框，如图 3-29 所示。

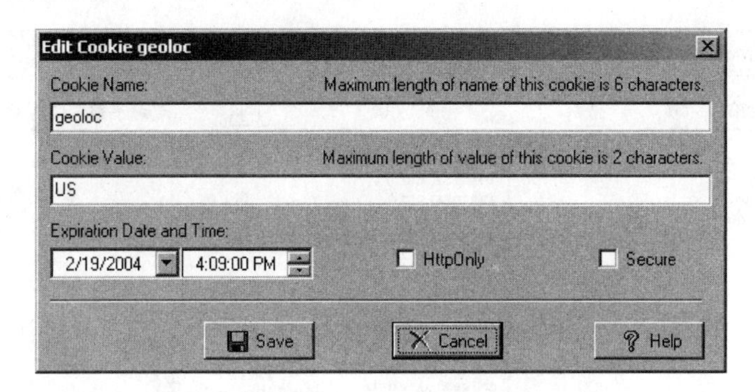

图 3-29　编辑功能窗口

2. IE Cookies View

下载地址：http://www.nirsoft.net/utils/iecookies.html

IE Cookies View 可以搜寻并显示出计算机中所有的 Cookies 档案的数据，包括是哪一个网站写入 Cookies 的、内容有什么、写入的时间日期及此 Cookies 的有效期限等信息。

如果怀疑一些网站写入 Cookies 内容到计算机中会造成隐私的侵犯，使用此软件来看看这些 Cookies 的内容。此软件只对 IE 浏览器的 Cookies 有效。IE Cookies View 主窗口如图 3-30 所示。

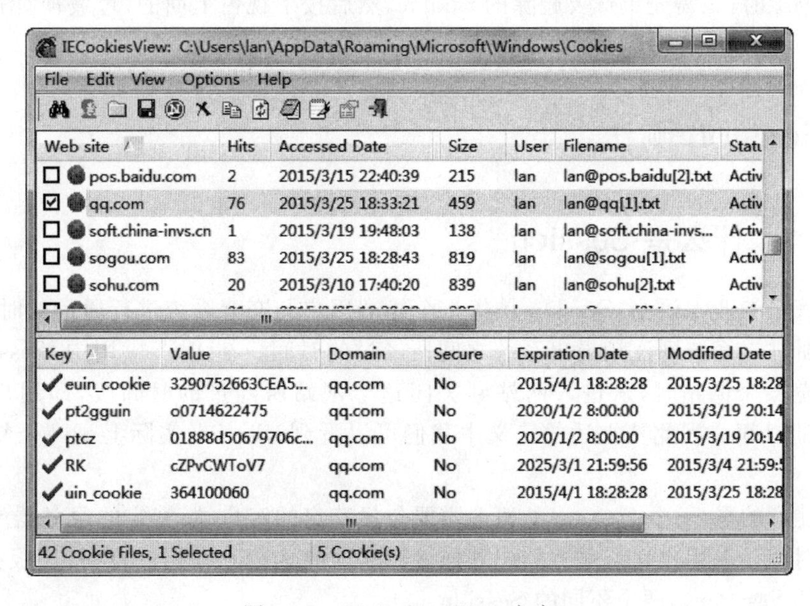

图 3-30　IE Cookies View 主窗口

3. Cookies Manager

下载地址：http://www.softpedia.com/get/Internet/Other-Internet-Related/Cookies-Manager

.shtml

在 Cookies Manager 中,可以选择要保留和删除的 Cookies。Cookies Manager 主窗口,如图 3-31 所示。

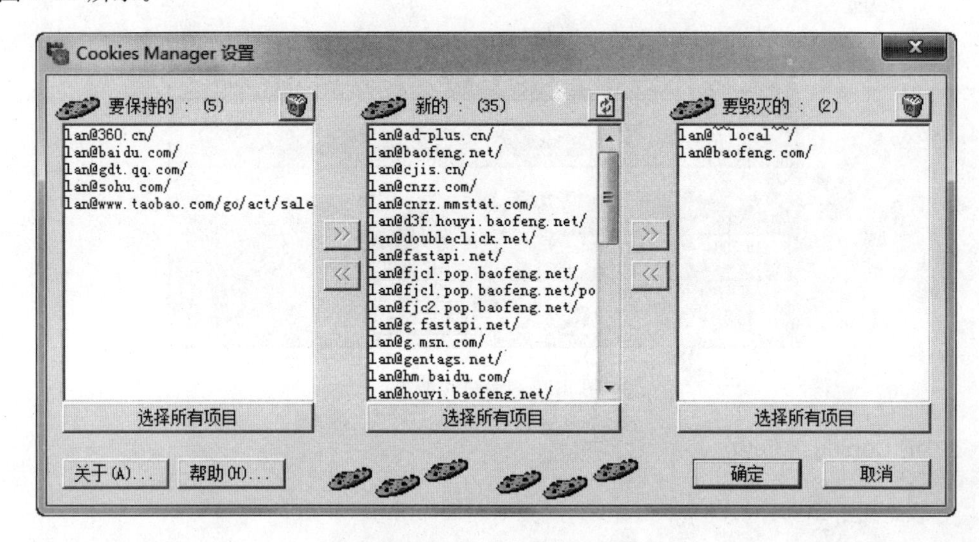

图 3-31 Cookies Manager 主窗口

执行 Cookies Manager 之后,就可以见到一个视窗被分割成三个部分,中央的部分是最近浏览网页所留下的 Cookie,而左方是要留存下来的部分,右方是要删除的部分,而想要保留或删除的 Cookie,都只需要单选后,按下向左或向右的双箭头就可以将档案移动过去。当决定要删除时,只需先单选要删除的 Cookie,然后按下视窗上面的"垃圾桶"图示,就可以清除了。

3.4 Session 测试

3.4.1 什么是 Session

在计算机专业术语中,Session 是指一个终端用户与交互系统进行通信的时间间隔,通常指从注册进入系统到注销退出系统之间所经过的时间。在 Web 应用中,Session 指的是用户在浏览某个网站时,从进入网站到关闭这个网站所经过的时间段,即用户浏览此网站所花费的时间。因此从上述的定义中我们可以看到,Session 实际上是一个特定的时间概念。

需要注意的是,一个 Session 的概念需要包括特定的客户端、特定的服务器端以及不中断的操作时间。A 用户和 C 服务器建立连接时所处的 Session 同 B 用户和 C 服务器建立连接时所处的 Session 是两个不同的 Session。

Session 的工作原理(以 PHP 为例)如下:(1)当一个 Session 第一次被启用时,一个唯一的标识被存储于本地的 Cookie 中。(2)使用 session_start()函数,PHP 从 Session 仓库中加载已经存储的 Session 变量。(3)当执行 PHP 脚本时,通过使用 session_register()函数注册 Session 变量。(4)当 PHP 脚本执行结束时,未被销毁的 Session 变量会被自动保存在本地一定路径下的 Session 库中，此路径可以通过 php.ini 文件中的 session.save_path 指定，下次浏览网页时可以加载使用。

1. ASP 的 Session 对象

其属性 Timeout（读/写，整型）为这个会话定义以分钟为单位的超时周期。如果用户在超时周期内没有进行刷新或请求一个网页，该会话结束。在各网页中根据需要可以修改。缺省值是 10min。在使用率高的站点上该时间应更短。

2. .NET 的 Session

每次读取 Session 值以前务必先判断 Session 是否为空，否则很有可能出现"未将对象引用设置到对象的实例"的异常（出现这种异常的原因之一就是 Session 超时）。Session 使用一种平滑超时的技术来控制何时销毁 Session。默认情况下，Session 的超时时间（Timeout）是 20 分钟，用户保持连续 20 分钟不访问网站，则 Session 被收回，如果在这 20 分钟内用户又访问了一次页面，那么 20 分钟就重新计时了，也就是说，这个超时是连续不访问的超时时间，而不是第一次访问后 20 分钟必过时。这个超时时间同样也可以通过调整 Web.config 文件进行修改。在程序中进行设置 Session.Timeout = "30"；一旦 Session 超时，Session 中的数据将被回收，如果再使用 Session 系统，将分配一个新的 SessionID。

3. JSP 中的 Session

JSP 的 Session 是使用 bean 的一个生存期限，一般为 page。Session 的意思是在这个用户没有离开网站之前一直有效，如果无法判断用户何时离开，一般依据系统设定，tomcat 中设定为 30 分钟。

4. PHP 中的 Session

在 PHP 开发中对比起 Cookie，Session 是存储在服务器端的会话，相对安全，并且不像 Cookie 那样有存储长度限制。结合 Cookie 来使用 Session 才是最方便的。如果客户端没有禁用 Cookie，则 Cookie 在启动 Session 会话的时候扮演的是存储 Session ID 和 Session 生存期的角色。

3.4.2 Session 生命周期

Session 保存在服务器端，为了获得更高的存取速度，服务器一般把 Session 放在内存里。每个用户都会有一个独立的 Session。如果 Session 内容过于复杂，当大量客户访问服务器时可能会导致内存溢出。因此，Session 里的信息应该尽量精简。

Session 在用户第一次访问服务器的时候自动创建。需要注意只有访问 JSP、Servlet 等程序时才会创建 Session，只访问 html、image 等静态资源并不会创建 Session。如果尚未生成 Session，也可以使用 request.getSession(true)强制生成 Session。

Session 生成后，只要用户继续访问，服务器就会更新 Session 的最后访问时间，并维护该 Session。用户每访问一次服务器，无论是否读写 Session，服务器都认为该用户的 Session"活跃(active)"了一次。

由于会有越来越多的用户访问服务器,因此Session也会越来越多。为防止内存溢出,服务器会把长时间内没有活跃的Session从内存删除。这个时间就是Session的超时时间。如果超过了超时时间没访问过服务器,Scssion就自动失效了。

Session的超时时间为maxInactiveInterval属性,可以通过对应的getMaxInactiveInterval()获取,通过setMaxInactiveInterval(long interval)修改。Session的超时时间也可以在web.xml中修改。另外,通过调用Session的invalidate()方法可以使Session失效。

Session被销毁只有两种情况:第一种情况,服务器会把长时间没有活动的Session从服务器内存中清除,此时Session便失效。Tomcat中Session的默认失效时间为20分钟。第二种情况,调用了Session的session.invalidate方法。

3.4.3 Session测试

Session是客户端与服务器端建立的会话,总是放在服务器上,服务器会为每次会话建立一个SessionID,每个客户会跟一个SessionID对应。Session测试主要关注下列内容。

1. Session互窜

Session互窜即是用户A的操作被用户B执行了。

验证Session互窜,其原理是基于权限控制,如某笔订单只能是A进行操作,或者只能是A才能看到的页面,但是B的Session窜进来却能够获得A的订单详情等。

测试Session互窜的方法如下:对于多TAB浏览器,在两个TAB页中都保留的是用户A的Session记录,然后在其中一个TAB页执行退出操作。接下来登录用户B,此时两个TAB页都是B的Session,然后在另一个A的页面执行操作,查看是否能成功。预期结果:有权限控制的操作,B不能执行A页面的操作,应该报错;没有权限控制的操作,B执行了A页面的操作后,数据记录是B的而不是A的。

2. Session超时

基于Session原理,需要验证系统Session是否有超时机制,还需要验证Session超时后功能是否还能继续走下去。Session超时的测试方法如下。

(1) 打开一个页面,等20分钟或更长时间,等到Session超时时间到之后,然后对页面进行操作,查看效果。

(2) 多TAB浏览器,在两个TAB页中都保留的是用户A的Session记录,然后在其中一个TAB页执行退出操作,马上在另一个页面进行要验证的操作,查看是能继续到下一步还是到登录页面。

3.5 业务功能测试

进行网站业务功能测试时,要求测试人员对应用程序特定的功能需求进行验证。测试者需要尝试用户可能进行的所有操作,例如购物网站中的下订单、更改订单、取消订单、核对订单状态、在货物发送之前更改送货信息、在线支付等操作。进行业务功能测试必须深刻理解需求说明文档，熟悉网站的所有功能和操作流程。

3.5.1 功能项测试

功能项测试主要检查页面上某项功能是否实现。例如测试注册页面中的注册功能是否正确实现。进行业务功能测试时，需要严格按照需求规格说明书的要求，设计测试用例，逐项检查各功能点是否正确实现。

下面以网页中的搜索功能和分页（翻页）功能为例，对其进行功能测试。

1. 搜索测试

搜索测试可以从基本功能、界面、安全等几个方面进行考虑，如表3-7所示。

表3-7 搜索功能测试内容

测试分类	检查内容
功能测试	搜索按钮功能是否实现，即输入搜索内容，单击【搜索】按钮能否执行搜索操作
	输入条件为网站中可查到结果的关键字、词、语句等，能否正确搜索出结果
	输入条件为网站中不可查到结果的关键字、词、语句等，能否给出正确的提示
	输入一些特殊的内容，如特殊符、标点符、极限值等，是否报错
	输入空格，单击【搜索】按钮，系统是否会报错
	输入超长字符（如将一篇文章拷贝到搜索输入框中）进行搜索，系统能否正确处理
	不输入任何内容，是否搜索出全部信息或者给予提示
	如果支持模糊查询，搜索名称中任意一个字符是否能搜索到 例如模糊查询时输入“中%国”，查询信息是不是包含中国两个字的信息
	搜索的关键字前、后、中间有空格，显示搜索结果是否一致
	输入不符合要求的数据是否有提示，如无效的日期
	输入敏感信息进行查询，是否给出提示
	检查页面数据和数据库数据的一致性
	核实查询结果是否为符合条件的所有数据，是否有遗漏或多余数据
	系统是否支持Tab键
	搜索输入域是否实现回车监听事件
界面测试	搜索出的结果页面是否与其他页面风格一致
	焦点放置在搜索框中，搜索框内容是否被清空
	搜索结果罗列有序，如按点击率或其他排序规则，确保每次查询出的结果位置按规则列示方便定位，显示字体、字号、色彩便于识别等
	搜索结束时，是否告知搜索结果的数量
	搜索结果较多时，是否分页显示
安全测试	被删除、加密、授权的数据，是不允许被查出来的，对此是否有安全控制设计
	是否能防范SQL注入攻击，如在搜索框中输入 or 1=1 是否会出错
	是否能防范XSS攻击，如在搜索框输入<script>alert("Test XSS")</script>

2. 分页测试

“首页”，“下一页”，“上一页”，“尾页”……这些在Web中随处可见，分页的应用也是Web基础功能之一，确保这一基础功能的可行是十分有必要的。分页测试可以参考表3-8。

表 3-8 分页测试内容

测试分类	检 查 内 容
功能测试	没有数据时,“首页”、“上一页”、“下一页”、“尾页”标签全部为灰色
	存在数据时,“首页”、“上一页”、“下一页”、“尾页”标签显示正确
	在首页时,“首页”、“上一页”标签为灰
	在尾页时,“下一页”、“尾页”标签置灰
	在非首页和非尾页时,“上一页”、“下一页”标签显示正常,且能正常操作
	各个分页标签应该在同一水平线上
	各个页面的分页标签样式应该一致
	总页数等于总的记录数/指定每页显示的条数
	总页数和当前页显示正确,并且可以根据数据的记录数实时显示
	翻页后,列表中的数据应该仍然按照指定的顺序进行排序
	逐一执行翻页控件中的每个按钮,均能够正常操作
	如果可以自己输入页数,应该能正确跳转到指定的页数
	如果输入非法页数(输入 0 或超出总页数的数字,或者输入非数字的字符),应该有友好提示信息,而不会出现页面显示错误或系统崩溃
	是否允许用户自定义显示条数,如果能配置,则配置与实际显示应该符合

3.5.2 业务流测试

业务流程一般会涉及多个模块的数据,所以在对业务流程测试时,首先要保证单个模块功能的正确性,其次就要对各个模块间传递的数据进行测试,测试时一定要设计不同的数据进行测试。业务流程要注意数据的走向及正确性、关联性。进行业务流测试时,可参照下列步骤进行。

1. 业务流程分析

(1) 掌握业务知识、业务流程以及业务的数据流向。站在用户的角度思考,而不仅仅考虑在系统中如何操作业务流程;弄清楚每一项业务中的详细流程和各个环节涉及的角色,一项比较复杂的业务的详细流程往往比较多,只有彻底掌握了这项业务,才能对当前业务环节进行全方位的测试。

(2) 从需求人员或者客户那里了解各业务流程的重要程度和使用频率。对于重要的和用户使用频率高的业务必须进行深入细致的测试,而对于用户使用频率很低的业务,可以少投入时间和精力。

(3) 了解业务流程在系统中对应的功能。建立业务与系统的映射,为编写测试用例做好准备。

2. 编写测试用例

(1) 绘制业务流程图。流程图比较直观,也便于进行路径的分析。对于较简单的流程,也可以用文字描述的形式。

(2) 根据业务流程的重要程度、使用频率为各流程设置好优先级。

(3) 采用场景法、路径法或其他方法梳理出每个业务流程在系统中对应的操作步骤,形成业务流程的测试用例。

注意：

(1) 这里的操作步骤没有必要像功能点测试用例的步骤那么详细，这些操作步骤可能是一个业务操作集，可以分解成多个步骤。这些业务操作集，可以对应具体的功能点测试用例，从而做到测试用例的复用。因此，可以说这里的业务流程测试就像是将多个功能点的测试组合成一个集合，形成一个业务流。

(2) 在每个步骤中需要标识出执行该操作的用户角色。因为在一个业务流程中，很可能涉及不同的角色。

(3) 测试时，需要平衡项目的进度和成本，因此不一定要覆盖所有的场景和路径。

3. 测试数据设计

(1) 输入数据

测试业务流程与功能点测试的重点不一样，因此设计测试数据的时候更多需要考虑下面的因素(按重要到次要排列)：

① 关键的判断条件；

② 符合业务意义的数据；

③ 边界数据；

④ 异常数据。

对流程无任何影响的数据在此可以不考虑，放到功能点测试中更加合适，这样可以减少不必要的干扰。有些功能点对流程的依赖很强，或者业务流程非常简单，也可以将业务流程测试与功能点测试结合。

(2) 输出数据

系统中得到的结果数据以及报表中的数据，都需要体现出来，必要的时候还需要根据报表的格式提供输出数据，以便在测试时进行核对。

注意：需要平衡项目的进度和成本，尽可能用少量的测试数据发现更多的问题。

4. 测试执行

有了具体的步骤以及测试数据，除了使用手工测试以外，还可结合自动化测试工具进行业务流程测试。

例：网站购物测试用例设计

某购物网站订购一般过程为：进入购物网站浏览商品，当看中心仪的商品后，单击【立即购买】，这时网站弹出登录界面，用户登录自己已注册好的账户，确认收货地址和订单信息，然后通过网上银行支付货款，生成订单。

(1) 业务流分析

基本流：浏览商品、立即购买、登录账户、确认收货地址、确认订单信息、支付货款、生成订单。

备选流 1：密码错误；

备选流 2：注册账户；

备选流 3：新增或修改收货地址；

备选流 4：修改订单信息；

备选流 5：网银密码错误；

备选流 6：网银余额不足；

备选流 7：退出系统。

以上只列出了最常见的备选流，在用户购物过程中，还会有很多特殊的情况，在此未完全列出。

(2) 场景设计

根据上面列出的基本流和备选流，可以构建出无数的用户场景。下面列出部分典型的场景，见表 3-9。

表 3-9 网站购物场景

场　　景	业 务 流
场景 1：成功购物	基本流
场景 2：用户密码错误	基本流＋备选流 1
场景 3：注册新用户	基本流＋备选流 2
场景 4：新增收货地址	基本流＋备选流 3
场景 5：修改订单	基本流＋备选流 4
场景 6：网银密码错误	基本流＋备选流 5
场景 7：网银余额不足	基本流＋备选流 6
场景 8：选择商品后退出系统	基本流＋备选流 7
场景 9：成功购物	基本流＋备选流 3＋备选流 4

(3) 测试用例设计

对于每一个场景，需要设计测试数据，使系统按场景中的流程执行。针对表 3-9 中设计的场景，进行测试用例设计，如表 3-10 所示。

表 3-10 网站购物测试用例

<table>
<tr><td>项目名称</td><td colspan="2">网站购物测试</td><td>项目编号</td><td colspan="2">Shoping_Test</td></tr>
<tr><td>模块名称</td><td colspan="2">网站购物</td><td>开发人员</td><td colspan="2">××</td></tr>
<tr><td>测试类型</td><td colspan="2">功能测试</td><td>参考信息</td><td colspan="2">需求规格说明书、设计说明书</td></tr>
<tr><td>优先级</td><td colspan="2">高</td><td>用例作者</td><td>××</td><td>设计日期 ××</td></tr>
<tr><td>测试方法</td><td colspan="2">黑盒测试(手工测试)</td><td>测试人员</td><td>××</td><td>测试日期 ××</td></tr>
<tr><td>测试对象</td><td colspan="5">网站购物业务功能的测试</td></tr>
<tr><td>前置条件</td><td colspan="5">用户账户：lanjingying，密码：126543lan，网银账号：622848 **************，密码：123456，账户余额：300 元</td></tr>
<tr><td>用例编号</td><td>场景</td><td>操 作 描 述</td><td>输 入 数 据</td><td>期望结果</td><td>实际结果</td></tr>
<tr><td>Shoping_Test_1</td><td>场景 1</td><td>(1)浏览商品并确定要购买的商品 (2)单击【立即购买】按钮 (3)输入账户和密码 (4)确认收货地址 (5)确认订单信息 (6)支付货款 (7)生成订单</td><td>用户账户：lanjingying
密码：126543lan
网银账号：622848 **************
密码：123456
商品价格：80 元
商品数量：1</td><td>购物成功</td><td></td></tr>
</table>

续表

用例编号	场景	操作描述	输入数据	期望结果	实际结果
Shoping_Test_2	场景 2	(1)浏览商品并确定要购买的商品 (2)单击【立即购买】按钮 (3)输入账户和密码	用户账户：lanjingying 密码：126543	提示密码错误	
Shoping_Test_3	场景 3	(1)浏览商品并确定要购买的商品 (2)单击【立即购买】按钮 (3)注册新用户	用户账户：wangyu 密码：yu123456	用户注册成功	
Shoping_Test_4	场景 4	(1)浏览商品并确定要购买的商品 (2)单击【立即购买】按钮 (3)输入账户和密码 (4)新增收货地址,输入新的地址 (5)确认收货地址(6)确认订单信息 (7)支付货款 (8)生成订单	用户账户：lanjingying 密码：126543lan 新地址：四川省绵阳市西科大 网银账号：622848 ************** 密码：123456 商品价格：60 元 商品数量：1	购物成功	
Shoping_Test_5	场景 5	(1)浏览商品并确定要购买的商品 (2)单击【立即购买】按钮 (3)输入账户和密码 (4)确认收货地址 (5)修改订单信息(修改购买商品的数量),然后确认订单信息 (6)支付货款 (7)生成订单	用户账户：lanjingying 密码：126543lan 网银账号：622848 ************** 密码：123456 商品价格：60 元 商品数量：4	购物成功	
Shoping_Test_6	场景 6	(1)浏览商品并确定要购买的商品 (2)单击【立即购买】按钮 (3)输入账户和密码 (4)确认收货地址 (5)确认订单信息 (6)支付货款,但密码错误	用户账户：lanjingying 密码：126543lan 网银账号：622848 ************** 密码：111111 商品价格：60 元 商品数量：1	提示密码错误	
Shoping_Test_7	场景 7	(1)浏览商品并确定要购买的商品 (2)单击【立即购买】按钮 (3)输入账户和密码 (4)确认收货地址 (5)确认订单信息 (6)支付货款	用户账户：lanjingying 密码：126543lan 网银账号：622848 ************** 密码：123456 商品价格：360 元 商品数量：1	提示余额不足	
Shoping_Test_8	场景 8	(1)浏览商品并确定要购买的商品 (2)单击【加入购物车】(3)退出本网站		商品加入购物车	

续表

用例编号	场景	操作描述	输入数据	期望结果	实际结果
Shoping_Test_9	场景9	(1)浏览商品并确定要购买的商品 (2)单击【立即购买】按钮 (3)输入账户和密码 (4)新增收货地址,然后确认收货地址 (5)修改订单信息(修改购买商品的数量),然后确认订单信息 (6)支付货款 (7)生成订单。	用户账户：lanjingying 密码：126543lan 新地址：四川省绵阳市西科大 网银账号：622848************** 密码：123456 商品价格：40元 商品数量：6	购物成功	

3.6 数据库功能测试

在Web应用技术中,数据库对Web应用系统的管理、运行,以及实现用户对数据存储的请求等起着重要作用,数据库测试是Web系统测试的重要内容。

数据库功能测试的目的是验证数据库功能正确和无遗漏。数据库功能测试的内容包括数据定义、数据操纵、并发处理,以及数据库安全性等。

1. 数据定义功能测试

数据定义功能测试的主要任务是测试数据库动态创建、修改和删除基本表、视图、索引、角色等是否符合用户需求。数据定义功能的测试输出结果一般通过专门的数据库访问工具查看,当然也可以通过在数据库系统中设置基本表、视图、索引、角色等对象查询模块来确定它们的存在性及属性。另外,还要测试数据库系统是否错误地重复定义数据。

2. 数据操纵功能测试

数据库的数据操纵功能测试是指检查对数据库的数据进行插入、修改、删除、查询、统计和排序等操作时的功能是否正确。

(1) 数据更新功能测试

为了保证数据更新功能的正确执行,必须设计测试用例进行测试。数据更新功能的测试输出结果一般可以用数据库系统有关模块查看,也可以通过专门的数据库访问工具查看。

在测试时务必注意,一个数据更新操作可能引发一系列的数据更新操作。例如,某些数据库系统要求插入数据时,同时要执行修改与删除数据的操作。因此测试输出结果可能涉及多个基本表或视图,测试人员需要到多处查看测试输出结果。例如,销售管理系统每销售一件商品,需要插入销售记录、修改库存量,当该商品无库存并不再进货时还要删除该商品目录。此时,测试人员需要在销售记录表、库存表、商品目录表等处查看测试输出结果。

(2) 数据查询功能测试

数据查询是对数据库中的数据进行检索,筛选出满足特定条件的数据。数据查询功能测试就是测试数据库的查询功能得到的数据是否符合预定要求。可以用专门的数据库访问工具获取满足相同条件的数据，通过比较来判断数据库系统处理是否正确。

（3）数据统计和排序功能测试

数据查询时往往伴随着数据的统计和排序。因此，数据统计和排序功能测试一般和数据查询功能测试一同进行。例如，图书管理系统有基本表：图书（书号，书名，作者，出版社，出版日期，定价）。在此基本表上按出版社统计图书种数，然后按出版社增序排序输出统计结果，这就需要对数据查询、统计和排序功能同时测试。

3. 并发处理测试

很多数据库系统需要满足并发性操作。例如一个航空订票系统，很多的旅客可能在同一个时间购买机票，为了避免在同一时间更新同一个数据段，数据库应用程序采用事务处理的方法，将一组数据库的操作绑定，作为一个单元进行处理。数据库管理系统则在确保数据完整性的前提下，尽可能地提高数据库的访问效率。

并发性一直是软件开发中一个重要的问题。事务是并发控制的基本单位，保证事务的ACID（原子性：Atomicity，一致性：Consistency，隔离性：Isolation，持久性：Durability）特性是事务处理的重要任务，而事务ACID特性可能遭到破坏的原因之一是多个事务对数据库的并发操作造成的。为了保证事务的隔离性，并保证数据库的一致性，数据库管理系统需要对并发操作进行正确的调度。

并发操作带来的数据不一致性有三类：丢失修改、不可重复读和读“脏”数据。

（1）丢失修改（Lost Update）

两个事务读入同一数据并修改，事务2提交的结果破坏了事务1提交的结果，导致事务1的修改被丢失。

（2）不可重复读（Non-Repeatable Read）

不可重复读是指事务1读取数据后，事务2执行更新操作（修改、删除、增加），使事务1无法再现前一次的读取结果。

（3）读“脏”数据（Dirty Read）

读“脏”数据是指事务1修改某一数据，并将其写回磁盘，事务2读取同一数据后，事务1由于某种原因被撤销，这时事务1已经修改过的数据恢复原值，事务2读到的数据就与数据库中的数据不一致了，则事务2读到的数据就为“脏”数据，即不正确数据。

为了找出数据库系统并发处理机制的可能缺陷，就必须进行并发处理测试。数据库系统并发处理机制的可能缺陷包括如下几种。

（1）一个用户的不同模块同时更新同一数据。

（2）多个用户同时更新同一数据。

（3）一个用户的一个模块更新数据，而另一个模块同时读取数据。

（4）一个用户更新数据，而另一个用户同时读取数据。

（5）一个用户的一个模块更新基本表、视图、索引、角色等对象，而另一个模块正在使用这些对象。

（6）一个用户更新基本表、视图、索引、角色等对象，而另一个用户正在使用这些对象。

（7）两个基本表互为被参照表。

(8) 一个用户的多个模块对数据库操作时形成死锁。

(9) 多个用户的事务形成死锁。

4. 数据库系统一致性和完整性测试

数据一致性的意外破坏可能由以下原因造成。

(1) 在事务处理过程中发生崩溃。

(2) 对数据库的并发访问所导致的异常。

(3) 在几个计算机上分布数据所导致的异常。

(4) 违反事务保证数据一致性这一假设的逻辑错误。

针对以上可能产生的情况,可以采用如下测试策略。

(1) 数据处理过程中,人为中止程序,查看数据一致性是否遭到破坏。

(2) 模拟多用户同时访问数据库系统,查看数据一致性是否遭到破坏。

(3) 人为制造故障,系统正常运行后,查看不同数据库之间的一致性。

(4) 频繁添加或删除数据,包括正常数据和不合理数据,查看数据的一致性和完整性。

3.7 接口测试

1. 接口测试

接口测试(Interface Testing)是测试系统组件间接口的一种测试。接口测试主要用于检测外部系统与系统之间以及内部各个子系统之间的交互点。测试的重点是要检查数据的交互,传递和控制管理过程,以及系统间的相互逻辑依赖关系等。

接口可以分为以下几种。

(1) 系统与系统之间的调用,例如银行会提供接口供电子商务网站调用,或者说,支付宝会提供接口给淘宝调用。

(2) 上层服务对下层服务的调用,例如 service 层会调用数据访问接口,而应用层又会调用服务层提供的接口。

(3) 服务之间的调用,例如注册用户时,会先调用用户查询的服务,查看该用户是否已经注册。

2. Web 接口测试

在很多情况下,Web 网站不是孤立的,例如需要与外部服务器通信,请求数据、验证信息或提交订单等。进行 Web 接口测试时,重点关注下列几个方面。

(1) 服务器接口测试

服务器接口测试是测试浏览器与服务器之间的接口。测试人员提交事务后,查看服务器的记录,并验证在浏览器上看到的正好是服务器上发生的。测试人员还可以查询数据库,确认事务数据已正确保存。这种测试可以归到功能测试中的表单测试和数据校验测试中。

(2) 外部接口测试

有些 Web 系统有外部接口,测试时要使用 Web 接口发送一些事务数据。例如网上商店需要对有效信用卡、无效信用卡和被盗信用卡进行验证。通常，测试人员需要确认软件能够处理外部服务器返回的所有可能的消息。

（3）接口错误处理测试

最容易被测试人员忽略的地方是接口错误处理。通常测试人员试图确认系统能够处理所有错误，但却无法预期系统所有可能的错误。例如购物时尝试在处理过程中中断事务，看看订单是否完成；尝试中断用户到服务器的网络连接，或者尝试中断 Web 服务器到信用卡验证服务器的连接。因此需要测试系统能否正确处理这些错误。这种测试也可以归到功能测试中的异常处理测试，或者健壮性测试中。

3.8 功能测试工具

1. Rational Robot

IBM Rational Robot 是业界最顶尖的功能测试工具，它甚至可以在测试人员学习高级脚本技术之前帮助其进行成功的测试。它集成在测试人员的桌面 IBM Rational TestManager 上，在这里测试人员可以计划、组织、执行、管理和报告所有测试活动，包括手动测试报告。这种测试和管理的双重功能是自动化测试的理想开始。

Rational Robot 是一种可扩展、灵活的功能测试工具，它是 Rational Suites 下的一个组件，对于比较熟悉它的测试人员可以修改测试脚本，改进测试的深度。Rational Robot 为菜单、列表、字母数字字符及位图等对象提供了测试用例。

Rational Robot 可开发三种测试脚本：用于功能测试的 GUI 脚本、用于性能测试的 VU 以及 VB 脚本。

Rational Robot 的功能如下。

（1）执行完整的功能测试。记录和回放遍历应用程序的脚本，以及测试在查证点(Verification Points)处的对象状态。

（2）执行完整的性能测试。Robot 和 Test Manager 协作可以记录和回放脚本，这些脚本有助于断定多客户系统在不同负载情况下是否能够按照用户定义标准运行。

（3）在 SQA Basic、VB、VU 环境下创建并编辑脚本。Robot 编辑器提供有色代码命令，并且在强大的集成脚本开发阶段提供键盘帮助。

（4）测试 IDE 下 Visual Basic、Oracle Forms、Power Builder、HTML、Java 开发的应用程序，甚至可测试用户界面上不可见对象。

（5）脚本回放阶段收集应用程序诊断信息，Robot 同 Rational Purify、Quantify、Pure Coverage 集成，可以通过诊断工具回放脚本，在日志中查看结果。

Robot 使用面向对象记录技术：记录对象内部名称，而非屏幕坐标。若对象改变位置或者窗口文本发生变化，Robot 仍然可以找到对象并回放。

网站地址：http://www-01.ibm.com/software/cn/rational/

2. QuickTest Professional

QuickTest Professional 是一个功能测试自动化工具，主要应用在回归测试中。QuickTest

针对的是 GUI 应用程序,包括传统的 Windows 应用程序,以及现在越来越流行的 Web 应用。它可以覆盖绝大多数的软件开发技术,简单高效,并具备测试用例可重用的特点。其中包括创建测试、插入检查点、检验数据、增强测试、运行测试、分析结果和维护测试等方面。QuickTest 的使用将在后面的项目训练中详细讲解。

QTP11.5 发布,改名为 UFT(Unified Functional Testing),支持多脚本编辑调试、PDF 检查点、持续集成系统、手机测试等。

网站地址:http://www.hp.com

3. SilkTest

SilkTest 是 Borland 公司所提出软件质量管理解决方案的套件之一。SilkTest 是业界领先的、用于对企业级应用进行功能测试的产品,可用于测试 Web、Java 或是传统的 C/S 结构。SilkTest 提供了许多功能,使用户能够高效率地进行软件自动化测试,这些功能包括测试的计划和管理,直接的数据库访问及校验,灵活、强大的 4Test 脚本语言,内置的恢复系统(Recovery System),以及具有使用同一套脚本进行跨平台、跨浏览器和技术进行测试的能力。

网站地址:http://www.segue.com

4. QARun

QARun 的测试实现方式是通过鼠标移动、单击操作,得到相应的测试脚本,对该脚本可以进行编辑和调试。在记录的过程中可针对被测应用中所包含的功能点进行基线值的建立,换句话说就是在插入检查点的同时建立期望值。在这里检查点是目标系统的一个特殊方面在一特定点的期望状态。通常,检查点在 QA Run 提示目标系统执行一系列事件之后被执行。检查点用于确定实际结果与期望结果是否相同。

网站地址:http://www.compuware.com

5. QTester

QTester 简称 QT,是一种自动化测试工具,主要针对网络应用程序进行自动化测试。它可以模拟出几乎所有的针对浏览器的动作,旨在用机器来代替人工重复性的输入和操作,从而达到测试的目的。QTester 功能全面,可支持测试场景录制、自动生成脚本,也支持测试人员手写的更为复杂的脚本、运行脚本并对程序进行调试和结果分析。这是一款简洁实用的自动化测试软件,测试者可轻松上手。QTester 支持 Iframe,支持 Ajax,支持二次开发等。

(1) 高效实用:对人工测试来说,QTester 测试要快得多,并且精准可靠,可重复;相对于昂贵的大型测试软件来说,QTester 更简洁、实用,易于上手。

(2) 可编程:QTester 支持各种脚本语言(Javascript,PHP,ruby,asp 等),测试者可自己手动编写脚本。通过复杂的脚本,往往能找到隐藏在程序深处的 Bug。脚本支持断点、单步执行等常用调试方式。

(3) 可积累:每个软件由于各自独特的应用场景需要自己开发测试用例。通过脚本的积累,可以形成针对某类应用程序的测试脚本用例库,从而在长期使用 QTester 软件的过程中形成自己的知识库，进一步节约时间，提高效率，并且使操作规范化，利于公司的知识管理。

(4) 强大的支持：QTester 内部集成了大量方法用以模拟鼠标、键盘对浏览器的操作。这些支持使得使用 QTester 进行自动化操作和手动测试并没有差别。

(5) 丰富的资料和实例：QTester 在研发和使用的过程中，积累了大量的相关资料和使用实例。这些实例一方面让用户更容易上手；另一方面从中也可学习到不少测试的经验。所有的这些资料和实例都可以在 QTester 软件官方网站上免费获得。

网站地址：http://www.qtester.net/Default.html

3.9 功能测试缺陷案例

下面的缺陷是从言若金叶软件研究中心 2013 年和 2014 年全国大学生寻找产品缺陷(Find Bug)技能大赛的稿件中精心选取的。

3.9.1 403 错误

缺陷标题：城市空间主页→都市论坛：网页出现 403 Forbidden 提示信息。

测试平台与浏览器：Windows 8 + Chrome 34+IE 10。

测试步骤：

(1) 用 Chrome/IE 打开城市空间主页 http://www.oricity.com。

(2) 单击"都市论坛"链接 http://www.oricity.com/index.php。

(3) 单击"帮助"链接：http://www.oricity.com/faq.php。

期望结果：页面显示正确。

实际结果：页面出现 403 Forbidden。IE 浏览器下网页出现 403 Forbidden，如图 3-32 所示。

图 3-32 网页出现 403 Forbidden

3.9.2 404 错误

缺陷标题：诺颀软件测试团队网站出现404错误。

测试平台与浏览器：Windows 8 + Chrome 34 +IE 10。

测试步骤：

(1) 用Chrome/IE打开诺颀软件测试团队主页http://qa.roqisoft.com。

(2) 单击"高校合作成功范例"链接http://qa.roqisoft.com/index.php/the-joomla-project。

期望结果：页面正常显示。

实际结果：出现404错误，所请求的页面无法找到。在Chrome浏览器下链接错误，如图3-33所示。

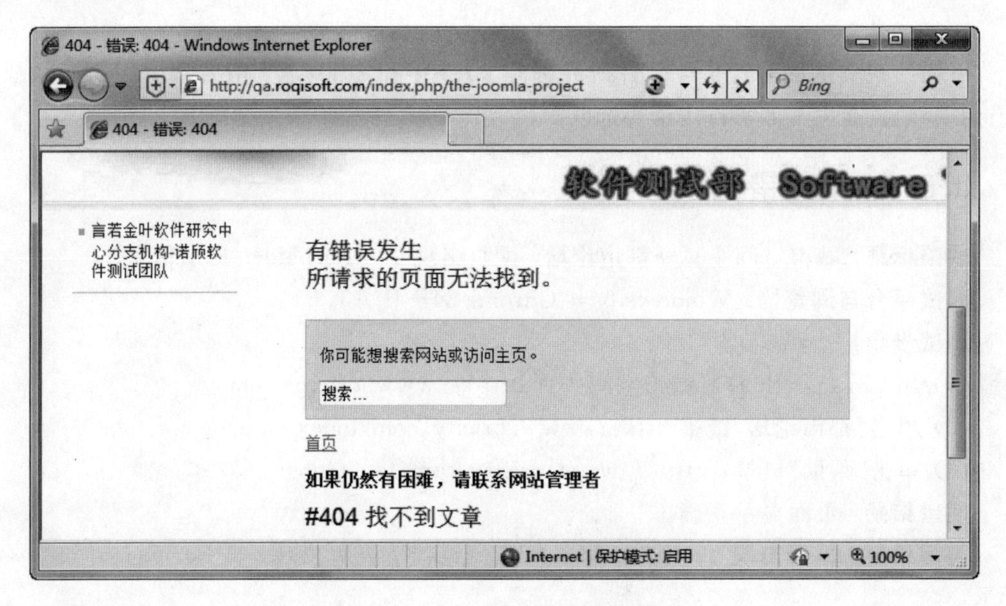

图3-33 Chrome浏览器下链接错误

3.9.3 E-mail问题

缺陷标题：城市空间登录后邀请好友，接收者不合法的E-mail邀请信发送成功。

测试平台与浏览器：Windows XP + Firefox 32.0或Chrome 32。

测试步骤：

(1) 打开城市空间主页http://www.oricity.com/。

(2) 登录，单击【××的城市空间】。

(3) 展开【我的朋友】，单击【邀请好友】。

(4) 在接收者邮箱输入"dd@"，单击【发送邀请】按钮，查看发送邀请结果。

期望结果：提示邮箱不合法，发送邀请不成功。

实际结果：不合法的邮箱，但E-mail邀请却发送成功，如图3-34所示。

缺陷标题：发送邮件失败，无法完成"找回密码"功能。

测试平台与浏览器：Windows XP + Firefox浏览器。

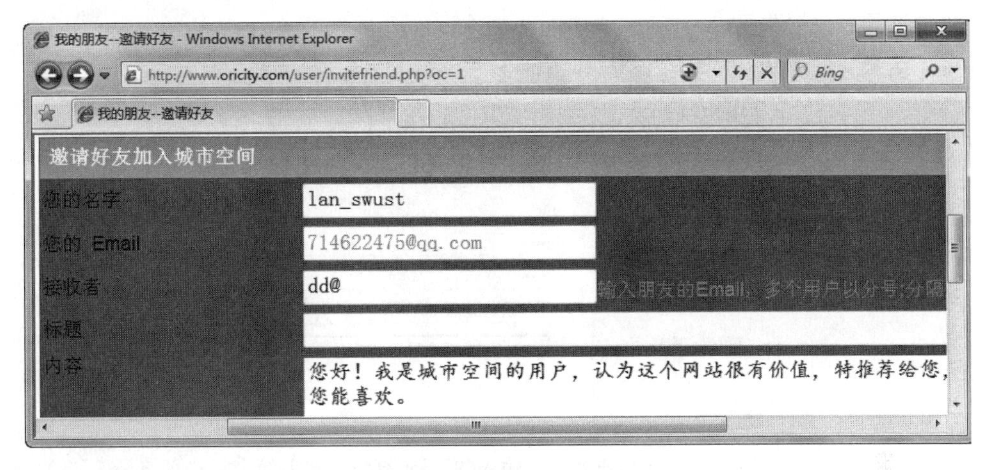

图 3-34 未验证邮箱有效性

测试步骤：

(1) 打开城市中心论坛网站 http://www.oricity.com。

(2) 单击登录页面，单击【找回密码】。

(3) 输入用户名、邮箱信息，单击【发送】。

期望结果：能正常发出邮件，并成功更改密码。

实际结果：不能发出邮件，如图 3-35 所示。

图 3-35 邮件发送失败

3.9.4 用户名验证问题

缺陷标题：诺颀软件测试团队网站不合约束规则的用户名注册成功。

测试平台与浏览器：Windows XP + Firefox。

测试步骤：

(1) 进入诺颀软件测试团队网站 http://qa.roqisoft.com。

(2) 单击登录页面，单击注册用户。

(3) 输入非法用户名，如"9"，其他域填写有效信息，单击【注册】按钮。

期望结果：注册失败。

实际结果：注册成功，如图 3-36 和图 3-37 所示。

用户注册
* 必填字段
真实姓名：* 9
用户名：* 9
密码：* ••••••
确认密码：* ••••••
电子邮件信箱：* 714622475@qq.com
确认电子邮件信箱：* 714622475@qq.com
注册 或 取消

图 3-36 在用户名框内输入“9”显示合法用户名约束

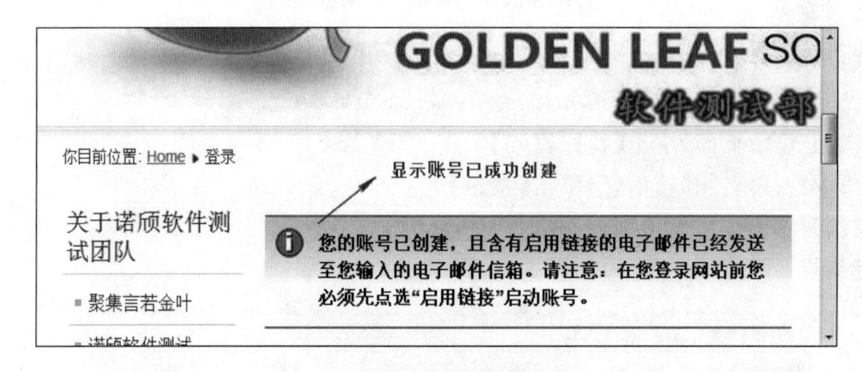

图 3-37 显示账号成功创建

3.9.5 表单域验证问题

缺陷标题：zero. webappsecurity. com 网站下部分表单可提交空白表单。

测试平台与浏览器：Windows 7 + IE 8。

测试步骤：

(1) 打开国外网站 http://zero. webappsecurity. com。

(2) 单击导航条上的 Feedback 链接。

(3) 在 Feedback 页面，直接单击 Send Message 按钮，提交表单，如图 3-38 所示。

期望结果：提交失败。

实际结果：提交成功，如图 3-39 所示。

3.9.6 搜索功能错误

缺陷标题：诺颀软件论坛网站的高级搜索结果不准确。

测试平台与浏览器：Windows XP + Firefox。

测试步骤：

(1) 打开城市中心论坛网站 http://www. leaf520. com/bbs。

(2) 单击“高级搜索”链接。

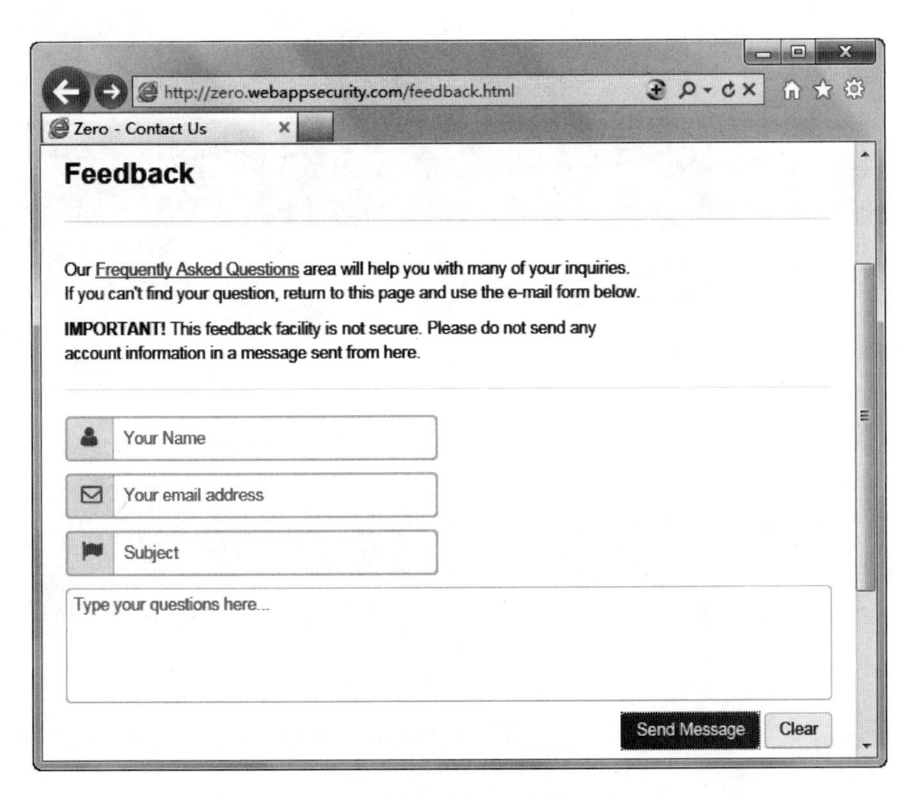

图 3-38 提交空表单

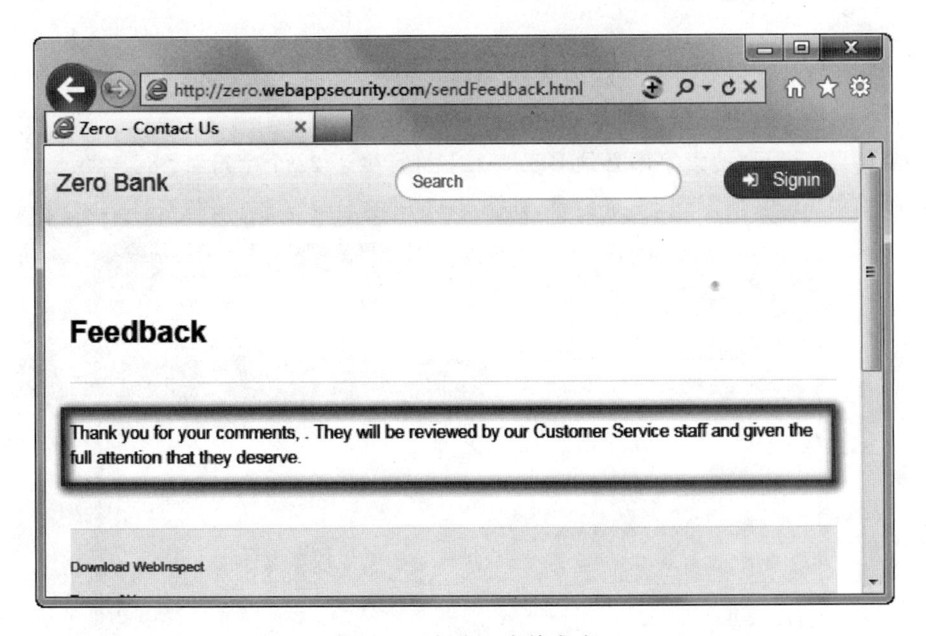

图 3-39 提交空表单成功

(3) 在按关键词搜索输入框内输入“＋重庆 ＋大学”。

期望结果：只有同时出现“重庆”和“大学”的页面链接才会在搜索结果中。

实际结果：搜索结果中有一些链接的页面中没有“重庆”，而且显示“重”、“大”、“学”等关键字被忽略，如图 3-40 所示。

图 3-40 搜索结果多处出错，违反常理

缺陷标题：在言若金叶软件研究中心网站使用小于搜索关键字长度要求的关键字能够查看搜索结果。

测试平台与浏览器：Windows 7 ＋ IE 10 或 Chrome。

测试步骤：

(1) 打开言若金叶软件研究中心官网 http://www.leaf520.com。

(2) 在网站搜索框内输入数字"0"。

期望结果：提示"搜索字串必须多于 3 个字符且少于 20 个字符"。

实际结果：总共搜索到 51 条记录，如图 3-41 所示。

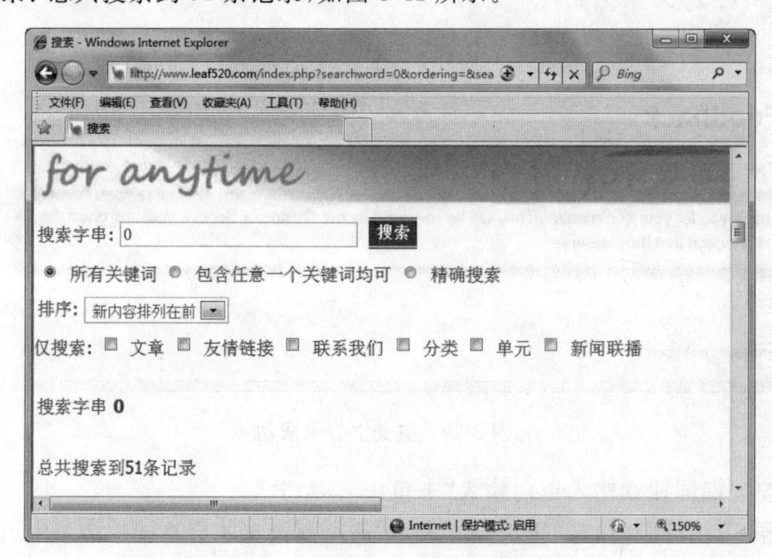

图 3-41 输入数字"0"后的搜索结果

3.9.7 数据库错误

缺陷标题：城市空间网站出现 MySQL Server Error。

测试平台与浏览器：Windows 7 + Firefox 24.0、IE 9 或 Chrome 32.0。

测试步骤：

(1) 打开城市空间网页 http://www.oricity.com。

(2) 登录，单击【××的城市空间】，然后单击【注销】，处于未登录状态。

(3) 单击【我的踪迹】或【手机和信设置】。

(4) 查看响应的页面。

期望结果：提示"您没有登录或者您没有权限访问此页面"。

实际结果：出现 MySQL Server Error 错误提示，如图 3-42 所示。

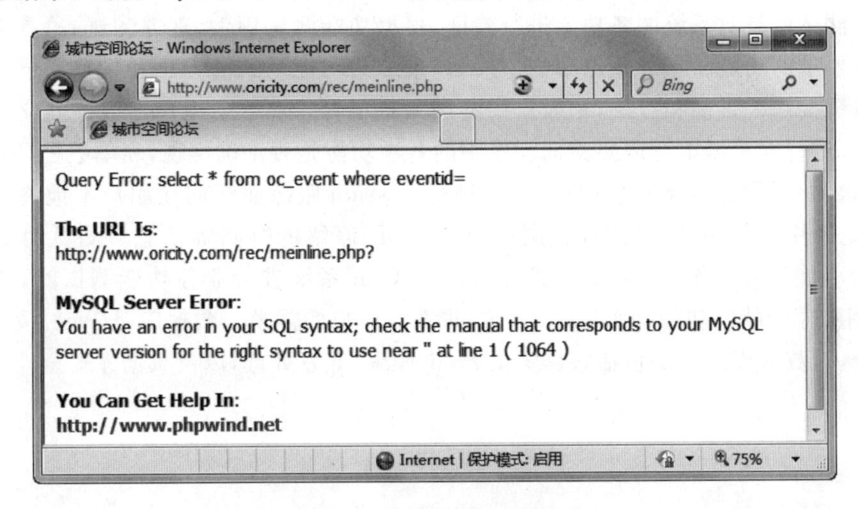

图 3-42 数据库服务器错误

3.9.8 SQL 错误

缺陷标题：在城市空间用户已注销过后的页面中操作，出现数据库搜索错误和数据库服务器错误。

测试平台与浏览器：Windows 7(64bit) + IE 9 或 Firefox 24.0。

测试步骤：

(1) 打开城市空间 Oricity 官网 http://www.oricity.com。

(2) 单击【登录】按钮。

(3) 输入有效用户名、有效密码，其他选项默认，单击【提交】按钮。

(4) 进入用户个人的城市空间。

(5) 单击【注销】按钮。

(6) 单击左边目录的【手机和信设置】。

期望结果：提示没有权限访问等相关信息。

实际结果：页面出现 SQL 搜索错误，如图 3-43 所示。

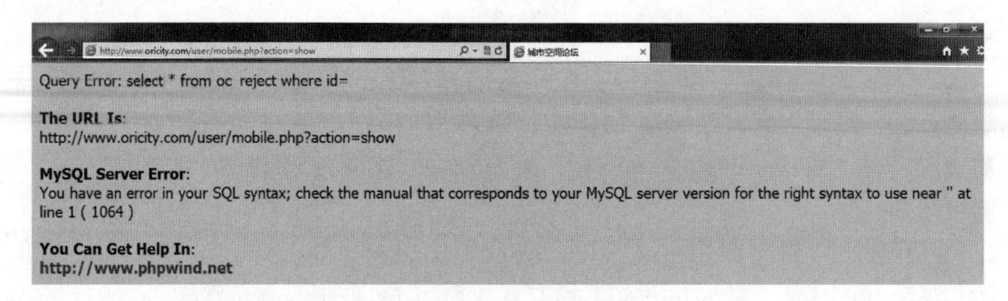

图 3-43 页面中出现 MySQL Server Error

3.10 本章小结

功能测试就是对系统的各功能进行验证，根据功能测试用例，逐项测试，检查系统是否达到用户要求的功能。本章重点介绍了 Web 系统的功能测试的方法和策略。链接测试主要检查各链接是否正确和有效，一般采用链接测试工具。表单是用户与服务器交互的重要方式之一，进行表单测试时需要验证表单中的各项功能是否正确实现，表单数据是否能成功提交。Cookie 是网站为了辨别用户身份、进行 Session 跟踪而存储在用户本地终端上的数据，用于记录用户的用户 ID、密码、浏览过的网页、停留的时间等信息。测试时必须检查 Cookie 是否能正常工作，Cookie 是否安全。对 Web 系统进行业务功能测试时，重点检查 Web 应用程序的特定功能是否正确、有效，并满足用户的需求。数据库是 Web 系统重要的组成部分，对数据库的测试包括数据定义、数据操纵、并发处理，以及数据库安全性等。

第4章 Web用户界面测试

4.1 用户界面

UI(User Interface)是用户界面的简称。GUI(Graphical User Interface,图形用户界面)是计算机软件与用户进行交互的主要方式。UE(User Experience,用户体验)是指用户访问网站或者使用软件产品时的全部体验。

用户界面设计是指对软件的人机交互、操作逻辑、界面美观的整体设计。用户界面设计在很大程度上就是在探讨如何让产品的界面更加具有可用性、如何让用户有更良好的体验、如何让用户能更方便地完成任务、如何让用户获得良好的感觉。可以说,UI设计的所有基本原则,都建立在"易用性"的基础上。界面设计主要是为了达到以下目的。

(1) 以用户为中心。设计由用户控制的界面,而不是界面控制用户。

(2) 清楚一致的设计。所有界面的风格保持一致,所有具有相同含义的术语保持一致,且易于理解和使用。

(3) 拥有良好的直觉特征。以用户所熟悉的现实世界事务的抽象来给用户暗示和隐喻,来帮助用户迅速学会软件的使用。

(4) 较快的响应速度。

(5) 简洁、美观。

4.2 界面设计原则

4.2.1 界面设计的行业标准

界面是软件与用户交互的最直接的层,界面的好坏决定用户对软件的第一印象。设计良好的界面能够引导用户完成相应的操作,起到向导的作用。同时界面如同人的面孔,具有吸引用户的直接优势。设计合理的界面能给用户带来轻松愉悦的感受和成功的感觉,不合理的界面设计则让用户产生厌恶感和挫败感。

图形用户界面的整体标准包括4个方面:规范性、合理性、一致性和界面定制性。

1. 设计规范

确立标准并遵循是软件界面设计中必不可少的环节。确立界面标准的好处如下。

(1) 便于用户操作。用户使用起来能够建立起精确的心理模型,使用熟练了一个界面后,切换到另外一个界面能够很轻松地推测出各种功能。

(2) 使用户感觉到统一、规范。在使用软件的过程中愉快轻松地完成操作,提高对软件的认知。

(3) 降低培训和支持成本,不必花费较多的人力对客户进行逐个指导。

2. 布局合理

界面的合理性是指界面是否与软件功能相融洽,界面的颜色和布局是否协调等。

(1) 界面布局

① 屏幕不能拥挤

Mayhew 在 1992 年的试验结果表明屏幕总体覆盖度不应该超过 40%,而分组覆盖度不应该超过 62%。整个项目采用统一的控件间距,通过调整窗体大小达到一致,即使在窗体大小不变的情况下,宁可留空部分区域,也不要破坏控件间的行间距。

② 控件按区域排列

一行控件纵向中对齐,控件间距基本保持一致,行与行之间间距相同,靠窗体的控件距窗体边缘的距离应大于行间距。当屏幕有多个编辑区域时,要以视觉效果和效率来组织这些区域。

③ 有效组合

逻辑上相关联的控件应当加以组合以表示其关联性,反之,任何不相关的项目应当分隔开。在项目集合间用间隔对其进行分组,或者使用方框划分各自区域。

④ 窗口缩放时控件的位置和布局

(a) 固定大小的窗口:不允许改变尺寸;

(b) 可改变尺寸的窗口:在窗口尺寸发生变化时控件的位置、大小做出相应的改变;

(c) 可改变尺寸的窗口:在窗口改变尺寸时增加相应的纵向、横向滚动条,以方便用户使用窗体上的控件。

(2) 界面颜色搭配

使用恰当的颜色,可以使软件的界面看起来更加规范。

① 统一色调

针对软件类型以及用户工作环境选择恰当色调,例如安全软件,根据工业标准,可以选取黄色;绿色体现环保;蓝色表现时尚清新;紫色表现浪漫等。淡色可以使人舒适,暗色做背景使人不觉得累。

② 与操作系统统一,读取系统标准色表。

③ 遵循对比原则

在浅色背景上使用深色文字,深色背景上使用浅色文字,如蓝色文字以白色背景容易识别,而在红色背景则不易分辨。除非特殊场合,杜绝使用对比强烈、让人产生憎恶感的颜色。

④ 整个界面色彩尽量少地使用类别不同的颜色。

⑤ 颜色方案也许会因为显示器、显卡、操作系统等原因显示出不同的色彩。

⑥ 针对色盲、色弱用户,可以使用特殊指示符。

3. 风格一致

界面的一致性既包括使用标准的控件，也指相同的信息表现方法，如在字体、标签风格、颜色、术语、显示错误信息等方面确保一致。

(1) 在不同分辨率下的美观程度

软件界面要有一个默认的分辨率，而在其他分辨率下也可以运行，分别测试在800×600、1024×768、1280×768、1280×1024、1200×1600分辨率下的大字体、小字体下的界面表现。

(2) 界面布局一致

例如所有窗口按钮的位置和对齐方式要保持一致。

(3) 界面外观一致

例如控件的大小、颜色、背景和显示信息等属性要一致，一些需要特殊处理或有特殊要求的地方除外。

(4) 界面颜色一致

颜色的前后一致会使整个应用软件有同样的观感，反之会让用户觉得所操作的软件杂乱无章，没有规则可言。

(5) 操作方法一致

例如双击其中的项，触发某事件，那么双击任何其他列表框中的项，都应该有同样的事件发生。

(6) 控件功能专一

① 正确使用控件；

② 一个控件只做单一功能，不复用。

(7) 标签和信息的措词一致

例如在提示、菜单和帮助中产生相同的术语。

(8) 标签中文字对齐方式一致

例如某类描述信息的标题行定为居中，那么其他类似的功能也应该与此一致。

(9) 快捷键在各配置项上语义保持一致

例如Tab键的习惯用法是阅读顺序从左到右、从上到下，在定义软件快捷键时也可以将现有一些快捷键的属性作为参考。

4. 界面可定制

界面的可定制性大致可分为以下几个特性。

(1) 界面元素可定制

允许用户定义工具栏、状态栏是否显示，允许用户定义工具栏显示在界面上的位置，允许用户定义菜单的位置等。

(2) 工具栏可定制

不同用户对常用工具的使用是不同的，因此允许用户建立新的工具栏，选择要显示的工具栏，定制工具栏上的按钮等。

(3) 统计检索可定制

对于某些特殊行业的软件可以提供统计检索的可定制性，在充分了解用户需求的基础上制定大量的选项供用户选择。

4.2.2 界面设计原则

界面设计应该符合易用性、规范性、合理性、美观与协调性等原则。

1. 易用性

易用性是交互的适应性、功能性和有效性的集中体现。在软件中,易用性是指在指定条件下使用时,软件产品被理解、学习、使用和吸引用户的能力。在软件界面设计中,易用性体现在下列方面。

(1) 用户界面应该简洁直观。用户所需功能或者期待的响应应该明显,并在预期出现的地方。

(2) 用户界面组织和布局合理。用户能轻松地从一个功能转到另一个功能。用户任何时刻都可以决定放弃或者退回或退出。正确的输入应该得到承认,而错误的输入应该给出准确和友善的提示。

(3) 完成相近功能或操作的所有功能按钮,要集中放在一起,以减少鼠标移动的距离。常用功能按钮要支持快捷键。

(4) 界面中存在多种功能时,应该按功能将界面划分为局域块,用 Frame 框组合起来,并要有功能说明或标题。

(5) 界面空间足够,并且选项数不多的情况下,尽量使用选项框,而不是使用下拉列表框。界面空间较小的情况下,尽量使用下拉框而不用选项框。

(6) 根据复选框和单选框使用几率的高低进行排序,并且支持 Tab 跳转和按空格键选中的功能。

(7) 页面输入控件的选择要合理,同一界面复选框不能出现太多,下拉列表选项也不宜太多。

(8) 界面要支持全键盘操作,即可以使用 Tab 键顺序跳转焦点。焦点跳转顺序应该遵循从左到右、从上到下的原则。

(9) 常用菜单功能需提供操作快捷键,快捷键的定义应符合大众操作习惯。

(10) 复选框和选项框要有默认选项,并支持 Tab 选择。

(11) 默认按钮要支持 Enter 键的操作,即按 Enter 键后自动执行默认按钮对应操作。

(12) 当可编辑控件检测到非法输入内容后,应该给出说明提示信息,并能正确将焦点定位到出错的控件上,并将控件的内容置为全部选中的状态。

(13) 在用户执行严重错误的操作之前提出警告,并允许用户恢复由于错误操作导致丢失的数据。

(14) 如果由于用户不了解系统而操作失败,应在页面中给予帮助,而且帮助信息应该简洁和准确。

(15) 一些重要的操作中,要让用户有时间看清程序在做什么,并有时间决定下一步操作,不要让用户产生紧张和压力感。

(16) 对用户操作需要反馈足够的信息,例如提示、警告或错误,信息表达应该清楚、明了、恰当、准确。

(17) 对于需要等待的操作,如果时间稍长就应该提供进度条显示。

(18) 专业性强的软件要使用相关的专业术语,通用性界面则提倡使用通用性词语。

2. 规范性

通常界面设计都按 Windows 界面的规范来设计,即包含菜单条、工具栏、工具箱、状态栏、滚动条、右键快捷菜单的标准格式,可以说界面遵循规范化的程度越高,则易用性就越好。

(1) 常用菜单要有命令快捷方式。

(2) 不同界面中功能相同的按钮,使用的快捷键必须相同。

(3) 按钮/菜单使用的图标要能直观地代表要完成的操作。

(4) 工具栏中操作范围相同的按钮要集中放在一起。

(5) 工具栏中每一个按钮都要有相关的功能提示信息。

(6) 菜单深度一般要控制在三层以内,与树状结构类似。

(7) 工具栏要求可以根据用户的要求自己选择定制。

(8) 一条工具栏的长度最长不能超出屏幕宽度。

(9) 对系统常用的工具栏设置默认放置位置。

(10) 工具栏太多时可以考虑使用工具箱。

(11) 工具箱要具有可增减性,由用户根据需求定制。

(12) 工具箱的默认总宽度不要超过屏幕宽度的 1/5。

(13) 状态栏要能显示用户切实需要的信息,常用的有目前的操作、系统状态、用户位置、用户信息、提示信息、错误信息等。如果某一操作需要的时间较长,还应该显示进度条和进程提示。

(14) 滚动条的长度能根据显示信息的长度或宽度及时变换,以利于用户了解显示信息的位置和百分比。

(15) 状态条的高度以放置五号字为宜,滚动条的宽度比状态条的略窄。

(16) 菜单和状态条中通常使用五号字。

(17) 快捷键和菜单选项一致。例如,在 Windows 系统中按 F1 键总是得到帮助信息。

(18) 整个软件使用同样的术语。例如,Find 是否一直叫 Find,而不是有时叫 Search。

(19) 按钮位置和等价按钮在整个系统中保持一致。例如,对话框有 OK 按钮和 Cancel 按钮时,OK 按钮总是在上方或者左方,而 Cancel 按钮总是在下方或右方。同样,Cancel 按钮的等价按键通常是 Esc,而选中按钮的等价按键通常是 Enter,应当保持一致。

(20) 右键快捷菜单采用与菜单相同的准则。

3. 合理性

屏幕对角线相交的位置是用户直视的地方,正上方四分之一处为易吸引用户注意力的位置,在放置窗体时要注意利用这两个位置。

(1) 父窗体或主窗体的中心位置应该在对角线焦点附近。

(2) 子窗体位置应该在主窗体的左上角或正中。

(3) 多个子窗体弹出时应该依次向右下方偏移,以显示出窗体标题为宜。

(4) 重要的命令按钮与使用较频繁的按钮要放在界面上注目的位置。

(5) 错误使用容易引起界面退出或关闭的按钮不应该放在易单击的位置。横排开头或最后与竖排最后为易单击位置。

(6) 与正在进行的操作无关的按钮应该加以屏蔽(Windows中用灰色显示,没法使用该按钮)。

(7) 对可能造成数据无法恢复的操作必须提供确认信息,给用户放弃选择的机会。

(8) 非法的输入或操作应有足够的提示说明。

(9) 对运行过程中出现问题而引起错误的地方要有提示,让用户明白错误出处,避免形成无限期的等待。

(10) 提示、警告或错误说明,应该恰当明了。

4. 美观与协调性

界面应该适合美学观点,使人感觉协调舒适,能在有效的范围内吸引用户的注意力。美观与协调性细则如下。

(1) 长宽接近黄金点比例,切忌长宽比例失调,或者宽度超过长度。

(2) 界面布局要合理。界面元素不宜过于密集,也不能过于稀疏,要合理利用空间。

(3) 按钮大小基本相近,忌用太长的名称,以免占用过多的界面位置。

(4) 按钮的大小要与界面的大小和空间协调。

(5) 避免空旷的界面上放置很大的按钮。

(6) 放置完控件后,界面不应有很大的空缺位置。

(7) 字体的大小要与界面的大小比例协调,通常使用的字体中的宋体9～12号较为美观。

(8) 前景与背景色搭配合理协调,反差不宜太大,最好少用深色,如大红、大绿等。常用色考虑使用Windows界面色调。

(9) 主色调要柔和,具有亲和力与磁力,坚决杜绝刺目的颜色。

(10) 整个界面色彩应尽量少地使用类别不同的颜色。

(11) 界面风格要保持一致,字的大小、颜色、字体要相同,除非是需要艺术处理或有特殊要求的地方。

(12) 如果窗体支持最小化、最大化和放大,窗体上的控件也要随着窗体而缩放。切忌只放大窗体而忽略控件的缩放。

(13) 对于含有按钮的界面一般不应该支持缩放,即右上角只有关闭功能。

(14) 通常父窗体支持缩放时,子窗体没有必要缩放。

(15) 如果能给用户提供自定义界面风格则更好,由用户自己选择颜色、字体等。

进行Web界面通用性测试时,可按照以上要求逐项对照检查,列出具体的检查点进行测试。

4.3 Web界面测试

用户虽然不是专业人员,但是对界面效果的印象是很重要的,界面的优劣将直接影响网站的访问量和用户"回头率"。用户界面测试的目标在于确保用户界面向用户提供了适当的访问,核实用户与软件的交互效果。除此之外,还要确保界面设计符合预期要求,并遵循公司或行业的标准。

Web 界面测试是对 Web 应用程序进行正确性、直观性、一致性、灵活性、舒适性等的验证。Web 界面测试包括导航测试、图形测试、内容测试、表格测试和整体界面测试。

4.3.1 导航测试

导航描述了用户在一个页面内操作的方式,包括不同的用户接口控制之间(如按钮、对话框、列表和窗口等),或不同的连接页面之间。导航的直观性、信息包容度、站点地图、搜索引擎,以及导航帮助的直观性决定了一个 Web 应用系统是否易于导航。

Web 应用系统的用户趋向于目的驱动。一般地,人们会很快地扫描一个 Web 应用系统,看是否有满足自己需要的信息,如果没有,就会很快地离开。很少有用户愿意花时间去熟悉 Web 应用系统的结构。因此,Web 应用系统导航帮助要尽可能地准确,避免在一个页面上放太多的信息降低导航的直观性。在一个页面上放太多的信息往往起到与预期相反的效果。

导航的另一个重要方面是 Web 应用系统的页面结构、导航、菜单、连接风格的一致性。提高风格统一度,可使用户在最短的时间内知道 Web 应用系统里面是否还有内容、内容在什么地方。Web 应用系统的层次一旦决定后,就要着手测试用户导航功能,让最终用户参与这种测试,效果将更加明显。

导航测试的最终目的是保证在 Web 应用程序投入使用前发现导航机制中的各种错误。Splaine 和 Jaskiel 建议测试下面的导航机制。

(1) 导航链接

导航链接包括 Web 应用程序中的内部链接,指向其他应用程序的外部链接和特定页面中的锚点。通过测试保证选择链接时可以获得相应的内容,以及实现相应的功能。

(2) 重定向

在用户请求不存在的 URL,或者选择的链接对象被删除或者名字被修改的情况下,应向用户展示相应消息,并将导航重新指向另一个页面。测试时,通过请求不正确的内部链接或外部 URL 来测试,并对程序的相应处理进行评测。

(3) 书签

书签属于浏览器的功能,测试 Web 应用程序保证创建书签时可以提取到有意义的网页标题。

(4) 框架

每个框架都包含特定网页的内容。一个框架集包含多个框架,并可以同时展现多个网页。一个框架或框架集可能存在于另一个之中,对这些导航和展现机制进行测试,看是否可以获得正确的内容、合适的外观与大小,以及浏览器的兼容性。

(5) 站点地图

应当测试入口以保证通过链接使用户得到正确的内容和合适的功能。

(6) 内部搜索引擎

复杂的 Web 应用程序常常包含成百上千的内容对象。一个内部搜索引擎允许用户通过关键字搜索得到需要的内容。内部搜索引擎测试是测试搜索的精确性和完整性,搜索引擎的错误处理以及高级搜索特性。

除了测试以上导航内容外，还需要检查下列几个方面。

(1) 导航按钮风格和应用系统的页面结构、菜单、链接的风格应当一致。

(2) 图片按钮导航或按钮导航应当可以准确切换到对应功能。

(3) 鼠标置于导航按钮上时应该显示成特殊的鼠标指针，且导航按钮应该高亮显示。

4.3.2 图形测试

在 Web 应用系统中，适当地加入图片和动画，既能起到广告宣传的作用，又能起到美化页面的功能。一个 Web 应用系统的图形可以包括图片、动画、边框、颜色、字体、背景、按钮等。在利用好图形的好处和优势的同时，要避免访问下载速度过慢。

进行图形测试时可以从以下几个方面考虑。

(1) 确保图形有明确的用途，图片或动画排列有序并且目的明确。图片或动画不要太多，以免浪费传输时间。

(2) 检查图片的大小和质量，一般采用 JPG、GIF、PNG 格式。在不影响图片质量的情况下，使图片的大小尽量地小(如图片大小控制在 30KB 以下)。

(3) 图片按钮链接有效，并且链接的属性正确。

(4) 确保 GIF 动画循环模式设置正确，其颜色显示正常。

(5) Flash、Silverlight 等多媒体元素显示正常。如果是控件类，确保其功能实现正确。

(6) 确保所有页面字体的风格一致。

(7) 背景颜色应该与字体颜色和前景颜色相搭配。

(8) 确保文字回绕正确。如果说明文字指向右边的图片，应该确保该图片出现在右边。不要因为使用图片而使窗口和段落排列错位或者出现孤行。

(9) 确保图片显示完整，没有出现错误或被部分覆盖。

4.3.3 内容测试

Web 的内容测试目的是检验 Web 应用系统提供信息的正确性、准确性和相关性。

信息的正确性是指信息是正确的和可靠的。例如，在商品价格列表中，错误的价格可能引起财政问题甚至导致法律纠纷。

信息的准确性是指是否有语法或拼写错误。这种测试通常使用一些文字处理软件来进行，例如使用 Microsoft Word 的“拼音与语法检查”功能，进行语法和拼音的纠正。

信息的相关性是指在当前页面可以找到与当前浏览信息相关的信息列表或入口，也就是一般 Web 站点中所谓的“相关文章列表”。

进行页面内容测试，可以从以下几个方面进行检查。

(1) 检查是否有语法或拼写错误，文字表达是否恰当。确保网站页面中没有错别字，特别是在标题中，更不能有明显的错别字。

(2) 确保链接引用正确，链接的形式和位置易于理解。

(3) 网页的各个页面标题应有层次感，标题能够正确标识页面的内容。读者可能会因为进入网站的比较深层次的页面，然后阅读的时候突然开小差而不知道现在是在阅读哪些方面的内容,但是设计友好的网页的标题可以直观地帮助他们很快理解当前所接触的网站内容。

(4) 重要内容要直观。很多网站都是为了宣传某些产品或者某种服务,因此对应用户需要的关键词信息,如公司简介、联系人、联系方式、在线反馈等应该直观展示,否则可能因为用户找不到卖家而失去销售机会。

(5) 尽量避免要求用户向右或者向下拖动滚动条才能看见网站的重要信息。很多网站为了给用户提供信息量更大的内容,读者要阅读的时候则需要随时拖动滚动条,这样的网页内容可能会给读者带来不好的用户体验。

4.3.4 表格测试

表格(Table)是页面的重要元素,是页面排版的主要手段。用表格显示信息条理清楚,使浏览者一目了然。表格在网页中还可协助布局,把文字、图像、声音甚至视频组织到表格中,可制作出整齐、清晰的页面。

表格由行、列和单元格三个部分组成,用于显示数字和其他项以便快速引用和分析。一般表格上面有一个标题,指明表格要描述的内容。表格的第一行称为表头(标题行),指明表格每一列的内容和意义。

测试 Web 页面中的表格时,可以从下列方面考虑。

(1) 有无标题行,标题行是否居中显示。

(2) 有无标题列,标题列是否居左显示。

(3) 标题行、标题列中的单元格是否禁止编辑。

(4) 非标题行、列中的单元格是否允许编辑。非标题行、列中的单元格允许编辑时,可参考文本框的方法进行测试。

(5) 当前所在的单元格是否提供突出显示功能,前景/背景色、字体、字号是否正确;换行、换列时,所在单元格和非所在的显示是否正确。

(6) 当前选中的单元格是否提供突出显示功能,前景/背景色、字体、字号是否正确;换行、换列时,选中单元格和非选中的显示是否正确。

(7) 表格的某些列是否具有自动排序功能。如果可以自动排序,检查排序结果是否正确。

(8) 选中表格内容进行复制和粘贴时,应正确复制和粘贴。测试时需要对一个和多个单元格分别进行测试。

(9) 分别检查键盘控制上下移动、前后翻页时,表格的表现情况。

(10) 滚动条发生变化时,检查表格的表现情况。

(11) 表格中内容显示应当符合要求。例如表头内容统一加粗居中,内容长度不等的列统一水平靠左垂直居中,内容长度相等的列需要居中显示。

(12) 表格边线颜色应该符合整个界面的配色方案,表格大方美观。表格边线一般要比内部线条稍粗一点。

(13) 表格中每一栏的宽度适中,表格里的文字排版布局合理、美观。表格里的文字较多时,应有折行。不要因为某一格的内容太多,而将整行的内容拉长,以至于影响整个页面的样式,把整个网页布局带入混乱变形的地步。

(14) 表格中不允许出现按钮链接,统一使用字符串链接。

(15) 同一数据类型所在行/列的单元格是否有统一的居左、居中、居右显示方式。

(16) 日期型数据所在行/列单元格的内容显示格式应当一致。

(17) 时间型数据所在行/列单元格的内容显示格式应当一致。

(18) 货币型数据所在行/列单元格的内容显示格式应当一致。

(19) 小数型数据所在行/列单元格的内容显示格式应当一致。

4.3.5 整体界面测试

整体界面是通过整个 Web 应用系统的页面结构设计,给用户的一种整体感觉。整体界面要求如下。

(1) 当用户浏览 Web 应用系统时感到舒适;

(2) 整个 Web 应用系统的设计风格一致。

对整体界面的测试过程,其实是一个对最终用户进行调查的过程。测试时,可以通过外部人员(与 Web 应用系统开发没有联系或联系很少的人员)的参与,采取调查问卷的形式,得到最终用户的反馈信息。

整体界面测试可以从下列方面进行考虑。

1. 页面显示

(1) 浏览器窗口为标准或最大时页面元素显示是否正确,是否美观。

(2) 窗口大小变化时页面刷新是否正确。

(3) 用户常用的几种分辨率下页面元素显示是否正确,是否美观。

(4) 字体的大小与界面的大小比例是否协调。通常使用字体中的宋体 9~12 号较为美观,一般不使用超过 12 号的字体。

(5) 前景与背景色搭配合理协调,反差不宜太大,最好少用深色,如大红、大绿等。

(6) 页面弹出式提示界面必须大小合理,布局美观,符合系统风格。

(7) 文字内容是否显示完整,图片是否按适当比例显示。

2. 页面布局

(1) 布局是否合理。布局不宜过于密集,也不能过于空旷,要合理利用空间。

(2) 文字段落、图文排版是否正确。

(3) 相关页面元素的外形是否美观大方,大小是否合适,位置和页面的风格是否协调。

(4) 页面相关说明性文字的位置是否正确合适,鼠标定位在需说明的控件上时相关提示信息位置是否合理。

3. 页面风格

(1) Web 页面结构、导航、菜单、超链接的风格是否一致。

(2) 同一系统中不同页面的整体风格是否一致,是否美观。

(3) 所有页面字体的风格是否一致(包括字体、颜色、字号等)。

(4) 各页面背景、色调是否正确,是否美观,是否适合应用环境。

(5) 主色调要柔和,具有亲和力与磁力,坚决杜绝刺目的颜色。

4. 页面链接

(1) 链接的形式、位置是否易于理解。

(2) 链接对应的页面显示是否正确、页面之间的切换是否正确。

(3) 指向链接、单击链接、访问后的链接是否都进行了处理。

4.3.6 输入有效性验证

用户在访问 Web 页面时,可能会由于操作不当,而出现各种各样的问题。在界面设计上,应当尽量周全地考虑到各种可能发生的问题,使出错几率降至最小。

(1) 排除可能使应用非正常中止的错误。

(2) 尽可能避免用户无意输入无效的数据。

(3) 采用相关控件限制用户输入值的种类,如电话号码、邮编只允许输入数字。

(4) 当选项只有两个时,可以采用单选按钮。选择较多时,可以采用复选框。当选项特别多时,可以采用列表框或下拉式列表框,这样可避免输入无效数据。

(5) 避免用户做出未经授权或没有意义的操作。

(6) 对可能引起致命错误或系统出错的输入字符或动作要加以限制或屏蔽。

(7) 对可能发生严重后果的操作要有补救措施。通过补救措施用户可以回到原来的正确状态。

(8) 对一些特殊符号,或与系统使用的符号相冲突的字符,输入时要进行判断,并阻止用户输入这些字符。

(9) 对错误操作最好支持可逆性处理,如取消系列操作。

(10) 对可能造成等待时间较长的操作应该提供取消功能。

(11) 与系统采用的保留字符冲突的要加以限制。

(12) 在读入用户所输入的信息时,根据需要选择是否去掉前后空格。

4.4 界面控件测试

Web 应用与其他应用程序一样,也有许多用以实现各种功能或者操作的控件,例如常见的窗体、菜单、按钮、单选框、复选框、下拉列表框等。界面测试时也需要对每类控件进行测试。

1. 窗口

窗口测试的方法如下。

(1) 窗口打开:窗口应基于相关的输入和菜单命令适当地打开。

(2) 窗口关闭:窗口能正确地被关闭。

(3) 窗口大小:窗口打开时窗体大小要合适,内部控件布局合理。

(4) 移动窗口:快速或慢速移动或滚动窗体,背景及窗体本身刷新必须正确。

(5) 缩放窗口：窗口上的控件应随窗体的大小变化而变化。

(6) 显示分辨率：在不同分辨率的情况下测试程序的显示是否正常。

(7) 窗口内容：检查窗口中的数据内容能否用鼠标、功能键、方向键和键盘访问。

(8) 在窗口中多次或不正确按鼠标时，是否会导致无法预料的副作用。

(9) 窗口的声音、颜色提示和窗口的操作顺序是否符合需求。

(10) 活动窗口是否被适当地加亮。

(11) 当窗口被覆盖并重调用后，窗口能否正确地再生。

(12) 所有与窗口相关的功能是否正常。

(13) 如果使用多任务，是否所有的窗口被实时更新。

(14) 系统主窗口的标题显示内容应该是当前系统的名称，屏蔽掉其他无关的内容。严禁出现与系统登录和程序路径相关的信息。

对于弹出窗口需考虑下列方面。

(1) 弹出窗口的风格应该和系统风格保持一致，弹出窗口界面布局应该合理美观。

(2) 弹出窗口应该屏蔽【最小化】和【最大化】按钮，只保留【关闭】按钮。

(3) 弹出窗口的显示位置应该合理美观，且允许拖动。

(4) 弹出窗口的标题为对应功能名称，屏蔽掉其他无关的内容。

(5) 提示信息弹出框标题应显示为"提示"，警告和错误提示框的标题应分别显示为"警告"和"错误"。

2. 菜单

菜单是界面上最重要的元素，进行菜单测试时需要考虑下列内容。

(1) 菜单功能是否正确执行，选择的菜单项与实际执行内容是否一致。

(2) 菜单名是否有错别字，菜单名是否具有自解释性。

(3) 菜单名是否存在中英文混合。

(4) 常用的菜单要有快捷命令方式。检查快捷键、热键是否重复，快捷键、热键操作是否有效。

(5) 鼠标右键快捷菜单是否可用。

(6) 下拉式操作是否正常工作。

(7) 菜单、调色板和工具条是否工作正确。

(8) 是否适当地列出了所有的菜单功能和下拉式子功能。

(9) 是否可能通过鼠标访问所有的菜单功能。

(10) 相同功能按钮的图标和文字是否一致。

(11) 菜单功能是否随当前的窗口操作加亮或变灰。

(12) 菜单项是否有帮助，是否语境相关。

(13) 光标、处理指示器和识别指针随着操作恰当地改变。

(14) 菜单项是否显示在合适的语境中。例如，不同权限的用户登录一个应用程序，不同级别的用户可以看到不同级别的菜单并使用不同级别的功能。

(15) 下拉菜单要根据菜单选项的含义进行分组，并且按照一定的规则进行排列，用横线隔开。

(16) 一组菜单的使用有先后要求或有向导作用时，应该按先后次序排列。

(17) 没有顺序要求的菜单项按使用频率和重要性排列，常用的放在开头，不常用的靠后放置；重要的放在开头，次要的放在后边。

(18) 如果菜单选项较多，应该采用加长菜单的长度而减少深度的原则排列。

(19) 菜单深度一般要求控制在三层以内。

(20) 对与当前操作无关的菜单要用屏蔽的方式加以处理。如果采用动态加载方式，即只有需要的菜单才显示。

(21) 菜单前的图标不宜太大，最好与字高保持一致。

进行测试时还要注意状态栏是否显示正确，工具栏的图标执行操作是否有效，是否与菜单栏中图标显示一致，错误信息内容是否正确、无错别字且明确等。

3. 链接

在界面测试中，对链接的测试主要考虑链接的显示问题，需要从下列方面进行检查。

(1) 超级链接的文字颜色应该和所在页面普通文字的颜色区分开，但要融入整个页面的配色方案。

(2) 当鼠标指针移动到超级链接上时应自动变为手形(也可同时变化链接的背景色)，且可以通过单击打开链接对应的界面或文件。

(3) 鼠标指针在普通文本显示区域决不能随便变化形状。

4. 按钮

(1) 按钮界面美观，大小合理，按钮上的文字应居中。

(2) 按钮和整个页面风格保持一致，布局位置合理。

(3) 功能操作的【确认】、【重置】、【取消】按钮应该在所有输入控件下方的合适位置。

(4) 鼠标指针移动到按钮上时应该自动变为手形(也可同时变化按钮背景色)。

(5) 单击按钮后能正确执行相应的操作。例如单击【确定】按钮，正确执行操作；单击【取消】按钮，退出窗口。

(6) 对非法的输入或操作给出足够的提示说明。例如输入月工作天数为32时，单击【确定】后系统应给出提示信息。

(7) 对可能造成数据无法恢复的操作必须给出确认信息，以免给用户造成无法挽回的损失。

5. 滚动条

滚动条通常为text文本框、list列表框、表格、页面等所有，测试时可以从下列方面考虑。

(1) 检查滚动条的可见性。当页面内容能够在页面内完全显示时，滚动条不可见；当页面内容在页面内不能完全显示时，滚动条才出现。

(2) 滚动条的长度应该根据显示信息的长度或宽度及时变换。这样有利于用户了解显示信息的位置和百分比。

(3) 鼠标单击行滚动条的上下箭头，检查滚动条所属控件/区域逐行移动的正确性。

(4) 鼠标单击列滚动条的左右箭头,检查滚动条所属控件/区域逐列移动的正确性。

(5) 单击滚动条时,检查所属控件/区域显示的正确性。

(6) 拖动滚动条时,屏幕刷新正常,不会出现乱码,所属控件/区域显示正确。

(7) 用鼠标滚轮控制滚动条,能正常控制滚动条的位置。

6. 对话框/消息框

(1) 一般来说重要的或复杂的操作成功后应该给予提示,根据系统的特性选择弹出信息框或文字显示。若需要后续操作,在操作成功后应给予提示。

(2) 非法的输入或操作应给出足够的提示说明。

(3) 对可能造成数据无法恢复的操作应该给予确认信息,给用户放弃选择的机会,如删除操作。

(4) 提示信息不宜太长,宽度不能超过当前窗口的1/2。当超过此比例时,视具体情况进行换行。有多行提示信息的,选择对齐方式(一般为左对齐)。

(5) 静态文本标签一般采用左对齐,这样显得更有条理且易于浏览。静态文本标签一般置于相关控件的左边,选项过多过长时放在上面。

(6) 复杂或带有专业性的操作或输入最好在输入项下面给予提示。

7. 浏览器前进和后退

在打开的页面中,多次使用浏览器的后退键和前进键,检查页面的表现,看是否会出错。

8. 刷新按钮

在Web系统中,使用浏览器的刷新键,检查页面的情况,看是否会出错。

9. 各种控件在窗体中混合使用时的测试

(1) 测试控件间的相互作用。

(2) 检查Tab键的功能是否有效,Tab键的顺序一般是从上到下、从左到右。

(3) 检查快捷键的使用,并逐一测试。

(4) 检查Enter键和Esc键是否有效。

在测试中,应遵循由简入繁的原则,先进行单个控件功能的测试,确保实现无误后,再进行多个控件的功能组合的测试。

4.5 用户体验测试

用户体验测试就是测试人员站在用户的角度进行的一系列体验使用。例如界面是否友好、操作是否流畅、功能是否达到用户使用要求等。目前用户体验测试已成为软件企业关注的流程。用户体验测试需要对测试的目的、介入时间、测试的周期、场景、人员的选型都要做出深入的分析和界定。

4.5.1 用户体验测试的内容

进行用户体验测试的目的是为了判定软件产品是否能使用户快速地接受和使用，即验证软件产品是否不符合用户的习惯，甚至让用户对产品产生抗拒。因此针对用户的体验测试介入时间应该尽可能早。如果在系统快要发布前才进行用户体验测试，可能会发现有些页面结构不符合用户操作习惯，或有些功能对于用户而言需要强化，或有些操作步骤过于烦琐，此时再对代码进行修改和优化，无疑是危险的行为。比较合理的做法是当页面的模型定稿时就进行用户体验测试，不过由于此时的测试是静态的，所以还不足以确保用户实际的操作感受。接下来还需要在系统提交功能测试后，再次进行用户体验测试，此时主要是收集用户的操作习惯和使用感受。

4.5.2 Web 用户体验测试

Web 网站体验是利用网络特性，为客户提供完善的网络体验，提高客户的满意度，从而与客户建立起紧密而持续的关系。

Web 网站体验测试包括下列几个方面。

(1) 感官体验：呈现给用户视听上的体验，强调舒适性。

(2) 交互体验：呈现给用户操作上的体验，强调易用性。

(3) 情感体验：呈现给用户心理上的体验，强调友好性。

(4) 浏览体验：呈现给用户浏览上的体验，强调吸引性。

(5) 信任体验：呈现给用户的信任体验，强调可靠性。

1. 感官体验

(1) 设计风格：符合目标客户的审美习惯，并具有一定的引导性。网站在设计之前，必须明确目标客户群体，并针对目标客户的审美喜好进行分析，从而确定网站的总体设计风格。

(2) 网站 Logo：确保 Logo 的保护空间，确保品牌清晰展示而又不占据过多空间。

(3) 页面速度：正常情况下，尽量确保页面在 5 秒内打开。如果是大型门户网站，必须考虑南北互通问题，进行必要的压力测试。

(4) 页面布局：重点突出，主次分明，图文并茂。

(5) 页面色彩：主色调和辅助色不超过三种颜色。以恰当的色彩明度和亮度，确保浏览者的浏览舒适度。

(6) 页面导航：导航条清晰明了、突出，层级分明。

(7) 页面大小：适合多数浏览器浏览。

(8) 图片展示：比例协调、不变形、图片清晰。图片排列间距适中。

(9) 图标使用：简洁、明了、易懂、准确，与页面整体风格统一。

(10) 动画效果：打开速度快，动画效果节奏适中，不干扰主画面浏览。

(11) 广告位：避免干扰视线，广告图片符合整体风格，避免喧宾夺主。

(12) 背景音乐：与整体网站主题统一，文件要小，不能干扰阅读。要设置开关按钮及音量控制按钮。

2. 交互体验

(1) 会员申请：介绍清晰的会员权责，并提示用户确认已阅读条款。

(2) 会员注册：流程清晰、简洁。待会员注册成功后，再完善详细资料。

(3) 表单填写：尽量采用下拉选择，需填写部分需注明要填写内容，并对必填字段做出限制(如日期、手机位数、邮编等，避免填入无效信息)。

(4) 表单提交：表单填写后需输入验证码，防止注水。

(5) 按钮设置：对于交互性的按钮必须清晰突出，以确保用户可以清楚地单击。

(6) 单击提示：单击浏览过的信息颜色需要显示为不同的颜色，以区分于未阅读内容，避免重复阅读。

(7) 错误提示：若表单填写错误，应指明填写错误之处，并保存原有填写内容，减少重复工作。

(8) 在线问答：用户提问后后台要及时反馈，后台显示有新提问以确保回复及时。

(9) 意见反馈：当用户在使用中发生任何问题，都可随时提供反馈意见。

(10) 在线调查：为用户关注的问题设置调查，并显示调查结果，提高用户的参与度。

(11) 在线搜索：搜索提交后，显示清晰列表，并将该搜索结果中的相关字符以不同颜色加以区分。

(12) 页面刷新：尽量采用无刷新(Ajax)技术，以减少页面的刷新率。Ajax是新兴的网络开发技术的象征。它将JavaScript和XML技术结合在一起，用户每次调用新数据时，无须反复向服务器发出请求，而是在浏览器的缓存区预先获取下次可能用到的数据，界面的响应速度因此得到了显著提升。

(13) 新开窗口：尽量减少新开的窗口，以避免开过多的无效窗口，设置弹出窗口的关闭功能。

(14) 资料安全：确保资料的安全保密，对于客户密码和资料进行加密保存。

(15) 显示路径：无论用户浏览到哪一个层级、哪一个页面，都可以清楚看到该页面的路径。

3. 浏览体验

(1) 栏目的命名：与栏目内容准确相关，简洁清晰，不宜过于深奥。

(2) 栏目的层级：最多不超过三层，导航清晰，运用JavaScript等技术使得层级之间伸缩便利。

(3) 内容的分类：同一栏目下，不同分类结构清晰，不要互相包含或混淆。

(4) 内容的丰富性：每一个栏目应确保足够的信息量，避免栏目无内容情况出现。

(5) 内容的原创性：尽量多采用原创性内容，以确保内容的可读性。

(6) 信息的更新频率：确保稳定的更新频率，以吸引浏览者经常浏览。

(7) 信息的编写方式：段落标题加粗，以区别于内文。

(8) 新文章的标记：为新文章提供不同标识(如new)，吸引浏览者查看。

(9) 文章导读：为重要内容在首页设立导读，使得浏览者可以了解到所需信息。文字截取字数准确,避免断章取义。

(10) 精彩内容的推荐:在频道首页或文章左右侧,提供精彩内容推荐,吸引浏览者浏览。

(11) 相关内容的推荐:在用户浏览文章的左右侧或下部,提供相关内容推荐,吸引浏览者浏览。

(12) 收藏夹的设置:为会员设置收藏夹,对于喜爱的产品或信息,可进行收藏。

(13) 信息的搜索:在页面的醒目位置,提供信息搜索框,便于查找到所需内容。

(14) 页面打印:允许用户打印该页资料,以便于保存。

(15) 文字排列:标题与正文区隔明显,段落清晰。

(16) 文字字体:采用易于阅读的字体,避免文字过小或过密造成的阅读障碍。可对字体进行大中小设置,以满足不同的浏览习惯。

(17) 页面底色:不能干扰主体页面的阅读。

(18) 页面的长度:设置一定的页面长度,避免页面过长而影响阅读。

(19) 分页浏览:对于长篇文章进行分页浏览。

(20) 语言版本:为面向不同国家的客户提供不同的浏览版本。

(21) 快速通道:为有明确目的的用户提供快速入口。

4. 情感体验

(1) 客户分类:将不同的浏览者进行划分,为客户提供不同的服务。

(2) 友好提示:对于每一个操作进行友好提示,以增加浏览者的亲和度。

(3) 会员交流:提供便利的会员交流功能(如论坛),增进会员感情。

(4) 售后反馈:定期进行售后的反馈跟踪,提高客户满意度。

(5) 会员优惠:定期举办会员优惠活动,让会员感觉到实实在在的利益。

(6) 会员推荐:根据会员资料及购买习惯,为其推荐适合的产品或服务。

(7) 用户参与:提供用户评论、投票等功能,让会员更多地参与进来。

(8) 会员活动:定期举办网上会员活动,提供会员网下交流机会。

(9) 专家答疑:为用户提出的疑问进行专业解答。

(10) 邮件问候:针对不同客户,为客户定期提供邮件/短信问候,增进与客户间的感情。

(11) 好友推荐:提供邮件推荐功能。

(12) 网站地图:为用户提供清晰的网站指引。

5. 信任体验

(1) 公司介绍:真实可靠的信息发布,包括公司规模、发展状况、公司资质等。

(2) 投资者关系:上市公司需为股民提供真实准确的年报、财务信息等。

(3) 服务保障:将公司的服务保障清晰列出,增强客户信任。

(4) 页面标题:准确地描述公司名称及相关内容。

(5) 文章来源:为摘引的文章标注摘引来源,避免版权纠纷。

(6) 文章编辑作者:为原创性文章注明编辑或作者,以提高文章的可信度。

(7) 联系方式:提供准确有效的地址、电话等联系方式,便于查找。

(8) 服务热线：将公司的服务热线列在醒目的地方，便于客户查找。

(9) 有效的投诉途径：为客户提供投诉、建议邮箱或在线反馈。

(10) 安全及隐私条款：对于交互式网站，注明安全及隐私条款可以减少客户顾虑，避免纠纷。

(11) 法律声明：对于网站法律条款的声明可以避免企业陷入不必要的纠纷中。

(12) 网站备案：让浏览者确认网站的合法性。

(13) 相关链接：对于集团企业及相关企业的链接，应该具有相关性。

(14) 帮助中心：对于流程较复杂的服务，必须具备帮助中心进行服务介绍。

用户体验性测试要关注的东西确实太多，所以只有更关注用户，才能得到用户的信任，才能进一步提高用户对产品的满意度。

4.6 界面测试缺陷案例

下面的缺陷是从言若金叶软件研究中心 2013 年和 2014 年全国大学生寻找产品缺陷(Find Bug)技能大赛的稿件中精心选取的。

4.6.1 重复文字和链接

缺陷标题：言若金叶软件研究中心网站导航页有重复的文字与链接。

测试平台与浏览器：Windows XP ＋ IE 8/Firefox。

测试步骤：

(1) 打开言若金叶软件研究中心官网 www.leaf520.com；

(2) 单击导航条上的【网站导航】链接；

(3) 在网站导航页检查每一项元素。

期望结果：每一项元素都是正确的。

实际结果：在“核心工作-奉献社会实现人生”部分出现两个重复的文字介绍与链接，如图 4-1 所示。

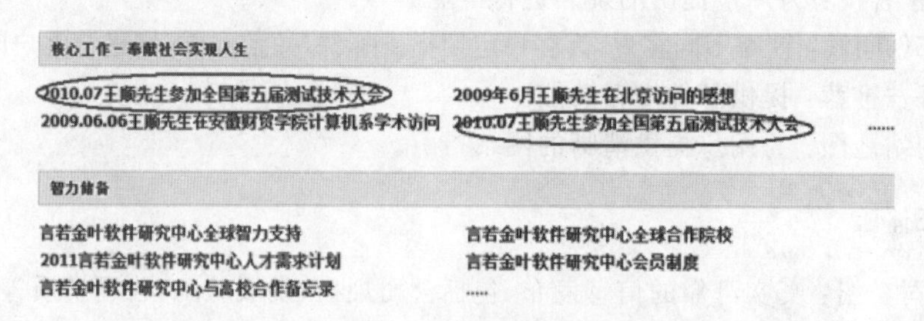

图 4-1 重复的文字介绍与链接

4.6.2 页面布局不合理

缺陷标题：城市空间主页→联系我们一页，界面布局不合理。

测试平台与浏览器：Windows 8 ＋ Chrome 34/IE 10。

测试步骤：

(1) 用 Chrome/IE 打开城市空间主页 http://www.oricity.com/。

(2) 单击【联系我们】http://www.oricity.com/user/contactus.php。

期望结果：界面布局正常合理。

实际结果：界面布局不合理。Chrome 浏览器下布局不合理如图 4-2 所示，IE 浏览器下布局不合理如图 4-3 所示。

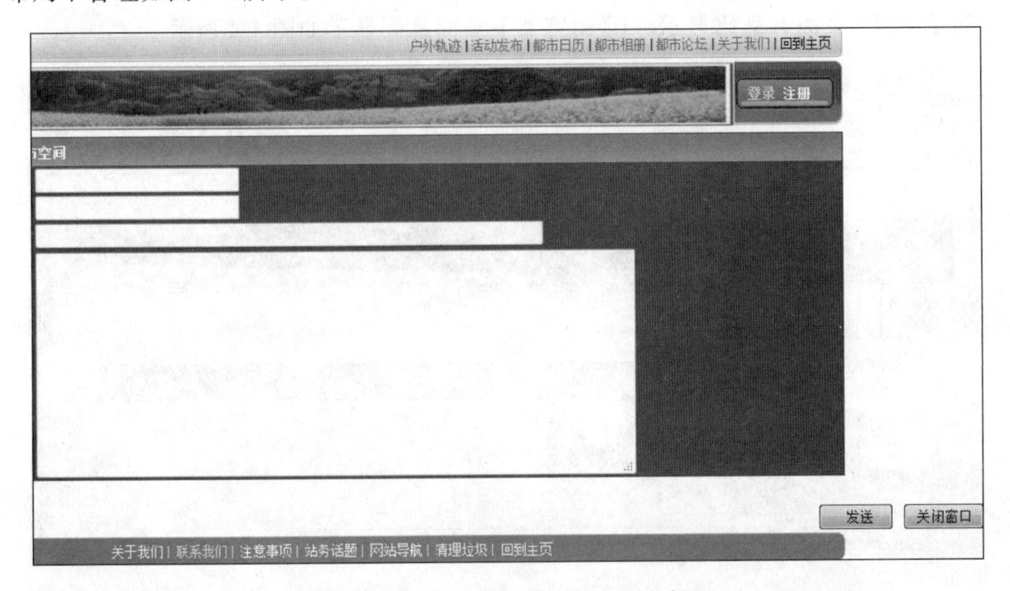

图 4-2　Chrome 浏览器下的布局不合理

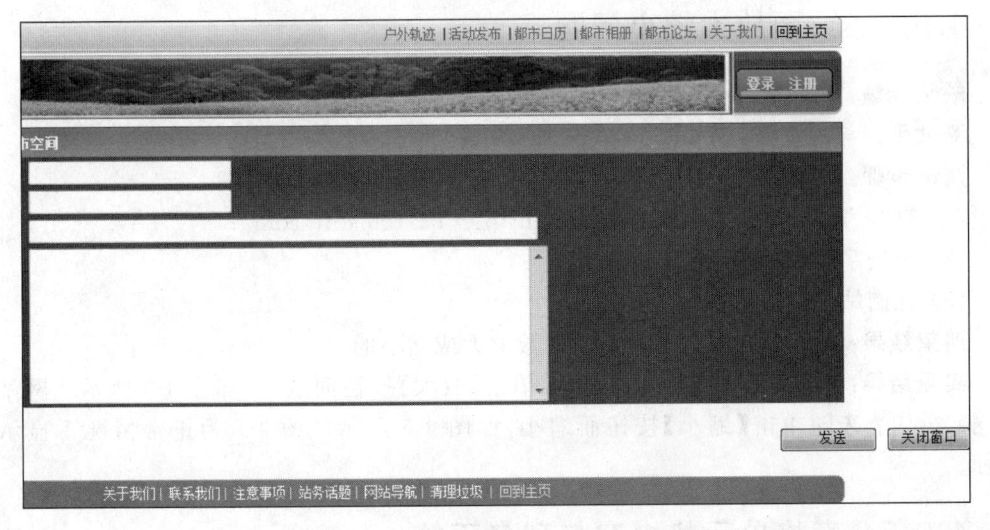

图 4-3　IE 浏览器下的布局不合理

4.6.3　页面出现乱码

缺陷标题：城市空间主页页面出现乱码。

测试平台与浏览器：Windows 8 + Chrome 34/IE 9。

测试步骤：

(1) 用IE打开城市空间主页 http://www.oricity.com/；

(2) 单击【登录】按钮，输入正确的用户名和密码登录系统；

(3) 单击【××的城市空间】，进入相应页面。

期望结果：页面内容正常显示。

实际结果：页面有乱码显示。IE浏览器下页面乱码显示如图4-4所示。

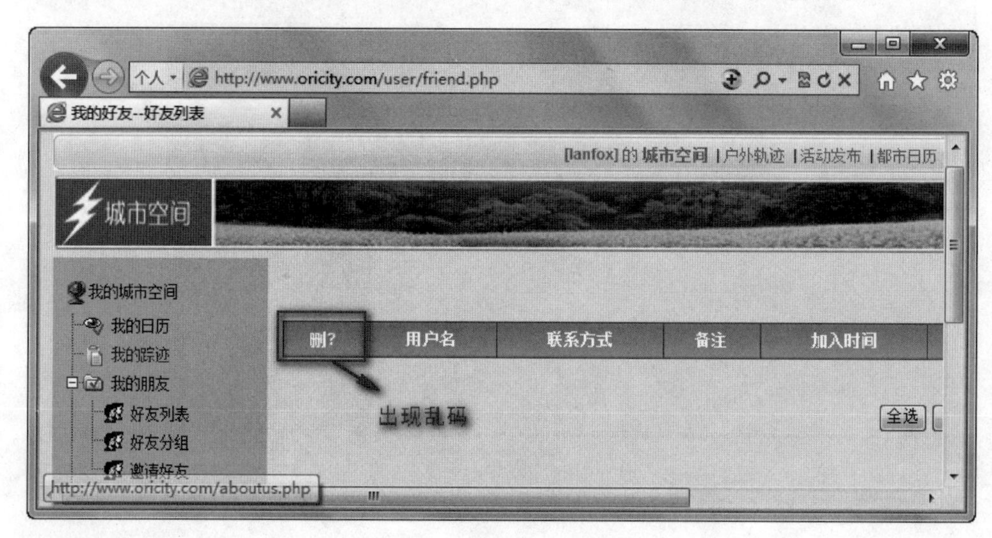

图4-4 IE浏览器下页面乱码显示

4.6.4 页面放大缩小问题

缺陷标题：诺颀软件测试团队网站主页的字体放大缩小按钮未影响全部页面元素。

测试平台与浏览器：Windows 7 + IE 10或Chrome。

测试步骤：

(1) 打开言若金叶软件研究中心官网 http://qa.roqisoft.com/；

(2) 单击字体【放大】或【缩小】按钮；

(3) 在网站主页内检查每一项元素。

期望结果：每一项元素都是随点击次数放大或缩小的。

实际结果：网站主页内部分内容未随单击【放大】按钮而放大，如图4-5所示。网站主页内部分内容未随单击【缩小】按钮而缩小，如图4-6所示。图4-7为正常情况下显示的页面。

4.6.5 表格单元格内容与列名不符

缺陷标题：诺颀软件测试团队的学员名单表格单元格内容与相对应列名不符。

测试平台与浏览器：Windows 7(64 bit)+IE 9/ Firefox 24.0。

测试步骤：

(1) 打开诺颀软件测试团队官网 http://qa.roqisoft.com/；

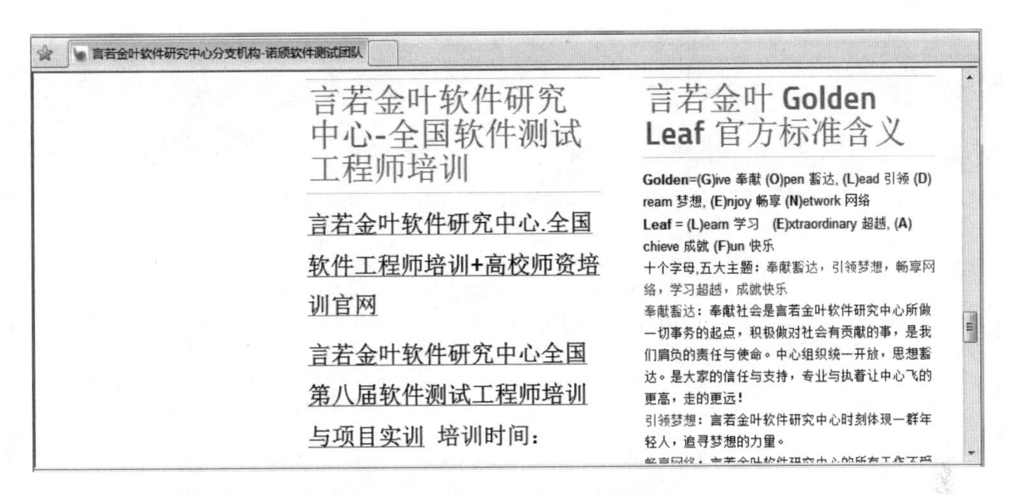

图 4-5　单击 8 次字体放大后效果

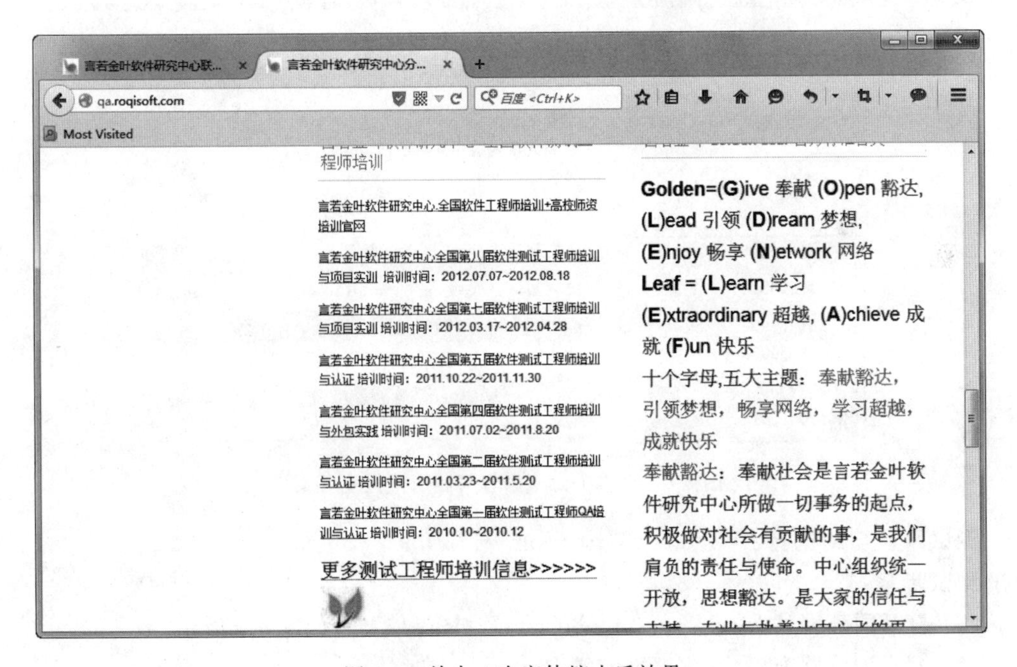

图 4-6　单击 4 次字体缩小后效果

(2) 单击左边目录【中心站点链接】下的【网站地图】链接；

(3) 在所显示的内容中找到 Main Menu→【诺颀软件开发团队站点】→Articles→【学员名单】→【名单】,并单击进入；

(4) 观察名单表格内容。

期望结果：名单表格单元格内容与相对应列名相符。

实际结果：名单表格单元格内容与相对应列名不符且存在重复信息,如图 4-8 所示。

4.6.6　缩小浏览器窗口导航条消失

缺陷标题：NBA 英文网存在缩小浏览器窗口页面导航条消失的错误。

图 4-7 单击重设字体后效果

名单　　单元格内容与列名不符

User Rating: / 4

Poor Best ›Rate

姓名	高校				
20110040044	李磊	20110040044	李磊	20110040044	李磊
20110040005	唐邢博				
20110050008	孙庚				
20110050013	胡越				
20110050014	陈颖斯				

图 4-8 表格单元格内容与相对应列名不符

测试平台与浏览器：Windows 7+Chrome/Firefox。

测试步骤：

(1) 打开国外网站 http://www.nba.com/celtics/,界面如图 4-9 所示；

(2) 缩小浏览器窗口,观察页面元素变化。

期望结果：页面元素正常显示。

实际结果：页面的导航条消失,如图 4-10 所示。

4.6.7 无关的文本描述

缺陷标题：NBA 中文网主页下链接子页面出现无意义的文本描述。

测试平台与浏览器：Windows XP + Firefox/IE。

测试步骤：

打开 NBA 中文网链接子页面 http://china.nba.com/standings/。

期望结果：页面所有内容正确,与页面内容相关。

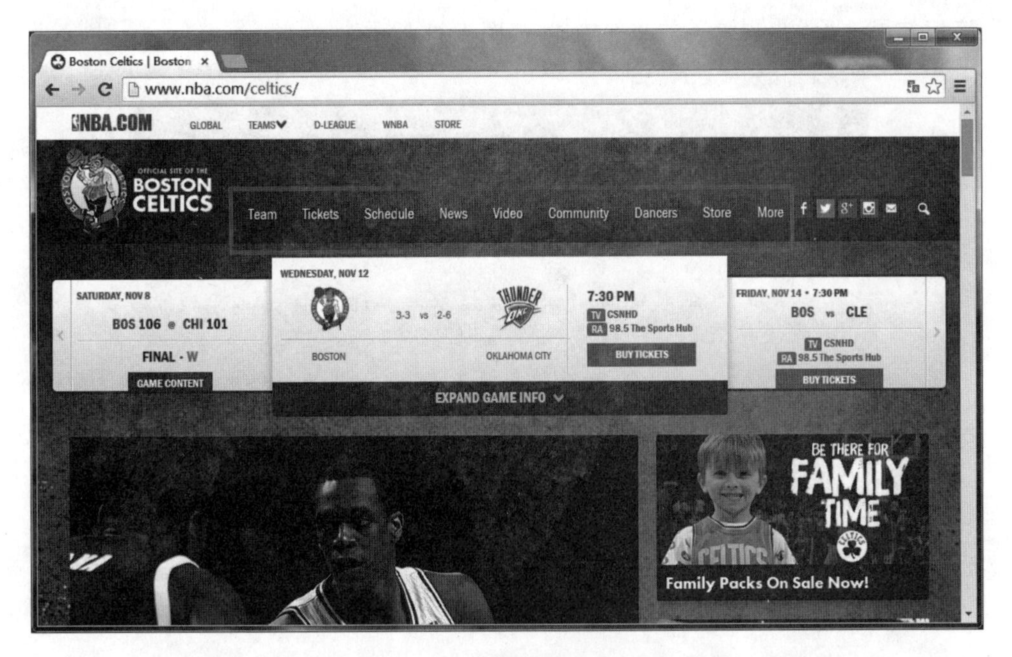

图 4-9 NBA 网站最大化界面

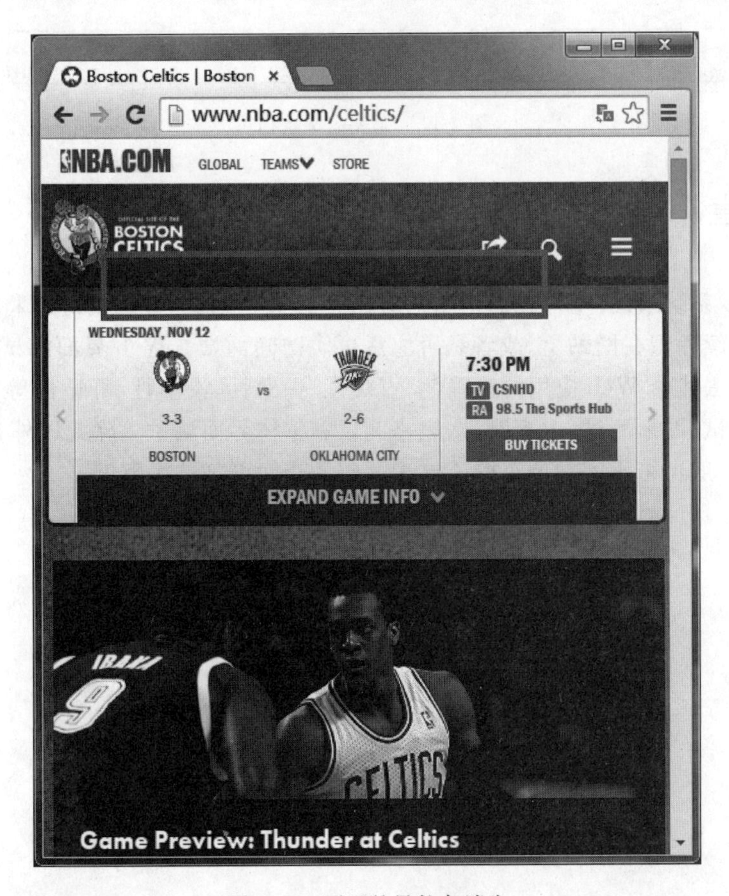

图 4-10 页面的导航条消失

实际结果：页面出现无关的文本描述，如图 4-11 所示。

联盟排名_NBA中国官方网站

	西部联盟	胜	负	胜率	胜场差	联盟	分区
1 p	勇士	58	13	0.817	0.0	34-8	11-3
2 x	灰熊	50	22	0.694	8.5	31-13	8-6
3	火箭	48	23	0.676	10.0	27-17	6-6
4	开拓者	45	25	0.643	12.5	25-16	9-3
5	快船	47	25	0.653	11.5	30-14	9-3
6	马刺	45	26	0.634	13.0	24-19	4-7
7	小牛	45	27	0.625	13.5	24-19	7-7
8	雷霆	41	31	0.569	17.5	21-22	8-5
9	太阳	38	34	0.528	20.5	20-23	6-8
10	鹈鹕	37	34	0.521	21.0	21-20	7-6
11	爵士	31	40	0.437	27.0	16-25	5-6
12 o	掘金	27	45	0.375	31.5	16-26	5-8
13 o	国王	26	45	0.366	32.0	15-26	5-9
14 o	湖人	19	51	0.271	38.5	8-35	2-10
15 o	森林狼	16	55	0.225	42.0	7-36	4-9

x -锁定季后赛名额 季后赛 席位 | e -锁定季后赛名额 东部联盟 联盟| a -锁定季后赛名额 大西洋分区 分区
se -锁定季后赛名额 东南分区 分区 | w -锁定季后赛名额 西部联盟 联盟 | sw -锁定季后赛名额 西南分区

图 4-11 无关的文本描述

4.7 本章小结

对于 Web 系统来说，用户界面是用户对网站的第一感觉，界面的好坏将直接影响到用户是否愿意继续停留在网站上，或者是否愿意再次访问网站。Web 界面测试要求测试者站在用户的角度去体会 Web 应用的正确性、直观性、一致性、灵活性、舒适性等。Web 界面测试包括导航测试、图形测试、内容测试、表格测试和整体界面测试。除此以外，还应该包括用户体验测试，一般可采用问卷调查的方式来了解用户对网站的满意度。

Web性能测试

5.1 性能测试基础

5.1.1 性能测试概念

系统的性能是一个很大的概念，覆盖面非常广泛，对一个软件系统而言包括执行效率、资源占用、稳定性、安全性、兼容性、可扩展性、可靠性等。性能测试在软件质量保证中起着重要作用。

性能测试一般利用测试工具，模拟大量用户操作，对系统施加负载，考察系统的输出项，例如吞吐量、响应时间、CPU负载、内存使用等，通过各项性能指标分析系统的性能，并为性能调优提供信息。

5.1.2 性能测试目的

性能测试是为了保证系统具有良好的性能，考察在不同的用户负载下，系统对用户请求做出的响应情况，以确保将来系统运行的安全性、可靠性和执行效率。

性能测试的目的是验证软件系统是否能够达到用户提出的性能指标，同时发现软件系统中存在的性能瓶颈，给出适合的软硬件配置方案，进行软件优化，最终达到优化系统的目的。性能测试目标包括以下几个方面。

(1) 评估系统的能力：测试中得到的负荷和响应时间数据可以用于验证所计划的模型的能力，并帮助做出决策。

(2) 识别体系中的弱点：受控的负荷可以被增加到一个极端的水平，并突破它，从而修复系统的瓶颈或薄弱的地方。

(3) 进行系统调优：重复运行测试，验证调整系统的活动得到了预期的结果，从而改进性能。

(4) 检测软件中的问题：长时间的测试执行可导致程序发生由于内存泄露引起的失败，揭示程序中隐含的问题或冲突。

(5) 验证稳定性可靠性：在一个生产负荷下执行测试一定的时间是评估系统稳定性和可靠性是否满足要求的唯一方法。

5.1.3 性能测试类型

性能测试从广义上讲分为压力测试、负载测试、强度测试、并发(用户)测试、大数据量测试、配置测试、可靠性测试等。

1. 性能测试(Performance Testing)

性能测试是通过模拟生产运行的业务压力量和使用场景组合,验证系统的性能是否满足生产性能要求,即在特定的运行条件下验证系统的能力状况。性能测试强调在固定的软硬件环境和确定的业务场景下进行测试,其主要意义是获得系统的性能指标。

2. 负载测试(Load Testing)

负载测试是确定在各种工作负载下系统的性能,目标是测试当负载逐渐增加时,系统组成部分的相应输出项,例如吞吐量、响应时间、CPU负载、内存使用等的情况,以此来分析系统的性能。通俗地说,这种测试方法就是模拟真实环境下的用户活动,在特定的运行条件下验证系统的能力状况。

负载测试通常描述一种特定类型的压力测试,即增加用户数量以对应用程序进行压力测试。负载测试的特点如下。

(1) 通过检测、加压、阈值等手段确认各类指标(如"响应时间不超过5s","服务器平均CPU利用率低于80%"等),来找出系统处理能力的极限。

(2) 负载测试必须在给定的测试环境下进行,通常需要考虑被测系统的业务数据量和典型场景等情况。

(3) 负载测试一般用来了解系统的性能容量,配合性能调优的时候使用。

负载测试是经常使用的性能测试,其主要意义是从多个不同的测试角度去探测分析系统的性能变化情况,发现系统瓶颈并配合性能调优。测试角度可以是并发用户数、业务量、数据量等不同方面的负载。

3. 压力测试(Stress Testing)

压力测试可以理解为资源的极限测试。测试时关注在资源(如CPU、内存)处于饱和或超负荷的情况下,系统能否正常运行。压力测试是一种在极端压力下的稳定性测试。负载测试时不断加压到一定阶段即是压力测试,两者没有明确的界限。

压力测试的目的是调查系统在其资源超负荷的情况下的表现,尤其是对系统的处理时间有什么影响。通过极限测试方法,发现系统在极限或恶劣环境中的自我保护能力(不会出现错误甚至系统崩溃),其目的主要是验证系统的稳定性和可靠性。通过压力测试,获得系统能提供的最大的服务级别,确定系统的瓶颈或者不能接收用户请求的性能点。

压力测试的特点如下。

(1) 检查系统处于压力情况下的应用表现,如增加虚拟用户数量、并发用户数量等使应用系统资源保持一定的水平,这种方法可以检测此时系统的表现,如有无错误信息产生、系统响应时间等。

(2) 压力测试时的模拟必须结合业务系统和软件架构来定制模板指标,因为即使使用压力测试工具来模拟指标也会带有很大的偏差，在模拟时需要考虑到数据库、虚拟机、连接池等方面。

(3) 压力测试可以测试系统的稳定性。压力测试通常设定到 CPU 使用率达到 75%以上、内存使用率达到 70%以上，用于测试系统在压力环境下的稳定性。此处是指过载情况下的稳定性，略微不同于 7×24 长时间运行的稳定性。

在压力测试中，可以采取两种不同的压力情况：用户量压力测试和数据量压力测试。

4. 并发测试(Concurrency Testing)

并发测试是通过模拟用户的并发访问，测试多用户环境下多个用户同时并发访问同一个应用、同一个模块或数据记录时系统是否存在死锁或者其他性能问题，如内存泄露、线程死锁、资源争用问题。其测试目的除了获得性能指标外，更重要的是为了发现并发引起的问题。

并发性能测试的目的主要有以下三个方面。

(1) 以真实的业务为依据，选择有代表性的、关键的业务操作设计测试案例来评价系统的并发处理能力。测试时，使客户端与服务器建立大量的并发连接，通过客户端的响应时间和服务器端的性能监测情况来判断系统是否达到了既定的并发性能指标。

(2) 当扩展应用程序的功能或新的应用程序即将被部署时，负载测试会帮助确定系统是否还能够处理期望的用户负载，以预测系统的未来性能。

(3) 通过模拟成百上千的用户，重复执行测试，可以确认性能瓶颈并对系统进行优化。

并发测试时会同时关注下列问题。

(1) 内存问题：是否有内存泄露，是否有太多的临时对象，是否有太多不合理声明超过设计生命周期的对象。

(2) 数据问题：是否有数据库死锁现象，是否经常出现长事务。

(3) 线程/进程问题：是否出现线程/进程同步失败。

(4) 其他问题：是否出现资源争用导致的死锁，是否出现正确处理异常导致的死锁。

用户并发测试主要分为独立业务性能测试和组合业务性能测试两类。在具体的性能测试工作中，并发用户都借助工具来模拟，如使用 LoadRunner 来测试。

5. 配置测试(Configuration Testing)

配置测试通过对被测系统的软硬件环境的调整，了解各种不同环境对性能影响的程度，从而找到系统各项资源的最优分配原则。

配置测试主要用于性能调优。在经过测试获得了基准测试数据后，进行环境调整(包括硬件配置、网络、操作系统、应用服务器、数据库等)，再将测试结果与基准数据进行对比，判断调整是否达到最佳状态。例如，可以通过不停地调整 Oracle 的内存参数来进行测试，使之达到一个较好的性能。

配置测试具备以下特点。

(1) 配置测试的目的是了解各个不同的因素对系统性能影响的程度，从而判断出最值得进行的调优操作。

(2) 配置测试有很大的灵活性，可以在测试环节的各个时间进行。但是何时开始、何时暂停、何时结束是运用这个方法的关键。

6. 可靠性测试(Rcliability Testing)

通过给系统加载一定业务压力的情况下,同时让应用持续运行一段时间,测试系统在这种条件下是否能够稳定运行。可靠性测试强调在一定的业务压力下,长时间运行系统,检测系统的运行情况是否有不稳定的症状或征兆,如资源使用率是否逐渐增加、响应时间是否越来越慢等。可靠性测试和压力测试的区别在于:可靠性测试关注的是持续时间,压力测试关注的是过载压力。

7. 大数据量测试

大数据量测试主要测试运行数据量较大或历史数据量较大时的性能情况。大数据量测试有两种类型:独立的数据量测试和综合数据量测试。

独立的数据量测试:针对某些系统存储、传输、统计、查询等业务进行大数据量测试。

综合数据量测试:和压力性能测试、负载性能测试、疲劳性能测试相结合的综合测试方案。

大数据量测试的关键是测试数据的准备。一方面,我们要求测试数据要尽可能与生产环境数据一致,尽可能是有意义的数据,可以通过分析使用现有系统的数据或根据业务特点构造数据。另一方面,我们要求测试数据输入要满足输入限制规则,尽可能覆盖到满足规则的不同类型的数据。测试时可以依靠工具准备测试数据。

8. 容量测试(Capacity Testing)

容量测试的目的是通过测试预先分析出反映软件系统应用特征的某项指标的极限值(如最大并发用户数、数据库记录数等),确保系统在其极限状态下没有出现任何软件故障或还能保持主要功能正常运行。容量测试还将确定测试对象在给定时间内能够持续处理的最大负载或工作量。

容量测试能让软件开发商或用户了解该软件系统的承载能力或提供服务的能力,如某个电子商务网站所能承受的、同时进行交易或结算的在线用户数。有了对软件负载的准确预测,不仅能对软件系统在实际使用中的性能状况充满信心,同时也可以帮助用户经济地规划应用系统,优化系统的部署。

9. 失效恢复测试(Failover Testing)

针对有冗余备份和负载均衡的系统,检验系统局部出现故障时用户所受到的影响。

10. 连接速度测试(Connection Speed)

连接速度测试主要是为了测试系统的响应时间是否过长。用户连接到 Web 应用系统的速度会受到上网方式(电话拨号、宽带上网等)的影响。如果系统响应时间过长,用户很可能会没有耐心等待而离开页面,也会使一些具有链接时限的页面因为超时而导致数据的丢失,影响用户的正常工作和生活。因此连接速度测试很有必要,测试结果可以为 Web 系统的正常服务提供可靠的保障。

以上所有测试在实际进行中不一定是单独进行的，大部分情况下是揉合到一起进行的。彼此之间内部有着密切的联系。

5.1.4 性能测试内容

中国软件评测中心将性能测试概括为三个方面：应用在客户端性能的测试、应用在网络上性能的测试和应用在服务器端性能的测试。

1. 应用在客户端性能的测试

应用在客户端性能的测试的目的是考察客户端应用的性能，测试的入口是客户端。它主要包括并发性能测试、疲劳强度测试、大数据量测试和连接速度测试等，其中并发性能测试是重点。

2. 应用在网络上性能的测试

应用在网络上性能的测试重点是利用成熟先进的自动化技术进行网络应用性能监视、网络应用性能分析和网络预测。

网络应用性能分析的目的是准确展示网络带宽、延迟、负载和 TCP 端口的变化是如何影响用户的响应时间的。利用网络应用性能分析工具，能够发现应用的瓶颈，了解应用在网络上运行时在每个阶段发生的应用行为，在应用线程级分析应用的问题。

通过网络应用性能分析可以解决下列问题。

(1) 客户端是否对数据库服务器运行了不必要的请求；

(2) 当服务器从客户端接受了一个查询，应用服务器是否花费了不可接受的时间联系数据库服务器；

(3) 在系统试运行之后，网络上发生什么事情；

(4) 什么应用在运行，如何运行；

(5) 多少 PC 正在访问 LAN 或 VLAN；

(6) 哪些应用程序导致系统或资源竞争。

利用网络应用性能监控工具，可以达到事半功倍的效果，因为它可以分析关键应用程序的性能，定位问题的根源是在客户端、服务器、应用程序还是网络。

3. 应用在服务器上性能的测试

应用在服务器上性能的测试是重中之重，它实现了服务器设备、服务器操作系统、数据库系统、应用在服务器上性能的全面监视。如何在已有 Web 服务器基础上测试服务器的性能，并从硬件、服务器软件和应用负载三个层面上优化和提高性能也是当前的研究热点之一。其关键问题包括选择负载；如何在最短时间内测得当前系统的性能；如何找出应用性能的瓶颈并解决瓶颈问题；以及如何配置硬件服务器才能达到最优性价比。通常情况下，三方面有效合理的结合，才可以达到对系统性能全面的分析。

对于应用在服务器上的性能测试，可以采用工具监控，也可以使用系统本身的监控命令，实施测试的目的是实现服务器设备、服务器操作系统、数据库系统、应用在服务器上性能的全面监控。

5.1.5 性能测试用例模型

为了对系统进行全面检查，获取各项性能指标，将性能测试用例模型分为下列 7 种模型。

1. 预期指标性能测试

预期性能指标是指一些十分明确的，在系统需求设计阶段预先提出的，期望系统达到的，或者向用户保证的性能指标。预期指标分为两种情况。

(1) 项目在开发前由甲方人员(用户方)提出对该项目预期要求达到的性能指标参数。这种情况下开发方在这些性能参数的指导下，工作的开展就基本围绕如何实现这些指标进行。

(2) 开发方在开发一个项目的同时，要求自己要达到一个什么水平。这些指标是性能测试的首要任务。针对每个指标都编写一个或多个测试用例来验证系统是否达到要求，如果测试没达到要求，就要查找原因来改善系统。

预期指标的用例设计主要参考需求和设计文档，把需求文档中重要的性能要求提取出来测试。

2. 独立业务性能测试

独立业务实际是指一些核心业务模块对应的业务，这些模块通常具有功能比较复杂、使用比较频繁、属于核心业务、结构复杂等特点。这些业务模块始终是性能测试的重点。因此，不但要测试这类模块和性能相关的一些算法，还要测试这类模块对并发用户的响应情况。

3. 组合业务性能测试

通常，一个系统不止一个核心业务模块，而且所有的用户不会只使用一个或者几个核心业务模块，系统的每个功能模块都可能被使用到。所以 Web 性能测试既要模拟多用户的“相同”操作，又要模拟多用户的“不同”操作，对多项业务进行综合性能测试。组合业务测试是最接近用户实际使用情况的测试，也是性能测试的核心内容。通常按照用户的实际使用人数比例来模拟各个模块的组合情况。

独立业务性能测试和综合业务性能测试二者合到一起组成并发用户性能测试用例。独立业务性能测试实际上就是核心业务模块的某一业务的并发性能测试，按传统的测试方法，可以将其理解为“单元性能测试”，而综合业务性能测试可以理解为“集成性能测试”。并发用户性能测试用例要求选择具有代表性的、关键的业务来设计，以便更有效地评测系统性能。

进行用户并发性能测试可按下列方式进行。

(1) 独立核心模块并发性能测试

① 同一个模块完全一样的功能并发，各个用户对系统产生完全一样的影响。

② 同一个模块完全一样的操作并发，各个用户对系统产生的影响可能不同。

③ 同一个模块相同/不同的功能或操作并发，各个用户对系统的影响不同。

(2) 综合模块并发性能测试

① 不同核心业务模块的用户进行并发,模块之间存在一定的耦合。

② 具有耦合关系的各个“核心业务模块组”进行并发,每组模块内部存在一定的耦合。

③ 基于用户场景的并发,选择与场景相关的模块,每个模块模拟一定数量的用户进行并发。

4. 疲劳强度性能测试

疲劳强度测试是指在系统稳定运行的情况下,以一定的负载压力来长时间运行系统的测试,其主要目的是确定系统长时间处理较大业务量时的性能。通过疲劳强度测试基本可以判断系统运行一段时间后是否稳定,它是并发用户测试的延续。

5. 大数据量性能测试

大数据量测试通常是针对某些系统存储、传输、统计查询等业务进行大数据量的测试,主要测试运行数据量较大或历史数据量较大时的性能情况,这类测试一般都是针对某些特殊的核心业务或一些日常比较常用的综合业务的测试。由于大数据量测试一般在投产环境下进行,所以把它独立出来和疲劳强度测试放在一起进行,一般在测试后期进行。

大数据量测试分为实时大数据量测试和极限状态下的测试。

实时大数据量测试模拟用户工作时的实时大数据量,主要目的是测试用户较多或某些业务产生较大数据量时系统是否稳定。

极限状态下的测试是指被测系统在使用一段时间后,系统数据量达到一定程度时,通过性能测试来评估系统的响应情况,查看系统是否正常。极限状态下的测试对象也是某些核心业务或者常用的组合业务。

6. 网络性能测试

网络性能测试是为了准确展示带宽、延迟、负载和端口的变化是如何影响用户响应时间的。在实际的软件项目中,主要是测试应用系统的用户数目与网络带宽的关系。网络性能测试一般有专门的工具。在目前的一些自动化性能测试工具中(LoadRunner)主要是测试应用系统的用户数目与网络带宽的关系。

网络性能测试的用例设计主要分两类:基于硬件的测试和基于应用系统的测试。基于硬件的测试是专业人员通过各种专业软件工具、仪器等来测试整个系统的网络运行环境。基于应用系统的测试就是上面提到的测试用户数目与带宽的关系。

7. 服务器性能测试

服务器性能测试主要是对数据库、Web 服务器、操作系统等的测试,测试数据库响应时间、CPU 占用率是否得当、内存是否有泄露等,从而确认系统瓶颈,为系统升级等提供相应依据。

服务器性能测试分为初级和高级两种形式。

(1) 初级服务器性能测试:主要是指在业务系统工作或者进行前面其他种类性能测试时,通过测试工具对数据库、Web 服务器、操作系统的使用情况进行监控,然后对性能测试数据进行综合分析，找出系统瓶颈，为调优或者提高性能提供依据。

(2) 高级服务器性能测试：一般不由测试人员进行，而是由数据库、Web服务器、操作系统相应领域的专家来进行。例如数据库服务器由专门的数据库管理者(DBA)来进行测试和调优。

8. 特殊测试

特殊测试主要是指配置测试、内存泄露测试等一些特殊的Web性能测试。

5.2 性能测试流程

Web应用程序性能测试的过程是分析Web应用的真实应用场景，制定详细的测试计划，构建一个尽可能真实的运行环境，模拟多个用户并发对Web应用进行访问并生成测试结果，分析Web应用的性能并提交测试报告，最后根据测试报告分析系统瓶颈，修改被测Web应用，重新进行测试。因此，Web应用性能测试是一个重复循环的过程。

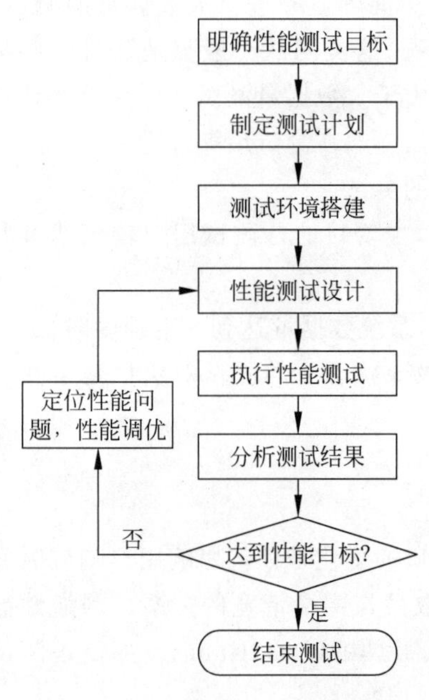

图 5-1 性能测试的一般流程

性能测试的一般流程为明确性能需求、制定性能测试计划、性能测试设计、性能测试执行、性能测试结果分析、性能问题定位和调优。性能测试的一般流程如图5-1所示。

5.2.1 确定性能测试目标

在测试之前，需要确定响应时间、吞吐量、资源利用的总目标以及限制。响应时间是用户关心的焦点，吞吐量是业务关心的焦点，资源利用则是系统关心的焦点。此外，确定项目成功标准。这个标准可能并不包含在上面所确定的总目标和限制之中。

在开发周期的初期就开始确定，或者至少是估算出应用软件所需达到的性能特征，是非常有意义的。在稍后的时间内，应当对这些性能关注点加以量化。

用户和相关利益方通常会关注以下三类性能特征：响应时间、吞吐量和资源利用。确定性能标准时，需要考虑下列关键因素。

(1) 商业需求；

(2) 用户期望；

(3) 合同义务；

(4) 服务品质协议；

(5) 资源利用目标；

(6) 各种真实的工作负载模型；

(7) 预期负载条件的整个范围;
(8) 系统压力条件;
(9) 整个场景和组件的活动;
(10) 关键性能度量;
(11) 应用软件的前一版本;
(12) 竞争对手的应用软件;
(13) 优化目的;
(14) 安全因素、增长空间以及可伸缩性;
(15) 进度表、人员配备、预算、资源以及其他重点注意事项。

5.2.2 测试计划

计划和设计性能测试包括确定关键使用场景、恰当地确定各种不同用户、确定和生成测试数据,并且指定需要采集的性能数据。将这些信息整合到一个或者多个系统使用情况模型中,以进行实现、执行和分析。

如果计划和设计测试的目的是确定产品在生产环境下的性能,那么,目标应当是创建真实的模拟环境,以提供真实可靠的数据,便于公司做出有价值的商业决策。模拟真实环境的测试设计,显然可以显著增加结果数据的真实性和可用性。

在确定应用软件所需的性能特征期间,一般就可以确定应用软件的关键使用场景。如果确定应用软件将要达到的性能特征不是测试的目的所在,则需要明确确定对脚本最有用的使用场景。确定关键使用场景时,需要考虑下列因素。

(1) 合同规定的使用场景;
(2) 性能测试目标隐含的或者要求的使用场景;
(3) 最常见的使用场景;
(4) 核心业务使用场景;
(5) 性能敏感的使用场景;
(6) 技术上关注的使用场景;
(7) 相关利益方关注的使用场景;
(8) 高可见度的使用场景。

正确确定了性能度量,然后正确采集,最后准确分析报告,那么这些度量就可以提供应用软件的实际性能特征与预期性能特征之间的比较信息。此外,这些度量还可以帮助确定应用软件的问题所在以及瓶颈之处。

在测试设计期间,确定与性能验收标准相关的度量是非常有用的。因为这样做,就可以在完成测试设计时,将采集这些度量数据的方法集成在测试中。在确定度量的时候,可以采用特定的特征,或直接或间接与这些特征相关的指标。

5.2.3 建立测试环境

在进行性能测试前,需要完成性能测试环境的搭建工作。测试环境将直接影响测试效果,所有的测试结果都是在一定软硬件环境约束下的结果,测试环境不同,测试结果可能会有所不同。

1. 确定测试环境

确定物理测试环境、生产环境以及测试团队可利用的工具和资源。物理环境包括硬件、软件以及网络配置。在测试开始时就对整个测试环境有一个全面的了解，可以使得测试设计和计划更加有效，并且有利于在项目初期就确定测试中的复杂问题。

用于执行性能测试活动的环境，以及执行性能测试所需的工具和相关的硬件设备，一起构成了测试环境，其中包括硬件环境、软件环境及网络环境。硬件环境指测试必需的服务器、客户端、网络连接设备，以及打印机、扫描仪等辅助硬件设备所构成的环境。软件环境指被测软件运行时的操作系统、数据库及其他应用软件构成的环境。

在理想情况下，如果性能测试的目标是确定应用软件在生产环境下的性能特征，那么，测试环境就应当是生产环境的一个精确复制，只是需要增加一些额外的负载生成工具和资源监测工具。

确定测试环境的关键因素是完全了解测试环境和实际生产环境之间的相似性和差异性。在确定测试环境前需要考虑下列因素。

(1) 硬件

计算机硬件(处理器、内存等)的配置情况。

(2) 网络

① 网络结构和终端用户位置；

② 负载均衡；

③ 集群和域名解析系统设置。

(3) 工具

① 负载生成工具；

② 性能监测工具。

(4) 软件

① 安装或者运行在共享或虚拟环境下的其他软件；

② 软件许可证限制或者差异；

③ 存储容量和数据量；

④ 日志记录水平。

(5) 外部因素

① 网络上其他通信类型和数据量；

② 批处理的进程、更新或者备份任务；

③ 与其他系统的交互。

2. 保证测试环境与用户使用环境的一致性

保证性能测试与真实生产环境的一致性，可以从以下三个方面来看。

(1) 硬件环境

服务器环境、客户端环境和网络环境与生产环境的一致性。如服务器型号、应用服务器和数据库服务器是否共享同一服务器、是否在集群环境下、是否进行负载均衡、客户端的硬件配置情况、网络速度等。

(2) 软件环境

① 版本一致性：包括操作系统、数据库的版本、被测应用软件的版本，以及第三方软件版本等。

② 配置一致性：软件系统(操作系统、数据库、应用程序)参数的配置，如数据库的并发读写数、SGA/PGA设置、Session超时配置等。

(3) 使用场景

① 基础数据的一致性：包括预测的业务数据量，业务数据类型的分配，数据库表索引的建立与否，重要的实体包含的明细个数等。

② 使用模式的一致性：尽量模拟真实场景下用户的使用情况。

要做到测试环境与用户使用环境完全一致是不可能的，只能尽量模拟用户使用环境。

3. 配置测试环境

随着需要测试的功能和组件的完善，逐步为每个策略准备执行所需的测试环境、工具以及资源。确保测试环境已经配置妥当，可以进行资源监控。

(1) 确定需要的计算机数量，以及对每台计算机的硬件配置要求，包括CPU的速度、内存和硬盘的容量、网卡所支持的速度、打印机的型号等。

(2) 部署被测应用的服务器所必需的操作系统、数据库管理系统、中间件、Web服务器以及其他必需组件的名称、版本，以及所要用到的相关补丁的版本。

(3) 部署用来执行测试工作的计算机所必需的操作系统、数据库管理系统、中间件、Web服务器以及其他必需组件的名称、版本，以及所要用到的相关补丁的版本。

(4) 测试中所需要使用的网络环境。例如，如果测试结果同接入Internet的线路的稳定性有关，那么应该考虑为测试环境租用单独的线路。如果测试结果与局域网内的网络速度有关，那么应该保证计算机的网卡、网线以及用到的集线器、交换机都不会成为瓶颈。

5.2.4 设计测试

1. 设计测试

根据测试设计逐步开展性能测试。进行测试设计时，需要考虑下列因素。

(1) 确定正确建立了测试所需的数据供给。

(2) 确定在数据库中正确实现了应用软件的数据供给，并且正确实现了其应用软件组件。

(3) 确定正确实现了完整的事务过程。

(4) 确定正确处理隐含字段或者其他特殊数据。

(5) 有效实现了重要性能度量的监测。

(6) 增加适当的度量以提高相关的商业性能。

2. 设计场景

(1) 选择关键的应用场景；

(2) 确定关键场景的使用路径；

(3) 区别每种用户的数据和不同点；

(4) 确定不同场景的相对分布。

在 LoadRunner 中，设计测试场景时，除了包含业务应用场景外，还包含性能测试的宏观信息，有测试环境、运行规则和监控数据等。具体可表现为测试脚本、虚拟用户数、虚拟用户加载和退出方式、场景持续时间、监控指标等。

3. 测试用例设计

(1) 预期性能测试用例

通常系统在设计前就会提出一些性能指标，这些指标是性能测试要完成的首要工作，针对每个指标都要撰写多个测试用例来验证系统是否达到要求。预期性能指标测试用例设计主要参考需求分析和设计文档，把里面十分明确的性能要求提取出来。预期性能测试通常以单用户为主，其测试用例模板见表 5-1。

表 5-1 预期性能测试用例模板

测试目的			
前置条件			
测试需求	测试过程说明	期望性能(平均值)	实际性能(平均值)
功能 1	场景 1		
	场景 2		
	场景 3		
功能 2			
……			
备注			

例如：网站登录功能，对于普通的客户端，用户登录网站，时间应小于 3 秒。

输入动作：输入用户名、密码和验证码，单击【登录】按钮。

期望的性能：登录时间小于等于 3 秒。

实际性能：登录时间 1.5 秒。

(2) 用户并发测试用例

用户并发测试主要是通过增加用户数量来加重系统负担，并通过测试工具对应用系统各种服务器资源进行监控，获取各项性能指标。用户并发测试是系统性能测试的核心部分，涉及压力测试、负载测试和强度测试等多方面的内容。设计测试用例场景时，可以分为独立业务并发测试和组合业务并发测试。

① 独立业务并发测试

独立业务实际是指一些核心业务模块对应的业务，这些模块通常具有功能比较复杂、使用比较频繁、属于核心业务等特点。独立业务并发是模拟一定数量的用户同时使用某一核心业务模块的相同或者不同的功能，并且持续一段时间，以验证核心模块在大量用户使用同一功能时是否正常工作。独立业务并发测试用例模板如表 5-2 所示。

表 5-2 独立业务并发测试用例模板

测试目的				
前提条件				
测试需求	输入 (并发用户数)	事务通过率	期望性能 (平均值)	实际性能 (平均值)
功能 1	50			
	100			
	200			
功能 2	50			
	100			
	200			
…				
备注				

例如：邮件系统中发送邮件功能的并发测试。

功能：当在线用户达到高峰时，发送普通邮件正常，保证 2000 个以内用户可以同时访问邮件系统，能够正常发送邮件。

目的：测试系统 2000 个以内的用户能否同时正常发送邮件。

方法：采用 LoadRunner 的录制工具录制一个邮件发送过程，其中发送的邮件为普通邮件，附件大小不超过 2MB。测试时要监视数据库服务器和 Web 服务器的性能，以及邮件发送时间和邮件发送成功率。具体性能指标如下。

并发用户数与事务执行情况：并发用户数、事务平均响应时间、事务最大响应时间、平均每秒处理事务数、事务成功率、每秒点击率、平均流量等。

并发用户数与数据库主机：并发用户数、CPU 利用率、内存利用率、磁盘 I/O 参数、数据库参数等。

② 组合业务并发测试

组合业务并发的突出特点是根据用户使用系统的情况分成不同的用户组进行并发，每组用户执行不同的业务功能，每组用户的比例要根据实际情况来分配。组合业务并发测试用例模板见表 5-3。

表 5-3 组合业务并发测试用例模板

测试目的				
前提条件				
测试需求	输入 (并发用户数)	用户通过率	期望性能(平均值)	实际性能(平均值)
功能 1	功能 1：50			
	功能 2：100			
	功能 3：50			
……				
备注				

例如：邮件系统并发测试。

功能：当在线用户达到高峰时，邮件系统工作正常，保证5000个以内用户可以同时访问邮件系统、正常收发邮件。

目的：测试系统5000个以内的用户能同时正常收发邮件。

方法：采用LoadRunner的录制工具分别录制登录邮件系统、浏览邮件、发送邮件、登出邮件系统4个过程，其中发送的邮件为普通邮件，附件大小不超过2MB。测试时按系统的实际使用情况分配这4种脚本的用户数量。例如500个用户登录邮件系统，3000个用户浏览邮件，1000个用户发送邮件，500个用户登出邮件系统。测试时要监视数据库服务器和Web服务器的性能，以及邮件发送时间和邮件发送成功率。

(3) 大数据量测试用例

大数据量测试使被测试系统处理大量的数据，以确定是否达到了将使软件发生故障的极限。大数据量测试还将确定测试对象在给定时间内能够持续处理的最大负载或工作量。大数据量测试用例模板如表5-4所示。

表5-4 大数据量测试用例模板

测试目的				
前提条件				
测试需求	输入（最大数据量）	事务成功率	期望性能（平均值）	实际性能（平均值）
功能1	10000第1条记录			
	15000第2条记录			
	20000第3条记录			
功能2	10000第1条记录			
	15000第2条记录			
	20000第3条记录			
……				
备注				

(4) 疲劳强度测试用例

疲劳强度测试是长时间对目标测试系统加压，以测试系统的稳定性。疲劳强度测试属于用户并发测试的延续，其核心内容仍然是核心模块用户并发和组合模块用户并发。在编写测试用例时需要编写不同参数或者负载条件下的多个测试用例，可以参考用户并发性能测试用例的设计内容，通常修改相应的参数就可实现所需要的测试场景。疲劳强度测试用例模板如表5-5所示。

(5) 负载测试用例

负载测试是使测试对象承担不同的负载量（工作量），以评测和评估测试对象在不同负载下的性能表现，以及持续正常运行的能力。负载测试的目标是确定并确保系统在超出最大预期工作量的情况下仍能正常运行。此外，负载测试还要评估性能特征，例如响应时间、事务处理速率和其他与时间相关的方面。

表 5-5 疲劳强度测试用例模板

测试目的			
测试说明			
前提条件		连续运行 8 小时，设置添加 10 用户并发	
测试需求	输入(持续时间)	输出/响应	是否正常运行
功能 1	2 小时		
	5 小时		
	10 小时		
	24 小时		
功能 2	2 小时		
	5 小时		
	10 小时		
	24 小时		

4. 编写测试脚本

进行性能测试时，要模拟大量的用户访问被测试软件系统，通常情况下是使用测试脚本。测试用例脚本根据测试用例的具体内容，利用测试工具录制或测试人员编写。

5.2.5 执行测试

执行测试时，要保证测试正常进行，并收集测试数据。执行测试时，监控测试过程和测试环境，确保进行有效的测试以保障结果分析的正确性。

执行测试前，需要认真检查下列内容。

(1) 证实测试环境和预期的配置与设计好的测试相一致。

(2) 确保正确配置了测试和测试环境，以便收集度量数据。

(3) 在执行正式测试前，可以进行一个快速的冒烟测试。

(4) 确保测试脚本执行的结果完全呈现了预期模拟的工作负载模型。

(5) 确保测试已经配置妥当，可以收集本次测试所需要的性能和商业度量。

需要注意的是：如果是完全真实的应用运行环境，要尽可能降低测试对现有业务的影响。如果是建立近似的真实环境，首先要达到服务器、数据库以及中间件的真实情况，并且要具备一定的数据量。实施负载压力测试时，要运行系统相关业务，因此需要一些数据支持才可运行业务，这些数据就是初始测试数据。有时为了模拟不同的虚拟用户的真实负载，需要将一部分业务数据参数化，这些数据就是测试用例数据。

5.2.6 分析结果并调优

分析测试结果在整个测试过程中是最重要的过程之一，通过分析可以发现应用程序的各种性能缺陷。

整合并且共享结果数据，不仅要对单个数据进行分析，还要从一个功能交叉的测试团队的角度来分析数据。如果所有度量都在可接受的范围内，没有违反任何预设阈值，并且收集到了所有需要的信息，就完成了基于特定配置的特定场景下的测试。

在分析性能测试数据时，需要注意下列事项。

(1) 分析收集的数据，将结果与可接受的或者预期的度量水平相比较，以确定被测试的应用软件表现出的性能趋势是否与性能目标相吻合。

(2) 如果测试失败，应当进行诊断和调整。

(3) 如果对某个瓶颈问题做了适当的改进，需要重复进行测试，以验证这种改进是否成功。

(4) 测试团队应当根据性能测试的结果，在更深层次上分析组件，然后通过恰当的测试设计和使用情况分析，将这些信息与真实使用环境相关联。

(5) 性能测试结果应当可以帮助企业决策者做出明智的软件结构和商业决策。

(6) 利用当前的结果来确定下一次测试的优先级。

5.2.7 撰写测试报告

报告可以分为下列两类。

1. 技术报告

(1) 测试说明，包括工作负载模型和测试环境。

(2) 经过最小程度预处理的、易于理解的数据。

(3) 完整的数据以及测试条件。

(4) 关于观察结果、关注重心、问题及合作需求方面的简短陈述。

2. 决策报告

(1) 与结果相关的标准。

(2) 直观地、可视化呈现最相关的数据。

(3) 相关的数据报告、完整的数据集和测试执行条件。

(4) 观察结果、关注重心和建议的简要总结。

撰写报告时，以一种快速、简单并且直观的方式来呈现目标受众感兴趣的信息。撰写报告时需遵循下列原则：真实、直观，使用正确的统计数据，正确合并数据，有效汇总数据，为特定的阅读者定制报告。使用强大且实用的语言，以简洁的措辞来进行总结。给相关利益方提供数据。过滤任何不需要的数据。如果报告涉及中间结果，需要包括未来几个测试执行周期的优先级、关注重点以及瓶颈。

5.3 性能测试数据

性能测试是一种信息的收集和分析过程，其目的是维护系统的性能，找到有效的改善策略。Web性能测试过程中，需要收集和分析的数据包括性能指标、性能计数器、性能参数等。

5.3.1 性能指标

性能测试指标是评价 Web 应用性能高低的尺度和依据，典型的性能度量指标有响应时间、系统吞吐量、系统资源利用、并发用户数目等。

1. 响应时间(Response Time)

响应时间指的是客户端发出请求到得到服务器响应的整个过程的时间。对于用户来说，当用户单击一个按钮，发出一条指令或在 Web 页面上单击一个链接时，从用户单击开始到应用系统把本次操作的结果以用户能察觉的方式展示出来，这个过程所消耗的时间就是用户对软件性能的直观印象。

在某些工具中，请求响应时间通常会被定义为 TLLB，即 Time to last byte，意思是从发起一个请求开始，到客户端接收到最后一个字节的响应所耗费的时间。请求响应时间过程的单位一般为秒或者毫秒。

为了能更好地定位性能瓶颈，响应时间可进一步分解为三个部分：呈现时间、数据传输时间和系统处理时间，如图 5-2 所示。

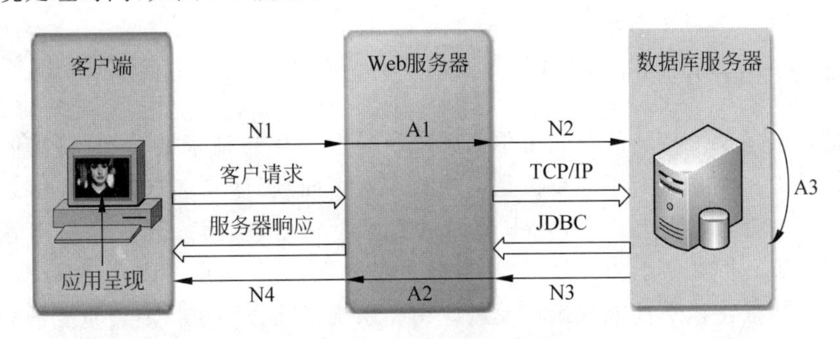

图 5-2 响应时间示意图

(1) 呈现时间

用户所感受到的响应时间分为呈现时间和系统响应时间。对一个 Web 应用而言，呈现时间就是浏览器接收到数据后把数据呈现出来的时间。呈现时间与用户使用的计算机及浏览器有关。例如，我们发现同一台计算机访问同一个网站，通过 chrome 访问，页面的呈现速度会比 IE 略快(这是各种评测及大众用户的整体感受)。

(2) 数据传输时间

数据传输时间就是数据在网络上传输所需要的时间。

网络传输时间＝N1＋N2＋N3＋N4。其中，N1 和 N4 代表了客户访问 Internet 的方式。为了减少 N1 和 N4，一般的解决办法是把 Web 服务器或者 Web 应用内容尽可能放在靠近客户的地方，这可以通过就近设置服务器或在一些主要 Internet 主机提供的站点上做镜像站点来实现。N2 和 N3 的长短主要是依赖服务器交换设备的性能，如果后端数据库的通信量增加，可以考虑升级交换设备和网络适配器来改善性能。

(3) 系统处理时间

系统处理时间是指应用系统从请求发出开始到客户端接收到数据所消耗的时间。A1，A2，A3 构成了应用延迟时间。如果 A1 或者 A3 比较大，说明 Web 服务器处理可能存在问题，但要想降低却比较困难，因为服务器应用软件比较复杂，这使得分析性能数据和性能调整也变得十分复杂。例如多个软件构件在服务器上相互作用来为特定的请求服务，应用延迟时间将可能由这些构件中的任何一个产生。如果 A2 比较大，则说明数据库服务器处理存在问题，建议进行 SQL 优化。

响应时间会受到用户负载(用户数量)的影响。在刚开始时，响应时间随着用户负载的增加而缓慢增加，但一旦系统的某一种或几种资源被耗尽，响应时间就会快速增加。图 5-3 表明了响应时间与用户负载量之间的典型特征关系。响应时间和用户负载数量是呈现指数增长方式的，在临界值附近响应时间突然增加，这常常是由于系统某一种或多种资源达到了最大利用率造成的。

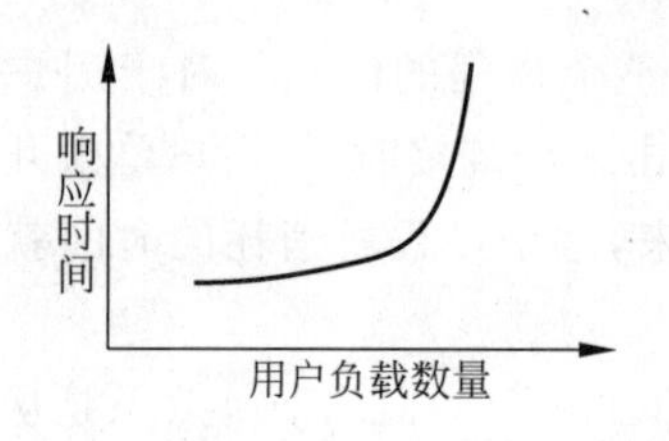

图 5-3　响应时间与用户负载数量的特征曲线

在互联网上对于用户响应时间，有一个普遍的标准，即 2/5/10 秒原则。也就是说，在 2 秒之内给用户做出响应被用户认为是“非常有吸引力”的用户体验。在 5 秒之内给用户响应被认为是“比较不错”的用户体验，在 10 秒之内给用户响应被认为是“糟糕”的用户体验。如果超过 10 秒用户还没有得到响应，那么大多用户会认为这次请求是失败的。

2. 吞吐量(Throughput)

吞吐量是指在某个特定的时间单位内系统所处理的用户请求数量，它直接体现软件系统的性能承受力。吞吐量常用的单位是请求数/秒、页面数/秒或字节数/秒。

作为一个最有效的性能指标，Web 应用的吞吐量常常在设计、开发和发布等不同阶段进行测量和分析。例如在能力计划阶段，吞吐量是确定 Web 站点的硬件和系统需求的关键参数。此外吞吐量在识别性能瓶颈和改进应用和系统性能方面也扮演着重要的角色。不管 Web 平台是使用单个服务器还是多个服务器，吞吐量统计都表明了系统对不同用户负载水平所反映出来的相似特征。

图 5-4 显示了吞吐量与用户负载之间的特征关系曲线图。

在初始阶段，系统的吞吐量与用户负载量成正比例增长，然而由于系统资源的限制，吞吐量不可能无限地增加。当吞吐量达到一个峰值时，整个系统的性能就会随着负载的增加而降低。最大的吞吐量也就是图 5-4 中的峰值点，是系统在给定的单位时间内能够并发处理的最大用户请求数目。

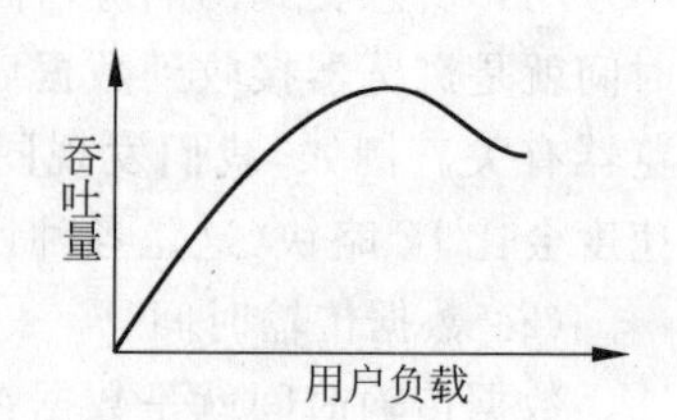

图 5-4　吞吐量与用户负载的特征曲线

在有些测试工具中，表达吞吐量的标准方式为每秒事务处理数(Transaction Per Second，TPS)。掌握这种测试应用程序中事务处理所表示的含义是非常重要的，它可能是一个单一的查询，也可能是一个特定的查询组；在消息系统中，它可能是一个单一的消息；而在 Servlet 应用程序中它可能是一个请求。换句话说，吞吐量的表达方式依赖于应用程序，是一个容量(Capacity)测度。

吞吐量和用户数之间存在一定的关系。在没有出现性能瓶颈的时候，吞吐量可以采用式(5-1)计算。

$$F = \frac{N_{vu} \times R}{T} \tag{5-1}$$

其中，F 表示吞吐量，N_{vu}表示虚拟用户数(VU)的个数，R 表示每个虚拟用户发出的请求数量，T 表示性能测试所用的时间。如果出现了性能瓶颈，测试吞吐量和虚拟用户之间就不再符合公式给出的关系。

在 LoadRunner 中，Total Throughput(bytes)的含义是在整个测试过程中，从服务器返回给客户端的所有字节数量。

吞吐量/传输时间就得到吞吐率。

3. 并发用户数(Concurrent Users)

并发用户数是指在某一给定时间内，在某个特定站点上进行公开会话的用户数目。当并发用户数目增加时，系统资源利用率也将增加。

并发有两种情况：一种是严格意义上的并发，另一种是广义的并发。

严格意义上的并发是指所有的用户在同一时刻做同一件事或操作，这种操作一般指做同一类型的业务。例如，所有用户同一时刻做并发登录，或者同一时刻提交表单。

广义的并发中，尽管多个用户对系统发出了请求或者进行了操作，但是这些请求或者操作可以是相同的，也可以是不同的。例如，在同一时刻有的用户在登录，有的用户在提交表单，他们都给服务器产生了负载，构成了广义的并发。

在实际测试中，需要确定并发用户数的具体数值，可采用式(5-2)和式(5-3)来估算并发用户数和峰值。

$$C = \frac{nL}{T} \tag{5-2}$$

$$\hat{C} \approx C + 3\sqrt{C} \tag{5-3}$$

其中，

C：平均的并发用户数；

n：login session 的数量(可以大体估算每天登录这个网站的用户)，login session 定义为用户登录进入系统到退出系统的时间段；

L：login session 的平均长度；

T：考察的时间段长度。例如，对于博客网站考察时间可以认为是 8 小时或者 24 小时等。

式(5-3)则给出了并发用户数峰值的计算方式，其中$\hat{C}$指并发用户数的峰值，C 就是式(5-2)中得到的平均并发用户数。该式的得出是假设用户的 login session 产生符合泊松分布而估算的。

假设某博客系统有 20 000 个注册用户，每天访问系统的平均用户数是 5000 个，用户在 16 小时内使用系统，一个典型用户，一天内从登录到退出系统的平均时间为 1 小时，依据式(5-2)和式(5-3)可计算平均并发用户数和峰值用户数。其中，$C=5000\times1/16=312.5$，$\hat{C}=312.5+3\times\sqrt{312.5}=365$。

关于用户并发的数量，有两种常见的错误观点。一种错误观点是把并发用户数量理解为使用系统的全部用户的数量，理由是这些用户可能同时使用系统。另一种错误观点是把在线用户数量理解为并发用户数量。实际上在线用户不一定会和其他用户发生并发，例如有些用户登录某网站后，长时间没有进行任何操作，他们属于在线用户，但没有和其他用户构成并发用户。

4. 系统资源利用率(Utilization)

资源利用率是指系统不同资源的使用程度，例如服务器的 CPU、内存、网络带宽等，通常用占有资源的最大可用量的百分比来衡量。资源利用率是分析系统性能指标进而改善性能的主要依据，是性能测试工作的重点。在 Web 测试中，资源利用率主要针对 Web 服务器、操作系统、数据库服务器和网络等，它们是性能测试和分析性能瓶颈的主要参考依据。

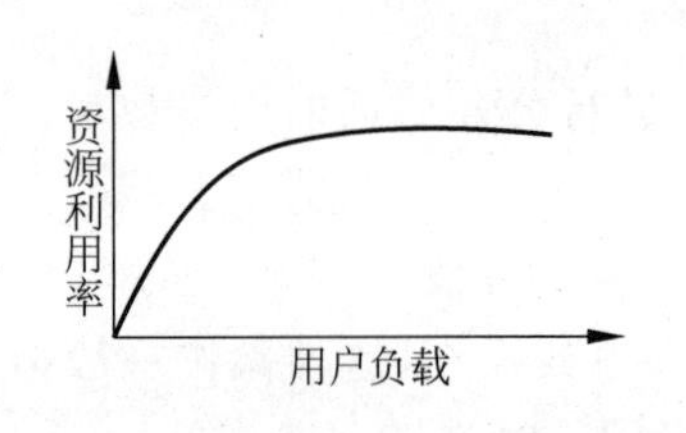

图 5-5 资源利用率与用户负载的特征曲线

资源利用率与用户负载有紧密的关系，图 5-5 表明了资源利用率与用户负载之间的关系特征。

从图 5-5 可知，在开始阶段，资源利用率与用户负载成正比关系。但是，当资源利用率达到一定数量时，随着用户量的持续增长，利用率将保持一个恒定的值，说明系统已经达到资源的最大可用度。同时也说明了当资源的恒定值保持在 100%时，该资源已经成为系统的瓶颈。提升这种资源的容量可以增加系统的吞吐量并缩短等待时间。为了定位瓶颈，需要经历一个漫长的性能测试过程去检查一切可疑的资源，然后通过增加该资源的容量，检查系统性能是否得到了改善。

5. 点击率(Hits Per Second)

点击率(Hits Per Second)是指客户端每秒向 Web 服务器端提交的 HTTP 请求数量。这个指标是 Web 应用特有的一个指标：Web 应用是"请求-响应"模式，用户发出一次申请，服务器就要处理一次，所以点击是 Web 应用能够处理的交易的最小单位。需要注意的是，这里的点击并非指鼠标的一次单击操作，因为在一次单击操作中，客户端可能向服务器发出多个 HTTP 请求。例如，在访问一次页面中，假设该页面里包含 10 个图片，用户只单击鼠标一次就可以访问该页面，而此次访问的点击量为 11 次。

容易看出，点击率越大，对服务器的压力越大。点击率只是一个性能参考指标，重要的是分析点击时产生的影响。客户端发出的请求数量越多，与之相对的平均每秒吞吐量(Average Throughput，bytes/second)也应该越大，并且发出的请求越多对平均事务响应时间造成的影响也越大。

如果把每次点击定义为一个交易，点击率和 TPS 就是一个概念。每秒事务数(Transaction Per Second，TPS)就是每秒钟系统能够处理的交易或者事务数量。

6. 思考时间(Think Time)

思考时间也称为休眠时间，从业务的角度来说，这个时间指的是用户在进行操作时，每个请求之间的间隔时间。对交互式应用来说，用户在使用系统时，不太可能持续不断地发出请求，更一般的模式应该是用户在发出一个请求后，等待一段时间，再发出下一个请求。从自动化测试实现的角度来说，要真实地模拟用户操作，就必须在测试脚本中让各个操作之间间隔一段时间。体现在脚本中，就是在操作之间放一个 Think 函数，使得脚本在执行两个操作之间等待一段时间。

7. HTTP 请求出错率

HTTP 请求出错率是指失败的请求数占请求总数的比例。请求出错率越高，说明所测系统的性能越差。

8. 网络流量统计(Network Statistics)

当负载增加时，还应该监视网络流量统计以确定合适的网络带宽。典型地，如果网络带宽的使用超过了 40%，那么网络的使用就达到了一个使之成为应用瓶颈的水平。

9. 标准偏差(Std. Deviation)

标准偏差体现了系统的稳定性程度。偏差越大，表明系统越不稳定，这样的后果就是部分用户可以感受良好的性能，而另一部分用户却要等待很长的时间。

5.3.2 性能计数器

性能计数器(Counter)是描述服务器或操作系统性能的一些数据指标。计数器在性能测试中发挥着“监控和分析”的关键作用，尤其是在分析系统的可扩展性、进行性能瓶颈的定位时，对计数器的取值的分析非常关键。但单一的性能计数器只能体现系统性能的某一个方面，对性能测试结果的分析必须基于多个不同的计数器。

与性能计数器相关的另一个术语是“资源利用率”。资源利用率指的是对不同的系统资源的使用程度，例如服务器的 CPU 利用率、磁盘利用率等。资源利用率是分析系统性能指标进而改善性能的主要依据，主要针对 Web 服务器、操作系统、数据库服务器、网络等。

1. Processor(处理器)

计算机处理器是一个重要的资源，它直接影响应用系统的性能。测量出线程处理在一个或多个处理器上所花费的时间数量是十分必要的，因为它可以为如何配置系统提供信息。如果 Web 应用系统的瓶颈是处理器，那么提高系统的性能就可以通过增加处理器来实现。

(1) % Processor Time：被消耗的处理器时间数量。

如果服务器专用于 SQL server，可接受% Processor Time 的最大上限是 80%～85%，也就是常见的 CPU 使用率。

(2) Processor Queue Length：处理器队列长度。

如果 Processor Queue Length 显示的队列长度保持不变(≥2)，并且处理器的利用率%Processor time 超过 90%，那么很可能存在处理器瓶颈。如果发现 Processor Queue Length 显示的队列长度超过 2，而处理器的利用率却一直很低，或许更应该去解决处理器阻塞问题。

2. Process(进程)

(1) Working Set：进程工作集，是虚拟地址空间在物理内存中的那部分，包含了一个进程内的各个线程引用过的页面。由于每个进程工作集中包含了共享页面,所以 Working Set 值会大于实际的总进程内存使用量。

如果服务器有足够的空闲内存,页就会被留在工作集中,当自由内存少于一个特定的阈值时,页就会被清除出工作集。

(2) Private Bytes:分配的私有虚拟内存总数,即私有的、已提交的虚拟内存使用量。

分析:内存泄露时表现的现象是私有虚拟内存的递增,而不是工作集大小的递增。在某个点上,内存管理器会阻止一个进程继续增加物理内存大小,但它可以继续增大虚拟内存大小。如果系统性能随着时间而降低,则此计数器可以是内存泄漏的最佳指示器。

3. Memory(内存)

内存在任何计算机系统中都是完整硬件系统的一个不可分割的部分。增加更多的内存在执行过程中将会加快 I/O 处理过程,因此 Web 系统性能与内存、缓存或磁盘之间的页面置换紧密相关。内存常用指标如表 5-6 所示。

表 5-6 内存常用指标

指 标	说 明
Available Bytes	剩余的可用物理内存量(能立刻分配给一个进程或系统使用的)
Page Faults/sec	处理器每秒处理的错误页(包括软/硬错误)
Page Reads/sec	读取磁盘以解析硬页面错误的次数
Page Writes/sec	为了释放物理内存空间而将页面写入磁盘的速度
Pages Input/sec	为了解决硬错误页,从磁盘读取的页数
Pages Output/sec	为了释放物理内存空间而将页面写入磁盘的页数
Pages/sec	为解决硬错误页,从磁盘读取或写入磁盘的页数
Pool Nonpaged Allocs	在换页池中分派空间的调用数
Pool Nonpaged Bytes	在非换页池中的字节数
Pool Paged Allocs	在换页池中分派空间的调用次数
Pool Paged Bytes	在换页池中的字节数
Cache Bytes	系统工作集的总大小
Cache Bytes Peak	系统启动后文件系统缓存使用的最大字节数量
Cache Faults/sec	在文件系统缓存中找不到要寻找的页面需要从内存的其他地方或从磁盘上检索时出现的错误的速度
Demand Zero Faults/sec	通过零化页面来弥补分页错误的平均速度
Free System Page Table Entries	系统没有使用的页表项目
Pool Paged Resident Bytes	换页池所使用的物理内存
System Cache Resident Bytes	文件系统缓存可换页的操作系统代码的字节大小
System Code Resident Bytes	可换页代码所使用的物理内存
System Code Total Bytes:	当前在虚拟内存中的可换页的操作系统代码的字节数
System Driver Resident Bytes	可换页的设备驱动程序代码所使用的物理内存
System Driver Total Bytes	设备驱动程序当前使用的可换页的虚拟内存的字节数
Transition Faults/sec	在没有额外磁盘运行的情况下,通过恢复页面来解决页面错误的速度
Write Copies/sec	指通过从物理内存中的其他地方复制页面来满足写入尝试而引起的页面错误速度

各指标的详细说明如下。

(1) Available Bytes：剩余的可用物理内存量，此内存能立刻分配给一个进程或系统使用。它是空闲列表、零列表和备用列表的大小总和。

分析：至少要有10%的物理内存值，最低限度是4 MB。如果Available Bytes的值很小(4 MB或更小)，则说明计算机上总的内存可能不足，或某程序没有释放内存。

(2) Page Faults/sec：处理器每秒处理的错误页(包括软/硬错误)。当处理器向内存指定的位置请求一页(可能是数据或代码)出现错误时，就构成一个Page Fault。

如果该页在内存的其他位置，该错误被称为软错误，如果该页必须从硬盘上重新读取时，被称为硬错误。许多处理器可以在有大量软错误的情况下继续操作。但是，硬错误可以导致明显的拖延，因为需要访问磁盘。

(3) Page Reads/sec：读取磁盘以解析硬页面错误的次数。Page Reads/sec是Page/sec的子集，是为了解决硬错误，从硬盘读取的次数。

分析：Page Reads/sec的阈值为>5，越低越好。Page Reads/sec持续大于5，表明内存的读请求发生了较多的缺页中断，说明进程的Working Set已经不够，使用硬盘来虚拟内存。如果Page Reads/sec为比较大的值，可能内存出现了瓶颈。

(4) Page Writes/sec：为了释放物理内存空间而将页面写入磁盘的速度。

(5) Pages Input/sec：为了解决硬错误页，从磁盘读取的页数。当一个进程引用一个虚拟内存的页面，而此虚拟内存位于工作集以外或物理内存的其他位置，并且此页面必须从磁盘检索时，就会发生硬页面错误。

(6) Pages Output/sec：为了释放物理内存空间而将页面写入磁盘的页数。高速的页面输出可能表示内存不足。当物理内存不足时，Windows会将页面写回到磁盘以便释放空间。

(7) Pages/sec：为解决硬错误页，从磁盘读取或写入磁盘的页数。这个计数器是可以显示导致系统范围延缓类型错误的主要指示器。它是Pages Input/sec和Pages Output/sec的总和，是用页数计算的，以便在不做转换的情况下就可以同其他页计数。

如果pages/sec持续高于几百，那么应该进一步研究页交换活动。有可能需要增加内存，以减少换页的需求(把这个数字乘以4k就得到由此引起的硬盘数据流量)。Pages/sec的值很大不一定表明内存有问题，也可能是运行使用内存映射文件的程序所致。

(8) Pool Nonpaged Allocs：在换页池中分派空间的调用数。它是用衡量分配空间的调用数来计数的，而不管在每个调用中分派的空间数是多少。

如果Pool Nonpaged Allocs自系统启动以来增长了10%以上，则表明有潜在的严重瓶颈。

(9) Pool Nonpaged Bytes：在非换页池中的字节数，非换页池是指系统内存中可供对象使用的一个区域。

(10) Pool Paged Allocs：在换页池中分派空间的调用次数。它是用计算分配空间的调用次数来计算的，而不管在每个调用中分派的空间数是什么。

(11) Pool Paged Bytes：在换页池中的字节数，换页池是系统内存中可供对象使用的一个区域。

(12) Cache Bytes：系统工作集的总大小，其包括以下代码或数据驻留在内存中的那一部分：系统缓存、换页内存池、可换页的系统代码，以及系统映射的视图。

(13) Cache Bytes Peak：系统启动后文件系统缓存使用的最大字节数量。这可能比当前的缓存量要大。

(14) Cache Faults/sec：在文件系统缓存中找不到要寻找的页面而需要从内存的其他地方或从磁盘上检索时出现的错误的速度。这个值应该尽可能得低，较大的值表明内存出现短缺，缓存命中很低。

(15) Demand Zero Faults/sec：通过零化页面来弥补分页错误的平均速度。

(16) Free System Page Table Entries：系统没有使用的页表项目。

(17) Pool Paged Resident Bytes：换页池所使用的物理内存。

(18) System Cache Resident Bytes：文件系统缓存可换页的操作系统代码的字节大小。通俗含义是系统缓存所使用的物理内存。

(19) System Code Resident Bytes：操作系统代码当前在物理内存的字节大小，此物理内存在未使用时可写入磁盘。通俗含义是可换页代码所使用的物理内存。

(20) System Code Total Bytes：当前在虚拟内存中的可换页的操作系统代码的字节数。此计算器用来衡量在不使用时可以写入到磁盘上的操作系统使用的物理内存的数量。

(21) System Driver Resident Bytes：可换页的设备驱动程序代码所使用的物理内存。

(22) System Driver Total Bytes：设备驱动程序当前使用的可换页的虚拟内存的字节数。

(23) Transition Faults/sec：在没有额外磁盘运行的情况下，通过恢复页面来解决页面错误的速度。如果这个指标持续居高不下说明内存存在瓶颈，应该考虑增加内存。

(24) Write Copies/sec：指通过从物理内存中的其他地方复制页面来满足写入尝试而引起的页面错误速度。此计数器显示的是复制次数，不考虑每次操作中被复制的页面数。

如果怀疑有内存泄露，则监测内存的 Available Bytes 和 Committed Bytes，以观察内存行为，并监测可能存在泄露内存的进程的 Private Bytes、Working Set 和 Handle Count。如果怀疑是内核模式进程导致了泄露，则还需监测内存的 Pool Nonpaged Bytes、Nonpaged Allocs。

4. Disk(磁盘)

磁盘是一个大容量的低速设备，在磁盘上存放所用的时间描述了请求的等待时间和数据资源的空间占用时间，为改进系统性能提供了更加丰富的信息。系统性能同时还依赖于磁盘队列长度，它表征了磁盘上尚未处理的请求数目，持续不断的队列意味着磁盘或内存配置存在问题。

磁盘的各性能指标如表 5-7 所示。

%Disk Time 的正常值小于 10，此值过大表示耗费太多时间来访问磁盘，可考虑增加内存、更换更快的硬盘、优化读写数据的算法。若数值持续超过 80，则可能是内存泄露。如果只有%Disk Time 比较大，硬盘有可能是瓶颈。

如果分析的计数器指标来自于数据库服务器、文件服务器或是流媒体服务器，磁盘 I/O 对这些系统来说更容易成为瓶颈。

表 5-7 磁盘性能指标

指 标	说 明
Average Disk Queue Length	磁盘读取和写入请求提供服务所用的时间百分比,可以通过增加磁盘构造磁盘阵列来提高性能,该值应不超过磁盘数的1.5~2倍。如果要提高性能,可增加磁盘
Average Disk Read Queue Length	磁盘读取请求的平均数
Average Disk write Queue Length	磁盘写入请求的平均数
Average Disk sec/Read	以秒计算的在磁盘上读取数据所需的平均时间
Average Disk sec/Transfer	以秒计算的在磁盘上写入数据所需的平均时间
Disk Bytes/sec	提供磁盘系统的吞吐率
Disk reads/(writes)/s	每秒钟磁盘读、写的次数。两者相加,应小于磁盘设备最大容量
%Disk Time	磁盘驱动器为读取或写入请求提供服务所用的时间百分比,其正常值<10
%Disk reads/sec (physicaldisk_total)	每秒读硬盘字节数
%Disk write/sec(physicaldisk_total)	每秒写硬盘字节数

磁盘瓶颈判断公式:每磁盘的I/O数=(读次数+(4×写次数))/磁盘个数

每磁盘的I/O数可用来与磁盘的I/O能力进行对比,如果计算出来的每磁盘I/O数超过了磁盘标称的I/O能力,则说明确实存在磁盘的性能瓶颈。

5. Network(网络)

网络分析是一件技术含量很高的工作,在一般的组织中都有专门的网络管理人员进行网络分析,对测试工程师来说,如果怀疑网络是系统的瓶颈,可以要求网络管理人员来进行网络方面的检测。

(1) Network Interface Bytes Total/sec:表示发送和接收字节的速率(包括帧字符在内)。可以通过该计数器的值判断网络连接速度是否是瓶颈,具体操作方法是用该计数器的值与目前的网络带宽进行比较。

(2) Bytes Total/sec:表示网络中接受和发送字节的速度,可以用该计数器来判断网络是否存在瓶颈。

网络性能指标通常用来分析网络传输率对Web性能的影响,它与网络带宽、网络连接类型和其他项开销有关。然而直接分析Internet的网络流量是不可能的,这种拥塞取决于网络带宽、网络连接类型和其他项开销。所以可以通过观察固定的字节数从服务器端到客户端所用的时间来分析网络传输速度。同时,客户与客户间的连接可能不同,因此网络带宽问题也会影响系统性能。

5.3.3 性能参数

性能度量指标与系统性能参数是密切相关的。性能指标的获取必须通过设置性能参数来得到。根据测试的内容和目的的不同,所设置的测试参数也不一样。

这些性能参数大体上可分为如下几种类型。

1. 系统参数

系统参数是指服务器本身的系统配置属性设置。一些服务器端的特点常常影响系统性能。例如镜像服务器的负载平衡、网络协议的类型、Web服务器支持的最大连接数目、数据库管理系统支持的最大线程数量等都会影响到性能。

2. 资源参数

资源参数是指系统配置资源的特征指标。某些资源因为其内在特性而影响系统的性能。例如磁盘寻道时间、传输速率、网络带宽、路由延迟等。

3. 工作负载参数

系统负载在任何时候都会影响系统的性能。某些参数如Web代理服务器的每日访问量(Hits/day)、每秒提交给文件服务器的请求个数(Requests/sec)、每秒提交到数据库服务器的事务数量等,它们在性能测试中起着主要作用。

5.3.4 性能监控与分析

1. 监控指标

(1) 通用指标:指Web应用服务器、数据库服务器、客户端必需测试项。

① ProcessorTime:指服务器CPU占用率,一般平均达到70%时,服务就接近饱和;

② Memory Available Mbyte:可用内存数,如果测试时发现内存有变化情况也要注意,如果是内存泄露则比较严重;

③ Physicsdisk Time :物理磁盘读写时间。

(2) Web服务器指标。

① Avg Rps:平均每秒钟响应次数=总请求时间/秒数;

② Avg Time to Last Byte per Terstion(mstes):平均每秒业务脚本的迭代次数;

③ Successful Rounds:成功的请求;

④ Failed Rounds:失败的请求;

⑤ Successful Hits:成功的点击次数;

⑥ Failed Hits:失败的点击次数;

⑦ Hits Per Second:每秒点击次数;

⑧ Successful Hits Per Second:每秒成功的点击次数;

⑨ Failed Hits Per Second:每秒失败的点击次数;

⑩ Attempted Connections:尝试链接数。

(3) 数据库服务器指标。

① User 0 Connections :用户连接数,也就是数据库的连接数量;

② Number of deadlocks:数据库死锁;

③ Butter Cache hit:数据库Cache的命中情况。

(4) 客户端监控指标。

① Response time:事务响应时间;

② Transaction Per Second：每秒事务处理数。

2. 性能分析

性能分析是通过性能指标的表现形式来分析性能是否稳定。例如：

(1) 响应时间是否符合性能预期，表现是否稳定。

(2) 应用日志中，超时的概率是否在可接受的范围之内。

(3) TPS 维持在多大的范围内，是否有波形出现，标准差有多少，是否符合预期。

(4) 服务器 CPU、内存、load 是否在合理的范围内。

3. 分析工具

对于性能指标可借助自动分析工具，统计出数据的总体趋势。常见的分析工具如下。

(1) LoadRunner analysis 分析

LoadRunner analysis 是 LoadRunner 的一个部件，用于将运行过程中所采集到的数据生成报表，主要用于采集 TPS(每秒事务处理数)、响应时间、吞吐量、服务器资源使用情况等变化趋势。

(2) Memory Analyzer 分析

Memory Analyzer 工具可以解析 Jmap dump 出来的内存信息，查找是否有内存泄露。

(3) nmon analyser 分析

nmon analyser 工具可以采集服务器的资源信息，列出 CPU、MEM、网络、I/O 等资源指标的使用情况。

(4) MONyog 分析

MONyog 是一套客户端主动收集 MySQL 运行数据的服务程序。通过此工具能够跟踪到执行比较慢的 SQL 语句，并且可以分析出 SQL 语句执行时扫描的行数。

5.4 性能测试工具

5.4.1 性能测试工具引入

性能测试和功能测试的侧重点是不同的，功能测试主要用于验证业务功能是否正确地实现，而性能测试是在功能测试的基础上验证系统完成任务的效率和可靠性。性能测试的执行是基本功能的重复和并发，因此在性能开始之前需要模拟多用户，并在性能测试时监控指标参数，同时对测试结果数据进行分析。这些特点决定了性能测试更适合通过工具来完成。

性能测试工具需要解决的问题如下。

(1) 提供压力产生的手段；

(2) 对被测试的系统进行性能监控，包括对 Web 服务器、数据库服务器和中间件等；

(3) 收集性能测试过程中的数据，并进行分析，有助于测试人员找出被测系统的瓶颈。

因此性能测试工具一般都具有下列功能。

(1) 脚本功能：可以通过录制的方式生成测试脚本，或者由测试人员开发测试脚本；

(2) 产生压力：能够通过运行测试脚本的方式对被测试系统产生压力；

(3) 实时监控：能够对被测试系统进行性能监控，获取各项性能指标；

(4) 分析统计：对收集的性能测试结果数据进行分析和统计，快速找出瓶颈。

古人云："工欲善其事，必先利其器"，必须选择合适的测试工具，才能高效高质量地完成性能测试。市场上涌现出越来越多的性能测试工具，一个测试工具能否满足测试需求，能否达到令人满意的测试结果，是选择测试工具要考虑的最基本的问题。

5.4.2 常见性能测试工具

1. HP LoadRunner

HP LoadRunner是一种预测系统行为和性能的负载测试工具，可通过检测瓶颈来预防问题，并在开始使用前获得准确的端到端系统性能。

LoadRunner通过模拟成千上万的用户实施并发负载及实时性能监测的方式来确认和查找问题，LoadRunner能够对整个企业架构进行测试。通过使用LoadRunner，企业能最大限度地缩短测试时间、优化性能和缩短应用系统的发布周期。LoadRunner是一种适用于各种体系架构的自动负载测试工具，它能预测系统行为并优化系统性能。LoadRunner的测试对象是整个企业的系统，它通过模拟实际用户的操作行为和实行实时性能监测，来更快地查找和发现问题。

LoadRunner极具灵活性，适用于各种规模的组织和项目，支持广泛的协议和技术，可测试一系列应用，其中包括移动应用、Ajax、Flex、HTML 5、.NET、Java、GWT、Silverlight、SOAP、Citrix、ERP等。

LoadRunner的组件很多，其核心的组件包括如下几个。

(1) Vuser Generator(VuGen，虚拟用户脚本生成器)用于捕获最终用户业务流程和创建自动性能测试脚本。

(2) Controller(控制器)用于组织、驱动、管理和监控负载测试。

(3) Load Generator(负载生成器)用于通过运行虚拟用户生成负载。

(4) Analysis(分析器)有助于查看、分析和比较性能结果。

LoadRunner的使用请参考本书第10章的内容和LoadRunner使用指南。

网站地址：http://www8.hp.com/us/en/software-solutions/loadrunner-load-testing/index.html?

2. IBM Performance Tester

IBM® Rational® Performance Tester是一种用来验证Web和服务器应用程序可扩展性的性能测试解决方案。Rational Performance Tester识别出系统性能瓶颈和其存在的原因，并能降低负载测试的复杂性。

Rational Performance Tester可以快速执行性能测试，分析负载对应用程序的影响。它具有下列特点。

(1) 无代码测试

能够不通过编程就可创建测试脚本，节省时间并降低测试复杂性。通过访问测试编辑器，查看测试和事务信息的高级别详细视图。查看在类似浏览器窗口中显示并且与测试编辑器集成的测试结果，编辑器列出测试中访问的网页。

(2) 原因分析工具

原因分析工具可以识别导致瓶颈发生的源代码和物理应用层。时序图可跟踪出现瓶颈之前发生的所有活动。可以从被测试的系统的任何一层查看多资源统计信息，发现与硬件有关的导致性能低下的瓶颈。

(3) 实时报表

实时生成性能和吞吐量报表，在测试的任何时间都可及时了解性能问题。提供多个可以在测试运行之前、期间和之后设置的过滤和配置选项。显示从一次构建到另一次构建的性能趋势。系统性能度量可帮助制订关键应用程序发布决策。在测试结束时，根据针对响应时间百分比分布等项目的报表执行更深入的分析。

(4) 测试数据

提供不同用户群体的灵活建模和仿真，同时把内存和处理器占用降到最低。提供电子表格界面以输入独特的数据，或者可以从任何基于文本的源导入预先存在的数据。允许在执行测试中插入定制 Java 代码，以便执行高级数据分析和请求语法分析等活动。

(5) 载入测试

支持针对大范围应用程序(如 HTTP、SAP、Siebel、SIP、TCP Socket 和 Citrix)进行负载测试。支持从远程机器使用执行代理测试用户负载。提供灵活的图形化测试调度程序，可以按用户组比例来指定负载。支持自动数据关系管理来识别和维护用于精确负载模拟的应用程序数据关系。

网站地址：http://www-03.ibm.com/software/products/zh/performance

3. Radview WebLOAD

WebLOAD 是 Radview 公司推出的一个性能测试和分析工具，通过模拟真实用户的操作，生成压力负载来测试 Web 的性能。WebLOAD 可用于测试性能和伸缩性，也可用于正确性验证。

WebLOAD 可以同时模拟多个终端用户的行为，对 Web 站点、中间件、应用程序，以及后台数据库进行测试。WebLOAD 在模拟用户行为时，不仅仅可以复现用户鼠标单击、键盘输入等动作，还可以对动态 Web 页面根据用户行为而显示的不同内容进行验证，达到交互式测试的目的。执行测试后，WebLOAD 可以提供数据详尽的测试结果分析报告，以帮助判定 Web 应用的性能并诊断测试过程中遇到的问题。

WebLOAD 的测试脚本是用 Javascript(和集成的 COM/Java 对象)编写的，并支持多种协议，如 Web、SOAP/XML 及其他可从脚本调用的协议如 FTP、SMTP 等，因而可从所有层面对应用程序进行测试。

网站地址：http://www.radview.com/product/Product.aspx

4. Borland Silk Performer

Borland Silk Performer 是业界领先的企业级负载测试工具。它通过模仿成千上万的用户在多协议和多计算的环境下工作，对系统整体性能进行测试，提供符合 SLA 协议的系统整体性能的完整描述。

Silk Performer 提供了在广泛的、多样的状况下对电子商务应用进行弹性负载测试的能力，通过 Truc Scalc 技术，Silk Performer 可以在一台单独的计算机上模拟成千上万的并发用户，在使用最小限度的硬件资源的情况下，提供所需的可视化结果确认的功能。在独立的负载测试中，Silk Performer 允许用户在多协议多计算环境下工作，并可以精确地模拟浏览器与 Web 应用的交互作用。Silk Performer 的 True Log 技术提供了完全可视化的原因分析技术。通过这种技术可以对测试过程中用户产生和接收的数据进行可视化处理，包括全部嵌入的对象和协议头信息，从而进行可视化分析，甚至在应用出现错误时都可以进行问题定位与分析。

Silk Performer 主要具有如下特点。

(1) 精确的负载模拟特性：为准确进行性能测试提供保障。

(2) 功能强大：强大的功能保障了对复杂应用环境的支持。

(3) 简单易用：可以加快测试周期，降低生成测试脚本错误的概率，而不影响测试的精确度。

(4) 根本原因分析：有利于对复杂环境下的性能下降问题进行深入分析。

(5) 单点控制：有利于进行分布式测试。

(6) 可靠性与稳定性：从工具本身的稳定性方面保证对企业级大型应用的测试顺利进行。

(7) 团队测试：保证对大型测试项目的顺利进行。

(8) 与其他产品紧密集成：同其他产品集成，增强 Silk Performer 的功能扩展。

Silk Performer 提供了简便的操作向导，通过 9 步操作，即可完成负载测试，步骤如下。

(1) Project out Line：对负载测试项目进行基本设置，如项目信息、通信类别等。

(2) Test Script Creation：通过录制的方式产生脚本文件，用于日后进行虚拟测试。

(3) Test Script Try-out：对录制产生的脚本文件进行试运行，并配合使用 True Log 进行脚本纠错，确保能够准确再现客户端与服务器端的交互。

(4) Test Script Customization：为测试脚本分配测试数据。确保在实际测试过程中测试数据的正确使用，同时可配合使用 True Log，在脚本中加入 Session 控制和内容校验的功能。

(5) Test Baseline Establishment：确定被测应用在单用户下的理想性能基准线。这些基准将作为全负载下产生并发用户数和时间计数器阈值的计算基础。在确定 Baseline 的同时，也是对步骤(4)中修改的脚本文件进行运行验证。

(6) Test Baseline Confirmation：对 Baseline 建立过程中产生的报告进行检查，确认所定义的 Baseline 确实反映了所希望的性能。

(7) Load Test Workload Specification：指定负载产生方式。

(8) Load Test Execution：在全负载方式下，使用全部 Agent，进行真实的负载测试。

(9) Test Result Exploration：测试结果分析。

网站地址：http://www.borland.com/products/silkperformer

5. QALoad

QALoad 是 Compuware 公司性能测试工具套件中的压力负载工具。QALoad 是客户/服务器系统、企业资源配置(ERP)和电子商务应用的自动化负载测试工具。QALoad 通过可重复的、真实的测试能够全面度量应用的可扩展性和性能。它可以模拟成百上千的用户并发执行关键业务而完成对应用程序的测试，并针对所发现问题对系统性能进行优化，确保应用的成功部署。QALoad可预测系统性能，通过重复测试寻找瓶颈问题，从控制中心管理全局负载测试，验证应用的可扩展性，快速创建仿真的负载测试。

QALoad支持的范围广，测试的内容多，可以帮助软件测试人员、开发人员和系统管理人员对于分布式的应用执行有效的负载测试。QALoad支持的协议包括ODBC，DB2，ADO，ORACLE，Sybase，MS SQL Server，QARun，SAP，Tuxedo，Uniface，Java，WinSock，IIOP，WWW，WAP，Net Load，Telnet等。

QALoad从产品组成来说，分为4个部分：Script Development Workbench、Conductor、Player、Analyze。

(1) Script Development Workbench可以看作是录制、编辑脚本的IDE。录制的动作序列最终可以转换为一个.cpp文件。

(2) Conductor控制所有的测试行为，如设置session描述文件，初始化并且监测测试，生成报告并且分析测试结果。

(3) Player是一个Agent，一个运行测试的Agent，可以部属在网络上的多台机器上。

(4) Analyze是测试结果的分析器。它可以把测试结果的各个方面展现出来。

网站地址：http://www.empirix.com

6. Web Application Stress

Microsoft Web Application Stress(简称WAS)是由微软的网站测试人员所开发，专门用来进行实际网站压力测试的一套工具。通过WAS，可以使用少量的客户端计算机模拟大量并发用户同时访问服务器，以获得服务器的承受能力，及时发现服务器能承受多大压力负载，以便及时采取相应的措施防范。

WAS的优点是简单易用。WAS可以用如下不同的方式创建测试脚本。

(1) 通过记录浏览器的活动来录制脚本；

(2) 通过导入IIS日志；

(3) 通过把WAS指向Web网站的内容；

(4) 手工地输入URL来创建一个新的测试脚本。

除易用性外，WAS还有很多有用的特性，包括：

(1) 对于需要署名登录的网站，允许创建用户账号；

(2) 允许为每个用户存储cookies和Active Server Pages (ASP)的session信息；

(3) 支持随机的或顺序的数据集，以用在特定的名字-值对；

(4) 支持带宽调节和随机延迟以更真实地模拟显示情形；

(5) 支持Secure Sockets Layer (SSL)协议；

(6) 允许URL分组和对每组的点击率的说明；

(7) 提供一个对象模型，可以通过Microsoft Visual Basic Scripting Edition (VBScript)处理或者通过定制编程来达到开启、结束和配置测试脚本的效果。

7. Apache JMeter

Apache JMeter 是 Apache 组织的开放源代码项目，是一个 100%纯 Java 桌面应用，用于压力测试和性能测量。JMeter 可以用于测试静态或者动态资源的性能，例如文件、Servlet、Perl 脚本、Java 对象、数据库和查询、FTP 服务器等。JMeter 可以用于对服务器、网络或对象模拟巨大的负载，用于不同压力类别下测试系统的强度和分析整体性能。另外，JMeter 能够对应用程序做功能/回归测试，通过创建带有断言的脚本来验证程序是否返回期望的结果。为了达到最大限度的灵活性，JMeter 允许使用正则表达式创建断言。

JMeter 的功能特性如下。

(1) 能够对 HTTP 和 FTP 服务器进行压力和性能测试，也可以对任何数据库进行同样的测试。

(2) 完全的可移植性和 100%纯 Java。

(3) 完全 Swing 和轻量组件支持(预编译的 JAR 使用 javax. swing. *)包。

(4) 完全多线程。框架允许通过多个线程并发取样和通过单独的线程组对不同的功能同时取样。

(5) 精心的 GUI 设计允许快速操作和更精确的计时。

(6) 缓存和离线分析/回放测试结果。

网站地址：http://jakarta. apache. org/jmeter/usermanual/index. html

8. OpenSTA

OpenSTA 是专用于 B/S 结构的、免费的性能测试工具。它的优点除了免费、源代码开放外，还能对录制的测试脚本按指定的语法进行编辑。测试工程师在录制完测试脚本后，只需要了解该脚本语言的特定语法知识，就可以对测试脚本进行编辑，以便再次执行性能测试时获得所需要的参数，之后进行特定的性能指标分析。

OpenSTA 是基于 Common Object Request Broker Architecture (CORBA)的结构体系。它是通过虚拟一个 proxy，使用其专用的脚本控制语言，记录通过 proxy 的一切 HTTP/S traffic。

OpenSTA 以最简单的方式让大家对性能测试的原理有较深的了解，其较为丰富的图形化测试结果大大提高了测试报告的可阅读性。测试工程师通过分析 OpenSTA 的性能指标收集器收集的各项性能指标，以及 HTTP 数据，对被测试系统的性能进行分析。

使用 OpenSTA 进行测试，包括三个方面的内容：首先录制测试脚本，然后定制性能采集器，最后把测试脚本和性能采集器组合起来，组成一个测试案例，通过运行该测试案例，获取该测试内容的相关数据。

网站地址：http://www. opensta. org/download. html

5.5 本章小结

Web 应用系统拥有大量的用户群，并为大量用户提供对 Web 资源的跨平台访问，运行的实时性要求较高，网页的运行速度、查询速度和下载时间等性能需要进行测试。

本章介绍了性能测试的概念、目的和类型,以及性能测试用例模型。进行性能测试时需要按照性能测试的流程来开展性能测试,其中包括确定性能测试目标、制定测试计划、建立测试环境、设计测试、执行测试、分析测试结果、撰写测试报告等。执行性能测试过程中,需要监测和收集系统的性能测试数据,测试结束后需要综合分析性能数据,评估系统性能,定位系统性能缺陷,提出系统调优建议。由于性能测试的特殊性,性能测试一般借助于性能测试工具来开展。

第6章 Web安全性测试

6.1 Web应用安全基础

6.1.1 Web应用程序安全

随着互联网技术的迅猛发展,Web服务与应用已经成为引领网络发展的内在推动力。从Web邮件,购物,媒体,金融服务到社交网络,Web应用渗入到每个人的日常生活,扮演着网络信息服务中最重要的角色,同时它也成为与国际民生息息相关的重要的信息和数据集结地和存储库。重要的信息一旦遭到安全威胁和攻击破坏,可能会带来难以估计的财产损失甚至是生命代价。由于Web技术的飞速演进,Web相关应用的复杂度急剧增加,各种类型的安全漏洞不断涌现,而且Web服务所承载的重要信息也吸引了越来越多的攻击者对安全漏洞发起更猛烈的攻击,其攻击手段也日趋隐蔽和精巧,给Web开发和测试带来巨大的压力。

由于Web应用与其运行环境(包括硬件、软件、中间件、网络等)紧密地交织在一起,Web安全性除了Web应用本身的安全性以外,还包括运行环境的安全性。

6.1.2 Web应用安全体系

Web安全是一个系统问题,包括Web服务器安全、Web应用服务器安全、Web应用程序安全、数据传输安全和客户接收端的安全。在Web应用的各个层面,企业都会使用不同的技术来确保安全性。为了保护客户端机器的安全,用户会安装防病毒软件。为了保证用户数据传输到企业Web服务器的传输安全,通信层通常会使用SSL(安全套接字)技术加密数据。为了阻止不必要的端口暴露和非法访问,企业会使用防火墙和IDS(入侵诊断系统)或IPS(入侵防御系统)。为了保证只允许特定用户访问,企业会使用身份认证机制授权用户访问Web应用。然而,网络的规模和复杂性使Web安全问题比通常意义上的Internet的安全问题更为复杂。

目前的Web安全主要分为以下三个方面。

(1) 保护Web服务器及其数据的安全。

必须保证服务器能够持续运行,保证只有经过授权才能修改服务器上的信息,保证能够把数据发送给指定的接收者。

(2) 保护Web服务器和用户之间传递的信息的安全。

必须确保用户提供给 Web 服务器的信息(用户名、密码、财务信息、访问的网页名称等)不被第三方所阅读、修改和破坏。对从 Web 服务器端发送给用户的信息要加以保护。保护用户与服务器之间的链路,使得攻击者不能轻易地破坏链路。

(3) 保护 Web 客户端及其环境安全。

用户需要使用 Web 浏览器和安全计算平台上的软件,保证所使用的软件不会被病毒感染或被恶意程序破坏。用户还需要保护自己的隐私和私人信息,确保它们无论是在自己的计算机上还是通过在线服务时都不会遭到窃取或破坏。

Web 应用程序安全框架如图 6-1 所示。客户端,用户安装杀毒软件和防火墙进行安全防护。信息在网络上进行传输的过程中,通过数据加密技术防止信息暴露。服务器端,通过防火墙、IDS 入侵诊断和 IPS 入侵检测等技术来阻止攻击者破坏 Web 应用程序。

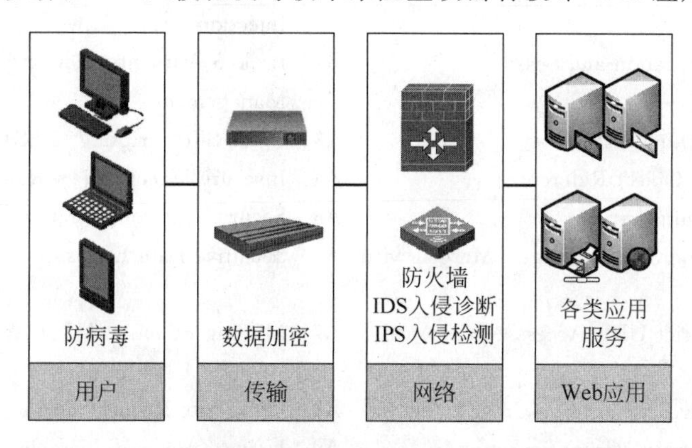

图 6-1　Web 应用程序安全框架

6.1.3　Web 应用十大漏洞

随着 Web 应用技术的发展,Web 应用程序会带来一系列新的安全方面的漏洞。为了更有效地研究和分析 Web 应用程序安全问题,人们对大量的 Web 应用程序漏洞和风险进行了有意义的分类,根据对其认知和处理角度的不同,给出了一些有效的分类方法。

Web 应用程序安全的权威组织 OWASP(Open Web Application Security Program)通过对各类 Web 应用程序安全问题的威胁代理者、攻击载体、漏洞普及度、漏洞可侦查度、技术影响和业务影响等诸多指标的综合分析,给出十大应用程序漏洞,并且每隔三年更新一次。目前已经有 2004 年、2007 年、2010 年、2013 年 4 个版本。2010 年前的版本关注"最常见漏洞",之后关注"最严重的风险"。风险评估要素有下列几个方面。

(1) 漏洞:发现难易程度、利用难易程度、知名度、入侵检测难易程度;

(2) 技术影响:对机密性、完整性、可用性、可追溯性的破坏程度;

(3) 业务影响:对机构财务、信誉、违规行为、隐私侵犯的破坏程度。

2013 年十大应用程序漏洞(2013 RC1 版)分别如下。

A1. 注入:Injection;

A2. 失效的认证和会话管理:Broken Authentication and Session Management;

A3. 跨站脚本攻击:Cross Site Scripting (XSS);

A4. 不安全的直接对象引用:Insecure Direct Object References;

A5. 安全配置错误：Security Misconfiguration；

A6. 敏感数据泄露：Sensitive Data Exposure；

A7. 功能级访问控制缺失：Missing Function Level Access Control；

A8. 跨站请求伪造：Cross-Site Request Forgery(CSRF)；

A9. 使用含有已知漏洞的组件：Using Known Vulnerable Components；

A10. 未验证的重定向和转发：Unvalidated Redirects and Forwards。

2010 年与 2013 年十大应用程序漏洞对比情况见表 6-1。

表 6-1 2010 年和 2013 年十大应用程序漏洞

OWASP Top 10 - 2010 (Previous)	OWASP Top 10 - 2013 (New)
A1 - Injection	A1 - Injection
A3 - Broken Authentication and Session Management	A2 - Broken Authentication and Session Management
A2 - Cross-Site Scripting (XSS)	A3 - Cross-Site Scripting (XSS)
A4 - Insecure Direct Object References	A4 - Insecure Direct Object References
A6 - Security Misconfiguration	A5 - Security Misconfiguration
A7 - Insecure Cryptographic Storage - Merged with A9→	A6 - Sensitive Data Exposure
A8 - Failure to Restrict URL Access - Broadened into→	A7 - Missing Function Level Access Control
A5 - Cross-site Redirects Forgery (CSRF)	A8 - Cross-Site Request Forgery (CSRF)
<buried in A6; Security Misconfiguration>	A9 - Using Known Vulnerable Components
A10 - Unvalidated Redirects and Forwards	A10 - Unvalidated Redirects and Forwards
A9 - Insufficient Transport Layer Protection	Merged with 2010-A7into new 2013-A6

A1：注入

1. 漏洞产生原因

常常是应用程序缺少对输入进行安全性检查所引起的，攻击者把一些包含指令的数据发送给解释器，解释器会把收到的数据转换成指令执行。所有解释性语言都有可能被攻击。注入缺陷非常流行，特别在以前的代码中。在 SQL 查询语句、目录访问协议、路径查询系统命令、XML 剖析器、程序声明中经常发现这种缺陷。

注入类型包括 SQL 注入、XPATH 注入、LDAP 注入、OS 命令注入等。

2. 风险分析

注入缺陷能导致数据丢失、崩溃、无法解释、访问拒绝。注入漏洞有时甚至能导致攻击者完全接管主机，所有的数据可以被窃取、被修改或者被删除。

3. 如何阻止注入

阻止注入需要保证不信任的数据与命令和查询分离。

(1) 优先选择运用安全的 API，以避免完全运用解释器或提供参数化的接口。要对参数化的存储过程小心，即使如此，仍能引入注入。

(2) 如果一个参数化的 API 无法使用，应该谨慎地使用解释器特定的转移语法来转义特殊字符。OWASP 的 ESAPI 提供许多这样的例程。

(3) 建议对“白名单”的输入进行适当的规范化验证，但不是一个完整的防御，因为很多应用在输入时需要特殊字符。OWASP 的 ESAPI 有白名单输入验证程序的扩展库。

A2：失效的认证和会话管理

1. 漏洞产生原因

与身份认证和会话管理相关的应用程序功能在实现中有漏洞，导致攻击者可冒充其他用户的身份访问业务系统。攻击者使用用户认证或会话管理功能的缺陷(例如暴露的账号、密码、会话 ID、实施漏洞)来冒充其他用户身份。这种漏洞既存在于 Web 应用系统开发过程中，也存在于 Web 应用服务器的配置中。开发人员常常建立自定义的认证和会话管理计划，这些自定义计划常常在退出、记忆、密码管理、超时、账户更新等领域出现漏洞。因为每一种实现都是独特的，所以寻找这些漏洞常常会非常困难。

2. 风险分析

这些漏洞将导致一些甚至所有的账户被攻击。一旦攻击成功，攻击者可以执行合法用户的任何操作。因此对特权帐户会造成更大的破坏。

3. 如何防止失效的认证和会话管理

防范失效的身份验证可以从下面几个方面考虑。

(1) 登录页面出错时不要给出太多提示；

(2) 不使用简单的或可预期的密码恢复问题；

(3) 对多次登录失败的账号进行短期锁定；

(4) 登录页面需要加密；

(5) 采用多因子身份验证机制。

防范失效的会话管理可以从下面几个方面考虑。

(1) 用户登录成功后，创建一个新 Session；

(2) 采用强随机数算法生成 Session ID；

(3) 设置会话过期机制；

(4) 设置 Cookie 的 secure 属性和 HttpOnly 属性；

(5) 不在返回 URL 中显示 Session ID；

(6) 提供 logout 功能。

网关防御的措施是：

(1) 阻止同一用户对登录验证页面的短期高频访问。

(2) 阻止同一 Session 在不同地址登录。

A3：跨站脚本

1. 漏洞产生原因

跨站脚本攻击指攻击者向目标翻译器发送简单文本格式来扰乱它的语法。最常见的是攻击者向 Web 页面里插入恶意脚本，当受害者浏览该 Web 页时，嵌入其中的恶意代码会被受害者 Web 客户端执行，达到攻击目的。XSS 在 Web 应用中是最常见的安全漏洞。

跨站脚本攻击有三种：存储式、反射式和基于 DOM。反射式跨站脚本通过测试或代码分析很容易找到。

(1) 存储式 XSS(Store-based XSS)

攻击者将攻击脚本上传到 Web 服务器上，使得所有访问该页面的用户都面临信息泄露的可能,其中也包括 Web 服务器的管理员。

(2) 反射式 XSS(Reflect-based XSS)

Web 客户端使用 Server 端脚本生成页面为用户提供数据时,如果未经验证的用户数据被包含在页面中而未经 HTML 实体编码,客户端代码便能够注入到动态页面中。

(3) 基于 DOM 的 XSS(DOM-based XSS)

客户端的脚本程序可以通过 DOM 动态地检查和修改页面内容,它不依赖于提交数据到服务器端,而从客户端获得 DOM 中的数据在本地执行,如果 DOM 中的数据没有经过严格确认,就会产生 DOM-Based XSS 漏洞。

2. XSS 风险分析

攻击者能在受害者浏览器上执行脚本来劫持用户会话、修改网站内容、泄露页面中的敏感信息、潜入恶意文本、重定向用户到其他网页或网站、以被攻击者的身份执行管理操作、在网页挂木马操作、为其他类型的攻击(如 CSRF、Session Attack)做准备等。

3. 如何阻止 XSS 攻击

阻止 XSS 攻击,需要保证不信任的数据和动态浏览器内容相分离。

(1) 最佳选择是分离所有被写入的基于 HTML 的不可信数据。可以从 OWASP XSS Prevention Cheat Sheet 获得更多需要数据分离技术的细节。

(2) 对"正"和"白名单"的输入进行适当的规范化验证,但不是完整的防御来抵御 XSS 攻击,因为很多应用在它们的输入中需要特殊字符。这样的验证应该尽可能验证之前接受输入的长度、字符、格式、数据和业务规则。

(3) 想要更丰富的内容,可以靠 OWASP 的 AntiSamy 自动消毒库。

A4:不安全的直接对象引用

1. 漏洞产生原因

开发者将文件、路径、数据库记录或者 Key 作为 URL 或表单的一部分,暴露给用户一个引用,导致攻击者能够操作直接对象,访问一些他本来没有权限访问的其他对象。

为了能更容易理解什么是不安全的对象直接引用,请看如下的一个示例。

攻击者发现查看自身信息的链接地址为 http:// example. com /userinfo. do?ID=2。攻击者构造新的链接 http:// example. com/userinfo. do?ID=3 查看其他用户信息,这样他就可以直接看到更多他无权限看到的信息。

2. 风险分析

不安全的直接对象引用漏洞会使所有被参数引用的数据陷入危险。攻击者可以很容易地访问该数据类型的所有可用数据。

3. 如何防范不安全的直接引用对象

防范不安全直接引用对象访问的风险漏洞可以从以下几个方面考虑。

(1) 避免在 URL 或网页中直接引用内部文件名或数据库关键字;

(2) 可使用自定义的映射名称来取代直接对象名;

(3) 使映射 ID 变得稀疏,难以猜测;

(4) 锁定网站服务器上的所有目录和文件夹,设置访问权限;

(5) 验证用户输入和 URL 请求,拒绝包含./或../的请求;

(6) 网关防御的措施是阻止同一用户对同一 HTTP 模板的短期高频访问,尤其是服务器返回404错误时。

测试时可以通过操纵参数值来检测这种缺陷,并可以通过代码分析快速地验证用户是否被正确授权。

A5:安全配置错误

1. 漏洞产生原因

由于管理员在服务器安全配置上的疏忽,通常会导致攻击者非法获取信息、篡改内容,甚至控制整个系统。攻击者通过访问默认的账户、没有用过的页、未打补丁的漏洞、不受保护的文件和目录等,来得到未经授权的访问权限或者系统的信息。

安全配置错误可以发生在任何级别的应用程序堆栈,包括平台、Web服务器、应用服务器、框架和自定义代码。开发人员和网络管理员都需要共同努力,以确保整个栈被合理地配置。自动扫描仪可用于检测遗漏的补丁、错误配置、使用默认账户、不必要的服务等。

不正确的安全配置,如Google hacking。利用Google搜索,输入"index of /ppt",将会搜索出一些网页的链接。如果网站服务器设置不当,会暴露整个目录,如图6-2所示。

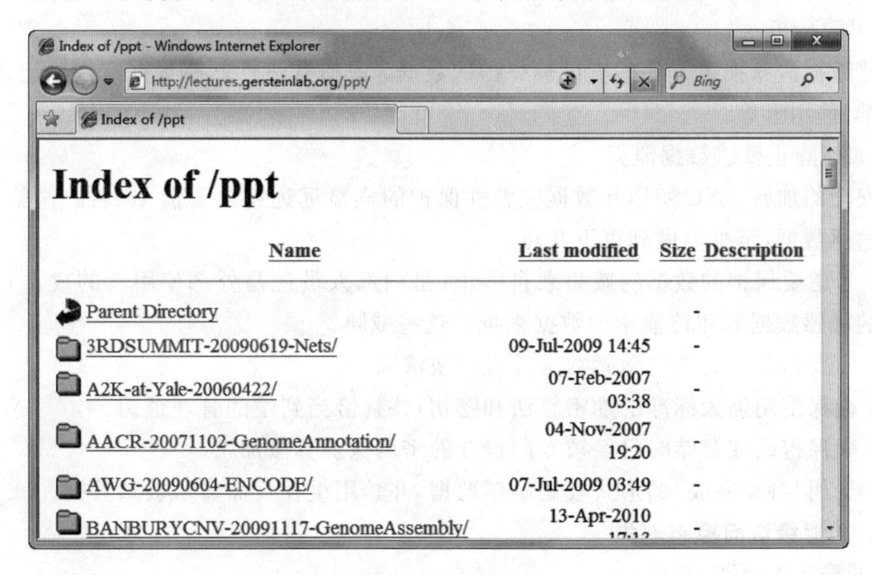

图6-2 目录被暴露

2. 风险分析

这些漏洞经常会给予攻击者对一些系统数据或功能未经授予的访问权限。有时,这些漏洞导致整个系统的损坏。整个系统会在管理者不知道的情况下完全损坏。随着时间的推移所有的数据能被窃取或修改,恢复数据的代价会很大。

3. 如何避免安全配置错误

避免安全配置错误的建议主要有以下几点。

(1) 一个重复的加强过程,使其在快速、易于部署的另一个环境中正确锁定。开发、QA和生产环境都应该配置相同。这个过程应该是自动化的,以建立一个新的安全环境。

(2) 跟上和部署所有新方法软件更新和补丁,及时更新每个部署的环境。这需要包括所有的代码库(见新A9)。

(3) 一个强大的应用程序体系结构应提供良好的组件之间的隔离和安全。

(4) 考虑运行扫描和做定期审计帮助检测未来的错误配置或缺少的修补程序。

A6：敏感数据泄露

1. 漏洞产生原因

对于敏感数据，采用不安全的加密方法、生成脆弱的密钥、密钥管理不当等都可能导致敏感数据泄露。另外，应用程序常常产生错误信息并显示给使用者，对于攻击者而言，这些错误信息是非常有用的，因为它们揭示实施细则或提供有用的开发信息。

攻击情形1：一个应用程序使用一个自动的数据库加密技术对信用卡号在数据库中进行加密。然而这意味着在取回的时候会自动地解密，允许一个SQL注入的缺陷在明文中去取回信用卡号。此类系统应该使用公共密钥加密的信用卡号码，并只允许后端应用程序对其用私钥解密。

攻击情形2：一个简单的站点不会对所有的已经验证过的页面使用SSL。攻击者仅仅监视网络中的传输(例如一个开放的无线网络)，窃取用户的会话Cookie，然后重放这个Cookie，劫持用户的会话，访问他们的私人数据。

2. 风险分析

敏感数据泄露损害了那些应该被保护的数据。具有代表性敏感数据有健康记录、证书、个人数据、信用卡等。

3. 如何防止敏感数据泄露

不安全的加密、SSL使用和数据完整性保护的危险远远超出了前10名。这就是说，对于所有敏感数据，至少要做到以下几点。

(1) 考虑要保护的数据的威胁来自哪里(是内部人员还是外部使用者的攻击)，确保加密所有的敏感数据源和传输中的数据来抵抗这些威胁。

(2) 不要存储不必要的敏感数据并且尽快清除。

(3) 确保使用强大标准的加密算法和密钥，并且恰当到位的管理密钥。

(4) 确保密码在存储时已经被专门设计的密码保护算法加密。

(5) 禁用"自动完成"的形式收集敏感数据，并禁用缓存页面显示敏感数据。

A7：功能级访问控制缺失

1. 漏洞产生原因

应用程序并不总是恰当地保护应用程序功能。有时候，通过配置来管理保护的功能级别，有时候系统配置是错误的。有时，开发商会忘记正确的代码检查。检测这样的缺陷很容易，最难的部分是确定哪些网页(URLs)或者功能存在攻击。

2. 风险分析

这样的缺陷允许攻击者去访问未授权的功能。管理员权限的功能是这类攻击的目标。

3. 如何防止非授权访问

应用程序应该有一致的、易于分析的、能被所有的业务功能调用的授权模块，通常情况下，这种保护是由外部应用程序代码的一个或多个组件提供的。

(1) 考虑配额管理的过程，并确保管理过程中可以轻松地更新和审核，不要硬编码。

(2) 拒绝所有访问默认情况下的强制执行机制，需要明确授予特定角色所访问的函数。

(3) 如果是参与工作流中的检查的功能，确保所有允许访问的条件都处于正常状态。注意：大多数网站应用程序并没有执行链接和非授权用户功能的按钮，但是这种"组织分层访问的控制"并不会提供保护,必须在控制器或者业务逻辑中自己实现检查。

A8:跨站请求伪造

1. 漏洞产生原因

跨站请求伪造,通常缩写为CSRF或者XSRF,是一种对网站的恶意利用。攻击者构造恶意URL请求,然后诱骗合法用户访问所构造的URL链接,以达到在Web应用中以此用户权限执行特定操作的目的。尽管听起来像跨站脚本(XSS),但它与XSS非常不同。XSS利用站点内的信任用户,而CSRF则通过伪装来自受信任用户的请求来利用受信任的网站。CSRF中不包含攻击语句,只是完成特定的业务操作,因此更难被检测。

2. 风险分析

攻击者可以以被攻击用户的身份执行业务操作。若被攻击者为普通用户,则危害用户数据安全及资产安全;若被攻击者为管理员,则威胁到整个网站的安全,如添加管理用户、执行特权操作等。

3. 如何防止CSRF攻击

防止CSRF通常需要列入每个HTTP请求中的一个不可预知的令牌。这些令牌,至少,每个用户会话应该是唯一的。

(1) 最佳选择是独有的令牌包含在一个隐藏字段中,这将使得这些值放在要发送的HTTP报文的请求值中,避免包含在URL中(因为这样就直接暴露了)。

(2) 独特的令牌也可以包含在URL中或URL参数中,然而这种安排的URL有暴露给攻击者的风险,从而损害秘密令牌。OWASP的CSRF防护令牌可以自动包括在Java EE、.NET或PHP应用程序中。OWASP的ESAPI包括CSRF的方法,开发人员可以使用它来防止这种漏洞。

(3) 要求用户重新进行身份验证,证明他们是一个合法用户,也可以防止CSRF。

A9:使用含有已知漏洞的组件

1. 漏洞产生原因

几乎每个应用程序都有这些问题,因为大多数开发团队并不注重确保其组件保持更新至最新。在许多情况下,开发商甚至没有熟悉知道他们正在使用的所有组件,他们从来没有介意过这些组件的版本。组件之间的依赖性将使情况变得更加糟糕。

2. 风险分析

全方位的弱点的出现是可能的,包括注入、失效的访问控制,XSS等。

3. 如何阻止此类问题

软件项目中应该做如下事情。

(1) 识别正在使用的组件和版本。

(2) 监控这些在公共数据库中,项目的邮件列表以及安全邮件列表的组件的安全性,并保持它们更新到最新。

(3) 建立安全策略来管理组件的使用,如需要一定的软件开发实践,通过安全测试和可接受的许可证。

A10:未验证的重定向和转发

1. 漏洞产生原因

Web应用程序将用户重定向和转发到其他页面,但目标的合法性未验证重定向和跳转的风险。攻击者利用用户对合法网站的信任，将用户的访问跳转到恶意站点，而且对跳转部分还可以进行编码，其后续操作还包括：

(1) 利用伪造的登录页面，偷取用户的账号和密码；

(2) 跳转到挂有木马的页面，对用户进行远程控制；

(3) 越过访问控制，跳转到管理员界面。

例如，应用程序有一个页面称为 redirect. jsp，它接受一个名为"URL 参数"攻击者制造的恶意 URL，将用户重定向到一个恶意网站，进行网络钓鱼和安装恶意软件。网址：http://www. example. com/redirect. jsp?url=evil. com

2. 风险分析

这种重定向可能试图安装恶意软件或诱骗受害者泄露密码或其他敏感信息。不安全的转发可能允许绕过访问控制。

3. 如何防止未验证的重定向和转发

(1) 尽量避免使用重定向和转发。

(2) 如果使用不涉及用户参数的计算目标，这样通常是可以的。

(3) 如果不能避免目标参数，确保所提供的是有效的、授权的用户，建议使用目标参数映射值，而不是实际的 URL 或者 URL 的一部分，并且该服务器端代码可以翻译这种映射到目标 URL。

避免这种缺陷是极为重要的，因为它们是网络钓鱼者，通过调到用户最喜爱的目标来试图获得用户的信任。

6.2 Web 常见攻击

6.2.1 跨站点脚本攻击

跨站点脚本攻击(Cross-Site Scripting，XSS)是指恶意攻击者往 Web 页面里插入恶意 HTML 代码，当用户浏览该页之时，嵌入 Web 里面的 HTML 代码会被执行，从而达到恶意用户的特殊目的。Web 页面经常在应用程序中对用户的输入进行回显，一般而言，在预先设计好的某个特定域中输入的纯文本才能被回显。但是 HTML 并不仅仅支持纯文本，还可以包含多种客户端的脚本代码，以此来完成许多操作，诸如验证表单数据，或者提供动态的用户界面元素。这样就为恶意攻击者提供了可乘之机。

XSS 漏洞可能造成的后果包括窃取用户会话、窃取敏感信息、重写 Web 页面、重定向用户到钓鱼网站等，尤为严重的是，XSS 漏洞可能使得攻击者能够安装 XSS 代理，从而使攻击者能够观察到该网站上所有用户的行为，并能操控用户访问其他的恶意网站。

目前，跨站点脚本攻击是最大的安全威胁，其导致的后果极其严重，影响面也十分广泛。

1. XSS 攻击类型

XSS 漏洞分为反射型跨站脚本攻击、存储型跨站脚本攻击和 DOM 跨站脚本攻击。

(1) 反射型跨站脚本攻击(Reflected XSS)

反射型 XSS 通常是由攻击者诱使用户向有漏洞的 Web 应用程序提供危险内容，然后这些危险内容会反射给用户并由浏览器执行。最常见的方法是将恶意内容作为一个参数包含在 URL 中，然后将 URL 公开发布或者通过 E-mail 发给受害者。当站点将攻击者的内容反射给用户后，恶意内容将被执行，从用户机器上窃取用户的私有信息(如包含 Session 信息的 Cookies)发送给攻击者或者进行其他恶意活动。

利用这种漏洞需要恶意攻击者精心构造一个包含嵌入式 JavaScript 代码的 URL，当用户访问这个 URL 时，这段 JavaScript 代码被当作参数发送给 Web 服务器，随后这些代码又被嵌入到 HTML 中，反射回到提出请求的用户的浏览器中运行，因而它被称作反射型跨站脚本漏洞。反射型跨站脚本攻击过程如图 6-3 所示。

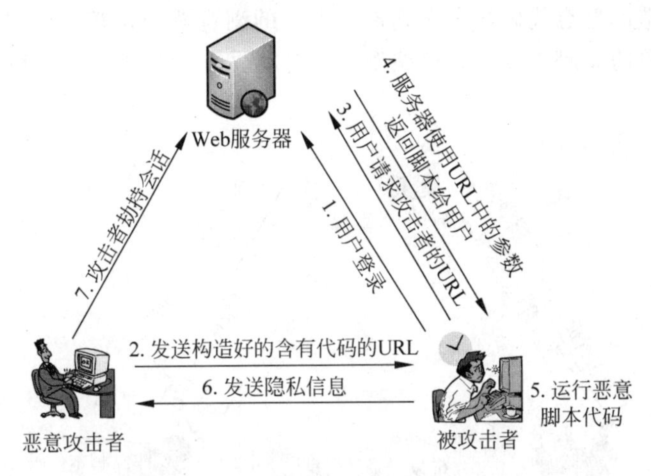

图 6-3 反射型跨站脚本攻击过程

① 被攻击者需要先登录 Web 应用程序，这时，它获得了自己的权限。服务器会在被攻击者的浏览器中设置 Cookie 等信息，来标识用户的身份和权限。

② 恶意攻击者需要事先找到 Web 应用程序中一个含有反射型跨站脚本漏洞的页面，并根据此页面构造一个精心设计的含有 JavaScript 代码的 URL。

③ 被攻击者点击了收到的 URL，这时，被攻击者就把 URL 中嵌入的 JavaScript 代码发送给了含有漏洞的 Web 服务器。

④ Web 服务器将用户发送的跨站脚本代码嵌入到 HTML 中反射给被攻击者。

⑤ 被攻击者的浏览器收到了 Web 服务器的响应，并执行了 HTML 中的恶意代码。

⑥ 通过执行跨站脚本代码，被攻击者毫不知情地将自己的 Cookie 等隐私信息发送给了恶意攻击者。

⑦ 恶意攻击者此时得到了被攻击者的 Cookie 等信息。这时，恶意攻击者就可以进行下一步的攻击了，他可以劫持被攻击者的会话，以被攻击者的身份登录 Web 应用程序，并执行任意操作。

在 IES 中，引入了 XSS Filter 机制，对反射型跨站脚本攻击也有一定的防御作用。

(2) 存储型跨站脚本攻击(Stored XSS)

存储型 XSS 的原理类似于基于反射的 XSS，攻击者设法将包含攻击代码的恶意数据提交至服务器端的数据库或文件系统中，一旦服务器保存这些数据，只要用户点击包含这些恶意数据的页面，就会在浏览器中执行攻击者提交的恶意脚本。

存储型跨站脚本漏洞产生的原因是：Web 应用程序允许用户向 Web 服务器提交数据，并且这些数据会被保存在服务器中，然后 Web 应用程序又将用户提交的数据提供给其他用户浏览。如果在用户数据保存到数据库和从数据库中取出并提供给其他用户的过程中，Web 应用程序没有对用户提交的数据进行适当的过滤和净化，这时就会出现存储型跨站脚本漏洞。

存储型跨站脚本攻击至少需要向 Web 应用程序发送两次 HTTP 请求，第一次是恶意攻击者利用跨站脚本漏洞，设计一些恶意的可以绕过过滤的恶意代码，并发送到 Web 服务器上被保存起来。第二次是被攻击者查看含有跨站脚本的页面时的 HTTP 请求，这时，恶意攻击者事先构造的恶意代码被发送到被攻击者的浏览器中执行。所以，存储型跨站脚本攻击也被称为二阶跨站脚本攻击。存储型跨站脚本攻击过程如图 6-4 所示。

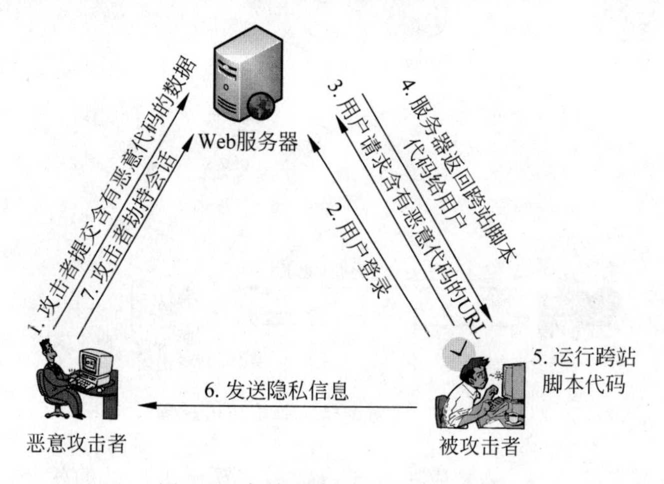

图 6-4 存储型跨站脚本攻击过程

① 恶意攻击者利用跨站脚本漏洞，设计恶意代码并发送到 Web 服务器上被保存。

② 被攻击者登录 Web 应用程序，获得了自己的权限。服务器会在被攻击者的浏览器中设置 Cookie 等信息，来标识用户的身份和权限。

③ 被攻击者在 Web 服务器上访问，点击了含有恶意代码的 URL。

④ Web 服务器将恶意攻击者事先构造的恶意代码发送到被攻击者的浏览器。

⑤ 被攻击者的浏览器收到了 Web 服务器的响应，并毫无察觉地执行了 HTML 中的恶意代码。

⑥ 通过执行跨站脚本代码，被攻击者毫不知情地将自己的 Cookie 等隐私信息发送给了恶意攻击者。

⑦ 恶意攻击者此时得到了被攻击者的 Cookie 等信息。这时，恶意攻击者就可以进行下一步的攻击了，如劫持被攻击者的会话，以被攻击者的身份登录 Web 应用程序，并执行任意操作等。

与反射性跨站脚本攻击过程不同的是，恶意攻击者不必再构造一个特殊的 URL 并发送给被攻击者，而是利用 Web 应用程序的跨站脚本漏洞来构造恶意脚本代码，上传到 Web 服务器中。然后，在 Web 应用程序中展开攻击后，恶意攻击者只需要等待被攻击者浏览已被攻破的页面就可以了。而且一般情况下，这个页面是一个正常用户将会主动访问的常规页面。在攻击完成之前,被攻击者对自己遭受的攻击毫无觉察。

例如,在允许上传文件的应用中,攻击者上传一个包含恶意代码的 html 或 txt 文件,用户浏览这些文件时执行恶意代码。另外,在上传图片中也很普遍,如果图片中包含恶意代码,低版本的 IE 直接请求这个图片时,将忽略 Content-Type 而执行图片中的代码。

(3) DOM 跨站脚本攻击(DOM-Based XSS)

基于 DOM 的跨站脚本漏洞又称为本地跨站脚本漏洞,存在于客户端脚本自身。DOM 是一种可以用来在浏览器中代表文档的格式。DOM 能将动态脚本(例如 JavaScript)提供给文档组件(例如表单字段或者 Cookie)作为参考。当通过攻击者可控制的 DOM 元素构造请求修改 JavaScript 函数等活动内容时,就说明存在基于 DOM 的跨站脚本漏洞。用户点击了恶意页面,恶意页面中的 JavaScript 脚本动态地创建一个新页面或者发起一个恶意请求。

基于 DOM 的跨站脚本漏洞中,恶意攻击者的恶意代码并不是由 Web 服务器嵌入 HTML 页面中,而是在被攻击者得到 HTML 之后,由浏览器将恶意代码嵌入页面并执行。基于 DOM 的跨站脚本漏洞的原理是：基于 JavaScript 可以访问 HTML DOM,所以可以使用 document. URL 变量来访问 URL。页面中的 document. URL 就可以从 URL 中提取数据,并利用这些数据动态更新页面的内容。如果在这个过程中,恶意攻击者在 URL 中构造了恶意代码,Web 应用程序就可能受到基于 DOM 的跨站脚本攻击。通常情况下 document. location、document. URL、document. referrer 这几个对象最容易被利用。DOM 的跨站脚本攻击过程如图 6-5 所示。

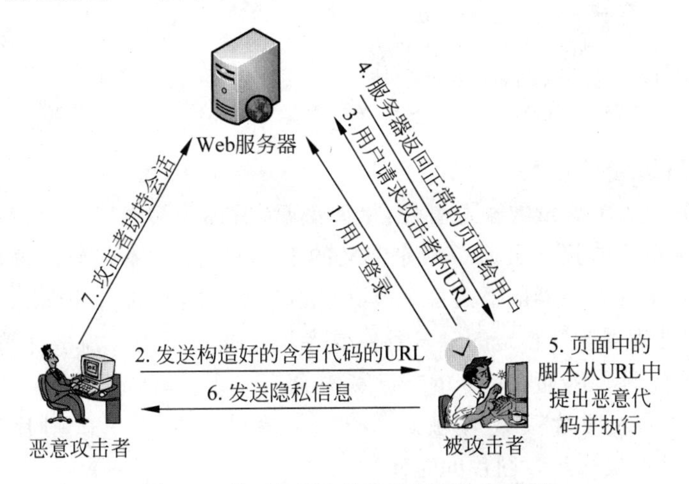

图 6-5　基于 DOM 的跨站脚本攻击过程

从过程上来看,它与反射型跨站脚本攻击漏洞有很大的相似性。它们都需要构造一个含有恶意代码的 URL,并诱使被攻击者去点击,并且被攻击者都得访问此 URL 并从 Web 服务器得到响应,最终在浏览器中执行跨站脚本代码,并将 Cookie 等隐私信息发送给恶意攻击者。但是两者在细节上还是存在着很大的不同,在利用方式上,也有很多不同。

2. XSS 触发机制

(1) 直接触发

运行 JavaScript 代码最直接也最简单的方式就是在 HTML 页中插入<script></script>

脚本片段。因此只要在目标页面中实现完整的脚本标记，JavaScript代码就可以直接运行。将JavaScript嵌入到HTML的方式有：

① 直接嵌入<script>标签。

```
<script language="javascript">
        document.write("hello world! ");
</script>
```

② 在外部以js文件的形式嵌入。

```
<script language="javascript" src="test.js">
</script>
```

(2) 利用HTML标签属性触发

HTML中用于访问文件的标签属性具有执行JavaScript代码的功能。如果JavaScript中包括一个URL伪协议，可以使用"javascript："协议说明符加上任意的JavaScript代码来表示一个URL。当浏览器加载此代码的URL时，便会执行页面里的JavaScript代码片段。HTML标签中包含多个属性，例如图片标签<img/>的src属性，指向文件的HTML标签属性href、dynsrc、longdesc和lowsrc都会触发页面请求。

```
<img src="javascript:alert('XSS')" />
<img dynsrc="javascript:alert('XSS')" />
<img longdesc="javascript:alert('XSS')" />
<input src="javascript:alert('XSS')" />
<embed src="javascript:alert('XSS')" />
<a href="javascript:alert('XSS')"></a>
```

(3) 利用HTM事件触发

HTML标签定义了大量的触发事件，例如键盘、鼠标的触发事件等。只要满足特定的条件，事件就会被触发并执行页面中预先定义的JavaScript脚本代码。每种浏览器都内置多种事件处理器，事件处理器的值是一个或一系列以分号隔开的JavaScript表达式、方法和函数调用。事件处理器监视特定的触发条件或者用户操作行为。当事件被触发时，浏览器会执行这些脚本代码。例如在<img>标签中含有onError、onClick、onMouseOver等事件，onError事件载入图片失败时触发，onClick事件在鼠标单击图片的时候被触发，onMouseover事件在鼠标经过图片的时候被触发。

```
<img src="#" onerror="alert('XSS')" />
<img onClick ="alert('XSS')" />
<img onDblClick ="alert('XSS')" />
<img onMouseDown ="alert('XSS')" />
<img onMouseMove ="alert('XSS')" />
<img onMouseUp ="alert('XSS')" />
<body onError="alert('XSS')" /></body>
```

(4) 层叠样式表触发

CSS(层叠样式表)也可以触发执行JavaScript代码。很多CSS的样式属性都是固定选项值，例如颜色属性color只能是#000、black等表示颜色的值，文本对齐方式text-align只能是 left、center、right 等值。但是有些属性却有自定义的值,例如背景图片地址 background-image 就可以设定为某个 URL 地址。可以在层叠样式表的属性中嵌入 URL 伪协议以执行 JavaScript 代码。CSS 嵌入 HTML 页面的三种方式是以.CSS 文件的形式,以<style></style>标签的方式,在标签中添加 style 属性的方式。

CSS 嵌入 HTML 中的三种方式如下。

① 以.css 文件的形式

```
<link href = "test.css" rel = "stylesheet" type = " text/css"/>
```

② 以<style></style>标签的方式

```
< style type = "text/javascript"> alert('XSS');</ style >
```

③ 在标签中添加 style 属性的方式

```
<a style = "background - image: url(javascript:alert('XSS'))"> </a>
```

其中前两种方式是等价的,可以直接定义一类标签的属性,或者在标签中以 class 属性来引用。

3. 预防 XSS 漏洞

跨站脚本攻击都是由于对用户的输入没有进行严格的过滤造成的,所以必须在所有数据进入应用程序之前把可能的危险拦截。来自应用安全国际组织 OWASP 的建议,对 XSS 最佳的防护应该结合以下两种方法:一是验证所有输入数据,有效检测攻击;二是对所有输出数据进行适当的编码,以防止任何已成功注入的脚本在浏览器端运行。

系统开发人员和系统维护人员可从以下方面防范 XSS 攻击。

(1) 黑表过滤

黑表过滤就是将不可以接受的数据过滤掉。例如<script>…</script>标签等。但是仅仅查找或替换一些字符(如"<" ">"或类似"script"的关键字),很容易被 XSS 变种攻击绕过验证机制。因为 HTML 并不遵循 XHTML 标准,所以可以通过插入控制符的 ASCII 码、改变 HTML 标签内的关键字属性(混合大小写、单双引号更换)、插入注释符、编码替换等方式绕过过滤规制。

① 改变关键字属性绕过过滤规则。

如:<img src="javascript:alert('XSS') " />

写为:<img src="JavasCripT:alert('XSS') " />可绕过过滤规则。

② 插入混淆属性绕过过滤规则。

如:<img src="javascript:alert('XSS') " />

等价于:<img src="javascript:alert('XSS') " />

③ 编码替换绕过过滤规则。

如:代码<img src="javascript:alert('XSS');">

等价于:<img src="javascript:alert('xss';) ">

（2）设置白表

由黑表过滤机制可知，将黑表中记录的所有非法输入进行过滤几乎是不可能的，因为可能在HTML中以标签方式执行的脚本类型层出不穷，编码方式也不断更新。因此，与其过滤数据中不应该被接受的部分，不如设置白表，将所有可以接受的数据记录下来，并严格执行字符输入字数控制，这样只允许输入白表中设置的数据类型，其他类型均不允许输入。

（3）字符转换

如果不把用户输入看成代码而只看成文本的话，就能避免跨站脚本攻击。例如常见的跨站脚本几乎都是以HTML标签执行的，都需要在代码中加入尖括号"<>"，如果将尖括号进行转换，转换为一个文本字符，则即使被浏览器解释，也是无法执行的，而是直接显示。

避免攻击最根本的解决手段就是在确认客户端的输入合法之前，服务端拒绝进行关键性的处理操作。

4. XSS测试

首先，找到带有参数传递的URL，如登录页面、搜索页面、提交评论、发表留言页面等。

其次，在页面参数中输入如下语句（如JavaScript、VBScript、HTML、ActiveX、Flash）来进行测试，如<script>alert(document.cookie)</script>。

最后，当用户浏览时便会弹出一个警告框，内容显示的是浏览者当前的Cookie串，这就说明该网站存在XSS漏洞。

6.2.2 SQL注入

开发人员在编写代码的时候，没有对用户的输入数据或者是页面中所携带的信息进行必要的合法性判断，导致了攻击者可以提交一段数据库查询代码，根据程序返回的结果，获得他想得到的数据。这样就产生了数据库的注入攻击，即SQL注入攻击。SQL注入攻击就其本质而言，就是利用SQL的语法，针对应用程序开发设计中的漏洞进行攻击。当攻击者能够操作数据，往应用程序中插入一些SQL语句时，SQL注入攻击就发生了。

1. SQL语言基础

SQL(Structured Query Language，结构化查询语言)分为许多种，但大多数都松散地基于美国国家标准化组织最新的标准SQL-92。SQL的主要功能是同各种数据库建立联系，进行沟通。使用SQL编写应用程序可以完成数据库的管理工作。任何程序，无论它用什么形式的高级语言，只要是向数据库管理系统发出命令来获得数据库管理系统的响应，最终都必须体现以SQL语句的指令。按照ANSI(美国国家标准协会)的规定，SQL语句是和关系型数据系统进行交互的标准语言。

SQL语句可以用来执行各种各样的操作，例如更新数据库中的数据、从数据库中提取数据等。典型的执行语句是query，它能够收集符合条件的记录并返回一个单一的结果集。目前绝大多数流行的关系型数据库管理系统如Oracle、Sybase、Informix、Microsoft SQL Server、Access等都采用了SQL语言标准。虽然很多数据库都对SQL语句进行了再开发和扩展，但是包括 SELECT、INSERT、UPDATE、DELETE、CREATE，以及 DROP 在内的标准的 SQL 命令仍然可以被用来完成几乎所有的数据库操作。

（1）创建数据表

```
Create table tablename(field type[(size)] [not null] {,field type[(size)] [not null] … }
[primary key(field)]
```

table：新建数据表的名称；

field：用于指定在新表中创建的新字段的名称，每个表至少有一个字段；

type：用于指定新建字段的数据类型；

size：用于指定文本以及二进制字段的长度；

not null：指定该字段值不能为空；

primary key：设置主键。

（2）SQL 数据查询

```
Select [all|distinct] {expr[[AS]c_alias] {, expr[[AS]c_alias] }} from tableref{,tableref … }
[where <search_condition>]
```

expr：要查询的列名，多个列名之间使用“,”分隔；

tableref：要查询的表；

search_condition：查询条件；

c_alias：字段别名。

（3）INSERT 语句

```
Insert into tablename [(colname{,colname})] {values (expr|NULL{,expr|NULL … }) |subquery}
```

当向指定的表中插入记录时只能使用下面两种结构。

values：一次只能向表中插入一条记录；

subquery：可向表中插入多条记录，即可以嵌套语句。

（4）UPDATA 语句

```
Update tablename set colname = {expr|NULL|(subquery)} [where search_condition]
```

Update 用来修改表中记录的属性值，并支持子查询(subquery)结构。

（5）DELETE 语句

```
Delete from tablename  [where search_condition]
Drop table tablename
```

Delete：只删除表中的记录，不删除表的结构。

Drop：删除表中的记录，连同表一起删除。

2. SQL 注入定义

SQL 注入(SQL Injection)就是攻击者把 SQL 命令插入到 Web 表单的输入域或页面请求的查询字符串中，欺骗服务器执行恶意的 SQL 命令以达到对数据库的数据进行操控的目的。如果应用程序使用权限较高的数据库用户连接数据库，那么通过 SQL 注入攻击很可能就直接得到系统权限，控制服务器操作系统，获取重要信息。

SQL 注入攻击的特点是攻击耗时少、危害大。SQL 注入可能带来的风险有如下几种。

(1) 探知数据库的结构，为进一步发动攻击做准备；

(2) 窃取数据，泄露数据库内容；

(3) 取得系统更高权限后，可以增加、删除和修改数据库内部表结构和数据；

(4) 执行操作系统命令，进而控制服务器；

(5) 在服务器上挂上木马，影响所有访问该服务器的主机。

SQL 注入是前几年国内最流行的 Web 攻击方式，国内大部分的网站被入侵都是由于 SQL 注入攻击造成的。近两年，SQL 注入漏洞研究已经从显示的 URL 直接注入到表单，再到 HTTP 头的各个字段的 SQL 注入。SQL 注入根据应用程序和使用数据库的不同，攻击的方式也存在各种差别。

3. SQL 注入攻击示例

在 SQL 注入攻击中，一个最简单的例子就是绕开登录，并利用 SQL 注入漏洞窃取用户信息。许多采用基于表单登录功能的应用程序都是用数据库保存用户证书，并执行一个简单的 SQL 查询来确认每次登录尝试的。

假设某网站登录界面要求输入用户名和密码。如果在用户名输入框中输入"zhang"，密码框中输入"126543"，那么这个数据被传递到后台就会生成 SQL 语句：SELECT * FROM users WHERE username='zhang' AND password = '126543'。这个查询要求数据库检查用户表中的每一行，提取出每条 username 值为 zhang、password 值为 126543 的记录。如果应用程序收到一名用户的资料，该用户即可成功录入，应用程序还会为其创建一个通过验证的会话。

攻击者可以注入用户名或密码字段来修改应用程序执行的查询，从而破坏它的逻辑。例如，用户名为 admin'--，密码为任意值，那么应用程序将执行以下查询：

```
SELECT * FROM users WHERE username = 'admin' -- ' AND password = 'pass'
```

双连字符(--)在 SQL 中表示该行的其他部分属于注释，在"--"之后的语句将被忽略。因此，上面的查询等同于：

```
SELECT * FROM users WHERE username = 'admin'
```

于是这个查询完全避开了密码检查，因此，攻击者可以只需提供他们知道的用户名，就可以以任何用户登录。

使用双连字符(--)在 SQL 注入攻击中极其重要，因为它忽略了由应用程序开发者建立查询的剩余部分。有些时候，也可不使用注释符号处理字符串末尾部分的引号，而用一个需要引号包含的字符串数据结束注入的输入，以此来"平衡引号"。

如果攻击者不知道管理员的用户名，同样可以攻击。大多数应用程序中，数据库的第一个账户属于管理员用户，因为这种账户通常由手工创建，然后再通过它生成其他应用程序账户。因此攻击者可以利用这种行为，在用户名中输入"OR 1=1--"，以数据库第一名用户的身份登录。

应用程序将执行以下查询：

```
SELECT * FROM users WHERE username = ''OR 1 = 1 -- 'AND password = 'pass'
```

由于使用了注释符号，上面的查询等同于：

```
SELECT * FROM users WHERE username = ''OR 1 = 1
```

由于 1=1 是永远成立的条件，该查询将返回全部应用程序用户的资料。

由此可以看出，SQL 注入攻击是风险非常高的安全漏洞，一旦 Web 应用中给用户提供了需要其输入数据的接口，就有可能遭到攻击，将后台的数据完全暴露在用户的面前。

常见的 SQL 注入攻击的过程如图 6-6 所示。

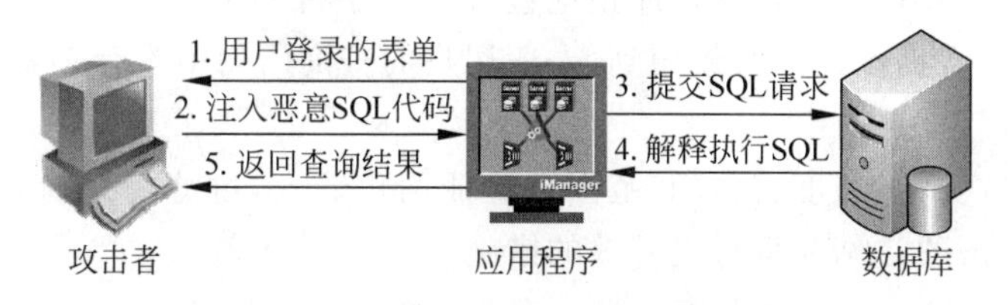

图 6-6 SQL 注入的攻击过程

(1) 应用程序展示给攻击者一个用户登录的表单。

(2) 攻击者在表单中注入恶意 SQL 代码。

(3) 应用程序根据用户输入形成一个包含攻击的 SQL 查询，并向数据库提交。

(4) 数据库解释执行包含攻击的 SQL 查询并向应用程序返回查询结果。

(5) 应用程序向攻击者返回查询结果。

4. 预防 SQL 攻击

(1) 严格区分普通用户与系统管理员用户的权限。

由于 SQL Server 不能更改 sa 用户名称，也不能删除这个超级用户，所以，我们必须对这个账号进行最强的保护。给 sa 账户设置一个非常强壮的密码，并且最好不要在数据库应用中使用 sa 账号。此外，对于终端用户一般使用数据库应用只是用来做查询、修改等简单功能的，应尽量减少他们对数据库对象的建立、删除等权限。例如，某些用户只要查询功能，那么就使用一个简单的 public 账号，能够使用 select 就可以了。这样即使在攻击者使用的 SQL 语句中带有嵌入式的恶意代码，由于其用户权限的限制，这些代码也将无法被执行。因此，应用程序在设计的时候，最好把系统管理员与普通用户区分开来。这样可以最大限度的减少注入式攻击给数据库带来的危害。

(2) 强迫使用参数化语句。

如果在编写 SQL 语句的时候，用户输入的变量不是直接嵌入到 SQL 语句中，而是通过参数来传递这个变量，就可以有效地防治 SQL 注入式攻击。也就是说，用户的输入绝对不能够直接被嵌入到 SQL 语句中。另外，用户输入的内容必须进行过滤，或者使用参数化的语句来传递用户输入的变量。参数化的语句使用参数而不是将用户输入变量嵌入到 SQL 语句中。采用这种措施，可以杜绝大部分的 SQL 注入式攻击。数据库工程师在开发产品的时候要尽量采用参数化语句。

(3) 加强对用户输入的验证。

在 SQL Server 数据库中，有比较多的用户输入内容验证工具，可以帮助管理员来对付 SQL 注入式攻击。测试字符串变量的内容，只接受所需的值。拒绝包含二进制数据、转义序列和注释字符的输入内容。这有助于防止脚本注入，防止某些缓冲区溢出攻击。测试用户输入内容的大小和数据类型，强制执行适当的限制与转换。这既有助于防止有意造成的缓冲区溢出，对于防治注入式攻击也有比较明显的效果。

另外，可以使用存储过程来验证用户的输入。利用存储过程可以实现对用户输入变量的过滤，例如拒绝一些特殊的符号，如过滤单引号、双引号、反斜杠，以及 Null 字符('\0')等。在执行 SQL 语句之前，可以通过数据库的存储过程，来拒绝接纳一些特殊的符号。在不影响数据库应用的前提下，应该让数据库拒绝包含以下字符的输入，如分号分隔符、注释分隔符等。注释只有在数据设计的时候用到，一般用户的查询语句中没有必要有注释的内容，故可以直接拒绝掉。

始终通过测试类型、长度、格式和范围来验证用户输入，过滤用户输入的内容。这是防止 SQL 注入式攻击的常见并且行之有效的措施。

(4) 多使用 SQL Server 数据库自带的安全参数。

为了减少注入式攻击对于 SQL Server 数据库的不良影响，SQL Server 数据库专门设计了相对安全的 SQL 参数。在数据库设计过程中，工程师要尽量采用这些参数来预防恶意的 SQL 注入式攻击。

如在 SQL Server 数据库中提供了 Parameters 集合。这个集合提供了类型检查和长度验证的功能。如果管理员采用了 Parameters 这个集合，则用户输入的内容将被视为字符值而不是可执行代码。即使用户输入的内容中含有可执行代码，则数据库也会过滤掉。因为此时数据库只把它当作普通的字符来处理。使用 Parameters 集合的另外一个优点是可以强制执行类型和长度检查，范围以外的值将触发异常。如果用户输入的值不符合指定的类型与长度约束，就会发生异常，并报告给管理员。如果员工编号定义的数据类型为字符串型，长度为 10 个字符。而用户输入的内容虽然也是字符类型的数据，但是其长度达到了 20 个字符，则此时就会引发异常，所以限制表单或查询字符串输入的长度，可以有效地增加攻击者进行攻击的难度。定期查看审核数据库登录事件的"失败和成功"，便于管理员从登录事件中发现攻击并修改权限配置。

(5) 加强管理扩展存储过程。

加强管理扩展存储过程，对存储过程进行清理，删除不必要的存储过程，对账号调用扩展存储过程的权限要格外慎重。因为有些系统的存储过程能很容易地被攻击者利用以提升权限或进行攻击。

(6) 使用协议加密并加强连接控制。

SQL 通常使用 Tabular Data Stream 协议来进行网络数据交换，如果不加密，所有的网络传输都是明文的，包括密码、数据库内容等，这是一个很大的安全威胁。攻击者能使用数据包捕获工具(如 NetXray、sniffer)在网络中截获到数据库账号和密码等信息。所以，在条件容许情况下，最好使用 SSL 来加密协议。此外，在默认情况下，SQL Server 使用 1433 端口监听，为防止攻击者对服务器进行探测，需修改 SQL 的默认端口号。同时要对 IP 连接进行限制，只保证特定用户的 IP 能够访问，拒绝其他 IP 进行的端口连接，有效控制来自网络上的安全威胁。

(7) 使用专业的漏洞扫描工具检测系统。

使用专业的漏洞扫描工具,可以帮助管理员寻找可能被 SQL 注入式攻击的点。不过漏洞扫描工具只能发现攻击点,而不能够主动起到防御 SQL 注入攻击的作用。当然这些工具也经常被攻击者拿来使用,进行自动搜索攻击目标并实施攻击。为此在必要的情况下,企业应当投资于一些专业的漏洞扫描工具。一个完善的漏洞扫描程序不同于网络扫描程序,它专门查找数据库中的 SQL 注入式漏洞。最新的漏洞扫描程序可以查找最新发现的漏洞。所以凭借专业的工具,可以帮助管理员发现 SQL 注入式漏洞,并提醒管理员采取积极的措施来预防 SQL 注入式攻击。如果攻击者能够发现的 SQL 注入式漏洞,数据库管理员都发现了并采取了积极的措施堵住漏洞,那么攻击者也就无从下手了。

(8) 多层环境防治 SQL 注入式攻击。

在多层应用环境中,用户输入的所有数据都应该在验证之后才能允许进入到可信区域。未通过验证过程的数据应被数据库拒绝,并向上一层返回一个错误信息,实现多层验证。对无目的的恶意用户采取的预防措施,对坚定的攻击者可能无效。更好的做法是在用户界面和所有跨信任边界的后续点上验证输入。如在客户端应用程序中验证数据可以防止简单的脚本注入。但是,如果下一层认为其输入已通过验证,则任何可以绕过客户端的恶意用户就可以不受限制地访问系统。故对于多层应用环境,在防止注入式攻击的时候,需要各层一起努力,在客户端与数据库端都要采用相应的措施来防治 SQL 语句的注入式攻击。

5. SQL 注入检测工具

常见的 SQL 注入检测工具如下。

(1) SQL 注入工具;

(2) Pangolin 注入工具;

(3) Havij 注入工具;

(4) 旁注明小子注入工具;

(5) DSQTools 注入工具;

(6) NVSI 注入工具;

(7) 阿 D 注入工具;

(8) 扫描 SQL 注入漏洞工具;

(9) Acunetix Web Vulnerability Scanner;

(10) IBM Rational AppScan;

(11) HP WebInspect。

6. SQL 注入漏洞检测

系统中可能存在 SQL 注入点的地方有表单中的各个域、带参数的 URL、Cookies 中存储的变量、HTTP HEAD 中的字段等。

常规检测方法是特殊字符测试,如在参数后面加单引号、双引号、注释符、分号等特殊字符,检测服务器运行是否报错。

测试时可参考下列方法。

(1) 找到带有参数传递的URL页面，如搜索页面、登录页面、提交评论页面等。对于未明显标识在URL中传递参数的，可以通过查看HTML源代码中的FORM标签来辨别是否还有参数传递。在<FORM>和</FORM>的标签中间的每一个参数传递都有可能被利用。

当找不到有输入行为的页面时，可以尝试找一些带有某些参数的特殊的URL，如http://*****/index.php?id=6。

(2) 在URL参数或表单中加入某些特殊的SQL语句或SQL片断。例如，在登录页面的URL中输入http://***** /index.php?username=admin'or 1=1--。

(3) 验证是否能入侵成功或是出错的信息是否包含数据库服务器的相关信息。

如果网站存在SQL注入的危险，对于有经验的恶意用户还可能猜出数据库表和表结构，并对数据库表进行增加、删除和修改的操作，这样造成的后果是非常严重的。

6.2.3 跨站请求伪造

1. 什么是跨站请求伪造

跨站请求伪造(Cross-Site Request Forgery，CSRF)是一种对网站的恶意利用，可以在受害者毫不知情的情况下以受害者名义伪造请求发送给受攻击站点，从而在未授权的情况下执行在权限保护之下的操作，具有很大的危害性。

早在2000年，CSRF这种攻击方式已经由国外的安全人员提出，但在国内，直到2006年才开始被关注。2008年，国内外多个大型社区和交互网站先后爆出CSRF漏洞，如百度HI、NYTimes.com(纽约时报)、Metafilter(一个大型的BLOG网站)和YouTube等。但直到现在，互联网上的许多站点仍对此防备不足。

OWASP对CSRF的定义为：CSRF攻击迫使通过验证的终端用户在毫无察觉的情况下向Web应用提交不必要的动作。其攻击过程简单地说，攻击者在社会工程帮助下(例如通过电子邮件/聊天发送的链接)，通过伪造一个合法用户请求，该请求不是该用户想发起的请求，而对服务器或服务来说这个请求是完全合法的，但是却完成了一个攻击者所期望的操作，例如添加一个用户到管理者的群组中，或将一个用户的积分转到另外一个账户中。CSRF攻击的目标是普通用户时，它可能会危害终端用户的数据和操作。CSRF攻击的目标是管理员用户时，它可能会损害整个Web应用程序。

2. CSRF攻击原理

CSRF攻击原理比较简单，如图6-7所示。其中Web A为存在CSRF漏洞的网站，Web B为攻击者构建的恶意网站，User C为Web A网站的合法用户。

(1) 用户C打开浏览器，访问受信任网站A，输入用户名和密码请求登录网站A。

(2) 在用户信息通过验证后，网站A产生Cookie信息并返回给浏览器，此时用户登录网站A成功，可以正常发送请求到网站A。

(3) 用户未退出网站A之前，在同一浏览器中，打开一个Tab页访问网站B。

(4) 网站B接收到用户请求后，返回一些攻击性代码，并发出一个请求要求访问第三方站点A。

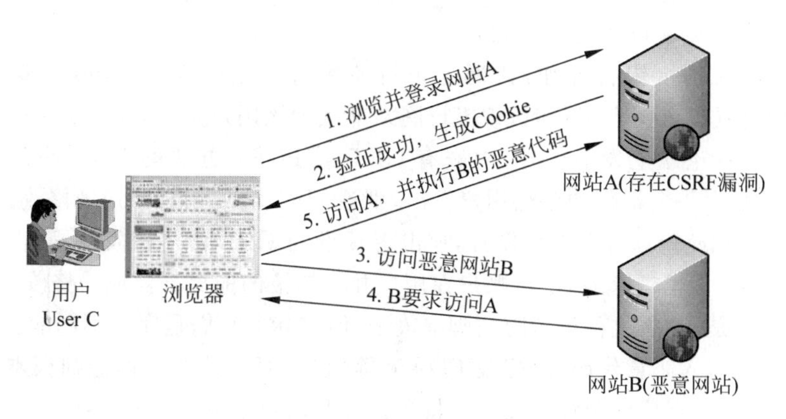

图 6-7 CSRF 攻击原理

(5) 浏览器在接收到这些攻击性代码后，根据网站 B 的请求，在用户不知情的情况下携带 Cookie 信息，向网站 A 发出请求。网站 A 并不知道该请求其实是由 B 发起的，所以会根据用户 C 的 Cookie 信息以 C 的权限处理该请求，导致来自网站 B 的恶意代码被执行。

3. CSRF 攻击例子

CSRF 攻击通过在授权用户访问的页面中包含链接或脚本的方式进行攻击。例如，一个网络用户 A 可能正在浏览聊天论坛，而同时另一个用户 B 也在此论坛中，并刚刚发布了一个具有用户 A 银行链接的图片消息。设想一下，用户 B 编写了一个在用户 A 的银行站点上进行取款的 form(表格)提交链接，并将此链接作为图片的 tag。如果用户 A 的银行在 Cookie 中保存了他的授权信息，并且此 Cookie 没有过期，那么当用户 A 的浏览器尝试装载图片时，将提交这个取款 form 和他的 Cookie，这样就在没经用户 A 同意的情况下授权了这次事务。

我们假定四个角色：攻击者、用户、网上银行和一个论坛，如图 6-8 所示。

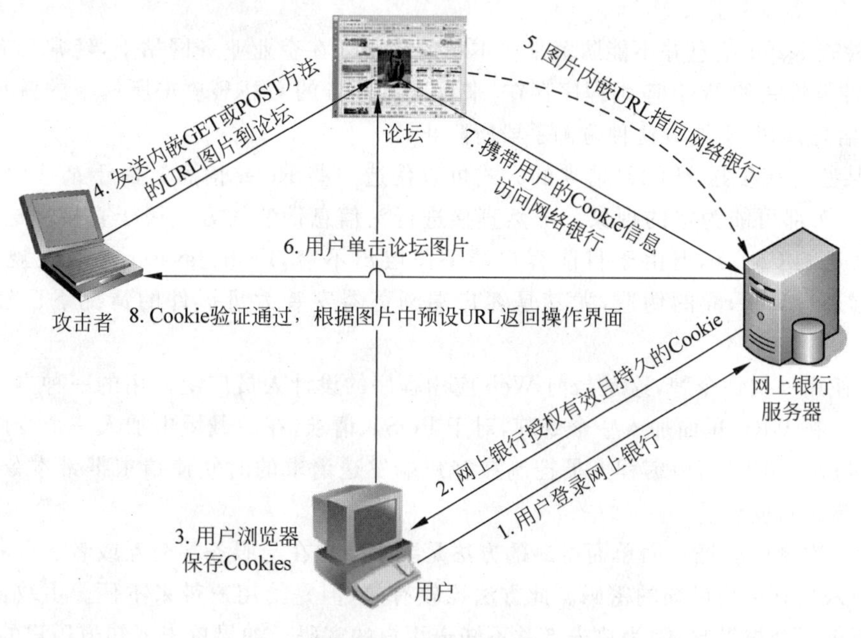

图 6-8 CSRF 攻击过程

攻击的流程主要分以下几个步骤。

(1) 用户连入网上银行操作,该网上银行使用持久化授权 Cookie,只要用户不清除 Cookies,任何时候连入网上银行时,该银行网站都认为该用户是有效的。

(2) 攻击者在论坛上发表图片,内嵌有 GET 或 POST 方法的 URL 并指向该网上银行,如果该 URL 由一个银行的合法用户发出,则该 URL 会使用户账户被修改。

(3) 用户浏览此论坛并单击该图片,攻击者预设的 URL 由用户发往银行站点,因该用户未清除 Cookie,该请求有效,用户账户在用户并不知情的前提下被成功修改。

需要注意的是,这个过程很像跨站脚本攻击,但实际上它们是完全不同的。跨站脚本攻击需要在客户端写入恶意代码,以搜集 Cookie 等信息,而跨站请求伪造则根本不需要向用户端写入任何东西,直接利用银行授权的持久认证和用户未清理的 Cookie。

这里的问题在于,论坛用户不能上传 js 脚本,而是直接利用 URL 来诱骗用户,以完成数据操作。由此可见,该攻击的重点在于要知道目标站点和目标用户,并且该受害站点没有使用更多的授权认证。对于 Web 站点,将持久化的授权方法(例如 Cookie)切换为瞬时的授权方法(在每个 form 中提供隐藏 field),这将帮助网站防止这些攻击。一种类似的方式是在 form 中包含秘密信息将用户指定的代号作为 cookie 之外的验证。

4. CSRF 攻击的防御手段

CSRF 的防范机制有很多种,防范的方法也根据 CSRF 攻击方式的不断升级而不断演化。常用的方法是检查 HTTP 头部 Referer 信息、使用一次性令牌、使用验证图片等手段。

(1) 检查 HTTP 头部 Refer 信息。这是防止 CSRF 的最简单容易实现的一种手段。根据 RFC 对于 HTTP 协议里面 Refer 的定义,Referer 信息跟随出现在每个 HTTP 请求头部。Serve 端在收到请求之后,检查该请求的头部信息,只接受来自本域的请求而忽略外部域的请求,这样就可以避免很多风险。当然这种检查方式由于过于简单而有它自身的弱点。

① 检查 Refer 信息并不能防范来自本域的攻击。在企业业务网站上,经常会有同域的论坛、邮件等形式的 Web 应用程序存在,来自这些地方的 CSRF 攻击所携带的就是本域的 Refer 域信息,因此不能被这种防御手段所阻止。

② 某些直接发送 HTTP 请求的方式可以伪造一些 Refer 信息。由于某些原因,会出现 Referer 头部可能为空的现象。虽然直接进行头信息伪造的方式属于直接发送请求,很难跟随发送的 Cookie,但由于目前客户端手段层出不穷,flash、Javascript 等大规模使用,从客户端进行 Referer 的伪造,尤其是客户端浏览器安装大量插件的情况下已经变成现实了。

(2) 使用一次性令牌,这是当前 Web 应用程序的设计人员广泛使用的一种方式。对于 GET 请求,在 URL 里面加入一个令牌,对于 POST 请求,在隐藏域中加入一个令牌。这个令牌由 Server 端生成,由编程人员控制在客户端发送请求的时候使请求携带本令牌,然后在 Serve 端进行验证。

(3) 二次密码验证。简单而可靠的方法是要求用户在与服务端交互或者服务状态改变时再次输入只有用户可知的密码。此方法比较有效,但是给用户带来不便。由攻击者伪造的额外请求不会被发起,因为攻击者并不知道用户的密码。如果攻击者知道用户的密码,也就没必要实施 CSRF 攻击了。

5. CSRF 漏洞检测

检测 CSRF 漏洞是一项比较烦琐的工作，最简单的方法就是抓取一个正常请求的数据包，去掉 Referer 字段后再重新提交，如果该提交还有效，那么基本上可以确定存在 CSRF 漏洞。

CSRF 漏洞检测原则是如果一个用户请求是可构造的，那么一定存在 CSRF 漏洞。

CSRF 漏洞检测思路如下。

(1) 通过爬虫获取表单中的各个域；

(2) 为各个域填充有效的参数；

(3) 在已登录的前提下，构造一个看似合法的 request 并提交；

(4) 检查返回结果与正常提交的结果是否相同。

随着对 CSRF 漏洞研究的不断深入，不断涌现出一些专门针对 CSRF 漏洞进行检测的工具，如 CSRFTester、CSRF Request Builder 等。

6.2.4 拒绝服务攻击

1. 拒绝服务攻击定义

DoS(Denial of Service)即拒绝服务。造成 DoS 的攻击行为称为 DoS 攻击(拒绝服务攻击)。拒绝服务攻击是攻击者利用大量的数据包“淹没”目标主机，耗尽可用资源乃至系统崩溃，而无法对合法用户做出响应。Web 应用程序非常容易遭受拒绝服务攻击，这是由于 Web 应用程序本身无法区分正常的请求通信和恶意的通信。

分布式拒绝服务攻击(Distributed Denial of Service，DDoS)是攻击者利用网络上成百上千的代理端机器(傀儡机)——即被利用主机，对攻击目标发动威力巨大的拒绝服务攻击。其目标是“瘫痪敌人”，而不是传统的破坏和窃密。

攻击者在客户端通过 Telnet 之类的常用连接软件，向主控端(master)发送对目标主机的攻击请求命令。主控端侦听接收攻击命令，并把攻击命令传到代理端，代理端是执行攻击的角色，收到命令立即发起 flood 攻击。分布式拒绝服务攻击的原理如图 6-9 所示。

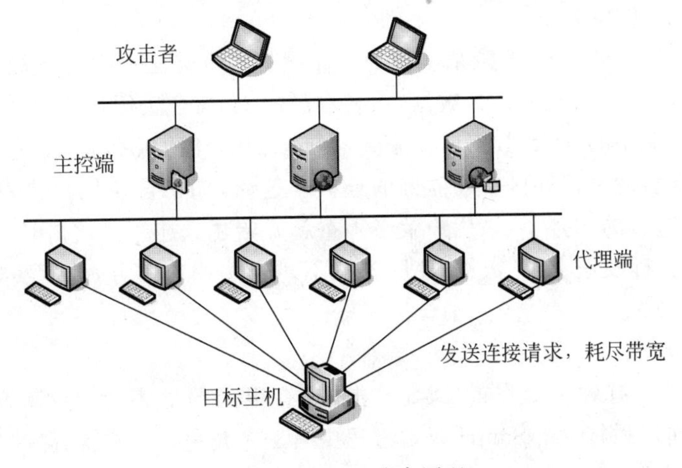

图 6-9 DDoS 攻击原理

受到拒绝服务攻击时的现象如下。

(1) 被攻击主机上有大量等待的 TCP 连接;

(2) 被攻击主机的系统资源被大量占用,造成系统停顿;

(3) 网络中充斥着大量的无用的数据包,源地址为假地址;

(4) 高流量无用数据使得网络拥塞,受害主机无法正常与外界通信;

(5) 利用受害主机提供的服务或传输协议上的缺陷,反复高速地发出特定的服务请求,使受害主机无法及时处理所有正常请求;

(6) 严重时会造成系统死机。

2. 常见的拒绝服务攻击

(1) SYN Foold

SYN Flood(SYN 洪水攻击)是当前最流行的拒绝服务攻击方式之一。它是利用 TCP 协议缺陷,发送大量伪造的 TCP 连接请求,使被攻击方资源(CPU、内存等)耗尽的攻击方式。

SYN Flood 拒绝服务攻击就是通过 TCP 协议中的三次握手而实现的。其原理是:TCP 连接的三次握手中,如果一个用户向服务器发送了 SYN 报文后突然死机或掉线,那么服务器在发出 SYN+ACK 应答报文后就无法收到客户端的 ACK 报文(第三次握手无法完成)。这种情况下服务器端通常会重试(再次发送 SYN+ACK 给客户端)并等待一段时间后丢弃这个未完成的连接。这段时间的长度称为 SYN Timeout,一般来说这个时间大约为 30 秒至 2 分钟。同时,对于每个连接,服务器会分配必要的内存资源来存放所使用的协议、地址、端口号等信息。当一个服务器收到大量的 SYN 包时,就会为这些连接分配必要的内存资源,这些半连接将耗尽系统的内存资源和 CPU 时间,从而无法响应客户的正常请求。

(2) UDP 洪水攻击

攻击者利用简单的 TCP/IP 服务,如 Chargen 和 Echo 来传送毫无用处的占满带宽的数据。通过伪造与某一主机的 Chargen 服务之间的一次 UDP 连接,回复地址指向开着 Echo 服务的一台主机,这样就造成在两台主机之间存在很多的无用数据流,这些无用数据流就会导致带宽的服务攻击。

(3) IP 欺骗拒绝服务攻击

IP 欺骗性攻击是利用 RST 位来实现的。假设有一个合法用户已经同服务器建立了正常的连接,攻击者构造攻击的 TCP 数据,伪装自己的 IP 与合法用户的 IP 一致,并向服务器发送一个带有 RST 位的 TCP 数据段。服务器接收到这样的数据后,认为从合法用户发送的连接有错误,就会清空缓冲区中建立好的连接。这时,如果合法用户再发送合法数据,服务器就已经没有这样的连接了,该用户就必须重新开始建立连接。攻击时,攻击者会伪造大量的 IP 地址,向目标发送 RST 数据,使服务器不对合法用户服务,从而实现了对受害服务器的拒绝服务攻击。

(4) Smurf 攻击

Smurf 是一种具有放大效果的 DoS 攻击,具有很大的危害性。这种攻击形式利用了 TCP/IP 中的定向广播特性。Smurf 攻击过程中有三个角色:受害者、帮凶(放大网络,即具有广播特性的网络)和攻击者,如图 6-10 所示。攻击者用广播的方式发送回复地址为受害者地址的 ICMP 请求数据包，由于广播的原因，每个收到这个数据包的主机都进行回应，大量的回复数据包发给受害者，从而导致受害主机不堪重负而崩溃。

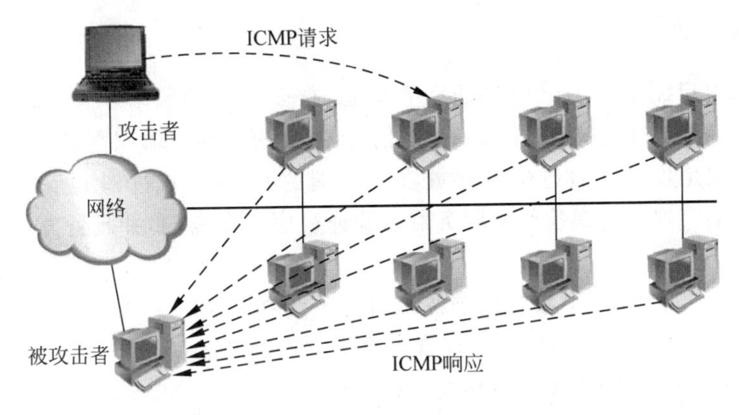

图 6-10 Smurf 攻击原理

如果在网络内检测到目标地址为广播地址的 ICMP 包，证明内部有人发起了这种攻击(或者是被用作攻击，或者是内部人员所为)。如果 ICMP 包的数量在短时间内上升许多(正常的 ping 程序每隔一秒发一个 ICMP echo 请求)，证明有人在利用这种方法攻击系统。为了防止被攻击，在防火墙上过滤掉 ICMP 报文，或者在服务器上禁止 ping，并且只在必要时才打开 ping 服务。

(5) Land 攻击

Land 攻击是用一个特别打造的 SYN 包，它的源地址和目标地址都被设置成某一个服务器地址。此举将导致接收服务器向它自己的地址发送 SYN＋ACK 消息，结果这个地址又发回 ACK 消息并创建一个空连接。被攻击的服务器每接收一个这样的连接都将保留，直到超时。这将耗费系统大量资源。预防 Land 攻击最好的办法是配置防火墙，对那些在外部接口入站的含有内部源地址的数据包进行过滤。

(6) ping 洪流攻击

由于在早期的阶段，路由器对包的最大尺寸都有限制。许多操作系统对 TCP/IP 栈的实现在 ICMP 包上都是规定 64KB，并且在对包的标题头进行读取之后，要根据该标题头里包含的信息来为有效载荷生成缓冲区。当产生畸形的，声称自己的尺寸超过 ICMP 上限的包也就是加载的尺寸超过 64KB 上限时，就会出现内存分配错误，导致 TCP/IP 堆栈崩溃，致使接受方死机。

3. 拒绝服务攻击的防范

防范拒绝服务攻击的方法有：

(1) 安装防火墙，禁止访问不该访问的服务端口，过滤不正常的畸形数据包，使用 NAT 隐藏内部网络结构。

(2) 安装入侵检测系统，检测拒绝服务攻击行为。

(3) 安装安全评估系统，先于入侵者进行模拟攻击，以便及早发现问题并解决。

(4) 提高安全意识，经常给操作系统和应用软件打补丁。

6.2.5 Cookie 欺骗

1. Cookie 欺骗

为了方便用户浏览和准确收集访问者信息，很多网站都采用了 Cookie 技术。Cookie 是 Web 服务器存放在客户端计算机的一些信息，主要用于客户端识别或身份识别等。

Cookie 欺骗是攻击者通过修改存放在客户端的 Cookie 来达到欺骗服务器认证的目的。Cookie 欺骗实现的前提条件是服务器的验证程序存在漏洞，并且冒充者要获得被冒充的人的 Cookie 信息。

实现基于 HTTP Cookie 攻击的前提是目标系统在 Cookie 中保存了用户 ID、凭证、状态等其他可以用来进行攻击的信息。通常的攻击方式有如下三种。

(1) 直接访问 Cookie 文件查找想要的机密信息。

(2) 在客户端和服务端进行 Cookie 信息传递时进行截取，进而冒充合法用户进行操作。

(3) 攻击者修改 Cookie 信息(逻辑判断信息、数字类型信息)，在服务端接收到客户端获取的 Cookie 信息时，就会对攻击者伪造过的 Cookie 信息进行操作。

获取 Cookie 信息的主要途径：

(1) 直接读取磁盘的 Cookie 文件。

(2) 使用网络嗅探器来获取网络上传输的 Cookie。

(3) 使用一些 Cookie 管理工具获取内存或者文件系统中的 Cookie。

(4) 使用跨站脚本来盗取 Cookie。

2. Cookie 欺骗和注入的防御

(1) 增强 Cookie 代码实现

① 使用 Cookie＋Session 混合存储；

② 随机数机制防范 Cookies 欺骗；

③ 不要在 Cookie 中保存没有经过加密的或者容易被解密的敏感信息；

④ 对从客户端取得的 Cookie 信息进行严格校验；

⑤ 使用 SSL/TLS 来传递 Cookie 信息。

(2) Cookie 注入防范

① 删除 Cookie 记录

在 IE 浏览器中选择【工具】→【Internet 选项】菜单项，打开【Internet 选项】对话框，单击【删除 Cookies】按钮，将弹出【删除 Cookies】提示框，单击【确定】按钮，即可删除本机中的 Cookies 文件。也可借助相应安全软件来实现 Cookie 记录的删除，如 360 安全卫士、瑞星上网安全助手、Windows 优化大师等。

② 更改 Cookie 文件的保存位置

在【Internet 选项】对话框中单击【设置】按钮，即可打开【设置】对话框，单击【移动文件夹】按钮，将打开【浏览文件夹】对话框，在其中设置相应保存位置(如 F：\)，单击【确定】按钮，即可成功更改 Cookie 文件的保存位置。

③ 添加防注入代码

利用 MD5 加密 Cookie,或者结合 Session 加密 Cookie。

6.2.6 其他攻击

1. 缓冲区溢出

缓冲区溢出是指当计算机向缓冲区内填充数据时超过了缓冲区本身的容量,部分数据就会溢出到堆栈中。缓冲区溢出攻击是攻击者在程序的缓冲区中写超出其长度的内容,造成缓冲区的溢出,从而破坏程序的堆栈,使程序转而执行攻击者预设的指令,以达到攻击的目的。

缓冲区溢出攻击可以导致程序运行失败、系统崩溃。更为严重的是,可以利用它执行非授权指令,甚至可以取得系统特权,进而进行各种非法操作。

造成缓冲区溢出问题通常有以下两种原因。

一是设计空间的转换规则的校验问题。即缺乏对可测数据的校验,导致非法数据没有在外部输入层被检查出来并丢弃。非法数据进入接口层和实现层后,由于它超出了接口层和实现层的对应测试空间或设计空间的范围,从而引起溢出。

二是局部测试空间和设计空间不足。当合法数据进入后,由于程序实现层内对应的测试空间或设计空间不足,导致程序处理时出现溢出。

测试缓冲区溢出问题时,需要对用户可能输入的地方尝试不同长度的数据输入,以验证程序在各种情况下正确地处理了用户的输入数据,而不会导致异常或溢出问题。也可以通过代码审查来发现这类问题,或利用一些工具来帮助检查这类问题。

2. XML 注入

和 SQL 注入原理一样,XML 是存储数据的地方,如果在查询或修改时,如果没有做转义,而是直接输入或输出数据,都将导致 XML 注入漏洞。攻击者可以修改 XML 数据格式,增加新的 XML 节点,对数据处理流程产生影响。

3. 文件上传漏洞

Web 应用程序在处理用户上传的文件时,没有判断文件的扩展名是否在允许的范围内,或者没检测文件内容的合法性,就把文件保存在服务器上,甚至上传带木马的文件到 Web 服务器上,导致黑客直接控制 Web 服务器。

4. 目录遍历漏洞

由于变量过滤不严与服务器的配置失误,导致黑客利用该文件的文件操作函数对任意文件进行访问。如果存在目录遍历漏洞,攻击者就可以获取数据库链接文件源码,获得系统敏感文件内容,甚至对文件进行写入、删除等操作。

6.3 Web 安全测试

安全性测试(Security Testing)是有关验证应用程序的安全服务和识别潜在安全性缺陷的过程。安全性测试的目的是查找程序设计中存在的安全隐患,并检查应用程序对非法入侵的防范能力。系统要求的安全指标不同,其安全测试策略也不同。

需要注意的是:安全性测试并不最终证明应用程序是安全的,而是用于验证所设立策略的有效性,这些策略是基于威胁分析阶段所做的假设而选择的。例如,测试应用软件在防止非授权的内部或外部用户的访问或故意破坏等情况时的运作。

6.3.1 Web安全测试方法

1. 功能验证

功能验证是采用软件测试当中的黑盒测试方法,对涉及安全的软件功能,如用户管理模块、权限管理模块、加密系统、认证系统等进行测试,主要验证上述功能是否有效,具体方法可使用黑盒测试方法。

2. 漏洞扫描

漏洞扫描通常借助于特定的漏洞扫描器来完成。漏洞扫描器是一种自动检测远程或本地主机安全性弱点的程序。漏洞扫描可以用于日常安全防护,也可以作为对软件产品或信息系统进行测试的手段,可以在安全漏洞造成严重危害前,发现漏洞并加以防范。

目前Web安全扫描器针对XSS、SQL injection、OPEN redirect、PHP File Include漏洞的检测技术已经比较成熟。商业软件Web安全扫描器有IBM Rational Appscan、WebInspect、Acunetix WVS等。免费的扫描器有W3af、Skipfish等。

测试时,可以先对网站进行大规模的扫描操作,工具扫描确认没有漏洞或者漏洞已经修复后,再进行以下手工检测。

3. 模拟攻击

模拟攻击是使用自动化工具或者人工的方法模拟黑客的攻击方法,对应用系统进行攻击性测试,从中找出系统运行时存在的安全漏洞,验证系统的安全防护能力。这种测试的特点是真实有效,一般找出来的问题都是正确的,也是较为严重的。但模拟攻击测试有一个致命的缺点就是模拟的测试数据只能到达有限的测试点,覆盖率很低。

模拟攻击测试的内容包括冒充、重演、消息篡改、拒绝服务、内部攻击、外部攻击、木马等。

4. 侦听技术

侦听技术实际上是在数据通信或数据交互过程,对数据进行截取分析的过程。目前最为流行的是网络数据包的捕获技术,通常称为Capture,黑客可以利用该技术实现数据的盗用,而测试人员同样可以利用该技术实现安全测试。该技术主要用于对网络加密的验证。

6.3.2 Web安全测试内容

Web系统的安全性测试可从以下几个方面入手。

1. 应用程序部署环境测试

(1) HTTP 请求的测试

超长 URL 的 HTTP 请求,特殊格式字符的 HTTP 请求,某些不存在文件的 HTTP 请求,COM Internet Services (CIS) -RPC over HTTP 漏洞,从而引发拒绝服务、源代码显示、站点物理路径泄露、执行任意命令及命令注入等安全问题。因此,对非常规 URL 的 HTTP 请求做全面的测试,以发现此类漏洞。

(2) 目录安全性测试

目录权限和目录安全性直接影响着 Web 的安全性。测试中要检查 Web 应用程序部署环境的目录权限和安全性,不给攻击者任何可用的权限。目录遍历可能导致用户从客户端看到或操作 Web 服务器文件。因此要测试 Web 应用程序及部署环境是否存在目录遍历问题。

(3) 危险组件的测试

系统中危险组件的存在,会给恶意用户留下非常危险的“后门”。如恶意用户可利用 Windows 系统中存在的 File System Object 组件篡改、下载或删除服务器中的任何文件。

(4) TCP 端口测试

开放非必要的端口,会给 Web 应用程序带来安全威胁。因此,在部署 Web 应用程序前,要用端口扫描软件对部署环境进行 TCP 端口测试,禁止 UDP,只开启必要的 TCP 端口。在系统运行过程中要不断测试,在服务器端使用工具扫描端口使用情况,必要时从远程使用 Nmap 工具进行异常端口占用检测。若发现有未知的进程占用端口,要关闭端口或杀掉进程。

2. 应用程序测试

应用程序中存在的漏洞是影响 Web 安全的主要方面,是软件安全性测试的重点。

(1) SQL 注入测试

SQL 注入是利用 SQL 语法,对应用程序中的漏洞的攻击。为防止 SQL 注入,程序员编写代码时,要对客户端和服务端进行两级检查。检查数据类型、数据长度和敏感字符的合法性。

SQL 注入测试可以采用手工方式和自动化方式。但手工测试不适用于大型 Web 应用程序,可使用 WebInspect、Wikto WebScarab、Nikto、AppScan 等工具进行扫描,测试系统是否存在 SQL 注入漏洞。

(2) 表单漏洞测试

表单提交的数据的验证和服务器端数据接收的方法直接影响到 Web 系统的安全。

表单提交数据的测试主要检查程序中是否对表单所提交数据的完整性、正确性进行了验证,检查程序中是否屏蔽了表单提交的 HTML 语句、VBScript 和 JavaScript 等客户端脚本语句,检查是否会出现“脚本利用”问题,检查程序是否对表单域长度进行了真正的限制,检查是否存在重复提交数据的问题,检查这些验证是否在服务器端进行。若在测试中发现数据完整性、正确性验证只是在客户端进行,应在服务器端增加对表单提交数据的验证,防止出现本地提交表单的漏洞。

为防止表单漏洞的攻击,编程时应有一个中心化的、强大的验证机制来对所有 HTTP

请求的输入进行验证，过滤可能危及后台数据库的特殊字符、脚本语言和命令。为防止攻击者绕过客户端的安全机制，对这些字符的检测应在 Web 服务端实现，采用清除或者强制替换的方法避免服务器端的安全漏洞，并且使用 MD5 哈希(hash)函数或者时间戳数字签名技术对客户端敏感数据进行完整性保护。

(3) Cookie 测试

检查 Cookies 在生存期内能否正常工作，是否加密，是否按预定的时间进行保存，是否存在 Cookie 可被伪造提交的问题，刷新对 Cookie 有什么影响及过期处理等。

(4) 身份验证测试

用户身份验证测试主要检查无效的用户名和密码能否登录，密码是否对大小写敏感，是否有验证次数的限制，是否存在不验证而直接进入 Web 应用系统的问题，客户端提交的密码是否加密等。用户身份验证测试一般使用手工和测试工具相结合的方法。

(5) 文件上传/下载测试

若系统有上传文件的功能，测试系统是否允许上传脚本文件、可执行文件等可能给系统带来危害的文件。若有下载功能，可供下载的文件是否与系统文件分别存放，是否存在数据库文件、包含文件和页面文件下载的可能。

(6) Session 测试

Session 测试主要检查 Web 应用系统是否有超时的限制，也就是检查用户登录后在一定时间内没有点击任何页面，是否需要重新登录才能正常使用。检查超时后能否自动退出，退出之后，浏览器回退按钮是否可以回到登录页面。

(7) 跨网站脚本攻击测试

对于跨站脚本攻击(XSS)，可借助于专用的安全测试工具进行测试。

(8) 命令注射漏洞测试

命令注射漏洞测试主要检查所有调用外部资源(例如 system、exec、fork，或者所有的发出请求的语法)的源代码，查找那些来自于 HTTP 请求的输入可能发起调用的所有地方。

(9) 日志文件测试

日志文件测试主要检查 Web 运行的相关信息是否写进了日志文件，是否可追踪，是否记录了系统运行中发生的所有错误，是否记录了用户的详细信息，包括用户的浏览器、用户停留的时间、用户 IP 等。

(10) 访问控制策略测试

访问控制策略测试主要检查管理接口是否只有授权的用户才能进行访问，支持多种管理角色的网站接口往往是内部或者外部攻击者的攻击目标。

3. 数据库测试

数据库在 Web 应用中起着至关重要的作用，数据库安全性测试是 Web 测试的一个重要方面。前面已提到过 SQL 注入和跨站点脚本攻击，下面只讨论数据库本身及数据库使用方面的问题。

(1) 数据库名称和存放位置安全测试

使用常规的数据库名称，并存放在与 Web 应用程序文件相同或相关的位置，将很容易被下载。若程序代码中包含数据库名称和数据库文件绝对位置，一旦代码丢失，同样存在暴

露的危险。因此,在部署数据库和编写相关代码时,要避免问题的发生。

(2) 数据库本身的安全测试

对数据库本身的安全测试主要检查数据库是否配置了不同的存取权限,所有操作是否都可以审计追踪,敏感数据是否加密等。为了保证数据库的安全,不同权限的用户定义不同的视图,以限制用户的访问范围;不同的敏感数据采取不同的加密算法,重要的数据分开存储。

(3) 数据一致性和完整性测试

Web应用系统中,使用数据库时,可能发生数据的一致性和完整性错误。因此,需要检查系统中是否有事务管理和故障恢复功能,确认事务数据保存正确,并具备定期数据备份功能。

(4) 数据备份与恢复测试

为预防系统意外崩溃造成的数据丢失,备份与恢复手段是Web系统的必备功能。根据Web系统对安全性的要求不同,备份与恢复数据可以采用多种手段,如数据库增量备份、数据库完全备份、系统完全备份等。出于更高的安全性要求,某些实时系统经常会采用双机热备份或多级热备份。

4. 容错测试

用户在访问Web网站时,可能会出现错误,如数据库不可用、链接超时、页面不存在、内存溢出、指针异常等。一般情况下,错误处理都会返回一些信息给用户,返回的出错信息可能会被恶意用户利用来进行攻击。不当的出错处理可能给网站带来各种各样的安全问题,因此,要对Web应用程序的错误处理进行测试,以保证为用户提供有用的出错信息,并避免所给出的信息被攻击者利用。

(1) 容错方案及方案一致性测试

出错处理应该在整个网站中保持一致性,并且每一个出错处理片断都应该是一个整体设计方案中的一部分。通过代码检查,测试系统差错处理方案是否合理、方案是否可以处理所有可能发生的错误、方案中是否存在泄露设计细节的问题、是否存在不同的差错处理方案。

(2) 接口容错测试

检测浏览器与服务器的接口是否正确。中断用户到服务器的网络连接时,系统是否能够正确处理数据。对于有外部接口的Web系统,如网上商店可能要实时验证信用卡数据以减少欺诈行为的发生,中断Web服务器到信用卡验证服务器的连接,检测系统是否能够正确处理这些错误,是否对信用卡进行收费。另外,还要测试系统是否能够处理外部服务器返回的所有可能的消息。

(3) 压力测试

此处的压力测试是测试Web应用系统在重负载下会不会崩溃,在什么情况下会崩溃。黑客常常提供错误的数据负载,直到Web应用系统崩溃,并在系统重新启动时获得存取权。

6.3.3 Web安全测试常见的检查点

1. 网页安全检查点

(1) 输入的数据没有进行有效的控制和验证

① 数据类型(字符串,整型,实数等);

② 允许的字符集；

③ 最小和最大的长度；

④ 是否允许输入为空；

⑤ 参数是否是必需的；

⑥ 是否允许重复；

⑦ 数值范围；

⑧ 特定的值(枚举型)；

⑨ 特定的模式(正则表达式)，注：建议尽量采用白名单。

(2) 用户名和密码问题

① 检测接口程序连接登录时，是否需要输入相应的用户名和密码；

② 是否设置密码最小长度(密码强度)；

③ 用户名和密码中是否可以有空格或回车；

④ 是否允许密码和用户名一致；

⑤ 是否可防止恶意注册，是否可用填表工具自动注册用户；

⑥ 遗忘密码处理是否存在安全漏洞；

⑦ 有无缺省的超级用户(如 admin，root 等)；

⑧ 有无超级密码；

⑨ 是否有校验码；

⑩ 密码错误次数有无限制；

⑪ 用户名、密码大小写是否敏感；

⑫ 口令不允许以明码显示在输出设备上；

⑬ 强制修改的时间间隔限制(如初始默认密码)；

⑭ 口令过期失效后，是否可以不用登录而直接浏览某个页面；

⑮ 哪些页面或者文件需要登录后才能访问/下载；

⑯ Cookie 或隐藏变量中是否含有用户名、密码、userid 等敏感信息；

⑰ 用户登录是否有次数限制；

⑱ 是否限制从某些 IP 地址登录。

(3) 网页权限管理问题

① 没有登录或注销登录后，重新输入登录后才能查看页面的网址(含跳转页面)，检查能否直接打开此页面；

② 注销后，单击浏览器上的后退键，是否可以进行页面操作；

③ 正常登录后，直接输入自己没有权限查看的页面的网址，是否可以打开页面；

④ 通过 HTTP 抓包方式获取 HTTP 请求信息包，经改装后重新发送，是否有效；

⑤ 能否从权限低的页面退回到权限高的页面(如发送消息后，浏览器后退到信息填写页面，这是不允许的)。

(4) 上传文件没有限制

① 上传文件是否有大小的限制；

② 上传包含木马的病毒文件等，系统是否进行检查；

③ 上传文件是否有格式的限制。

(5) 不安全的存储

① 在页面输入密码,页面应显示 ******* ;

② 数据库中存的密码应经过加密;

③ 地址栏中不可以看到用户之前填写的密码;

④ 右键查看源文件不能看见用户之前输入的密码;

⑤ 系统不应该允许用户浏览到网站所有的账号,如果必须要一个用户列表,推荐使用某种形式的假名(屏幕名)来指向实际的账号。

(6) 操作时间的失效性

① 检测系统是否支持操作失效时间的配置。

② 在所配置的时间内没有对界面进行任何操作时,检测系统是否会将用户自动失效,需要重新登录系统。例如,用户登录后在一定时间内(比如 15 分钟)没有点击任何页面,是否需要重新登录才能正常使用。

(7) 日志完整性

① 检测系统运行时是否会记录完整的日志。如进行详单查询,检测系统是否会记录相应的操作员、操作时间、系统状态、操作事项、IP 地址等。

② 检测对系统关键数据进行增加、修改和删除时,系统是否会记录相应的修改时间、操作人员和修改前的数据记录。

③ 日志是否记录所有的事务处理,是否记录失败的注册企图,是否记录被盗信用卡的使用,是否在每次事务完成的时候都进行保存,是否记录 IP 地址,是否记录用户名。

(8) 不恰当的异常处理

程序在抛出异常的时候给出了比较详细的内部错误信息,暴露了不应该显示的执行细节,使网站存在潜在漏洞。

(9) 不安全的配置管理

Config 中的链接字符串以及用户信息、邮件、数据存储信息都需要加以保护。程序员应该做到配置所有的安全机制、关掉所有不使用的服务、设置角色权限账号、使用日志和警报。

(10) 缓冲区溢出

用户使用缓冲区溢出来破坏 Web 应用程序的栈,通过发送特别编写的代码到 Web 程序中,攻击者可以让 Web 应用程序来执行任意代码。

(11) SQL 注入攻击

在程序获取数据的地方,修改变量值,加入条件为“真”或“假”的逻辑语句判断变量的处理是否执行了语句。如 and '1'='1,' and '1'='2,or 1=1/ *,'or 1=1--等。

为了进行更深入的测试,需要构造新的字符集来绕过过滤,如:

① 推测数据库的字符集,构造恶意宽字符绕过转义。

② 推测过滤仅仅针对 $ _GET[]和 $ _POST[]方法,构造特殊 Cookie 信息的数据包发送到服务器,查看返回信息。

③ 不使用被过滤的数据,使用其他编码或者字符绕过。

(12) 跨站点脚本攻击

在程序获取数据的地方,测试者输入一些恶意代码,如:

① HTML 标签：<…>…</…> ；

② 转义字符：&(&),<(<),>(>),(空格)；

③ 脚本语言：<script. language='javascript'> alert('test') </script> ；

④ 特殊字符：' ' < > / ；

⑤ 超过输入的最大长度等。

2. 系统服务器安全检查点

(1) 检查关闭不必要的服务；

(2) 是否建立安全账号策略和安全日志；

(3) 是否已设置安全的IIS,删除不必要的IIS组件和进行IIS安全配置；

(4) Web 站点目录的访问权限是否过大；

(5) 服务器系统补丁是否打上,是否存在系统漏洞；

(6) 扫描检测木马。

3. 数据库安全检查点

(1) 系统数据是否机密

① 尽量不要使用 Sa 账户,密码够复杂。

② 严格控制数据库用户的权限,不要轻易给用户直接的查询、更改、插入、删除权限,可以只给用户访问视图和执行存储过程的权限。

③ 数据库的账号,密码(还有端口号)是不是直接写在配置文件里而没有进行加密。

(2) 系统数据的完整性

(3) 系统数据的可管理性

(4) 系统数据的独立性

(5) 系统数据可备份和恢复能力(数据备份是否完整、可否恢复,恢复是否可以完整)

① 服务器突然断电,这可能导致配置文件的错误,导致无法访问或者数据的丢失；

② 重做日志发生损坏,这可能导致数据库管理员无法把数据恢复到故障发生时的点；

③ 硬盘发生故障而导致数据丢失,这主要是要测试备份文件异地存放的有效性；

④ 数据批量更新的错误处理,这主要是数据库备份测试数据库管理员在进行批量更新之前是否有先对数据库进行备份的习惯等。

6.4 Web 安全测试工具

常用的安全测试工具有 HP 公司的 WebInspect,IBM 公司的 Rational AppScan,Google 公司的 Skipfish,Acunetix 公司的 Acunetix Web Vunlnerability Scanner 等。还有一些免费或开源的安全测试工具,如 WebScarab、Websecurify、Firebug、Netsparker、Wapiti 等。

1. WebInspect

HP WebInspect 是建立在 Web 2.0 技术基础上,可以对 Web 应用程序进行网络应用安全测试和评估。Weblnspect 提供了快速扫描功能，并能进行广泛的安全评估，并给出准确的 Web 应用程序安全扫描结果。它可以识别很多传统扫描程序检测不到的安全漏洞。利用创新的评估技术，例如同步扫描和审核(Simultaneous Crawl and Audit,SCA)及并发应用程序扫描，可以快速而准确地自动执行 Web 应用程序安全测试和 Web 服务安全测试。

Weblnspect 的主要功能包括：

(1) 利用创新的评估技术检查 Web 服务及 Web 应用程序的安全；

(2) 自动执行 Web 应用程序安全测试和评估；

(3) 在整个生命周期中执行应用程序安全测试和协作；

(4) 通过最先进的用户界面轻松运行交互式扫描；

(5) 利用高级工具(HP Security Toolkit)执行渗透测试。

网站地址：http://www8.hp.com/cn/zh/software-solutions/enterprise-software-products-a-z.html?view=list

2. AppScan

Rational AppScan 是 IBM 公司出的一款 Web 应用安全测试工具，是对 Web 应用和 Web Services 进行自动化安全扫描的黑盒工具。它不但可以简化企业发现和修复 Web 应用安全隐患的过程，还可以根据发现的安全隐患，提出针对性的修复建议，并能形成多种符合法规、行业标准的报告，方便相关人员全面了解企业应用的安全状况。

Rational AppScan 采用黑盒测试的方式，可以扫描常见的 Web 应用安全漏洞，如 SQL 注入、跨站点脚本攻击、缓冲区溢出等安全漏洞的扫描。Rational AppScan 还提供了灵活报表功能。在扫描结果中，不仅能够看到扫描的漏洞，还提供了详尽的漏洞原理、修改建议、手动验证等功能。AppScan 支持对扫描结果进行统计分析，支持对规范法规遵循的分析，并提供 Delta AppScan 帮助建立企业级的测试策略库比较报告，以比较两次检测的结果，从而作为质量检验的基础数据。

网站地址：http://www.ibm.com/developerworks/cn/downloads/r/appscan/learn.html

3. Acunetix Web Vulnerability Scanner

Acunetix Web Vulnerability Scanner 是一个网站及服务器漏洞扫描软件，它包含收费和免费两种版本。Acunetix Web Vulnerability Scanner 的功能包括：

(1) 自动的客户端脚本分析器，允许对 Ajax 和 Web 2.0 应用程序进行安全性测试。

(2) 先进且深入的 SQL 注入和跨站脚本测试。

(3) 高级渗透测试工具，例如 HTTP Editor 和 HTTP Fuzzer。

(4) 可视化宏记录器，可帮助用户轻松测试 Web 表格和受密码保护的区域。

(5) 支持含有 CAPTHCA 的页面，单个开始指令和 Two Factor(双因素)验证机制。

(6) 丰富的报告功能，包括 VISA PCI 依从性报告。

(7) 高速的多线程扫描器轻松检索成千上万个页面。

(8) 智能爬行程序检测 Web 服务器类型和应用程序语言。

(9) Acunetix 检索并分析网站，包括 flash 内容、SOAP 和 Ajax。

(10) 端口扫描 Web 服务器并对在服务器上运行的网络服务执行安全检查。

网站地址：http://www.acunetix.com/

4. Nikto

Nikto 是一款开源的(GPL)Web 服务器扫描器。它可以对 Web 服务器进行全面的多种扫描，包含超过 3300 种有潜在危险的文件 CGIs，超过 625 种服务器版本，以及超过 230 种特定服务器问题。

网站地址：http://www.cirt.net/nikto2

5. WebScarab

WebScarab 是由开放式 Web 应用安全项目(OWASP)组开发的，用于测试 Web 应用安全的工具。

WebScarab 利用代理机制，可以截获 Web 浏览器的通信过程，获得客户端提交至服务器的所有 HTTP 请求消息，还原 HTTP 请求消息(分析 HTTP 请求信息)，并以图形化界面显示其内容，并支持对 HTTP 请求信息进行编辑修改。

网站地址：https://www.owasp.org/index.php/Category:OWASP_WebScarab_Project

6. Websecurify

Websecurify 是一款开源的跨平台网站安全检查工具，能够精确地检测 Web 应用程序安全问题。

WebSecurify 可以用来查找 Web 应用中存在的漏洞，如 SQL 注入、本地和远程文件包含、跨站脚本攻击、跨站请求伪造、信息泄露、会话安全等。

网站地址：http://www.websecurify.com

7. Wapiti

Wapiti 是一个开源的安全测试工具，可用于 Web 应用程序漏洞扫描和安全检测。Wapiti 是用 Python 编写的脚本，它需要 Python 的支持。Wapiti 采用黑盒方式执行扫描，而不需要扫描 Web 应用程序的源代码。Wapiti 通过扫描网页的脚本和表单，查找可以注入数据的地方。Wapiti 能检测以下漏洞：文件处理错误，数据库注入(包括 PHP/JSP/ASP SQL 注入和 XPath 注入)，跨站脚本注入(XSS 注入)，LDAP 注入，命令执行检测(如 eval()、system()、passtru()等)，CRLF 注入等。

Wapiti 被称为轻量级安全测试工具，因为它的安全检测过程不需要依赖漏洞数据库，因此执行的速度会更快些。

网站地址：http://sourceforge.net/projects/wapiti

8. Firebug

Firebug 是浏览器 Mozilla Firefox 下的一款插件，它集 HTML 查看和编辑、JavaScript 控制台、网络状况监视器于一体，是开发 JavaScript、CSS、HTML 和 Ajax 的得力助手。Firebug 如同一把精巧的瑞士军刀，从各个不同的角度剖析 Web 页面内部的细节层面，给

Web 开发者带来很大的便利。Firebug 也是一个除错工具,用户可以利用它除错、编辑,甚至删改任何网站的 CSS、HTML、DOM 以及 JavaScript 代码。

6.5 安全测试案例

下面的缺陷是从言若金叶软件研究中心 2013 年和 2014 年全国大学生寻找产品缺陷(Find Bug)技能大赛的稿件中精心选取的。

6.5.1 XSS 攻击

缺陷标题:城市空间网站上传户外轨迹时“话题回复”域存在 XSS 攻击风险。

测试平台与浏览器:Windows XP + IE 9。

测试步骤:

(1) 打开城市空间网页 http://www.oricity.com/;

(2) 登录,单击【最近话题】中的任一话题;

(3) 在【话题回复】输入框输入脚本<script>alert(123)</script>,如图 6-11 所示;

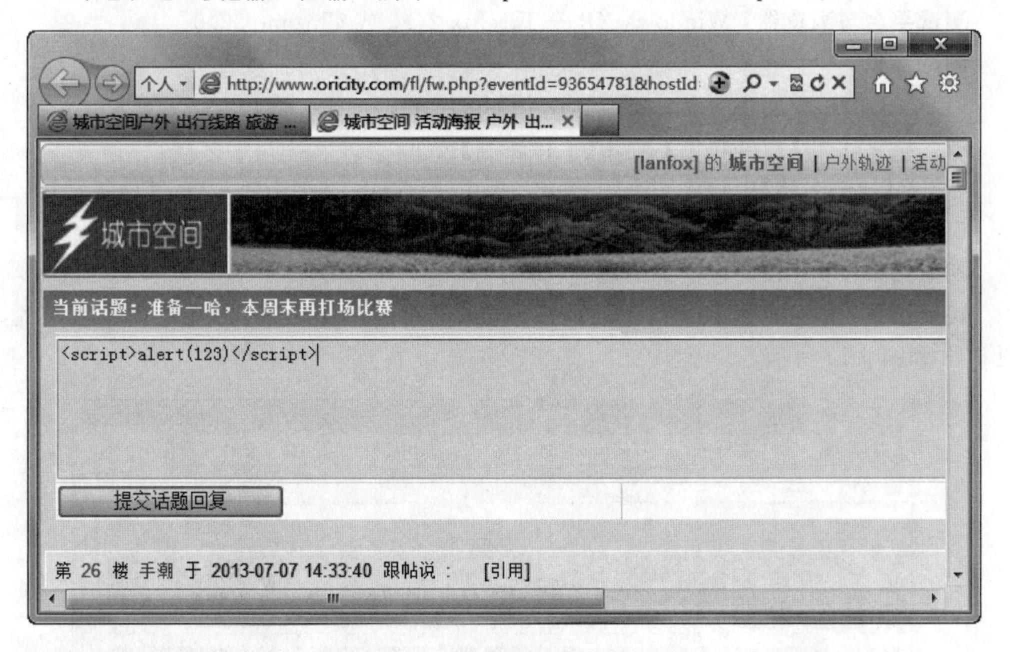

图 6-11 输入 XSS 攻击脚本

(4) 单击【提交话题回复】按钮。

期望结果:提示用户输入错误,不响应该脚本。

实际结果:浏览器响应该脚本,弹出对话框信息“123”,如图 6-12 所示。

6.5.2 钓鱼风险

缺陷标题:worksnap 主页的“话题回复”存在通过框架钓鱼的风险。

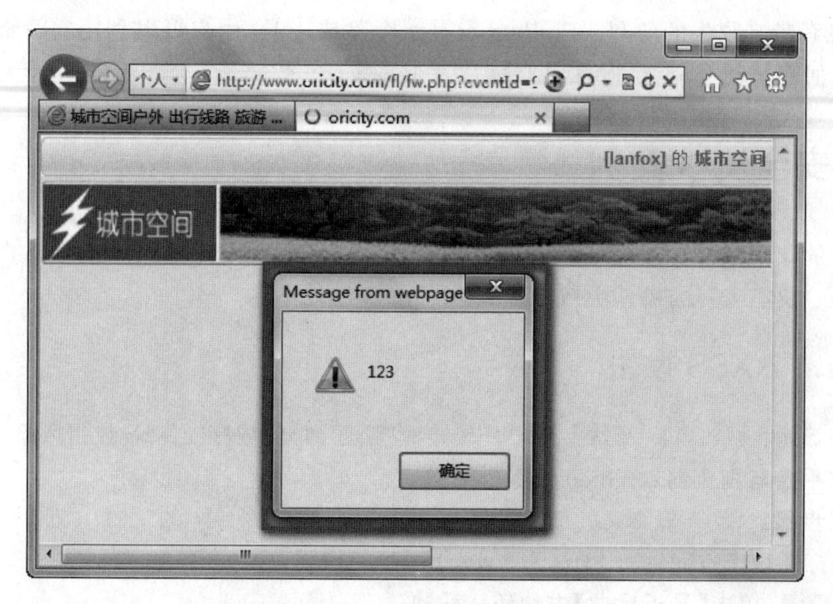

图 6-12　弹出“123”对话框

测试平台与浏览器：Windows XP ＋ Firefox 24.0 或 Chrome 32.0。

测试步骤：

(1) 打开城市空间主页 http://www.oricity.com；

(2) 登录，单击【户外轨迹】，单击【上传轨迹】按钮；

(3) 在【轨迹名称】中输入<iframe src=http://demo.testfire.net>，其他正常输入；

(4) 单击【上传轨迹】按钮，单击返回，观察页面元素。

期望结果：不存在通过框架钓鱼的风险。

实际结果：存在通过框架钓鱼的风险，覆盖了其他上传轨迹，并且主页显示错乱，如图 6-13 和图 6-14 所示。

图 6-13　输入攻击脚本

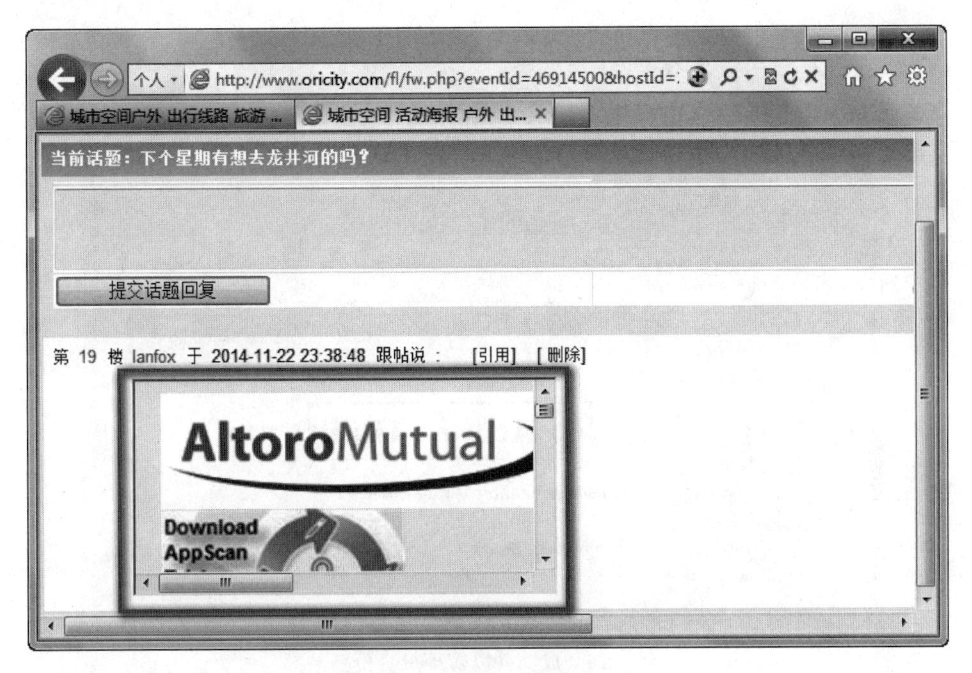

图 6-14　出现钓鱼风险

6.5.3　SQL 注入攻击

缺陷标题：国外网站 AltoroMutual 的登录页面存在 SQL 注入的风险。

测试平台与浏览器：Windows 7 + IE 8 或 Chrome。

测试步骤：

(1) 打开网站 http://demo.testfire.net；

(2) 单击 Sign In；

(3) 在 Username 域内输入' or 'a'='a' --，如图 6-15 所示；

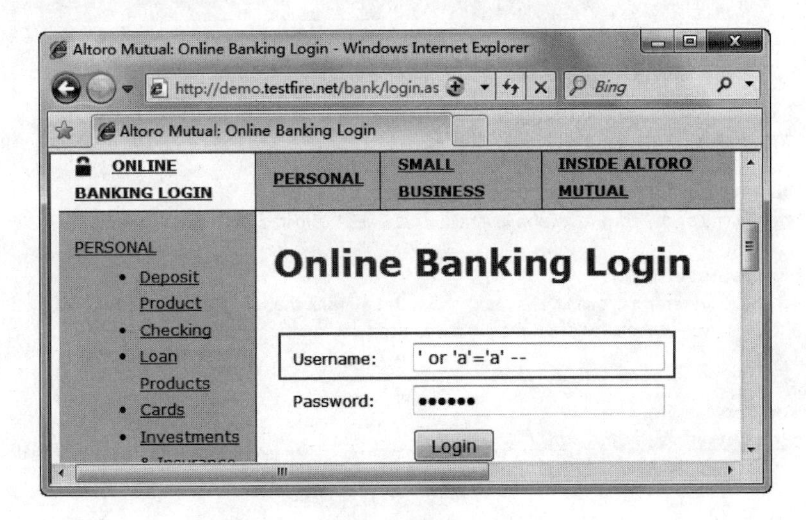

图 6-15　输入 SQL 注入脚本

(4) 密码任意；
(5) 以管理员身份成功登录。

期望结果：提示账号或密码不正确或不存在。

实际结果：能够成功并以管理员身份登录，如图 6-16 所示。

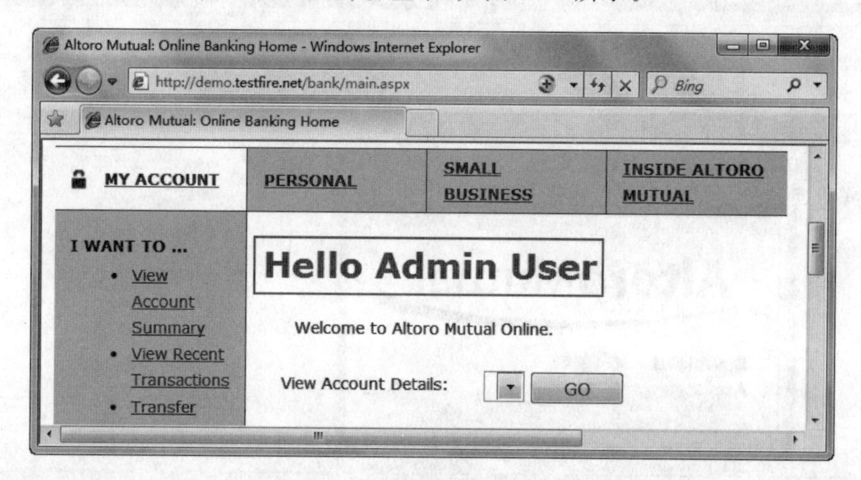

图 6-16 成功并以管理员身份登录

缺陷标题：城市空间话题中存在 SQL 注入风险。

测试平台与浏览器：Windows XP + Chrome/IE。

测试步骤：

(1) 打开城市空间官网 http://www.oricity.com；
(2) 打开任一话题；
(3) 修改 URL，在 eventId 后面添加一个分号"；"，单击【转到】按钮。

期望结果：提示 URL 错误。

实际结果：直接显示 SQL 错误，如图 6-17 所示。

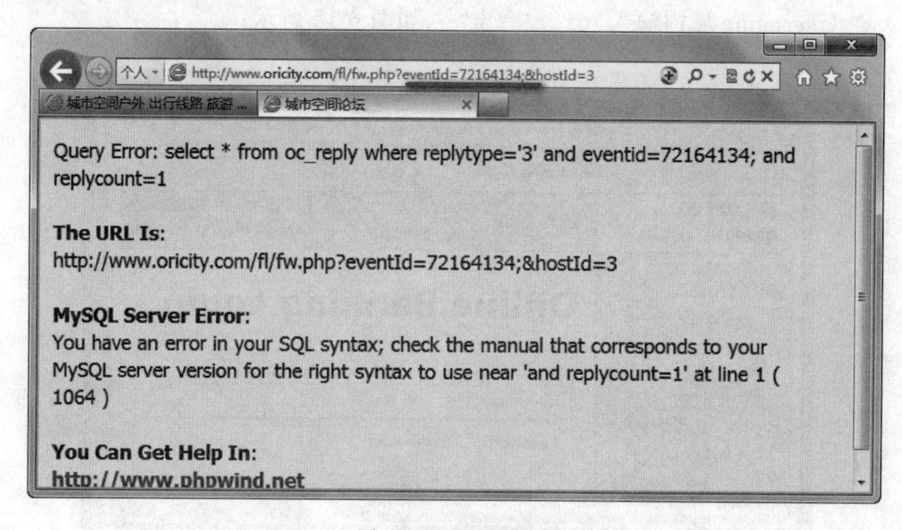

图 6-17 SQL 错误

6.5.4 目录泄露

缺陷标题：城市空间网站存在暴露站点目录的文件。

测试平台与浏览器：Windows XP ＋ Chrome 或 IE。

测试步骤：

(1) 打开城市空间网页 http://www.oricity.com/；

(2) 在原 URL 后面添加/robots.txt，并回车。

期望结果：不存在该文件。

实际结果：存在该文件，并能打开，如图 6-18 所示。

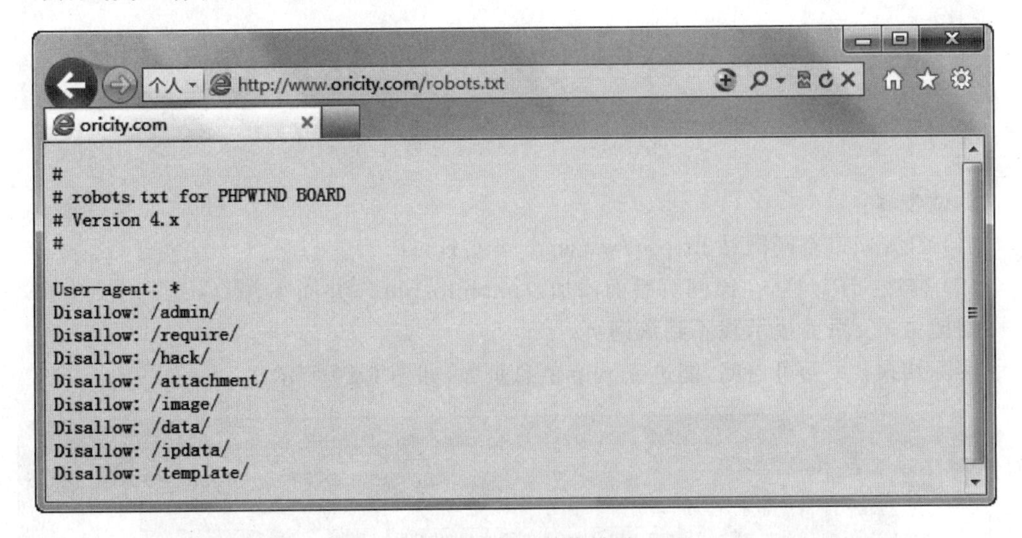

图 6-18 站点结构暴露

6.5.5 上传图片未限制

缺陷标题：城市空间中图片上传可上传超过限制大小的图片。

测试平台与浏览器：Windows XP ＋ Chrome 或 IE。

测试步骤：

(1) 打开城市空间网页 http://www.oricity.com；

(2) 登录，单击【××的城市空间】，在【我的相册】目录下单击【图片上传】按钮；

(3) 选择图片大小超过 200KB 的图片，填写其他内容，然后单击【上传图片】按钮。

期望结果：上传失败，并给出相应的提示。

实际结果：成功上传，并显示和打开图片，如图 6-19 所示。

6.5.6 网站配置信息泄露

缺陷标题：城市空间网站存在泄露 PHP 信息和网站配置信息的页面。

测试平台与浏览器：Windows XP ＋ Chrome 或 IE。

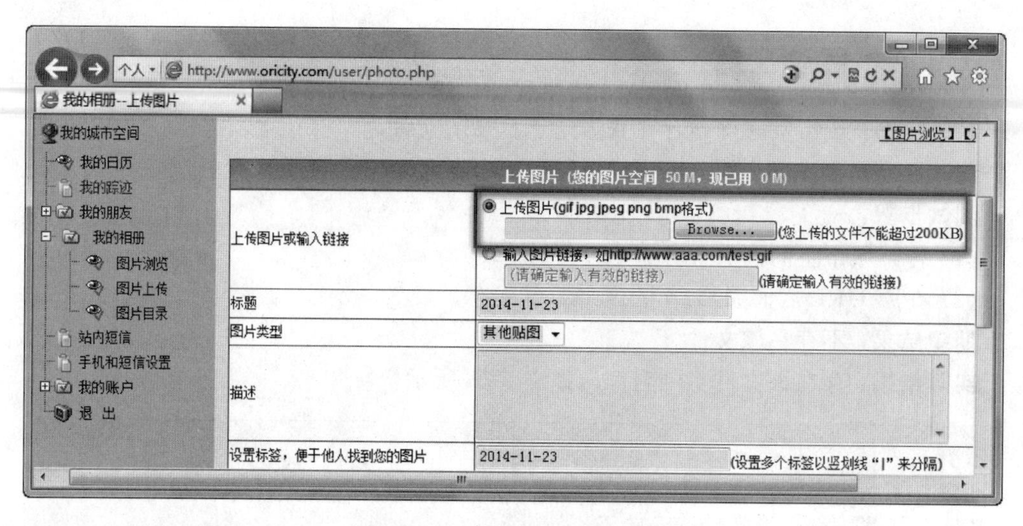

图 6-19 上传图片未限制大小

测试步骤：

(1) 打开城市空间网站 http://www.oricity.com；

(2) 修改 URL 栏，在原网页后面添加“/phpinfo.php”，并回车。

期望结果：页面提示找不到该网页。

实际结果：页面可访问，能进入 php 信息页面，如图 6-20 所示。

http://www.oricity.com/phpinfo.php

phpinfo()

_SERVER["HTTP_HOST"]	www.oricity.com
_SERVER ["HTTP_USER_AGENT"]	Mozilla/5.0 (compatible; MSIE 9.0; Windows NT 6.1; Trident/5.0; MATP)
_SERVER ["HTTP_X_HTTP_PROTO"]	HTTP/1.1
_SERVER["HTTP_X_REAL_IP"]	182.136.84.168
_SERVER["PATH"]	/bin:/usr/bin
_SERVER["PHPRC"]	/home3/michaely/www
_SERVER["QUERY_STRING"]	*no value*
_SERVER ["REDIRECT_STATUS"]	200
_SERVER["REMOTE_ADDR"]	182.136.84.168
_SERVER["REMOTE_PORT"]	55715
_SERVER ["REQUEST_METHOD"]	GET
_SERVER["REQUEST_URI"]	/phpinfo.php
_SERVER ["SCRIPT_FILENAME"]	/home3/michaely/public_html/phpinfo.php
_SERVER["SCRIPT_NAME"]	/phpinfo.php
_SERVER["SERVER_ADDR"]	108.167.140.104
_SERVER["SERVER_ADMIN"]	webmaster@oricity.com
_SERVER["SERVER_NAME"]	www.oricity.com

图 6-20 网站配置信息泄露

6.5.7 存在测试页面

缺陷标题：城市空间的活动页面中有测试页面。

测试平台与浏览器：Windows XP + Chrome。

测试步骤：

(1) 打开城市空间网站 http://www.oricity.com；

(2) 单击任一活动；

(3) 修改 URL 为 http://www.oricity.com/event/test.php，并回车。

期望结果：不存在测试页面。

实际结果：存在测试页面，并能访问，如图 6-21 所示。

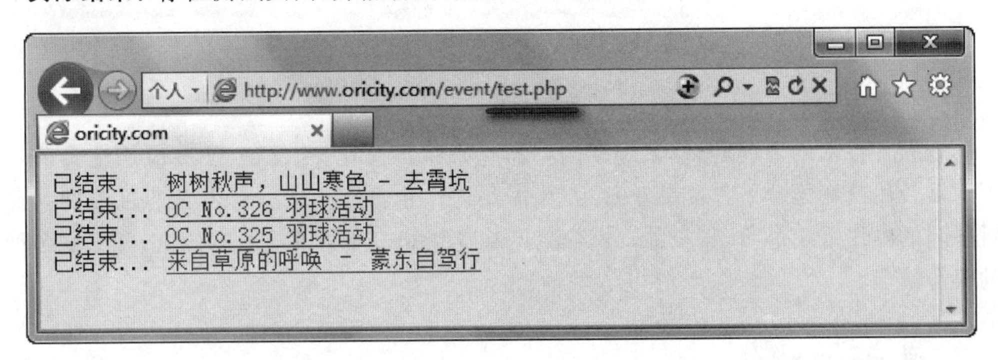

图 6-21 网站存在测试页面

6.6 本章小结

对于 Web 系统而言，安全性是至关重要的。Web 安全是一个系统问题，包括 Web 服务器安全、Web 应用服务器安全、Web 应用程序安全、数据传输安全和客户接收端的安全。Web 常见攻击有跨站点脚本攻击、SQL 注入攻击、跨站请求伪造、拒绝服务攻击、Cookie 欺骗、缓冲区溢出、XML 注入、文件上传下载漏洞等。进行 Web 安全测试时可以通过功能验证、漏洞扫描、模拟式攻击、侦听技术等方式进行。

第7章 Web兼容性测试

随着软件技术的发展，操作系统和浏览器越来越多样化，为保证 Web 应用在各种不同的浏览器及用户端配置下都能够正常运行，需要进行兼容性测试。Web 兼容性测试主要是针对不同的操作系统平台、浏览器、分辨率、网络连接和打印机等进行的测试，并尝试各种设置的组合情况。

7.1 兼容性测试

兼容性测试是验证待测试项目在不同的硬件平台上、不同的操作系统平台上、不同的应用软件之间、不同的网络连接等情况下能否正常运行。其目的是保证应用程序可以在用户使用的机器上运行。兼容性测试无法做到完全的质量保证，但对于一个项目来讲，兼容性测试是必不可少的一个步骤。

进行兼容性测试时，需要验证下列情况。

(1) 待测试项目在不同的操作系统平台上正常运行，包括待测试项目能在同一操作系统平台的不同版本上正常运行；

(2) 待测试项目能与相关的其他软件或系统和平共处，互不影响；

(3) 待测试项目能在指定的硬件环境中正常运行；

(4) 待测试项目能在不同的网络环境中正常运行。

兼容性测试工作量庞大，需要精心设计实现，并根据具体情况进行取舍，保留至专项兼容性测试时实施。

7.2 操作系统兼容性测试

7.2.1 常用的操作系统

常见的操作系统有 Windows，UNIX，Linux，Android 等。目前最常用的是 Windows 操作系统，Windows 操作系统包括 Windows 8，Windows 7，Windows XP，Windows 2003，Windows Vista，Windows 2000/NT，Windows 9x 等。

根据 CNZZ 数据中心对中国网民的操作系统使用情况的分析，2013 年 12 月中国网民使用操作系统的分布情况如图 7-1 和图 7-2 所示(来自 http://data.cnzz.com/中国互联网

图 7-1 中国网民操作系统使用情况分析报告

操作系统类型	2013年12月使用率	2013年12月占有率
Windows	**91.2%**	**87.99%**
· Windows XP	61.04%	57.77%
· Windows 7	27.22%	27.10%
· Windows 8	1.65%	1.92%
· Windows Vista	0.47%	0.45%
· Windows 2003	0.42%	0.28%
· Windows 8.1	0.24%	0.22%
· Windows 其他	0.14%	0.21%
· Windows 2000	0.02%	0.04%
安卓	**6.24%**	**10.90%**
苹果IOS	**2.11%**	**0.77%**
苹果电脑	**0.34%**	**0.18%**
Linux	**0.09%**	**0.13%**
嵌入式手持终端系统	**0.03%**	**0.03%**

图 7-2 中国网民操作系统使用率

分析报告)。

据以上数据统计,用户常用的操作系统前两位分别是 Windows XP、Windows 7。

1. Windows

Windows 是微软公司制作和研发的一套桌面操作系统。随着计算机硬件和软件的不断升级,微软的 Windows 也在不断升级,从架构的 16 位、32 位再到 64 位,系统版本从最初的 Windows 1.0 到大家熟知的 Windows 95、Windows 98、Windows 2000、Windows XP、Windows Vista、Windows 7、Windows 8,Windows 8.1 和 Server 服务器企业级操作系统,不断持续更新,微软一直致力于 Windows 操作系统的开发和完善。

随着微软对 Windows 平台的不断升级,对于上一代操作系统,除非有特殊需求,一般都不再做出支持的承诺。

2. Linux

Linux 作为自由软件，其核心版本是唯一的，而发行版本则不受限制，发行版本之间存在着较大的差异。因此被测软件不能简单地说是支持 Linux，测试也不能只在 RedHat 最新发行版上进行，需要对发行商、多版本进行测试，用户文档中的内容应明确至发行商和版本号。

3. Android(安卓)

Android 是一种基于 Linux 的自由及开放源代码的操作系统，主要使用于移动设备，如智能手机和平板电脑，现在已经扩展到电视、数码相机、游戏机等设备上。Android 由 Google 公司和开放手机联盟领导及开发。

4. Mac OS X(苹果)

Mac OS X 是全球领先的操作系统，基于 UNIX，设计简单直观，安全易用。Mac OS X 以稳定可靠著称，但系统不兼容任何非 Mac 软件，因此在开发 Snow Leopard 的过程中，Apple 工程师们只能开发 Mac 系列软件。

7.2.2 Web 操作系统兼容性测试

进行操作系统兼容性测试的主要目的就是保证待测试项目在该操作系统平台下能正常运行。用户使用操作系统的类型，直接决定了操作系统平台兼容性测试的操作系统平台数量。

对于一些特殊项目(例如定制项目)，可以指定某些类型的操作系统版本，这些应该在需求规格说明书中指明，针对指明的操作系统版本必须进行兼容性测试。

对于大部分的项目，一般不指定操作系统的版本，对于这样的项目，应当针对当前的主流操作系统版本进行兼容性测试，在确保主流操作系统版本兼容性测试的前提下，再对非主流操作系统版本进行测试，尽量保证项目的操作系统版本的兼容性测试的完整性。

在 Web 应用中，进行操作系统兼容性测试时，一般和浏览器结合起来进行测试。

7.3 浏览器兼容性测试

浏览器是 Web 系统中的一个非常重要的组成部分，它关系到软件产品最终的展现形式，直接与用户打交道。同一个 Web 页面在不同的浏览器上可能有不同的效果，而用户也有各不相同的使用浏览器的习惯，有使用主流浏览器的，也有使用非主流的。为了保证软件产品能够面向大多数的用户，浏览器的兼容性测试在 Web 测试中占据了十分重要的地位。

7.3.1 常见浏览器

浏览器是 Web 客户端的核心构件，来自不同厂商的浏览器对 Java、JavaScript、

ActiveX、plug-ins 或不同的 HTML 规格有不同的支持。例如，ActiveX 是 Microsoft 的产品，是为 Internet Explorer 而设计的，JavaScript 是 Netscape 的产品，Java 是 Sun 的产品等。另外，框架和层次结构风格在不同的浏览器中也有不同的显示，甚至根本不显示。不同的浏览器对安全性和 Java 的设置也不一样。因此在 Web 测试中，必须进行浏览器兼容性测试。

根据 CNZZ 数据中心对国内主流浏览器的统计分析，2014 年 1 月中国网民浏览器使用分布情况如图 7-3 所示(来自 http://data.cnzz.com/中国互联网分析报告)。

桌面浏览器类型	14-01-20使用率
Internet Explorer	43.67%
奇虎360旗下浏览器	26.49%
Safari	6.47%
搜狗高速浏览器	5.63%
Chrome	5.36%
腾讯旗下浏览器	3.98%
傲游	2.03%
2345浏览器	1.73%
UC浏览器	1.30%
猎豹浏览器	1.24%
火狐	1.00%
Theworld	0.62%
淘宝浏览器	0.24%
Opera	0.17%
枫树浏览器	0.06%

图 7-3 桌面浏览器使用统计

据以上数据分析，2014 年 1 月，中国网民统计使用率份额比较高的浏览器依次为：

第 1 位：IE 浏览器(Internet Explorer)；

第 2 位：奇虎 360 浏览器；

第 3 位：苹果浏览器(Safari)；

第 4 位：搜狗高速浏览器；

第 5 位：谷歌浏览器(Chrome)；

第 6 位：腾讯旗下浏览器；

第 7 位：傲游浏览器；

第 8 位：2345 浏览器；

第 9 位：UC 浏览器；

第 10 位：猎豹浏览器；

第 11 位：火狐浏览器(Firefox)。

7.3.2 浏览器分类

随着 IT 技术的发展，浏览器的种类越来越多。对于各种各样的浏览器，我们可以根据它们的内核进行划分。所谓浏览器内核，其实就是渲染引擎。虽然每家浏览器厂商生产的浏览器功能都大同小异，都可以浏览网页，但是处理速度不一样，并且对标准的支持也不尽相同，其根本原因就是因为渲染引擎技术的不同。渲染引擎决定了浏览器如何显示网页的内容以及页面的格式信息。不同浏览器内核对网页编写语法的解释也有不同，因此同一网页在不同内核的浏览器里的渲染（显示）效果也可能不同，这也是网页编写者需要在不同内核的浏览器中测试网页显示效果的原因。

1. Trident（IE 内核）

Trident 内核程序在 1997 年的 IE 4 中首次被采用，是微软在 Mosaic 代码的基础之上修改而来的，并沿用到目前的 IE 11。

Trident 实际上是一款开放的内核，兼容性强。目前它是互联网上最流行的、用户数最广的渲染引擎，但是这几年 IE 的市场份额正在逐渐被 Firefox 和 Chrome 所蚕食。

使用 Trident 内核的浏览器有 IE、360 安全浏览器、傲游、世界之窗、腾讯 TT、NetScape 等。

2. Gecko（Firefox 内核）

Gecko 的特点是代码完全公开，其可开发程度很高，全世界的程序员都可以为其编写代码，增加功能。因为这是个开源内核，因此受到许多人的青睐，Gecko 内核的浏览器也很多，这也是 Gecko 内核虽然年轻但市场占有率能够迅速提高的重要原因。

Gecko 是一个跨平台内核，可以在 Windows、BSD、Linux 和 Mac OS X 等操作系统中使用。Gecko 是开放源代码、以 C++编写的渲染引擎。它是最流行的排版引擎之一，其流行程度仅次于 Trident。

使用 Gecko 内核的典型代表有 Firefox（火狐）、Mozilla、网景（6～9）、Minimo 等。

3. Webkit（Safari 内核）

Webkit 是苹果公司自己的内核，也是苹果的 Safari 浏览器使用的内核。Webkit 引擎包含 WebCore 排版引擎及 JavaScript Core 解析引擎，均是从 KDE 的 KHTML 及 KJS 引擎衍生而来的。它们都是自由软件，在 GPL 条约下授权，同时支持 BSD 系统的开发。所以 Webkit 也是自由软件，同时开放源代码。在安全方面不受 IE、Firefox 的制约，所以 Safari 浏览器在国内还是很安全的。

使用 Webkit 内核的典型代表有 Safari、Google Chrome、360 极速浏览器、搜狗浏览器等。

WebKit 内核在手机上的应用也十分广泛，例如 Google 的手机 Gphone、Apple 的 iPhone，Nokia's Series 60 browser 等所使用的 Browser 内核引擎，都是基于 WebKit 的。

4. Blink（Google 的未来内核）

2013 年 4 月 3 日，谷歌在 Chromium Blog 上发表博客，称将与苹果的开源浏览器核心 Webkit 分道扬镳，在 Chromium 项目中自主研发 Blink 渲染引擎（即浏览器核心），将其内置于 Chrome 浏览器之中。

7.3.3 浏览器兼容性测试

市面上浏览器的种类繁多，如果每一种都需要进行测试，那是不现实的。对于一些特殊项目（例如定制项目），可以指定某一类型的浏览器（包括版本），并在需求规格说明书中指明。对于指明的浏览器必须进行兼容性测试。但大部分的项目，是不会指定浏览器的，针对这样的项目，必须针对当前的主流浏览器进行测试，在确保主流浏览器的兼容性测试通过的前提下，再对非主流浏览器进行测试，尽量保证项目的浏览器的兼容性测试的完整性。

按照浏览器内核划分，我们可以根据需求从每种浏览器内核里挑出一到两个最典型的浏览器进行测试。测试浏览器兼容性的有效方法是创建一个兼容性矩阵。在这个矩阵中，测试不同厂商、不同版本的浏览器对某些构件和设置的适应性。进行兼容性测试时，一般和操作系统结合起来一起测试，如表 7-1 所示。

表 7-1 兼容性测试表

操作系统	版　本	浏 览 器
Windows XP	Home 家庭版(32bit)	IE6/7/8/9、Firefox、Chrome、360 安全浏览器
	Professional 专业版(32bit)	IE6/7/8/9、Firefox、Chrome、360 安全浏览器
Windows 7	Home Basic 初级家庭版(32bit)	IE9/10/11、Firefox、Chrome、360 安全浏览器
	Home Basic 初级家庭版(64bit)	IE9/10/11、Firefox、Chrome、360 安全浏览器
	Ultimate 旗舰版(32bit)	IE9/10/11、Firefox、Chrome、360 安全浏览器
	Ultimate 旗舰版(64bit)	IE9/10/11、Firefox、Chrome、360 安全浏览器
Windows 8	Windows 8 标准版(64bit)	IE10/11、Firefox、Chrome

测试时可以使用比较法，同时打开两个或多个浏览器，访问同一页面，检查页面内容在不同的浏览器中显示是否有问题。

常见的浏览器兼容性问题，主要表现在页面显示问题和功能问题。

(1)页面显示

页面显示的美观性是 Web 应用程序中的重要需求，不同浏览器上呈现给用户的同一个 Web 页面可能显示的不一样。这些差异性主要表现在页面元素的位置、大小、外观上。常见的页面显示的问题，如网页的版面中出现多余空白、表格显示不全、文字和输入框有移位、网页的字体颜色被篡改、flash 广告不动、按钮排列错位、网页的文字显示不完全、页面的分割线由虚线变实线、滚动文字的区域超出表格规定、页面文字由居中变成居左或居右、网页的图片大小发生异常、网页文字错位、图片不显示或发生重叠的现象、下拉框显示不完全、字体变小等。

(2) 功能问题

Web 软件中的功能性问题主要是不同浏览器对脚本的执行不一致，功能性问题极大地限制了用户对 Web 界面元素的使用。这类问题通常很难被发现，例如某个按钮可能显示正确但实际它已无法使用、不显示网页动画、循环变化的图片不显示或不循环显示、导航栏显示不正常、滚动内容无法控制、页面出现乱码、原本滚动的文字不滚动、原来滚动的信息不显示、动画消失变成透明、不显示统计数字等。

7.3.4 浏览器兼容性测试工具

1. SuperPreview

SuperPreview 是微软发布的网页开发调试工具，自带有很多元素查看工具，如箭头、移动、辅助线、对比等。在 SuperPreview 中，可以同时浏览网页在各个版本的 IE 中的表现，对比显示效果。据微软介绍，SuperPreview 的可用 IE 版本视系统已安装 IE 浏览器的版本而定，如果系统安装了 IE 8，SuperPreview 浏览器测试可用版本就包括 IE8、IE7 和 IE6；如果系统安装了 IE 7，那 SuperPreview 只包括 IE7 和 IE6；如果系统安装了 IE6，那 SuperPreview 只能测试 IE 6。

网站地址：http://www.microsoft.com/zh-cn/download/details.aspx?id=2020

2. IETester

IETester 可以测试网页在不同版本的 IE 下的显示效果和兼容性，并且完全免费。支持 IE5、IE6、IE7、IE8、IE9、IE10 的渲染，并且完美运行在 Windows 7 上。IETester 的主界面也是 Office 2007 的风格，在使用上就像一个支持多标签浏览，并且带有调试工具的浏览器。

网站地址：http://www.ietester.cn/

3. BrowserShots

BrowserShots 是一款免费的跨浏览器测试工具，捕捉网站在不同浏览器中的截图。这是最有名，也是最古老的浏览器兼容性测试工具。测试时，直接在 BrowserShots 网站中输入待测试的网站的 URL 地址，即可进行测试。

网站地址：http://browsershots.org/

7.4 分辨率兼容性测试

分辨率的测试是为了页面版式在不同的分辨率模式下能正常显示，字体符合要求而进行的测试。

在 Windows XP 操作系统中，分辨率的设置步骤如下。

(1) 在桌面上右击，在弹出的菜单中选择【属性】；

(2) 在弹出的窗口中，鼠标单击【设置】，将看到如图 7-4 所示的内容。

(3) 拖动屏幕分辨率下面的滑条，可调整屏幕分辨率。然后单击【应用】按钮，将弹出对话框，如图 7-5 所示。

(4) 单击【是】按钮，屏幕分辨率将修改为之前设置的分辨率。

用户使用什么模式的分辨率，对于开发者来说是未知的。通常情况下，需求规格说明书中会建议某些分辨率。测试时，必须针对需求规格说明书中建议的分辨率进行专门的测试。现在常见的分辨率是 1440×900、1280×1024、1027×768、800×600。对于需求规格说明书中规定的分辨率，必须保证测试通过，对于其他常见的分辨率，原则上也应该尽量保证。对于需求规格说明书中没有规定分辨率的项目，测试应该在完成主流分辨率的兼容性测试的

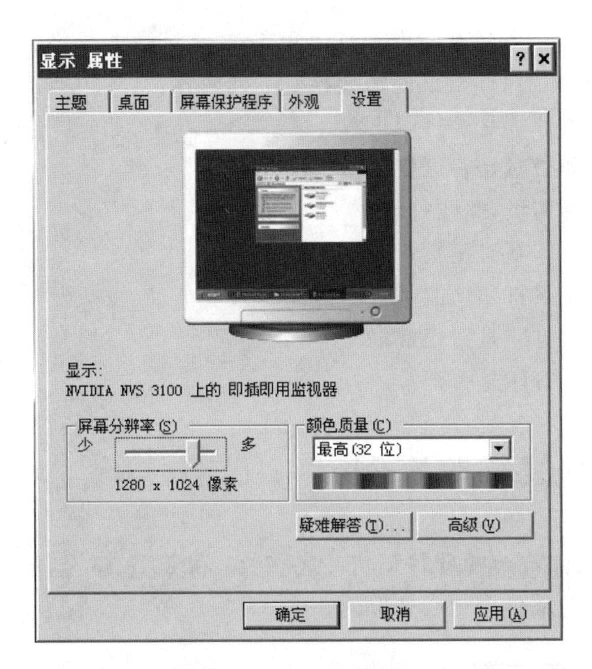

图 7-4 显示属性设置

图 7-5 监视器设置

前提下,尽可能进行一些非主流分辨率的兼容性测试,在一定程度上保证绝大部分用户均能正常使用。

进行分辨率兼容性测试时需要检查下列内容。

(1) 页面版式在指定的分辨率模式下是否显示正常。

(2) 分辨率调高后字体是否太小以至于无法浏览。

(3) 分辨率调低后字体是否太大。

(4) 分辨率调整后文本和图片是否对齐,文本或图片是否显示不全。

普通屏幕:640×480、800×600、1024×768、1280×1024、1600×1200 等。

宽屏:1280×720、1440×900、1680×1050 等。

7.5 打印测试

当网页中有一些重要的信息或用户很感兴趣的内容时,用户可能会将网页打印下来。用户在打印网页时常常会出现下列问题:在屏幕上显示的图片和文本的排版方式与打印出来的不一样,页面打印出来不美观或不便于阅读,页面内容打印不全,甚至页面无法打印等。

因此设计者在网页设计的时候要考虑到打印问题，注意排版美观、节约纸张等。测试时需要验证网页打印是否正常。打印测试时需要检查下列内容。

(1) 文字、表格、图片等是否打印正常；
(2) 没有安装打印机时是否可打印预览；
(3) 是否可以保存网页，离线打印；
(4) 忽略背景的打印是否正常；
(5) 不同操作系统下打印功能是否正常；
(6) 不同分辨率下打印是否正常；
(7) 不同浏览器下打印是否正常。

7.6 兼容性测试缺陷案例

下面的缺陷是从言若金叶软件研究中心 2013 和 2014 年全国大学生寻找产品缺陷(Find Bug)技能大赛的稿件中精心选取的。

7.6.1 页面显示乱码

缺陷标题：城市空间在 Safari 浏览器下多处链接页面文本显示乱码。
测试平台与浏览器：Windows XP ＋ Firefox 24.0 浏览器或 Safari 5.1.7。
测试步骤：
(1) 打开城市空间主页 http://www.oricity.com/。
(2) 单击【登录】、【注册】、底栏【联系我们】等链接。
期望结果：页面正常显示。
实际结果：页面文本显示乱码。如图 7-6 所示。
注：Firefox 和 Chrome 浏览器上没有此问题，如图 7-7 所示。

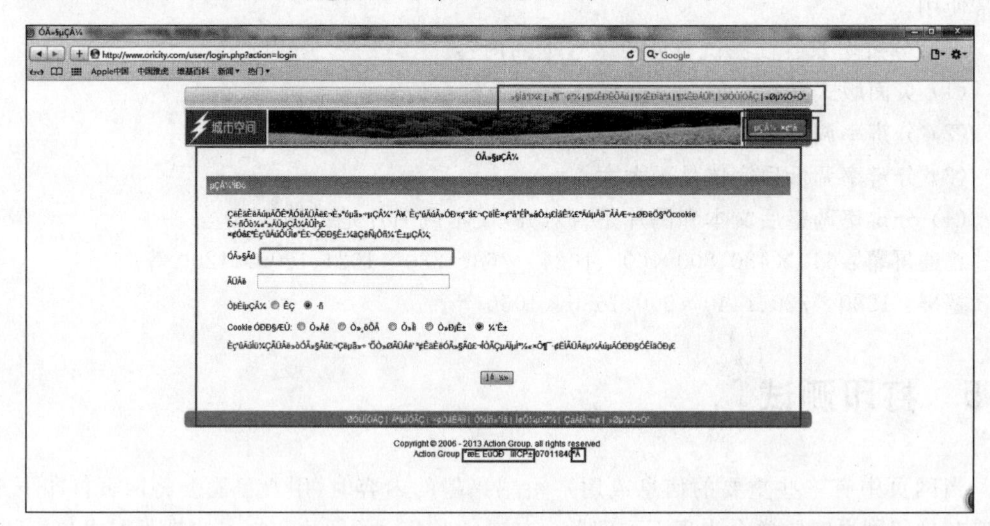

图 7-6　Safari 下的登录链接页面文本显示混乱

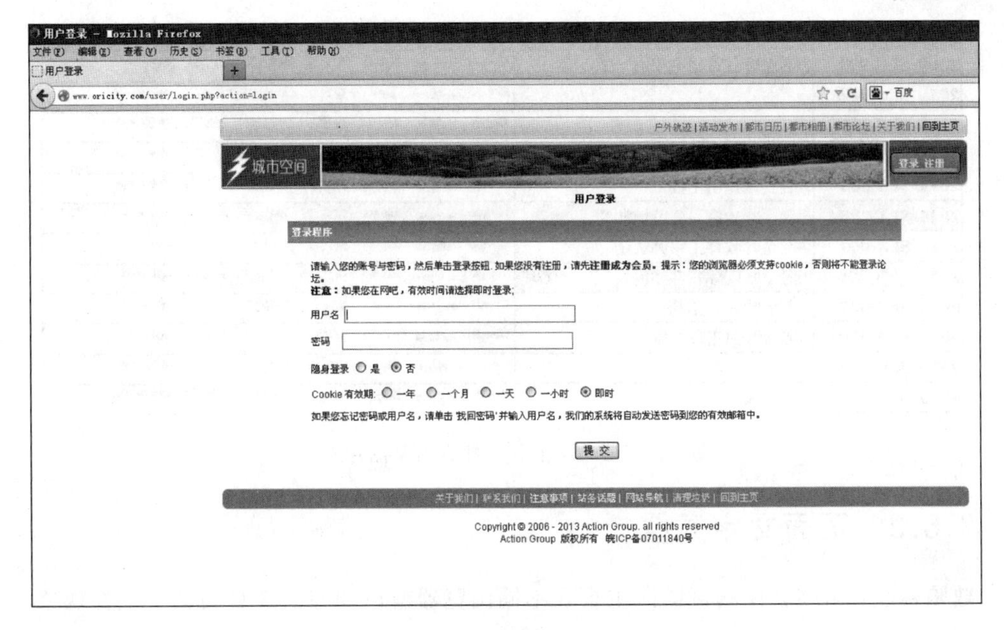

图 7-7　Firefox 下的登录链接页面显示正常

7.6.2　页面图片显示问题

缺陷标题：言若金叶软件研究中心官网主页，IE 访问有图片显示不对齐问题。

测试平台与浏览器：Windows XP ＋ IE 8/Firefox /Chrome。

测试步骤：

(1) 打开言若金叶软件研究中心官网 www.leaf520.com。

(2) 分别在 IE 与 Firefox 浏览器上观察主页信息。

期望结果：各页面元素显示正确；

实际结果：在 IE 上有界面排版的问题(各大搜索引擎图片没有对齐)，如图 7-8 所示。

注：Firefox 和 Chrome 浏览器上没有这个问题，如图 7-9 所示。

中心搜索编号	搜索关键字	各大搜索引擎收录情况
2009-SEG-001	言若金叶软件研究中心	
2010-SES-002	言若金叶	
2010-SEW-003	Worksnaps.net	
2011-SEI-004	重点大学软件工程规划教材王顺	
2011-SES-005	软件实践指南王顺	
2011-SET-006	言若金叶软件工程师培训	
2011-SEA-007	言若金叶软件工程师认证	
2011-SEO-008	言若金叶国际软件外包	
2011-SER-009	言若金叶人才招聘	
2012-SED-010	言若金叶自主软件研发	
2012-SEH-011	清华大学王顺	
2012-SEC-012	思科王顺	
2013-SEL-013	生命的足迹王顺	
2013-SER-014	诺颀软件	

图 7-8　IE 上各大搜索引擎图片没完全对齐

中心搜索编号	搜索关键字	各大搜索引擎收录情况
2009-SEG-001	言若金叶软件研究中心	Google 百度 Sogou SOSO YAHOO! 必应 有道
2010-SES-002	言若金叶	Google 百度 Sogou SOSO YAHOO! 必应 有道
2010-SEF-003	freeoutsourcing	Google 百度 Sogou SOSO YAHOO! 必应 有道
2011-SEI-004	重点大学软件工程规划教材王顺	Google 百度 Sogou SOSO YAHOO! 必应 有道
2011-SES-005	软件实践指南王顺	Google 百度 Sogou SOSO YAHOO! 必应 有道
2011-SET-006	言若金叶软件工程师培训	Google 百度 Sogou SOSO YAHOO! 必应 有道
2011-SEA-007	言若金叶软件工程师认证	Google 百度 Sogou SOSO YAHOO! 必应 有道
2011-SEO-008	言若金叶国际软件外包	Google 百度 Sogou SOSO YAHOO! 必应 有道
2011-SER-009	言若金叶人才招聘	Google 百度 Sogou SOSO YAHOO! 必应 有道
2012-SED-010	言若金叶自主软件研发	Google 百度 Sogou SOSO YAHOO! 必应 有道
2012-SEH-011	清华大学王顺	Google 百度 Sogou SOSO YAHOO! 必应 有道
2012-SEC-012	思科王顺	Google 百度 Sogou SOSO YAHOO! 必应 有道

图 7-9　Firefox 上各大搜索引擎图片对齐

7.6.3　页面文字重叠

缺陷标题：诺颀软件测试团队主页在不同浏览器窗口伸缩出现页面文字重叠现象。

测试平台与浏览器：Windows 7(64bit)＋ IE 9/Firefox 24.0。

测试步骤：

(1) 打开诺颀软件测试团队官网 http://qa.roqisoft.com。

(2) 分别在 IE 与 Firefox 浏览器窗口缩小观察主页信息。

期望结果：各页面元素显示正确。

实际结果：在 Firefox 上有文字界面排版重叠的问题，如图 7-10 所示。IE 没有该现象。

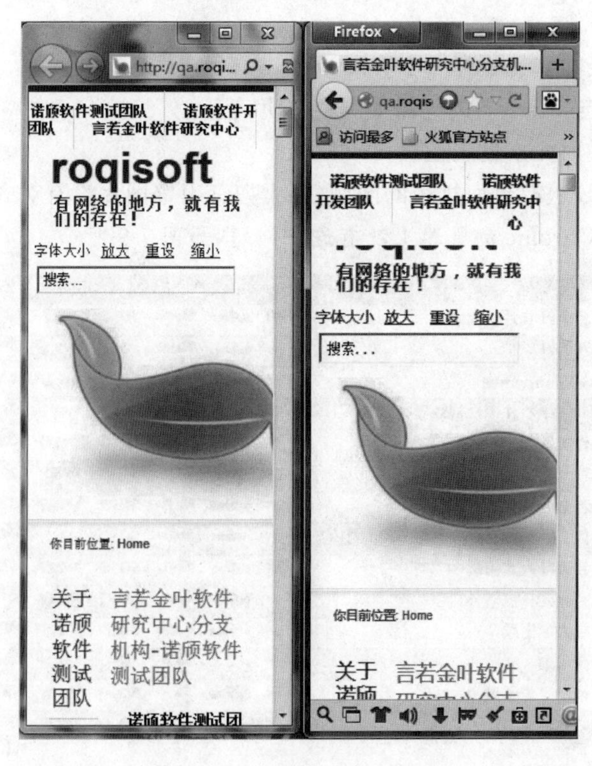

图 7-10　页面文字重叠

7.6.4 JS 错误

缺陷标题：城市空间网站导航页面出现 JS 错误。

测试平台与浏览器：Windows XP + IE 6 + IE 10。

测试步骤：

(1) 进入城市空间网站 http://www.oricity.com/。

(2) 查看页面的响应。

期望结果：页面正常显示。

实际结果：在 IE 6 中出现了 JS 错误，如图 7-11 所示。在 IE 10 中没有此问题。

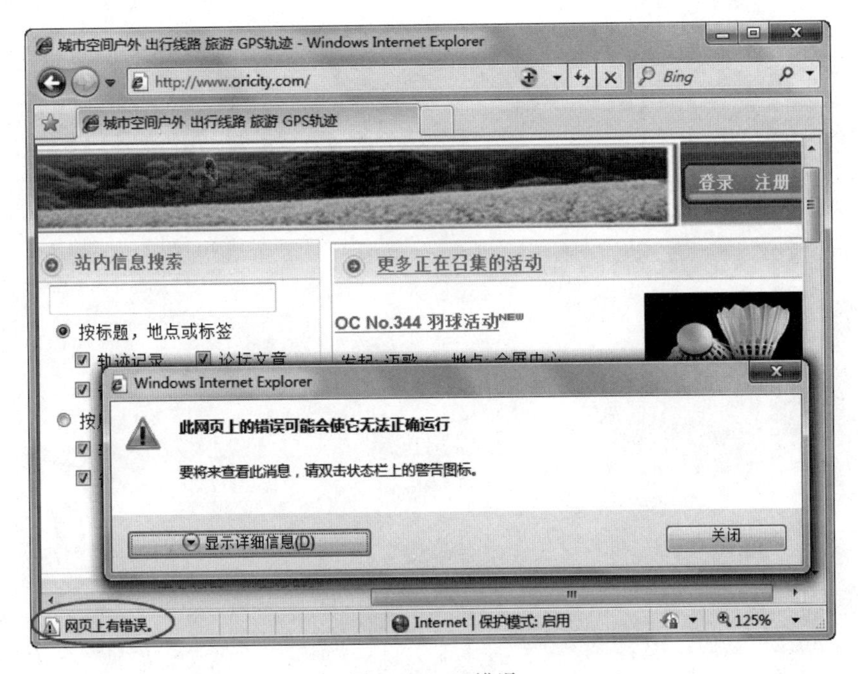

图 7-11 JS 错误

7.7 本章小结

为保证 Web 应用在用户环境下能够正常运行，需要进行兼容性测试。本章介绍了 Web 应用兼容性测试的主要内容。

操作系统兼容性测试的主要目的就是保证待测试项目(Web 应用)在指定的操作系统平台下能正常运行。

浏览器兼容性主要保证待测试项目能兼容主流浏览器，保证软件产品能够面向大多数的用户。

分辨率兼容性测试是为了页面版式在不同的分辨率模式下能正常显示。

第三篇 实 战 篇

- 第8章　博客系统测试计划
- 第9章　博客系统测试

第8章 博客系统测试计划

8.1 博客系统的安装

本案例是一个功能完善的博客系统(官方网站为 http://www.phpwind.com)。该系统从华军软件园网站下载,版本为 LxBlog 6.0(免费版)。LxBlog 6.0 博客系统是使用 PHP 开发的 Web 网站,需要安装 Apache 服务器、MySQL 数据库、PHP Hypertext preprocessor 和 phpMyAdmin。Appserv 集成了以上内容,安装便捷。下面介绍其安装步骤。

1. 安装 AppServ

双击安装文件,弹出欢迎窗口,如图 8-1 所示。单击 Next 按钮,进入组件选择窗口,如图 8-2 所示。

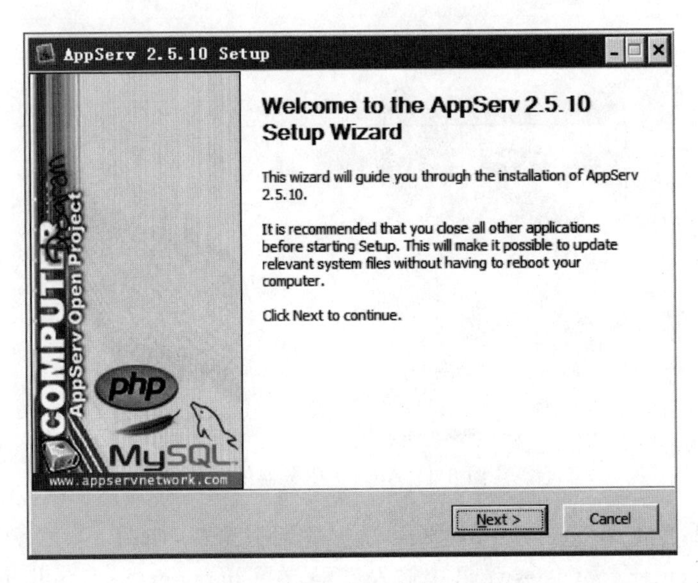

图 8-1 AppServ 安装界面

在图 8-2 中,选择 Apache HTTP server、MySQL Database、PHP Hypertext Preprocessor 和 phpMyAdmin 这 4 个选项,单击 Next 按钮,进入 Apache 服务器信息窗口,如图 8-3 所示。在 Server Name 中输入服务器地址,如 192.168.1.10;在 Adminstrator's

E-mail Address 中输入邮箱地址；在 Apache HTTP Port 中，默认是 80 端口，如果 80 端口已经占用，可以使用 8080 端口等。

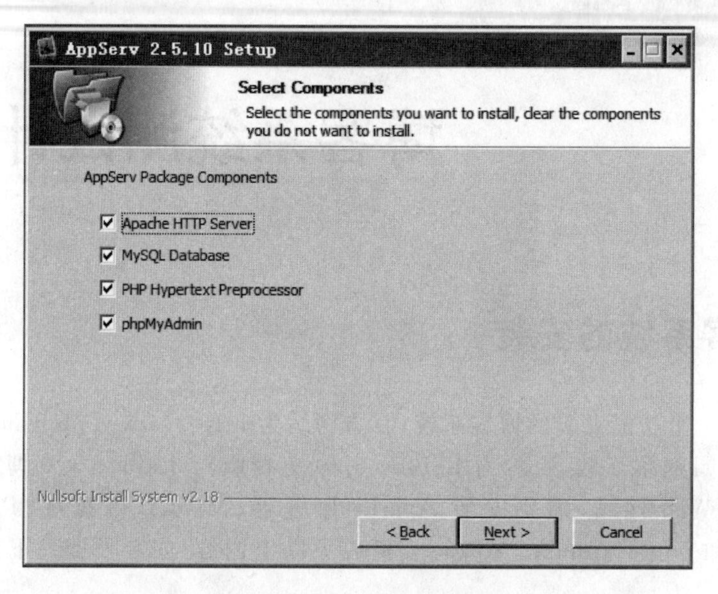

图 8-2　Appserv 安装组件选择

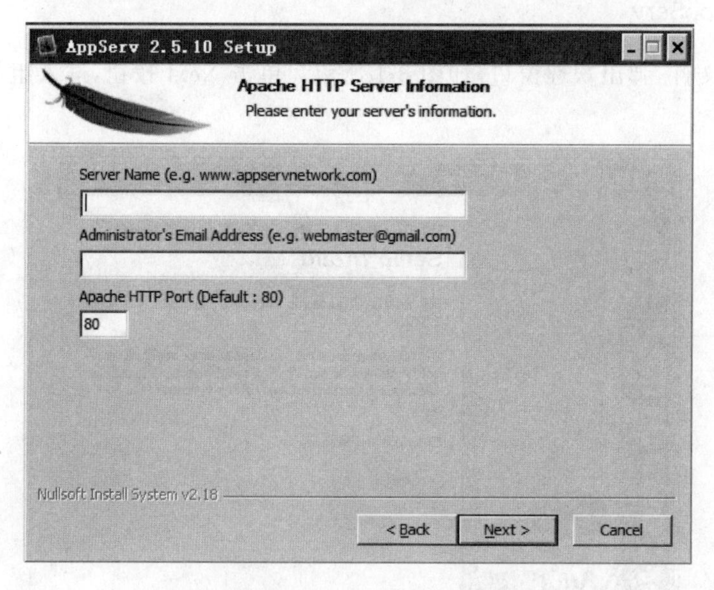

图 8-3　Apache 服务器信息

在图 8-3 中，单击 Next，进入 MySQL 数据库配置窗口，如图 8-4 所示。在 Enter root password 和 Re-enter root password 中输入密码，在 Character Sets and Collations 中选择 UTF-8 Unicode，然后单击 Install 按钮进入安装窗口（注意：请务必记住 MySQL 的密码，以后登录 MySQL 数据库时需要使用）。

如果在安装过程中，Windows 弹出安全警报，选择【解除阻止】按钮。AppServ 将继续完成安装工作。安装完成后，显示如图 8-5 所示的窗口。如果选择 Start Apache 和 Start MySQL，

AppServ 2.5.10 Setup

MySQL Server Configuration

Configure the MySQL Server instance.

Please enter Root password for MySQL Server.

Enter root password

Re-enter root password

MySQL Server Setting

Character Sets and Collations

UTF-8 Unicode

Old Password Support (PHP MySQL API function.)

Enable InnoDB

Nullsoft Install System v2.18

< Back　Install　Cancel

图 8-4　配置 MySQL 数据库

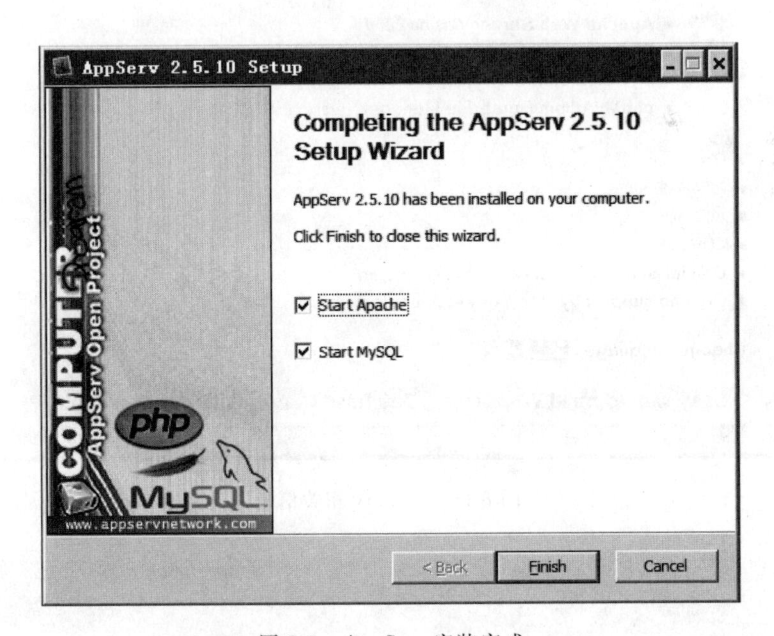

图 8-5　AppServ 安装完成

并单击 Finish 按钮，AppServ 将打开 IE 浏览器，显示 AppServ 相关信息，如图 8-6 所示。

2. 安装 LxBlog 博客系统

将 LxBlog 博客系统压缩包解压后，放在 AppServ 安装目录下的 www 文件夹中，例如将博客系统安装文件夹(Blog)放在“C:\AppServ\www”中，然后打开 IE 浏览器，在地址栏中输入“http://192.168.1.10/blog/install.php”，进入安装页面，如图 8-7 所示(注：此例中 Apache 的地址为 192.168.1.10，博客系统安装文件夹的名称为 blog)。其中各选项要填入的内容如下。数据库服务器：数据库服务器的地址；数据库用户名：root；数据库密码：安装 MySQL 数据时输入的密码；数据库名：输入博客系统的数据库名(根据自己的喜好填写)。用户名、密码、重复密码和 E-mail 根据自己的喜好填写。单击页面下面的【下一步】按钮，系统将自动进行安装。安装完成后会显示博客系统主页面和后台管理的链接地址。

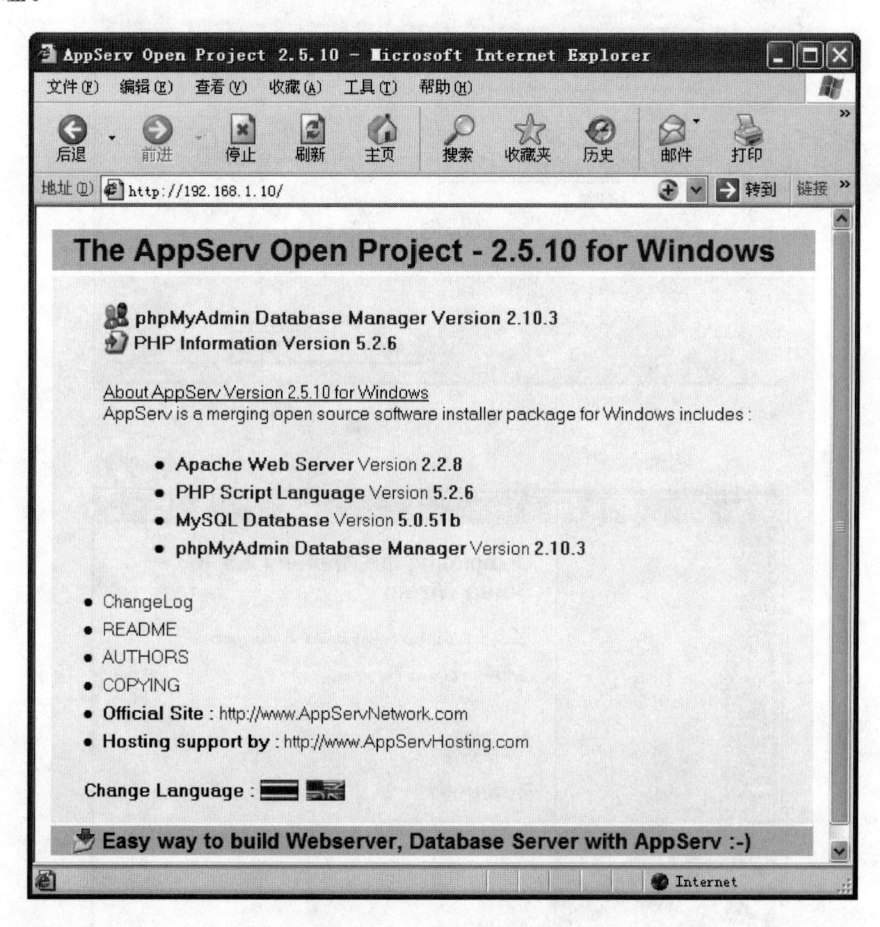

图 8-6 AppServ 相关信息

填写数据库信息与创始人信息		填写创始人信息	
数据库服务器	localhost	用户名	admin
数据库用户名	root	密码	
数据库密码		重复密码	
数据库名		Email	admin@admin.com
数据库表区分符号(非必要，请保持默认)	bg_		

图 8-7 博客系统安装页面

8.2 博客系统介绍

LxBlog 博客系统属于一般类型的应用软件，用户要求各功能使用正常，系统响应比较快，运行稳定，能满足 30 000 人正常使用。本软件系统用作学校教师的博客网站，以方便教师与学生的交流沟通。系统的用户有两类，一类是教师，是注册用户，可以建立个人主页（能够发表日志、上传照片、管理音乐等）；另一类是学生，是非注册用户（游客），只能浏览教师主页，下载资料，播放音乐，留言等。其中教师人数约为 3000 人，学生约 20 000 人。下面将该系统作为测试案例，简述如何对 Web 应用系统进行测试。

8.2.1 博客系统体系结构

博客系统为典型的 B/S 结构，客户端都是通过浏览器访问应用系统。Web 服务器为 Apache，数据库为 MySQL。浏览器和 Web 服务器之间的交互基于 HTTP 协议。HTTP 协议本身是无连接的，Web 服务器通过 Session 机制来建立一个浏览器所发出的先后连接之间的关联。

博客系统体系结构如图 8-8 所示。

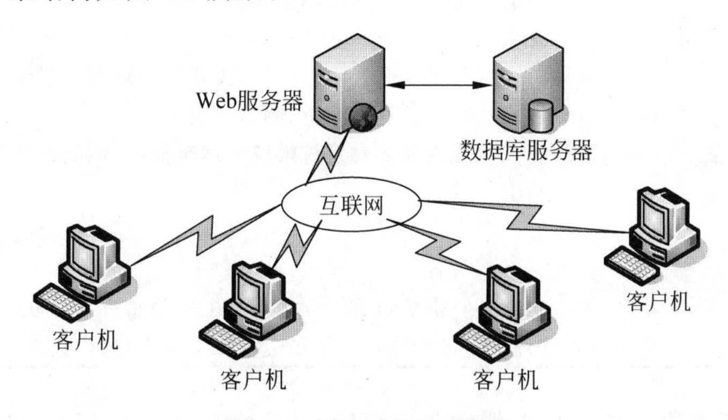

图 8-8　博客系统体系结构

用户在使用系统时，请求之后的事务逻辑处理和数据的逻辑运算由服务器与数据库系统共同完成，对用户而言是完全透明的，运算后得到的结果再通过浏览器的方式返回给用户。

本博客系统开发的软件环境如下。

（1）操作系统：Windows XP(SP2)；

（2）Web 服务：Apache；

（3）数据库：MySQL；

（4）开发语言和工具：PHP＋Zend＋PHPWIND；

（5）浏览器：IE 6.0、IE 8.0。

8.2.2 博客系统功能

博客系统分为前台功能和后台管理功能。博客系统有 3 种角色，分别为游客、用户和管理员。

前台模块的功能有注册登录、发表日志、结交朋友、记录影像、搜索文章等；后台模块的功能有核心功能、用户管理、模块管理设置、信息管理、菜单选项等。下面将对系统的各个主要模块的功能进行分析，具体见表8-1。

表8-1 系统主要模块的功能分析

编号	模块名称	模块描述
01	注册登录	游客进入系统就进入了博客首页，已经注册的用户就可直接登录博客系统；若没有注册，则单击【注册】按钮转换到注册页面，填写注册信息，注册成功后就可登录系统
02	发表日志	用户进入博客系统后就可以在自己的管理页面里添加日志，日志可以添加附件，也可以不添加，用户对日志进行相应的编辑操作后，填写验证码，单击【提交】按钮即可完成日志的发表
03	记录影像(上传照片)	记录影像模块是大部分的用户喜欢的一个功能，用户可以创建相册，上传自己喜欢的照片
04	结交朋友	该模块是博客系统中一个个性的模块，如果某个用户喜欢结交同城的博友，便可以搜索符合要求的人并进行添加好友操作
05	搜索文章	用户可以搜索自己喜欢的不同类型的文章进行阅读，并且可以留言
06	核心功能	核心功能主要是博客系统的进程优化、服务器时间校正、记录会员在线时间等设定
07	用户管理	管理员在后台可以设置用户管理，主要功能是用户组管理、未验证会员审核、账号激活、会员资料编辑、删除会员等操作
08	模块管理设置	模块管理设置主要是对系统模块的编辑操作，例如对最新文件、最新商品进行编辑
09	信息管理	信息管理是后台页面中的一个重要模块，主要包括公告管理、广告管理设置的一系列设置
10	菜单选项	菜单选项是一个功能强大的页面，在这个页面中，列出了后台的所有操作，管理员可以选择任意一项进行相关操作，这样提高了页面效率

表8-1是对系统各个模块内功能的分析，了解各个功能的作用，以便为后面的功能测试设计出更合理的测试用例。

LxBlog博客系统的功能层次结构如图8-9所示。

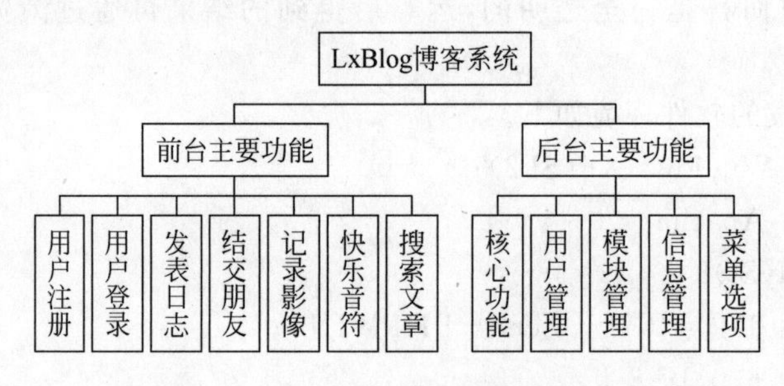

图8-9 LxBlog博客系统功能结构图

系统前台，用户登录的模式不同，其功能也会不同。下面详细介绍游客模式和用户模式的功能。

1. 游客模式

(1) 首页

① 浏览首页：包含发表日志、结交朋友、记录影像、快乐音符、打造个性等小模块，这部分功能只有游客注册成为用户后才可以查看具体的信息。

② 搜索功能：在搜索框内可搜索想要查询的日志、文章等。

③ 热点专题：查看热点问题，查询分类热点排行，主要包括技术讨论、商业金融、同城对碰、职业交流、星座奇缘、原创空间、生活休闲、技术联盟、体育联盟、车行天下，查询脚印排行。

④ 热门文章：查看最近的热门文章、热评文章、新评文章。

⑤ 最新加入：查看最新加入的用户，还可以查看写手排行、推荐博客。

⑥ 最新文章：查看最新发表的文章。

⑦ 最新相册：查看最新上传的相册信息。

⑧ 最新音乐：查看最新上传的音乐。

⑨ 快捷方式：查看最近发表的系统公告信息、朋友圈分类信息、友情链接等。

⑩ 注册：游客注册成为用户后可以进行更多的操作。

(2) 日志

用户可查看日志。日志主要分为4类：技术讨论、生活人生、经济大观、时尚动态。

(3) 相册

查看不同分类的相册。相册主要有明星写真、时装摄影、城市风光、日常生活。

(4) 音乐

查看不同分类的音乐。音乐主要有流行金曲、影视金曲、经典老歌。

(5) 朋友圈

查看不同分类的朋友圈。朋友圈主要包括技术讨论、商业金融、同城对碰、职业交流、星座奇缘、原创空间、生活休闲、体育联盟、车行天下等。

(6) 同城博客

查询来自各个省市、地区的用户。

2. 用户模式

用户除了可以享受游客能够进行的所有操作外，在博客网站还具有更多特权，主要包括以下内容。

(1) 个人主页：显示用户名、博主资料、日历、查看日志分类、文章搜索、查看最新评论、听音乐、日志存档等。

(2) 相册：查看相册列表和最新相册。

(3) 音乐：查看自己喜欢的音乐。

(4) 留言：查看最近留言列表。

(5) 管理：管理自己的博客。管理模块主要包括以下10个小模块。

① 首页：提供快速发布日志功能，填写文章标题，选择文章分类，填写内容，快速发布文章，查询最新情况。

② 日志：添加日志、日志管理、评论管理、日志备份。

③ 相册：添加相册、相册管理、评论管理。

④ 音乐：添加音乐、音乐管理、评论管理。

⑤ 朋友圈：查看我的朋友圈、朋友圈会员管理、我加入的朋友圈、朋友圈的文章管理。

⑥ 好友：查看我的好友、好友推荐文章。

⑦ 用户设置：修改个人设置，其中包括用户名、博客标题、博客访问权限等内容，同时管理我的留言、申请推荐博客、个人爱好设置。

⑧ 首页定制：页面设置、导航调用、侧栏设置、链接管理。

⑨ 风格定制：选择系统风格、管理自己的风格收藏夹。

⑩ 个人工具：附件管理、收藏管理。

3. 管理员模式

(1) 常用选项

① 核心功能：进程优化、GZIP压缩输出、强制设置编码等核心功能设置的开关显示。

② 用户管理：搜索用户操作。

③ 用户组管理：默认用户组编辑、会员组编辑、系统组编辑、特殊组编辑的相关操作。

④ 模块管理设置：查询系统模块各种分类的列表并进行编辑操作。

(2) 菜单选项

查询所有的选项按钮，快捷单击进行修改设置。

(3) 创始人选项

进行后台权限设置、修改论坛创始人、常用选项定制。

(4) 核心选项

① 核心选项设置：博客基本功能、核心功能、认证码、搜索引擎优化、前台分类显示的设置。

② 自定义导航设置：导航添加、导航管理的操作。

③ 注册登录设置：注册设置和登录设置。

④ 目录部署设置：动态目录、静态目录设置。

⑤ 发表相关设置：发表设置、附件设置、图片压缩、发表积分、Ajax设置等。

(5) 整合选项

管理员进行通行证与论坛数据整合设置。

(6) 用户选项

① 用户管理设置：用户添加、用户管理设置。

② 用户组管理设置：用户组统计、用户组管理设置。

③ 分类选项

④ 分类基本设置：日志分类、相册分类、音乐分类、商品分类、文件分类、书签分类、用户分类、朋友圈分类设置。

⑤ 分类内容设置：日志内容、相册内容、音乐内容、商品内容、文件内容、书签内容、留言内容设置。

⑥ 分类评论设置：日志评论、相册评论、音乐评论、商品评论、文件评论、书签评论的

设置。

(7) 朋友圈选项

朋友圈选项包括朋友圈设置、朋友圈管理、朋友圈文章管理设置。

(8) 模块合缓存选项

模块和缓存选项进行模块管理设置、缓存数据更新相关操作。

(9) 信息管理选项

① 公告管理设置：公告管理、公告添加设置。

② 广告管理设置：广告管理、广告添加设置。

③ 爱好管理设置：投票管理、投票添加设置。

④ 投票数据管理：爱好分类、爱好管理设置。

⑤ 标签 Tag 管理：Tag 管理。

⑥ 风格管理设置：网站风格管理、个人风格管理设置。

⑦ 网站辅助管理：宣传设置和友情链接管理。

(10) 安全过滤选项

安全过滤选项实现对相关的词语过滤、IP 禁止和其他安全设置。

(11) 系统工具选项

系统工具选项实现数据库管理、数据库备份、数据库恢复、数据库修复操作。

8.3 博客系统测试计划

8.3.1 测试需求

本次测试的目标是对博客系统进行较全面的系统级测试，检查核心模块功能是否正确，验证系统性能是否满足用户需求，检查系统是否存在安全性、兼容性、易用性等方面的问题。测试之后，给出完整的测试报告和修改建议。本次测试主要包括以下几个方面的测试。

1. 功能测试

在功能测试中，主要测试登录模块、发表日志模块和相册模块，并进行链接测试，检查各链接是否正常。各个模块功能测试需求见表 8-2。

表 8-2 各个模块功能测试需求

功能模块	功能描述	需求标识	测试需求/测试要点
用户登录	游客可以注册成为用户，并进行登录操作	REQ-01	用户登录包括用户名、密码、验证码、有效期等选项 全部信息填写正确单击【提交】按钮，系统能自动登录主页 用户名不重复，且大小写能区分 用户名长度在 3～16 位，不能包含特殊字符 密码长度在 4～16 位之间

续表

功能模块	功 能 描 述	需求标识	测试需求/测试要点
发表日志	用户可以在自己的主页发表日志	REQ-02	用户正确登录个人主页系统并进入发表日志页面 日志标题控制在100B以内 如果选择心情按钮后,发表的日志中有心情图标 文章内容最新长度应该在3～5000B以下 日志中可以上传附件
上传照片	用户可以创建相册并上传照片	REQ-03	用户正确登录个人主页系统并进入相册页面 相册标题最小在3B以上 上传照片格式为jpg、gif格式 上传附件大小为102 400B以内

2. 性能测试

性能测试中,需要测试不同负载下系统的表现,并获得系统的响应能力、负载能力、吞吐率和资源利用率等性能指标。根据测试结果分析系统性能。在此主要测试多个用户同时登录系统、发表日志、上传照片等操作的性能。

性能测试时需要对系统的业务流程进行分析,设计出测试用例。然后根据测试用例编写测试脚本,并根据需求分析制定相应的场景,执行测试脚本,对系统施加压力。在测试过程中监视各种性能指标和数据,最后根据数据分析出系统可能存在的性能瓶颈,并给出调优建议。

3. 安全性测试

安全性测试主要是根据一些常见的漏洞设计一些攻击方法和测试用例;攻击系统,验证系统是否存在这些常见的漏洞;最后得出系统的漏洞列表以及修复的方法。

4. 用户界面测试

用户界面测试是检查系统在界面上的问题,如单词的拼写错误、按钮大小不一致、图片显示不全等,尽可能找出所有界面上的问题。

5. 兼容性测试

兼容性测试主要是查看系统在不同的浏览器、不同的操作系统、不同的分辨率下的表现,测试系统在兼容性方面的能力。

8.3.2 测试资源

1. 测试环境

(1) 硬件设备:服务器,笔记本电脑。

(2) 软件环境

① 操作系统:Windows 7(Microsoft Windows7 64 位)、Windows XP(WinXP2002 Service Pack3);

② Web 服务器：Apache；

③ 数据库：MySQL；

④ 相关软件：HP Quick Test 11、HP Loadrunner 11、IBM Rational AppScan8.7、Xenu Link Sleuth、IE 浏览器等。

(3) 网络环境：学校内部的以太网，与服务器的连接速率为 100MB/s，与客户端的连接速率为 10/100MB/s 即可。

2. 测试工具

功能测试运用手工测试和自动化测试相结合的方式。对于自动化功能测试，采用 HP UFT；在链接测试中，采用 Xenu Link Sleuth；性能测试工具采用 HP LoadRunner。测试本系统用到的工具如表 8-3 所示。

表 8-3 测试工具

用 途	工 具	生产厂商/自产	版 本
性能测试	LoadRunner	HP	LoadRunner 11 试用版
链接测试	Xenu Link Sleuth	Xenu	Xenu Link Sleuth1.38
自动化测试	Quick Test	HP	QuickTest 11 试用版
安全性测试	AppScan	IBM	AppScan8.7 试用版

3. 文档资料

对博客系统进行系统测试，需要参阅软件需求文档、可行性分析报告、模块开发手册等资料。

测试需要提交的文档有：

(1) 测试计划；

(2) 测试用例设计文档；

(3) 测试脚本；

(4) 测试执行报告；

(5) 测试缺陷报告；

(6) 测试总结报告。

8.3.3 测试策略

1. 功能测试

功能测试的目的是确保系统的功能正常，如导航、数据输入、处理是否正确，以及业务规则的实施是否恰当。对交互的输出或结果进行分析，以核实应用程序的功能。

本次功能测试的重点是登录模块、发表日志模块和相册模块，测试策略定义见表 8-4～表 8-6。

备注：不是所有模块的缺陷都能在一定的时间内解决，根据缺陷的优先级别来划分解决的百分比，只能力争 100%的解决(这是一种理想情况)。

表 8-4 登录模块测试策略

测试策略项	登录模块测试
测试类型	功能测试
测试技术	10%用手工测试,90%用 HP Quick Test 测试工具自动测试
测试通过/失败标准	100%测试用例通过,并且所有缺陷全部解决
特殊考虑	无

表 8-5 发表日志模块测试策略

测试策略项	发表日志模块测试
测试类型	功能测试
测试技术	手工测试
测试通过/失败标准	100%测试用例通过,并且所有缺陷全部解决
特殊考虑	需要进行表单测试和数据库测试

表 8-6 相册模块测试策略

测试策略项	相册模块
测试类型	功能测试
测试技术	手工测试
测试通过/失败标准	100%测试用例通过,并且所有缺陷全部解决
特殊考虑	可使用场景测试法

在功能测试中,设计测试用例要注意以下几点。

(1) 测试项目的输入域要全面。要有合法数据的输入,也要有非法数据的输入。

(2) 划分等价类,提高测试效率。在考虑测试域全面性的基础上,要划分等价类,选择有代表意义的少数用例进行测试,提高测试效率。

(3) 要适时利用边界值进行测试,并选取一些特殊值作为补充。

(4) 重复递交相同的事务。

(5) 不按照常规的顺序执行功能操作(即随机测试或者探索性测试)。

(6) 执行正常操作,观察输出的结果是否异常。

2. 性能测试

性能测试主要是对响应时间、事务处理速率和其他与时间相关的需求进行评测和评估,核实系统性能需求是否都已满足。

性能测试的内容很多,本次性能测试中重点进行用户并发性能测试。

对核心功能模块进行用户并发测试,可以知道数据库服务、操作系统、网络设备等是否能够承受住考验,同时可以对瓶颈进行分析。

本次进行用户并发测试的模块有登录模块、发表日志模块和相册模块。测试策略见表 8-7～表 8-10。

表 8-7 登录模块并发性能测试

测试策略项	登录模块并发测试
测试技术	采用 LoadRunner 测试工具进行自动化测试
测试通过/失败标准	80% 的事务平均响应时间不超过 8 秒,每一事务的响应时间不超过 10 秒
特殊考虑	(1) 可创建“虚拟的”用户负载来模拟多个(通常为数百个)客户机 (2) 最好使用多台实际客户机(每台客户机都运行测试脚本)在系统上添加负载 (3) 多用户不同网络条件下的连接速度是否满足要求

表 8-8 发表日志并发性能测试

测试策略项	发表日志模块并发测试
测试技术	采用 LoadRunner 测试工具进行自动化测试
测试通过/失败标准	80% 的事务平均响应时间不超过 8s,每一事务的响应时间不超过 15s
特殊考虑	(1) 可创建“虚拟的”用户负载来模拟许多个(通常为数百个)客户机 (2) 最好使用多台实际客户机(每台客户机都运行测试脚本)在系统上添加负载 (3) 对用户提交的表单进行检查

表 8-9 相册模块并发性能测试

测试策略项	相册模块并发测试
测试技术	采用 LoadRunner 测试工具进行自动化测试
测试通过/失败标准	80% 的事务平均响应时间不超过 10s,每一事务的响应时间不超过 15s
特殊考虑	(1) 可创建“虚拟的”用户负载来模拟多个(通常为数百个)客户机 (2) 最好使用多台实际客户机(每台客户机都运行测试脚本)在系统上添加负载 (3) 上传照片时,考虑不同大小的附件

表 8-10 组合模块并发性能测试

测试策略项	组合模块并发测试
测试技术	采用 LoadRunner 测试工具进行自动化测试
测试通过/失败标准	80% 的事务平均响应时间不超过 10s,每一事务的响应时间不超过 15s
特殊考虑	(1) 组合模块包括登录模块、发表日志模块、相册模块 (2) 可创建“虚拟的”用户负载来模拟许多个(通常为数百个)客户机 (3) 根据用户实际使用情况分配各业务模块的用户数目

备注:在进行并发测试时需要分析出每天在什么时间各个模块使用的用户最多,这样可以计算出平均虚拟用户数和最大虚拟用户数。

3. 用户界面测试

用户界面测试用于核实用户与软件之间的交互是否正常。本次界面测试中,需核实下列内容。

(1) 确保各种浏览以及各种访问方法(鼠标移动、快捷键等)都使用正常;

(2) 确保窗口对象及其特征(菜单、大小、位置、状态和中心)都符合标准。

用户界面测试的检查项可参考表 8-11。

表 8-11 用户界面测试检查项

检查项	测试人员的类别及其评价
窗口切换、移动、改变大小时是否正常	
各种界面元素的文字是否正确(如标题、提示等)	
各种界面元素的状态是否正确(如有效、无效、选中等状态)	
各种界面元素是否支持键盘操作	
各种界面元素鼠标操作是否正确	
对话框中的缺省焦点是否正确	
数据项能否正确回显	
对于常用的功能,用户能否不必阅读手册就能使用	
执行有风险的操作时是否有“确认”、“放弃”等提示	
操作顺序是否合理	
按钮排列是否合理	
导航帮助是否明确	
提示信息是否规范	
在不同的浏览器下用户界面的所有元素显示是否正常	
在调整分辨率的情况下用户界面的所有元素显示是否正常	
在同一种浏览器下,浏览器的版本不同用户界面显示是否正常	

4. 安全性测试

通过非法登录、漏洞扫描、模拟攻击等方式检测系统的认证机制、加密机制、防病毒功能等安全防护策略的健壮性。

5. 兼容性测试

通过硬件兼容性测试、软件兼容性测试和数据兼容性测试来考察软件的跨平台、可移植的特性。

8.3.4 测试标准

在做测试前,要先制定出各项测试标准,对不同的软件项目,测试的侧重点不同,所关注的性能指标也不同,因此测试的标准也不同。

1. 测试特征

功能性(40%)、效率(25%)、可靠性(25%)、可移植性(25%)、可维护性(5%)。

2. 输出准则

(1) 文档:系统测试说明、系统测试报告。

(2) 覆盖率:计划测试覆盖率98%以上,执行测试覆盖率100%。

(3) 功能质量标准:缺陷遗留数中严重缺陷0个,较严重缺陷5个,一般缺陷10个,次要缺陷20个。

(4) 性能质量标准。

① 单个事务或单个用户:在每个事务所预期或要求的时间范围内成功地完成测试脚

本,没有发生任何故障。响应时间不超过 8s。

② 多个事务或多个用户:在可接受的时间范围内成功地完成测试脚本,没有发生任何故障。10 个用户时,90%的事务平均响应时间不超过 5s,每一事务的响应时间不超过 10s;50 个用户时,90%的事务平均响应时间不超过 8s,每一事务的响应时间不超过 15s;100 个并发用户时,90%的事务平均响应时间不超过 10s,每一事务的响应时间不超过 20s。

3. 缺陷严重级别定义

表 8-12 缺陷等级划分表

级别	缺陷严重等级	严重程度
1	严重缺陷	不能执行正常工作或重要功能,使系统崩溃或者资源严重不足
2	较严重缺陷	严重影响系统要求或基本功能的实现,且没有办法更正
3	一般缺陷	严重影响系统要求或基本功能的实现,但存在合理的办法更正
4	次要缺陷	使操作者不方便或者遇到麻烦,但不影响执行工作或功能的实现
5	改进型缺陷	对系统使用的友好型有影响

4. 系统响应时间判断原则

(1) 系统业务响应时间小于 2s,判为优秀,用户对系统感觉很好。

(2) 系统业务响应时间在 2~5s,判为良好,用户对系统感觉一般。

(3) 系统业务响应时间在 5~10s,判为及格,用户对系统感觉勉强接受。

(4) 系统业务响应时间超过 10s,判为不及格,用户无法接受系统的响应速度。

博客系统测试

在本案例中的功能测试部分，重点介绍登录模块、发表日志和相册的功能测试，以及系统的链接测试。

9.1 博客系统功能测试

9.1.1 用户登录测试

用户进行登录操作时需要输入用户名、密码和验证码，然后单击【登录】按钮或者按回车键。如果用户名、密码和验证码均正确，即可登录系统，否则给出相应提示。用户登录界面如图 9-1 所示。另外，网站中还有一个单独的登录页面，其测试方法与此相似。

登录模块功能比较简单，进行测试时除了要验证登录功能是否正确，还要检查登录模块的安全性、易用性等非功能特性。下面对主页上的登录模块进行功能测试。

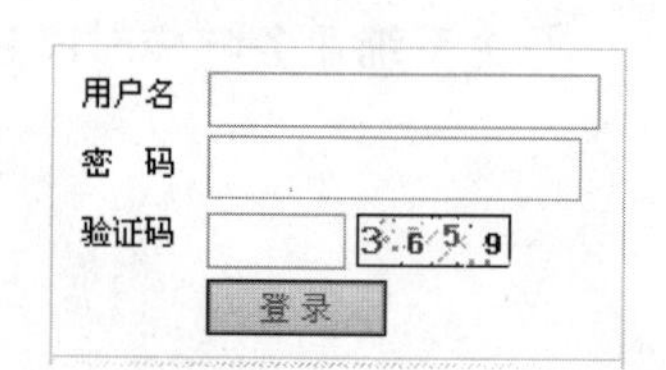

图 9-1　登录界面

1. 测试用例设计

对登录模块进行测试时，需要验证系统的登录功能是否正常。一方面是用已经注册的用户进行验证，输入正确的用户名、正确的密码和正确的验证码，能够成功登录进入系统，并跳转到相应页面；另一方面，还要考虑各种特殊情况，验证系统是否能进行恰当的处理。根据登录操作的特点，采用等价类和边界值方法设计测试用例。登录个人主页的测试用例如表 9-1 所示。

表 9-1　登录个人主页测试用例

项目名称	登录功能测试	项目编号	Login		
模块名称	登录	开发人员	Liu yang		
测试类型	功能测试	参考信息	需求规格说明书、设计说明书		
优先级	中	用例作者	Wang	设计日期	2014.6.10
测试方法	手工测试和自动化测试相结合(黑盒测试)	测试人员	Lan	测试日期	2014.6.20
测试对象	测试系统登录功能是否正确				
前置条件	存在正确的用户名和密码，登录页面正常装载(已注册的两个用户：用户名为 wang，密码为 123456；用户名为 lan，密码为 Lan123)				

续表

用例编号	操　　作	输入数据	预期结果	实际结果	测试状态(P/F)
Login_01	输入正确的用户名、正确的密码和正确的验证码,单击【登录】按钮	用户名：wang 密码：123456 验证码：图片中的数字	正常登录	正常登录	P
Login_02	输入正确的用户名、正确的密码和正确的验证码，按Enter键	用户名：wang 密码：123456 验证码：图片中的数字	正常登录	正常登录	P
Login_03	用户名错误(未区分大小写),其余输入项正确,单击【登录】按钮	用户名：WanG 密码：123456 验证码：图片中的数字	提示"用户名不存在或错误"	正常登录,用户名未区分大小写	F
Login_04	用户名正确,密码错误(未区分大小写),验证码正确,单击【登录】按钮	用户名：lan 密码：lan123 验证码：图片中的数字	提示"密码错误,您还可以尝试5次"	提示"密码错误,您还可以尝试5次"	P
Login-05	输入错误的用户或者未注册的用户名,单击【登录】按钮	用户名：jew 密码：123456 验证码：图片中的数字	提示"用户名jew不存在",并清空用户名输入框	返回登录页面时,未清空用户名输入框	F
Login_06	用户名和验证码输入正确,密码首次输入错误,单击【登录】按钮	用户名：wang 密码：12ertf 验证码：图片中的数字	提示"密码错误,您可以尝试5次",并清空密码输入框	提示"密码错误,您可以尝试5次",并清空密码输入框	P
Login_07	用户名和验证码输入正确,密码第二次输入错误,单击【登录】按钮	用户名：wang 密码：wer123 验证码：图片中的数字	提示"密码错误,您可以尝试4次",并清空密码输入框	提示"密码错误,您可以尝试4次",并清空密码输入框	P
Login_08	用户名和验证码输入正确,密码第三次输入错误,单击【登录】按钮	用户名：wang 密码：wer123 验证码：图片中的数字	提示"密码错误,您可以尝试3次",并清空密码输入框	提示"密码错误,您可以尝试3次",并清空密码输入框	P
Login_09	用户名和验证码输入正确,密码第四次输入错误,单击【登录】按钮	用户名：wang 密码：wer123 验证码：图片中的数字	提示"密码错误,您可以尝试2次",并清空密码输入框	提示"密码错误,您可以尝试2次",并清空密码输入框	P
Login_10	用户名和验证码输入正确,密码第五次输入错误,单击【登录】按钮	用户名：wang 密码：123123 验证码：图片中的数字	提示"密码错误,您可以尝试1次",并清空密码输入框	提示"密码错误,您可以尝试1次",并清空密码输入框	P

续表

用例编号	操 作	输入数据	预期结果	实际结果	测试状态(P/F)
Login_11	用户名和验证码输入正确,密码第六次输入错误,单击【登录】按钮	用户名：wang 密码：123123 验证码：图片中的数字	提示"已经连续6次密码输入错误,您将在10分钟内无法正常登录"	提示"已经连续6次密码输入错误,您将在10分钟内无法正常登录"	P
Login_12	输入错误的用户名和错误的密码,验证码正确,单击【登录】按钮	用户名：wanyy 密码：dw54f 验证码：图片中的数字	提示"用户名wanyy不存在",并清空输入框	返回登录页面时,未清空用户名输入框	F
Login_13	用户名、密码正确,验证码输入错误,单击【登录】按钮	用户名：wang 密码：123456 验证码：输入的数字与图片中的数字不一致	提示"验证码不正确"	提示"验证码不正确"	P
Login_14	用户名为空,验证码正确,单击【登录】按钮	用户名： 密码：123456 验证码：图片中的数字	提示"请输入用户名"	出现"用户名不存在"提示	F
Login_15	用户名和验证码正确,密码为空,单击【登录】按钮	用户名：wang 密码： 验证码：图片中的数字	提示"必填项为空"	提示"必填项为空"	P
Login_16	用户名和密码正确,验证码为空,单击【登录】按钮	用户名：wang 密码：123456 验证码：	提示"验证码不正确"	提示"验证码不正确"	P
Login_17	用户名和密码为空,验证码正确	用户名： 密码： 验证码：图片中的数字	提示"必填项为空"	提示"必填项为空"	P
Login_18	用户名正确,密码和验证码为空,单击【登录】按钮	用户名：wang 密码： 验证码：	出现"必填项为空"提示框	出现"必填项为空"提示框	P
Login_19	用户名和验证码为空,只输入密码,单击【登录】按钮	用户名： 密码：123456 验证码：	提示"必填项为空"	提示"必填项为空"	P
Login_20	用户名、密码和验证码均为空,直接单击【登录】按钮	用户名： 密码： 验证码：	提示"必填项为空"	提示"必填项为空"	P
Login_21	用户名正确,但其后有一至多个空格,密码和验证码正确,单击【登录】按钮	用户名：wang+2个空格 密码：123456 验证码：图片中的数字	正常登录	正常登录,能自动去除字符串后面的空格	P

续表

用例编号	操　　作	输入数据	预期结果	实际结果	测试状态(P/F)
Login_22	用户名和验证码正确，密码正确，但其后有一至多个空格	用户名：wang 密码：123456＋3个空格 验证码：图片中的数字	提示“密码错误，您还可以尝试5次”	提示“密码错误，您还可以尝试5次”	P
Login_23	用户名正确，但前面有空格，验证码和密码正确	用户名：空格＋wang 密码：123456 验证码：图片中的数字	正常登录	提示“用户名不存在”	F
Login_24	用户名和密码正确，验证码正确，但其后有一至多个空格	用户名：wang 密码：123456 验证码：图片中的数字＋2空格	提示“认证码不正确”	提示“认证码不正确”	P
Login_25	输入用户名，等待较长时间才输入密码和验证码	用户名：wang 等待5分钟输入密码：123456 验证码：图片中显示的数字	正常登录	正常登录，转入对应的系统页面	P
Login_26	输入用户名，马上切换到其他程序，过一段时间再切换回来	用户名：wang 切换到Word程序，过1分钟再切换回来	光标位置应停在原处	光标位置应停在原处	P
Login_27	在用户名框中输入超长字符串	用户名：257个字符 密码：123456 验证码：图片中显示的数字	提示“用户名不存在”	提示“用户名不存在”	P
Login_28	在密码框中输入超长字符串	用户名：wang 密码：300字符 验证码：图片中显示的数字	提示“密码错误”	提示“密码错误”	P
Login_29	输入用户名、密码和验证码，单击【登录】按钮	用户名：OR 'a'='a' 密码：123456 验证码：图片中显示的数字	提示“用户名不存在”	提示“用户名不存在”	P
Login_30	输入用户名、密码和验证码，单击【登录】按钮	用户名：<script>alert(\'xss')</script> 密码：123456 验证码：图片中显示的数字	提示“用户名不存在”	提示“用户名不存在”	P

续表

用例编号	操　作	输入数据	预期结果	实际结果	测试状态(P/F)
Login_31	登录成功后，单击【注销】按钮		用户处于退出状态	用户处于退出状态	P
Login_32	用户【注销】后，单击登录按钮		打开登录页面		P
Login_33	登录成功后，单击【刷新】按钮		用户仍然处于登录状态		P
Login_34	登录成功后，在其他计算机上用同样的用户名登录	用户名：wang 密码：123456 验证码：图片中显示的数字	提示"zhang 不能重复登录"	提示"zhang 不能重复登录"	P
Login_35	多个不同的用户登录系统	检查用户信息	用户信息正确，没有串号问题	用户信息正确	P
Login_36	登录后，1小时内未在页面活动，再次单击页面		提示输入密码	提示输入密码	P
Login_37	登录成功后，复制URL地址，在其他计算机上打开页面		需要重新登录	需要重新登录	P
Login_38	单击验证码图片	鼠标移至验证码图片上，单击鼠标	图片中显示新的4位数字	图片中显示新的4位数字	P
Login_39	按Tab键两次	光标在用户名框内	光标可依次移动到密码输入框和验证码输入框	Tab键功能正常使用	P
Login_40	在用户名输入框中按BackSpace键(←)	用户名：wangyang	依次删除字符	BackSpace键能正常使用	P
Login_41	在文本输入框中使用左右箭头	在用户名输入框中使用左右箭头	光标必须能跟踪到相应位置	左右箭头能正常使用	P
Login_42	输入用户名，选中输入，按Delete键		能正常删除	Delete键能正常使用	P
Login_43	输入用户名，选中输入，按Ctrl+C键，在Word中按Ctrl+V键	用户名：wang	Word中可复制到用户名	Word中可复制到用户名	P
Login_44	输入密码后，选中输入，按Ctrl+C键，在Word中按Ctrl+V键	用户名：wang 密码：123456	Word中不可复制到密码	Word中不可复制到密码	P
Login_45	输入用户名后，从Word中拷贝密码至密码输入框	用户名：wang 密码：123456	输入框以"●"的方式显示密码	输入框以"●"的方式显示密码	P

续表

用例编号	操　作	输入数据	预期结果	实际结果	测试状态(P/F)
Login_46	在用户名输入框内单击		光标必须能跟踪到相应位置	鼠标功能正常	P
Login_47	在用户名输入框内双击		输入框内文本被选中	输入框内文本被选中	P
Login_48	输入用户名、密码和验证码,按回车键	用户名：wang 密码：123456 验证码：图片中显示的数字	登录成功	登录成功	P

注：设计测试用例时,实际结果和测试状态(P/F)两项为空,执行测试时填写这两项。

2. 准备测试脚本

在本测试中,使用 Quick Test 进行测试。有关 Quick Test 的使用方法请参考 Quick Test 使用指南和在线帮助。在录制之前需要解决页面中的验证码给"录制—回放"带来的问题。在此采用"后门法",在代码中设定一个所谓的"万能验证码"。本例中万能验证码的值为 1234。在安装目录中,找到 ck.php 文件,用记事本打开,文件中第 17 行：

```
$ nmsg = num_rand(4);
```

将其修改为：

```
$ nmsg = '1234';
```

这样验证码就不是变化的,而是固定值 1234。

(1) 录制测试脚本

启用 QuickTest 工具,在 URL 地址栏输入博客网站的地址,单击 Record 按钮,开始录制。录制时生成的脚本如下。

```
Browser("LxBlog - powered by lxblog.net").Page("LxBlog - powered by lxblog.net").
WebEdit("pwtypev").Set "wang"
Browser("LxBlog - powered by lxblog.net").Page("LxBlog - powered by lxblog.net").
WebEdit("pwpwd").SetSecure "48829ccf8ebcdcbfd69f4a7146998047c41c"
Browser("LxBlog - powered by lxblog.net").Page("LxBlog - powered by lxblog.net"). WebEdit
("gdcode").Set "1234"
Browser("LxBlog - powered by lxblog.net").Page("LxBlog - powered by lxblog.net").
WebButton("登 录").Click
Browser("LxBlog - powered by lxblog.net").Page("LxBlog - powered by lxblog.net_2"). Link
("注销").Click
```

录制的脚本用关键字方式表示,其格式如图 9-2 所示。

(2) 增强脚本

录制好测试脚本后,需要增强脚本。

图 9-2 关键字视图的测试脚本

对于登录模块中的用户名文本框和密码文本框，使用参数化方式将前面测试用例的数据导入脚本中。另外，对该页面的测试还要插入文本检查点和图像检查点。为了使测试脚本简洁，提高测试效率，将对用户名文本框和密码文本框的检查作为一个测试脚本，将对页面上的文本和图像的检查作为另一个脚本。

用户名文本框和密码文本框参数化界面如图 9-3 所示。增强后的测试脚本文件名为 login_parameter。

3. 执行测试

分别运行各测试脚本，获得测试结果。

进行参数化后，运行脚本的次数由用户名和密码数据对的个数决定，每执行一次，QuickTest 就会在数据表中读入对应的一组数据。在 login_parameter 脚本中，设计了 30 组测试数据，在执行 login_parameter 脚本时，就运行了 30 次。运行结束后，QuickTest 弹出测试执行结果页面，显示每次运行的测试结果。由于用户名和密码有些是不正确的，因此不能正常登录。对于不能正常登录的情况，系统都将弹出提示页面，QuickTest 在迭代（多次）执行过程中，将自动关闭弹出的提示页面。

通过自动化测试，不难看出自动化测试的好处，它可以提高执行效率，并可避免人工进行烦琐数据输入操作，而且可以避免人为的一些错误。

除了通过运行自动化测试脚本进行测试以外，我们还补充了一些手动测试，将不易用自

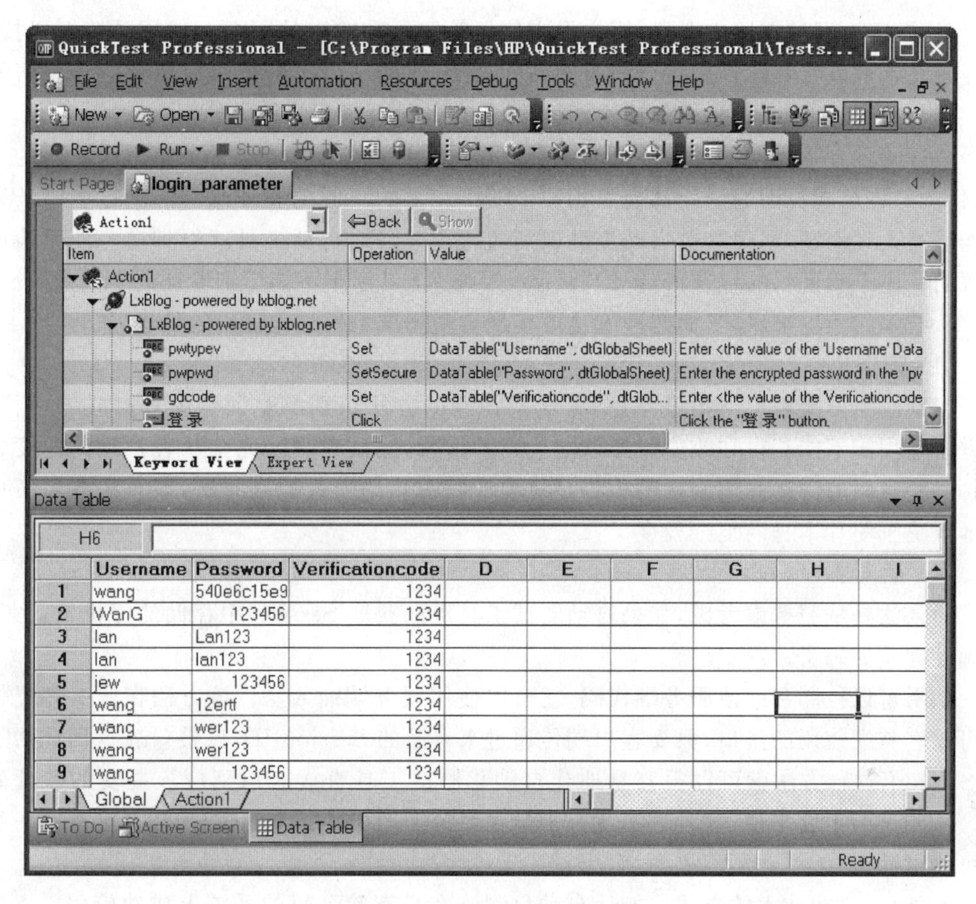

图 9-3 登录模块参数化脚本

动化工具执行的用例用手工执行。手动测试就是直接按照测试用例的要求，输入测试数据，观察运行的结果与预期结果的异同，以判断测试是否通过。在这里主要使用特殊值测试或错误推测法设计测试用例，并执行测试，使测试更完善。

4. 测试结果

通过手动测试和自动化测试，发现 4 个轻微的缺陷，见表 9-2。

表 9-2 用户登录模块 BUG 列表

BUG 编号	BUG 描述	用 例 编 号	严重级别
BUG_Login_01	用户名不区分大小写	Login1_03	一般
BUG_ Login _02	用户名错误，重新返回登录界面时，用户名输入框未清空	Login1_05，Login1_12	一般
BUG_ Login _03	用户名为空，单击【登录】按钮，提示信息不正确	Login1_14	一般
BUG_ Login _04	正确的用户名前面有空格，不能成功登录（验证用户名时，未清除用户名前面的空格）	Login_23	一般

补充：自动化测试中验证码的解决方案

目前，不少网站在用户登录、用户提交信息等登录和输入的页面上使用了验证码技术。验证码技术可以有效防止恶意用户对网站的滥用，使网站可以有效避免用户信息失窃等问题。但与此同时，验证码技术的使用却使 Web 自动化测试面临较大的困难。

验证码具有随机性和不易被自动工具识别的特点，当用户访问某个使用验证码的页面时，每次对该相同页面的访问都会得到一个随机产生的不同的验证码，并且，这些验证码具有能够被人工识别，但很难被自动工具识别的特点，这样，自动工具就很难适应使用验证码的页面。由于验证码的存在，传统的"录制－回放"工具由于不能识别验证码而失效。

从技术的角度来看，下面两种方法可实现自动测试工具对验证码的处理。

(1) 识别法

识别法完全从客户端角度考虑，靠模式识别的方法识别出验证码图片对应的字符串。该方法适用于不能获得和改变服务器端代码的情况，测试者只能完全从客户端的角度想办法解决验证码的问题。识别法的核心是对验证码图片的模式识别算法，该算法的可实现性基本取决于图片本身的复杂程度。

(2) 插入法

插入法是从服务端考虑，如果自动测试工具可以获取 Session 中存储的随机数，也就能正确处理验证码了。

如果可以控制和修改服务端代码，就可以使用服务端插入法。该方法在服务端提供一个可被客户端使用的接口，只要客户端传递过来自己的 Session ID，该接口就返回此时正确的 Session，这种方法就可以很容易地让自动化测试工具直接获取到应该提交的验证码内容。从测试的角度来说，这种方法就等于是在系统上增加了一个测试接口，从而提高了系统的可测试性。

另外，通过非技术的方式也能让自动化测试在具有验证码的系统上成功应用。下面介绍两种常用方法。

(1) 屏蔽法

屏蔽法的核心是在被测系统中暂时屏蔽验证功能。这种方法最容易实现，对测试结果也不会有太大的影响。当然，这种方式去掉了"验证验证码"这个环节，如果该环节本身存在功能上的问题，或是本身就是性能的瓶颈，那就一定会对测试结果造成影响了。这种方法也有一个问题：如果被测系统是一个实际已上线的系统，屏蔽验证功能会对已经在运行的业务造成非常大的安全风险，因此，对于已上线的系统来说，用这种方式就不合适了。

(2) 后门法

后门法不屏蔽验证码，但在其中留一个后门，在代码中设定一个所谓的"万能验证码"，只要用户输入这个"万能验证码"，就能通过验证，否则，还是按照正常的验证方式进行验证。这种方式仍然存在安全性的问题，但可以通过管理手段将"万能验证码"控制在一个小的范围内，而且只在测试期间保留这个小小的后门，相对第一种方法来说，在安全性方面有了较大的提高。

9.1.2 发表日志测试

发表日志的页面如图 9-4 所示。该页面中包括当行文本输入框、多行文本输入框、单选按钮、复选框、下拉列表框、文本编辑工具、认证码和提交按钮等。发表日志就是用户填写日志的内容,然后提交到服务器中。其实,这是一个典型的提交表单的操作,因此可以按照表单的测试方法来设计测试用例。

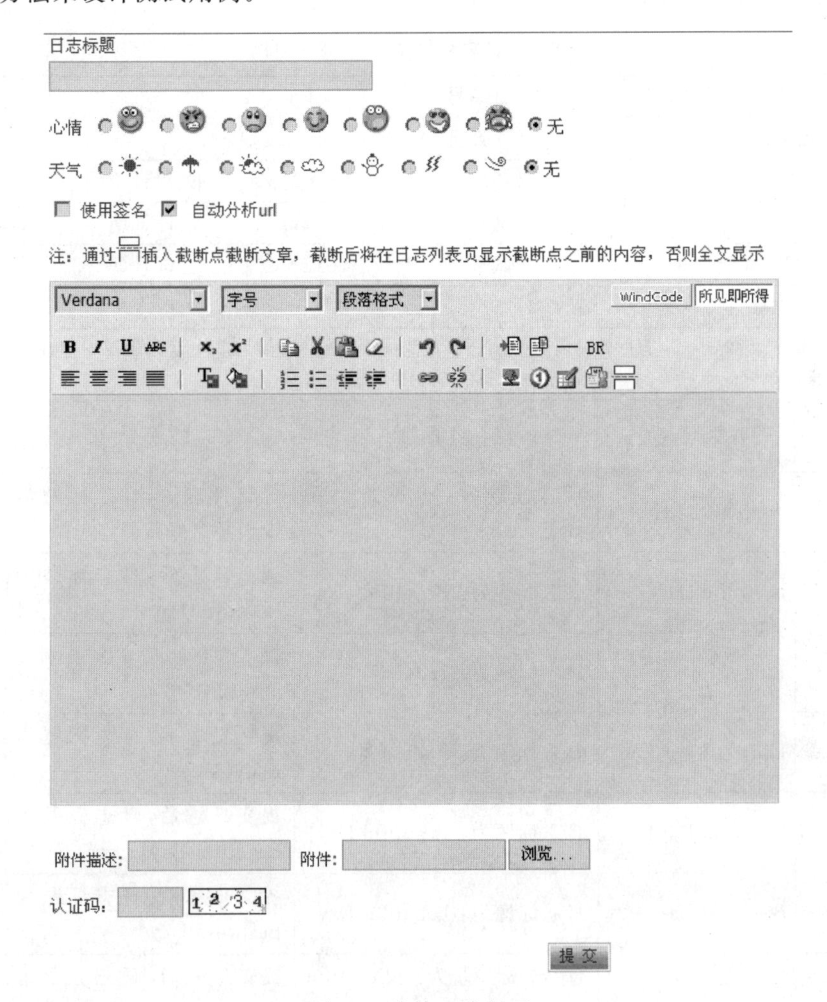

图 9-4 发表日志界面

发表日志的页面需要用户填写日志的相关内容,并单击【提交】按钮来提交日志内容。在该页面中重点是填写表单和表单的提交,因此重点对表单进行测试。表单的测试包括单选按钮、复选框、文本框、密码项、菜单项、工具条、按钮等的测试和后台数据库的测试。下面针对该页面的特点设计测试用例。

1. 测试用例设计

根据页面中的各组件的特点,选择合适的测试方法和测试策略,分别设计测试用例。

(1) 文本框

对文本框进行测试,可以从下面几个方面考虑。

① 文本框是否对输入的字符数有特别限定,若与特别限定条件不符,是否会给出提示;

② 文本框中输入的字符是否可以为数字、汉字、英文字符和特殊字符,中间是否可以有空格、标点符号等;

③ 文本框中是否能正常使用功能键和快捷键。

下面为日志标题文本框设计测试用例，见表 9-3。

表 9-3 日志标题文本框测试用例

项目名称	发表日志模块测试	项目编号	Post_log_1		
模块名称	发表日志	开发人员	Liu yang		
测试类型	功能测试	参考信息	需求规格说明书、设计说明书		
优先级	中	用例作者	Wang	设计日期	2014.6.10
测试方法	手工(黑盒测试)	测试人员	Lan	测试日期	2014.6.20
测试对象	日志标题文本框				
前置条件	用户正常登录，对于下面各测试用例，在文章内容栏内填写“日志标题文体框测试”，验证码填写正确				

用例编号	输入数据/操作	预期结果	实际结果	测试状态(P/F)
Post_log_1_01	今天是个好日子	日志标题为：今天是个好日子	提交日志后，日志标题为：今天是个好日子	P
Post_log_1_02	Beautiful Day	日志标题为：Beautiful Day	提交日志后，日志标题为：Beautiful Day	P
Post_log_1_03	1234567	日志标题为：1234567	提交日志后，日志标题为：1234567	P
Post_log_1_04	Lady%￥……	日志标题为：Lady%￥……	提交日志后，日志标题为：Lady%￥……	P
Post_log_1_05	Beautiful Day!	日志标题为：Beautiful Day!	提交日志后，日志标题为：Beautiful Day!	P
Post_log_1_06	Beautiful Day	日志标题为：Beautiful Day	提交日志后，日志标题为：Beautiful Day	P
Post_log_1_07	Beautiful＋Day	日志标题为：Beautiful＋Day	提交日志后，日志标题为：Beautiful＋Day	P
Post_log_1_08	空格	提示：文章标题为空	提示：文章标题为空或太长，请控制在 100 字节以内	F
Post_log_1_09	\n	日志标题为：\n	提交日志后，日志标题为：\n	P
Post_log_1_10	空	提示：标题不能为空	提示：标题不能为空	P
Post_log_1_11	K	日志标题为：K	提交日志后，日志标题为：K	P
Post_log_1_12	99 个英文字母	日志标题为输入的 99 个英文字母	提交日志后，日志标题为输入的 99 个英文字母	P
Post_log_1_13	100 个英文字母	日志标题为输入的 100 个英文字母	提交日志后，日志标题为输入的 100 个英文字母	P
Post_log_1_14	101 个英文字母	提示：标题超过最大长度 100B	提交日志后，提示：标题超过最大长度 100B	P

续表

用例编号	输入数据/操作	预期结果	实际结果	测试状态(P/F)
Post_log_1_15	102个汉字	提示：标题超过最大长度100B	提交日志后，提示：标题超过最大长度100B	P
Post_log_1_16	name' OR 'a'='a	日志标题为：name' OR 'a'='a	日志标题为：name' OR 'a'='a	P
Post_log_1_17	<script> alert('PWND') </script>	日志标题为：<script>alert('PWND')</script>	日志标题为：<script>alert('PWND')</script>	P
Post_log_1_18	鼠标在文本框中，按一次Tab键	切换到心情单选按钮的默认选项上	Tab键功能正常	P
Post_log_1_19	在文本框中使用Delete键	Delete键功能正常	Delete键功能正常	P
Post_log_1_20	在文本框中使用Ctrl+C键	能拷贝文本框中选中的内容	拷贝功能正常	P
Post_log_1_21	在文本框中使用Ctrl+V键	能将拷贝的内容复制到文本框中	粘贴功能正常	P
Post_log_1_22	在文本框中单击	光标移动到单击位置	鼠标功能正常	P
Post_log_1_23	在文本框中双击	文本框中的内容被选中	鼠标功能正常	P
Post_log_1_24	在文本框使用左箭头	光标随着箭头向左移动	左箭头功能正常	P
Post_log_1_25	在文本框使用右箭头	光标随着箭头向右移动	右箭头功能正常	P

在发表日志模块中还有其他文本框，如文章文本框，其测试用例设计方法雷同，在此不再赘述。

(2) 单选按钮

为单选按钮设计测试用例可以从下列几方面考虑。

① 逐一执行每个单选按钮的功能。

② 一组单选按钮不能同时选中，只能选中一个。

③ 一组执行同一功能的单选按钮在初始状态时必须有一个被默认选中，不能同时为空。

④ 单选按钮上功能键和快捷键是否正常。

心情单选按钮如图9-5所示。下面为其设计测试用例，见表9-4。

图9-5 心情单选按钮

表 9-4 心情单选按钮测试用例

项目名称	发表日志模块测试	项目编号	Post_log_2		
模块名称	发表日志	开发人员	Liu yang		
测试类型	功能测试	参考信息	需求规格说明书、设计说明书		
优先级	中	用例作者	Wang	设计日期	2014.6.11
测试方法	手工(黑盒测试)	测试人员	Lan	测试日期	2014.6.20
测试对象	心情单选按钮				
前置条件	用户正常登录,对于下面各测试用例,在日志标题栏任意写6～10个字符(可以是汉字),在文章内容栏填写“心情单选按钮测试”,验证码填写正确				

用例编号	输入数据/操作	预期结果	实际结果	测试状态(P/F)
Post_log_2_01	选择第一个单选按钮	第一个单选按钮被选中	第一个单选按钮被选中; 提交日志后,在日志的标题前出现	P
Post_log_2_02	选择第二个单选按钮	第二个单选按钮被选中	第二个单选按钮被选中; 提交日志后,在日志的标题前出现	P
Post_log_2_03	选择第三个单选按钮	第三个单选按钮被选中	第三个单选按钮被选中; 提交日志后,在日志的标题前出现	P
Post_log_2_04	选择第四个单选按钮	第四个单选按钮被选中	第四个单选按钮被选中; 提交日志后,在日志的标题前出现	P
Post_log_2_05	选择第五个单选按钮	第五个单选按钮被选中	第五个单选按钮被选中; 提交日志后,在日志的标题前出现	P
Post_log_2_06	选择第六个单选按钮	第六个单选按钮被选中	第六个单选按钮被选中; 提交日志后,在日志的标题前出现	P
Post_log_2_07	选择第七个单选按钮	第七个单选按钮被选中	第七个单选按钮被选中; 提交日志后,在日志的标题前出现	P
Post_log_2_08	选择第八个单选按钮	第八个单选按钮被选中	第八个单选按钮被选中; 提交日志后,在日志的标题前无心情图标	P
Post_log_2_09	选择第一个单选按钮,然后选择第二个单选按钮	第二个单选按钮被选中	第二个单选按钮被选中; 提交日志后,在日志的标题前出现	P
Post_log_2_10	选择第一个单选按钮,然后选择第五个单选按钮	第五个单选按钮被选中	第五个单选按钮被选中; 提交日志后,在日志的标题前出现	P

续表

用例编号	输入数据/操作	预期结果	实际结果	测试状态(P/F)
Post_log_2_11	一个都不选(检查缺省情况)	缺省情况下,第八个单选按钮被选中	第八个单选按钮被选中;提交日志后,在日志的标题前无心情图标	P(初始状态时,默认项被选中)
Post_log_2_12	选择第一个单选按钮,按右移箭头两次	第三个单选按钮被选中	第三个单选按钮被选中;提交日志后,在日志的标题前出现	P(右移键功能正常)
Post_log_2_13	选择第五个单选按钮,按左移箭头三次	第二个单选按钮被选中	第二个单选按钮被选中;提交日志后,在日志的标题前出现	P(左移键功能正常)
Post_log_2_14	选择第八个单选按钮,按右移箭头一次	第一个单选按钮被选中	第一个单选按钮被选中;提交日志后,在日志的标题前出现	P(右移键功能正常)
Post_log_2_15	选择第一个单选按钮,按左移箭头一次	第八个单选按钮被选中	第八个单选按钮被选中;提交日志后,在日志的标题前无心情图标	P(左移键功能正常)
Post_log_2_16	选择第一个单选按钮,按下移箭头两次	第三个单选按钮被选中	第三个单选按钮被选中;提交日志后,在日志的标题前出现	P(下移键功能正常)
Post_log_2_17	选择第一个单选按钮,按上移箭头两次	第七个单选按钮被选中	第七个单选按钮被选中;提交日志后,在日志的标题前出现	P(上移键功能正常)
Post_log_2_18	选择第一个单选按钮,过一段时间再选择第二个单选按钮	第二个单选按钮被选中	第二个单选按钮被选中,提交日志后,在日志的标题前出现	P

(3) 复选框

对复选框的测试可以从下列几方面进行考虑。

① 多个复选框可以被同时选中;

② 多个复选框可以被部分选中;

③ 多个复选框可以都不被选中;

④ 逐一执行每个复选框的功能。

下面对发表日志页面中的复选框设计测试用例,见表9-5。

(4) 列表框

列表框控件的测试可以考虑下列几个方面。

① 条目内容正确,根据需求规格说明书确定列表的各项内容正确,没有丢失或错误;

② 列表框的内容较多时要使用滚动条;

③ 列表框允许多选时,要分别检查按Shift键选中条目,按Ctrl键选中条目和直接用鼠

标选中多项条目的情况。

表 9-5　复选框测试用例

项目名称	发表日志模块测试	项目编号	Post_log_3		
模块名称	发表日志	开发人员	Liu yang		
测试类型	功能测试	参考信息	需求规格说明书、设计说明书		
优先级	中	用例作者	Wang	设计日期	2014.6.11
测试方法	手工(黑盒测试)	测试人员	Lan	测试日期	2014.6.20
测试对象	使用HTML代码、使用签名和自动分析URL复选框				
前置条件	用户正常登录,对于下面各测试用例,在日志标题栏任意写6～10个字符(可以是汉字),在文章内容栏填写"复选框测试",验证码填写正确				

用例编号	输入数据/操作	预期结果	实际结果	测试状态(P/F)
Post_log_3_01	只选择"使用HTML代码"	"使用HTML代码"复选框被选中	"使用HTML代码"复选框被选中	P
Post_log_3_02	只选择"使用签名"	"使用签名"复选框被选中	"使用签名"复选框被选中	P
Post_log_3_03	只选择"自动分析URL"	"自动分析URL"复选框被选中	"自动分析URL"复选框被选中	P
Post_log_3_04	一个都不选	缺省情况下,"自动分析URL"复选框被选中	缺省情况下,"自动分析URL"复选框被选中	P
Post_log_3_05	同时选择"使用HTML代码"和"使用签名"	两个复选框都被选中	两个复选框都被选中	P
Post_log_3_06	同时选择"使用签名"和"自动分析URL"	两个复选框都被选中	两个复选框都被选中	P
Post_log_3_07	三个复选框都不选	没有复选框被选中	没有复选框被选中	P

发表日志页面中有多个列表框,下面以系统分类列表框为例进行测试。系统分类列表框中有10项条目,且不允许多选。为系统分类列表框设计测试用例,见表9-6。

表 9-6　系统分类列表框测试用例

项目名称	发表日志模块测试	项目编号	Post_log_4		
模块名称	发表日志	开发人员	Liu yang		
测试类型	功能测试	参考信息	需求规格说明书、设计说明书		
优先级	中	用例作者	Wang	设计日期	2014.6.11
测试方法	手工(黑盒测试)	测试人员	Lan	测试日期	2014.6.20
测试对象	系统分类列表框				
前置条件	用户正常登录,对于下面各测试用例,在日志标题栏填写"Web测试",在文章内容栏填写"系统分类列表框测试",验证码填写正确				

续表

用例编号	输入数据/操作	预期结果	实际结果	测试状态(P/F)
Post_log_4_01	根据需求说明书的要求检查列表中各条目内容	列表中有10个条目	列表中有10个条目，与规格说明书的要求一致	P
Post_log_4_02	选择条目1：技术讨论	“技术讨论”被选中	提交日志后，日志的系统分类为技术讨论	P
Post_log_4_03	选择条目2：生活人生	“生活人生”被选中	提交日志后，日志的系统分类为生活人生	P
Post_log_4_04	选择条目3：经济大观	“经济大观”被选中	提交日志后，日志的系统分类为经济大观	P
Post_log_4_05	选择条目4：时尚动态	“时尚动态”被选中	提交日志后，日志的系统分类为时尚动态	P
Post_log_4_06	选择条目5：舞文弄墨	“舞文弄墨”被选中	提交日志后，日志的系统分类为舞文弄墨	P
Post_log_4_07	选择条目6：情感天地	“情感天地”被选中	提交日志后，日志的系统分类为情感天地	P
Post_log_4_08	选择条目7：原创文学	“原创文学”被选中	提交日志后，日志的系统分类为原创文学	P
Post_log_4_09	选择条目8：体育竞技	“体育竞技”被选中	提交日志后，日志的系统分类为体育竞技	P
Post_log_4_10	选择条目9：旅游杂记	“旅游杂记”被选中	提交日志后，日志的系统分类为旅游杂记	P
Post_log_4_11	选择条目10：随想杂谈	“随想杂谈”被选中	提交日志后，日志的系统分类为随想杂谈	P
Post_log_4_12	不对系统分类列表框做任何操作	默认选中条目1，即“技术讨论”被选中	提交日志后，日志的系统分类为技术讨论	P
Post_log_4_13	在列表框中单击	列表框被打开	列表框被打开，列出所有条目	P
Post_log_4_14	单击列表框的向下按钮	列表框被打开	列表框被打开，列出所有条目	P
Post_log_4_15	双击列表框	列表框被打开，列出所有条目，同时列表框又关闭	列表框被打开，列出所有条目，同时列表框又关闭	P

(5) 文本编辑工具条和文本格式工具条

在发表日志页面的文章编辑中，提供了文本编辑的常用工具条和文本格式工具条，可根据各工具项的功能和特点进行测试。

例如右对齐，可以先输入文本，然后单击右对齐按钮，检查文本是否右对齐；也可先单击右对齐按钮，检查光标是否移到最右边；也可选中文本，然后单击右对齐按钮，检查文本是否右对齐。其他工具条的功能测试不再赘述。

(6) 添加附件

在发表日志时可以上传附件。上传附件包括附件描述文本框、附件路径文本框和文件浏览按钮。附件描述文本框的测试方法与日志标题文本框的测试方法雷同。对于附件内容的测试可以从下面几个方面考虑。

① 添加附件时能否打开本地磁盘上的所有文件夹,能否选择符合条件的文件。

② 路径是否可以手工输入,手工输入时有没有长度限制。手动输入一个不存在的文件地址,是否有提示。

③ 输入要上传的文件名,但未选择文件,单击【提交】按钮,是否给出提示。连续多次选择不同文件,检查系统是否上传最后选择的文件。

④ 文件大小是否有限制。如果上传文件超过最大值,是在提交前校验还是提交后校验。能否上传空文件,即0B大小的文件。

⑤ 文件格式是否有限制,支持哪些格式。下面是一些常见的文件格式。

图片：gif、jpg、bmp、psd、png 等

文档：txt、doc、docx、pdf、xls、xlsx、ppt、pptx 等

多媒体：mp3、wma、mp4、mid、avi、rmvb、rm 等

压缩包：zip、rar、iso 等

安装文件：exe/msi 等

⑥ 上传文件是否支持中文名称,如果不支持中文名称,页面上应给出相应提示。

⑦ 文件名称的最大值、最小值、特殊字符(包含空格)、使用程序语句等,是否会对页面造成影响,中文名称是否能正常显示。

⑧ 选择多文件时,是否能正常上传。

⑨ 确保上传的文件能够正常打开,上传的图片能正常显示。

添加附件的测试用例如表9-7所示。

表9-7 添加附件测试用例

项目名称	发表日志模块测试	项目编号	Post_log_5		
模块名称	发表日志	开发人员	Liu yang		
测试类型	功能测试	参考信息	需求规格说明书、设计说明书		
优先级	中	用例作者	Wang	设计日期	2014.6.11
测试方法	手工(黑盒测试)	测试人员	Lan	测试日期	2014.6.20
测试对象	添加附件				
前置条件	用户正常登录,对于下面各测试用例,在日志标题栏填写“Web测试”,在文章内容栏填写“添加附件功能测试”,验证码填写正确				

用例编号	操作	输入数据	期望结果	实际结果	测试状态(P/F)
Post_log_5_01	单击【浏览】按钮		打开本地磁盘上的所有文件夹,并能选择符合条件的文件	打开本地磁盘上的文件夹,并能选择符合条件的文件	P
Post_log_5_02	单击【浏览】按钮,选择桌面上的文件	文件：test.xls	提示：附件只能是rar、zip、jpg等格式,同时清空附件框的内容	提示：附件类型不匹配,未清空附件框的内容	F

续表

用例编号	操作	输入数据	期望结果	实际结果	测试状态(P/F)
Post_log_5_03	单击【浏览】按钮,选择桌面上的文件	文件:test.doc	提示:附件只能是rar、zip、jpg等格式,同时清空附件框的内容	提示:附件类型不匹配,未清空附件框的内容	F
Post_log_5_04	单击【浏览】按钮,添加照片	文件:20115.jpg(1.64MB)	提示:附件超过指定大小102 400B(即100KB)	提示:附件超过指定大小102 400B	P
Post_log_5_05	单击【浏览】按钮,选择D盘上的文件,单击【提交】按钮	文件:成绩.rar(16KB)	附件上传成功	附件上传成功,并能在日志中看到此文件	P
Post_log_5_06	在附件输入框中输入文件路径 C:\test.zip	文件:test.zip在C盘根目录下,大小为15KB	附件上传成功	附件上传成功,并能在日志中看到此文件	P
Post_log_5_07	单击【浏览】按钮,分别选择C盘和D盘上的文件,单击【提交】按钮	文件1:test.zip(15KB) 文件2:成绩.rar(16KB)	附件上传成功	附件上传成功,并能在日志中看到这两个文件	P
Post_log_5_08	单击【浏览】按钮,分别选择两个文件,单击【提交】按钮	文件1:教学大纲.zip(88KB) 文件2:成绩.rar(16KB)	附件上传成功	附件上传成功,并能在日志中看到这两个文件	P
Post_log_5_09	单击【浏览】按钮,依次选择10个文件,单击【提交】按钮	格式为zip或者rar,且大小在100KB以内的10个文件	附件上传成功	附件上传成功,并能在日志中看到这10个文件	P
Post_log_5_10	打开日志管理,查看上传的附件		附件能正常保存在本地,并能打开	附件能正常保存在本地,并能打开	P

(7) 发布日志测试

在测试中,应遵循由简入繁的原则,先进行单个控件功能的测试,确保实现无误后,再进行多个控件的功能组合测试。在此部分中,重点测试日志发布功能是否正确。

下面对发表日志页面进行组合测试,设计的测试用例见表9-8。

表9-8 发表日志测试用例

项目名称	发表日志模块测试	项目编号	Post_log_06		
开发人员	××	模块名称	发表日志		
用例作者	Wang	参考信息	需求规格说明书、设计说明书		
测试类型	功能测试	用例作者	Wang	设计日期	2014.6.11
测试方法	手工(黑盒测试)	测试人员	Lan	测试日期	2014.6.20
测试对象	发表日志页面中各控件的组合测试				
前置条件	用户正常登录,进入发表日志页面				

续表

用例编号	输入数据/操作	预期结果	实际结果	测试状态(P/F)
Post_log_06_01	直接单击【提交】按钮,或按Enter键	提示:标题不能为空	提示:标题不能为空	P
Post_log_06_02	日志标题:美好生活;单击【提交】按钮	提示:文章内容少于3B	提示:文章内容少于3B	P
Post_log_06_03	日志标题:软件测试;文章内容:测试课件;单击【提交】按钮	提示:验证码错误	提示:验证码错误	P
Post_log_06_04	日志标题:美好世界; 文章内容:花好月圆;验证码:与图片中显示的数字一致; 其他控件的内容采用默认值; 单击【提交】按钮	提示:完成相应操作,并自动跳转到日志管理页面,显示的日志标题、系统分类、发布日期等信息正确	提示:完成相应操作,并自动跳转到日志管理页面,显示的日志标题、系统分类、发布日期等信息正确	P
Post_log_06_05	日志标题:Web测试; 文章内容:实验内容; 附件描述:实验指导书; 附件:实验.rar(65KB); 验证码:与图片中显示的数字一致;其他控件的内容采用默认值; 单击【提交】按钮	提示:完成相应操作,并自动跳转到日志管理页面,显示的日志标题、系统分类、发布日期等信息正确	提示:完成相应操作,并自动跳转到日志管理页面,显示的日志标题、系统分类、发布日期等信息正确	P
Post_log_06_06	日志标题:风景; 文章内容:九寨风光; 附件描述:图片; 附件:照片.rar(312KB); 验证码:与图片中显示的数字一致;其他控件的内容采用默认值; 单击【提交】按钮	提示:附件超过指定大小102 400B	提示:附件超过指定大小102 400B	P
Post_log_06_07	日志标题:游记; 文章内容:西藏风情; 附件描述:文章; 附件:杂记.rar(32KB); 系统分类:旅游杂记; 认证码:与图片中显示的数字一致;其他控件的内容采用默认值; 单击【提交】按钮	提示:完成相应操作,并自动跳转到日志管理页面,显示的日志标题、系统分类、发布日期等信息正确	提示:完成相应操作,并自动跳转到日志管理页面,显示的日志标题、系统分类、发布日期等信息正确	P
Post_log_06_08	按Tab键18次	光标从上到下、从左到右,依次在各控件中移动	光标依次在各控件中移动,最后停在【提交】按钮上	P
Post_log_06_09	检查Enter键的功能	在多行文本编辑框中,Enter键为换行,其他情况下Enter键等效于单击【提交】按钮	Enter键功能正常	P
Post_log_06_10	打开发表日志页面	发表日志页面显示正常	发表日志页面时有时没有认证码标签、认证码输入框和认证码图片	F

注:由于各控件组合的情况太多,限于篇幅,在此只列出其中一部分测试用例。

(8) 后台数据库的测试

以管理员的身份进入后台数据库,检查所提交的日志是否与数据库中的数据一致。

2. 执行测试

发表日志模块的测试采用手动测试和自动化测试相结合的方式。对单个组件的测试采用手动测试,对发表日志页面中的各组件进行组合测试时,采用自动化测试方法。手动测试时按要求依次执行各测试用例,并记录测试结果。采用自动化方法测试时,首先需要录制脚本,然后采用参数化和插入检查点的方法增强脚本,随后执行测试脚本,分析测试结果。

3. 测试结果分析

执行发表日志模块的各测试用例后,发现 4 个缺陷,如表 9-9 所示。

表 9-9 发表日志模块 Bug 列表

Bug 编号	Bug 描述	用例编号	严重级别
BUG_PostLog_01	输入标题为空格时,提示"文章标题为空或太长,请控制在 100 字节以内",提示信息不准确	Post_log_1_08	一般
BUG_PostLog_02	上传文件时,选中 text. xls 文件,提示"附件类型不匹配"。未清空附件框的内容	Post_log_5_02	一般
BUG_PostLog_03	上传文件时,选中 test. doc 文件,提示"附件类型不匹配"。未清空附件框的内容	Post_log_5_03	一般
BUG_PostLog_04	打开发表日志页面,发表日志页面时有时没有验证码标签、验证码输入框和验证码图片	Post_log_06_10	一般
BUG_PostLog_05	发表日志时,只允许附件大小在 102 400B 内。为满足用户需求,建议附件大小可以更大一些	Post_log_06_06	建议修改

9.1.3 上传照片测试

在这里重点介绍相册模块中上传照片子模块的测试。根据上传图片模块的功能特点,采用场景测试法进行测试。

1. 测试用例设计

使用场景法进行测试时必须首先分析被测对象的基本事务流和备选事务流。上传图片模块的开始是用户进入相册管理。上传图片包括 3 个基本步骤:

(1) 选择图片;

(2) 选择图片专辑;

(3) 输入认证码。

这 3 步依次正确地操作便形成了基本事务流。

在该模块中有 3 条备选流,分别如下。

(1) 备选流一:在基本流步骤(1)中,附件不符合要求(非图片或图片格式不符合要求、附件超过指定大小 102 400B、附件为空)。

(2) 备选流二：在基本流步骤(2)中，添加相册。有两种情况：一是未创建相册，无相册可选，需要添加相册；二是已有相册，准备另外添加新相册。

(3) 备选流三：在基本流步骤(3)中，认证码错误。

每个备选流自基本流开始，之后备选流会在某个特定条件下执行。备选流可能会重新加入基本流中，还可能起源于另一个备选流，或者终止用例而不再重新加入某个流。模块中每条可能路径，可以确定不同的用例场景。从基本流开始，将基本流和备选流结合起来，可以确定以下用例场景。

场景 1：基本流；

场景 2：基本流、备选流一；

场景 3：基本流、备选流二；

场景 4：基本流、备选流三；

场景 5：基本流、备选流一、备选流三。

由场景生成测试用例是通过确定某个特定条件来完成的，这个特定条件将导致特定用例场景的执行。上面的场景设计测试用例，如表 9-10 所示。

表 9-10　上传图片流程测试用例

<table>
<tr><td>项目名称</td><td colspan="2">相册模块测试</td><td colspan="2">项目编号</td><td colspan="3">Photo</td></tr>
<tr><td>开发人员</td><td colspan="2">××</td><td colspan="2">模块名称</td><td colspan="3">相册模块</td></tr>
<tr><td>用例作者</td><td colspan="2">Wang</td><td colspan="2">参考信息</td><td colspan="3">需求规格说明书、概要设计说明书</td></tr>
<tr><td>测试类型</td><td colspan="2">功能测试</td><td colspan="2">用例作者</td><td>Wang</td><td>设计日期</td><td>2014.6.11</td></tr>
<tr><td>测试方法</td><td colspan="2">手工(黑盒测试)</td><td colspan="2">测试人员</td><td>Lan</td><td>测试日期</td><td>2014.6.20</td></tr>
<tr><td>测试对象</td><td colspan="7">上传图片功能</td></tr>
<tr><td>前置条件</td><td colspan="7">用户进入个人相册管理页面，相册中已存在名为“图标”的相册。上传图片的类型必须是 gif 或 jpg，图片大小不能超过 102400B</td></tr>
<tr><td rowspan="2">用例编号</td><td rowspan="2">场景</td><td colspan="3">输入数据</td><td rowspan="2">预期结果</td><td rowspan="2">实际结果</td><td rowspan="2">测试状态(P/F)</td></tr>
<tr><td>图片</td><td>相册</td><td>认证码</td></tr>
<tr><td>Photo_01</td><td>场景 1：成功上传图片</td><td>Life.gif</td><td>选择生活天地相册</td><td>与图片中显示的数字一致</td><td>页面提示：完成相应操作</td><td>页面提示：完成相应操作</td><td>P</td></tr>
<tr><td>Photo_02</td><td>场景 1：成功上传图片</td><td>Life.jpg</td><td>选择生活天地相册</td><td>与图片中显示的数字一致</td><td>页面提示：完成相应操作</td><td>页面提示：完成相应操作</td><td>P</td></tr>
<tr><td>Photo_03</td><td>场景 2：附件不符合要求(图片格式不符合要求)</td><td>Life.bmp</td><td>选择生活天地相册</td><td>与图片中显示的数字一致</td><td>弹出对话框，提示：附件的类型不匹配，返回上传图片页面</td><td>弹出对话框，提示：附件的类型不匹配，返回上传图片页面</td><td>P</td></tr>
<tr><td>Photo_04</td><td>场景 2：附件不符合要求(图片大小超过 102400B)</td><td>Life.jpg (10333B)</td><td>选择生活天地相册</td><td>与图片中显示的数字一致</td><td>提示：附件超过指定大小 102400B，返回上传图片页面</td><td>提示：附件超过指定大小 102400B，返回上传图片页面</td><td>P</td></tr>
</table>

续表

用例编号	场景	输入数据			预期结果	实际结果	测试状态(P/F)
		图片	相册	认证码			
Photo_05	场景2：附件不符合要求(附件为空)	无	选择生活天地相册	与图片中显示的数字一致	页面提示：请选择上传的附件	页面提示：请选择上传的附件	P
Photo_06	场景3：添加相册(测试未创建相册时的情况)	Life.jpg	无相册可选		页面提示：未创建相册，转入添加相册页面	页面提示：未创建相册，转入添加相册页面	P
Photo_07	场景3：添加相册(已有相册，添加新相册)	Life.gif	单击【添加相册】	与图片中显示的数字一致	转入添加相册页面	转入添加相册页面	P
Photo_08	场景4：验证码错误	Life.gif	生活天地	与图片中显示的数字不一致	页面提示：验证码错误，返回上传图片页面	页面提示：验证码错误，返回上传图片页面	P
Photo_09	场景5：附件不符合要求，且验证码错误	Life.bmp	选择生活天地相册	与图片中显示的数字不一致	提示：附件的类型不匹配，输入验证码并单击【提交】按钮后，页面提示：验证码错误，返回上传图片页面	提示：附件的类型不匹配，输入验证码并单击【提交】按钮后，页面提示：验证码错误，返回上传图片页面	P

2. 执行测试

根据相册模块的特点和所采用的测试用例设计方法，本模块采用手动方式执行测试。根据各测试用例的说明，依次执行。

3. 测试结果分析

执行完各测试用例后，未发现缺陷。上传图片模块的功能正常，但上传图片最大只有1MB，不能满足用户的需求，建议上传图片的大小可以增加到5MB以上，以满足更多用户的需求。

9.1.4 链接测试

使用Xenu Link Slenuth对LxBlog博客系统进行链接测试。测试过程中发现有两个错误链接，错误提示如下。

(1) http://localhost/upload/image/default/styleuser.css errors：resource not found；

(2) http://localhost/upload/www.phpwind.net errors：resource not found。

使用 Xenu 进行链接测试的界面如图 9-6 所示。

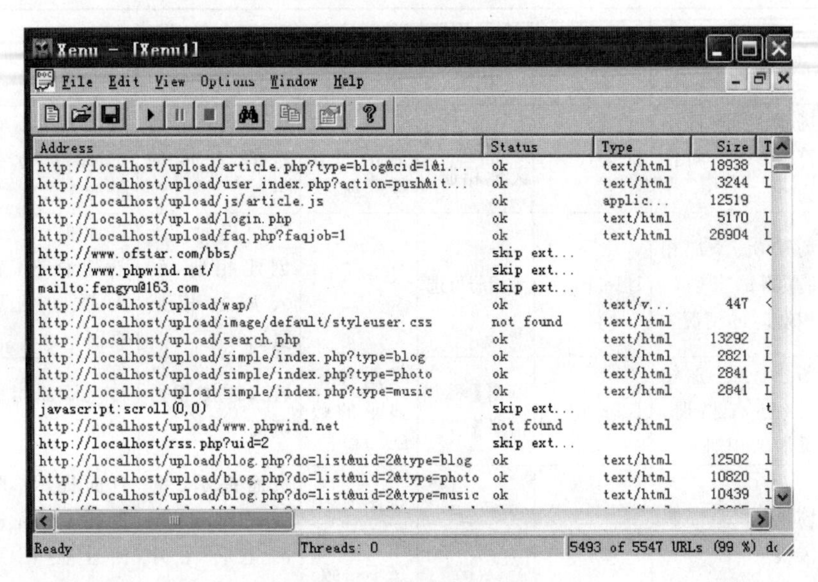

图 9-6 链接测试界面

Xenu 执行完测试后，会自动生成测试报告，测试报告会列出各链接的 URL，并分析网站中的链接情况，给出测试结果，测试结果如图 9-7 所示。

All pages, by result type:

ok	5479 URLs	98.77%
skip external	12 URLs	0.22%
not found	2 URLs	0.04%
pending	54 URLs	0.97%
Total	5547 URLs	100.00%

图 9-7 链接测试结果

通过对上述错误链接的检查和验证，其中的两个错误链接是页面没有找到。Xenu 正确无误地查出和报告了错误链接。

9.1.5 功能测试报告

本次 LxBlog 博客系统功能测试主要针对用户登录模块、发表日志模块、相册模块进行功能测试，主要采用边界值分析、等价类划分、场景法和特殊值法设计测试用例，并运用手动测试和自动化测试相结合的测试策略实施测试。测试执行情况具体见表 9-11。

表 9-11 测试用例情况

编号	功能模块	用例个数	执行总数	未执行数
1	用户登录	48	48	0
2	发表日志	84	84	0
3	上传照片	9	9	0

测试完成后，统计各模块内缺陷数量和缺陷密度，如表 9-12 所示。

表 9-12 缺陷密度表

功能模块	用例个数	缺陷个数	缺陷密度(%)
用户登录	48	4	8.3
发表日志	84	5	5.9
上传照片	9	0	0

所谓缺陷密度是用缺陷的个数除以整个模块用例的个数得到的一个比例。缺陷密度越大,证明在这组用例中得到的缺陷越多,可以从某种程度上反映出模块需要更改的紧急程度。根据缺陷密度表,可以得到缺陷密度分布柱状图,如图 9-8 所示,以更直观的方式反映各模块的缺陷分布。

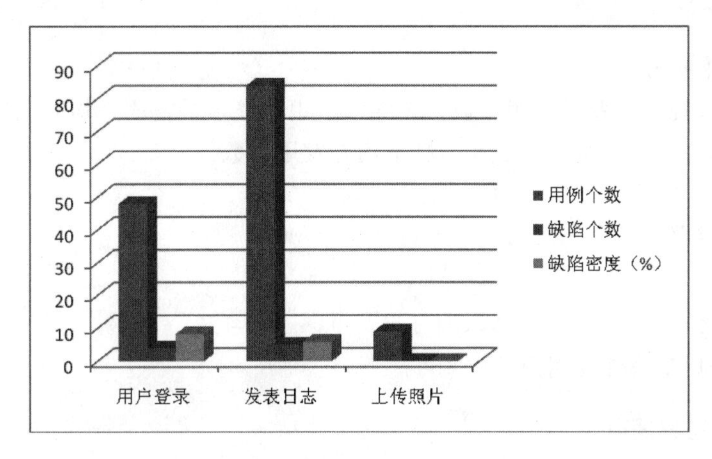

图 9-8 缺陷密度分布柱状图

在 LxBlog 博客系统的功能测试中,重点对登录模块、发表日志模块和上传照片模块进行测试,采用等价类划分、边界值分析、特殊值和场景法等方法设计测试用例,共设计测试用例 141 个。通过手工和自动化测试,发现了 9 个缺陷,并在各模块的 Bug 列表中详细描述。从缺陷密度分布柱状图可知,在登录模块和发表日志模块设计的测试用例较多,并分别发现 4 个和 5 个缺陷,缺陷密度较大。但通过缺陷列表可知,这些缺陷都属于一般缺陷,不会导致系统崩溃,也不会给用户的使用带来严重的问题。因此,只要将以上 9 个缺陷修复后,系统基本可满足用户使用要求。

通过测试,给出系统改进的建议是:在上传照片模块中,用户可以上传的照片最大只有 1MB,然而很多用户喜欢上传高清照片,这些照片往往在 2MB 以上,所以建议将上传照片的大小改为 5MB 最为合适。在系统发表日志中,附件的大小也可以适当大一些。

9.2 博客系统性能测试

性能测试就是模拟大量用户对软件系统的各种操作,获取系统和应用的性能指标,分析软件是否满足用户的需求。性能测试的特点决定了不可能完全采用传统的手工方式完成,必须借助于自动化测试工具来实现。

本系统采用 HP-Mercury 公司的性能测试工具 LoadRunner 进行性能测试。

9.2.1 计划测试

1. 系统分析

本博客系统的用户有两类,一类是教师,约 3000 人,一类是学生,约 20 000 人。其中教师可以建立个人主页并进行管理,学生(不能建立个人主页)主要是浏览教师的主页,下载相关资料。

2. 系统压力强度估算

进行性能测试前，需要初步估计系统的压力。测试压力计算可以按照第5章式(5-2)和(5-3)计算。

(1) 平均并发用户数

假设博客系统每天登录的用户数为3000人，用户登录系统的平均时间长度为0.5h，考察的时间长度为16h(8：00—24：00)，则平均并发用户数为：

$$C=(3000\times0.5)/16\approx94$$

实际测试时取100个并发用户。

(2) 最大并发用户数

$$\hat{C}\approx C+3\sqrt{C}=94+29=123$$

实际测试时，最大并发用户数取150。

3. 系统性能测试项

本次性能测试的主要内容是用户并发测试，主要是对系统的核心功能和重要业务进行测试，并以真实的业务数据作为输入，选择有代表性和关键的业务操作来设计测试用例。根据测试计划，对下列业务进行并发测试：登录操作、发表日志、上传照片、组合业务。

注：由于条件的限制，在进行性能测试时不可能对所有的功能点都测试，只选择几个典型的功能点。

4. 测试方法

对系统进行性能测试必须要借助于性能测试工具进行。本例采用LoadRunner进行性能测试，其中脚本录制和编辑工作在VuGen中进行，设计场景是通过Controller进行的，测试结果是在Analysis中进行显示的。

(1) 录制脚本

通过需求分析出几个比较重要的业务流程，给出详细的操作步骤。使用LoadRunner的VuGen按照业务流程录制脚本，为每个流程创建一个单独的脚本。将登录模块的脚本放在Vuser_init里，退出模块的脚本放在Vuser_end里，其余的均放在Action里。

(2) 执行测试场景

打开LoadRunner的Controller来设计场景，添加要进行压力测试的脚本，设置好虚拟用户的数量、虚拟用户的初始化方式、持续时间、虚拟用户的退出方式，添加好Load Generator并启动，添加Windows的指标，启动运行场景。

(3) 监控系统各性能指标

在场景执行的过程中，需要随时查看系统的各项指标以及资源的使用情况，以便分析系统可能存在的瓶颈。

(4) 分析测试结果

在场景运行的过程中，LoadRunner会通过Load Generator收集性能指标，测试执行完毕后，可以通过Analysis打开测试结果，对其进行分析，判断系统可能存在的瓶颈。

9.2.2 建立测试环境

软件运行时表现出来的性能除了与软件本身有关外，还跟其运行的软硬件环境有关。影响性能的因素包括硬件环境(CPU 数、内存大小、总线速度)、网络状况、系统/应用服务器/数据库配置、数据库设计和数据库访问实现以及系统架构(同步/异步)。因此配置测试环境是测试实施的一个重要步骤。测试环境适合与否会严重影响测试结果的真实性和正确性。

性能测试环境要求和真实环境一致或可对比。做性能测试，一般需要在真实环境，或者与真实环境资源配置相同的环境中进行，需要记录所有相关服务器和测试机的详细信息。

本次性能测试环境与真实运行环境基本一致，都运行在同样的硬件和网络环境中，数据库是真实环境数据库的一个复制(或缩小)，本系统采用标准的 B/S 结构，客户端都通过浏览器访问应用系统。

本次性能测试的环境如下。

1. 网络

网络环境为学校内部的以太网，与服务器的连接速率为 100MB/s，与客户端的连接速率为 10/100MB/s 自适应。

2. 软/硬件配置

性能测试的软件和硬件配置如表 9-13 所示。

表 9-13 性能测试软/硬件配置

设　备	硬件配置	软件配置
服务器	CPU：Intel Xeon E3-1225v3 3.3GHz 内存：4.0GB 硬盘：500GB 网卡：10/100/1000MB/s 自适应	Windows Server 2003 Web 服务器：Apache 2.2 数据库：MySQL 5.0.24 PHP5.1.6
负载产生设备	笔记本(TOSHIBA) CPU：Intel Core(TM) i3 M350 2.27GHz 内存：2.0GB	Window7 家庭版 32 位操作系统 LoadRunner11 Microsoft Office 2007
负载产生设备	CPU：Intel Core(TM) 2 Quad Q8200 @ 2.33GHz 内存：512MB	Windows XP LoadRunner11 Microsoft Office 2007

性能测试环境的模拟图如图 9-9 所示。

9.2.3 创建测试脚本

1. 测试用例设计

本例中重点测试登录模块、查看日志、发表日志和上传照片等业务的并发性能。由于系统用户中，只有教师才能发表日志和上传照片，教师的人数比较少，因此并发测试时，发表日

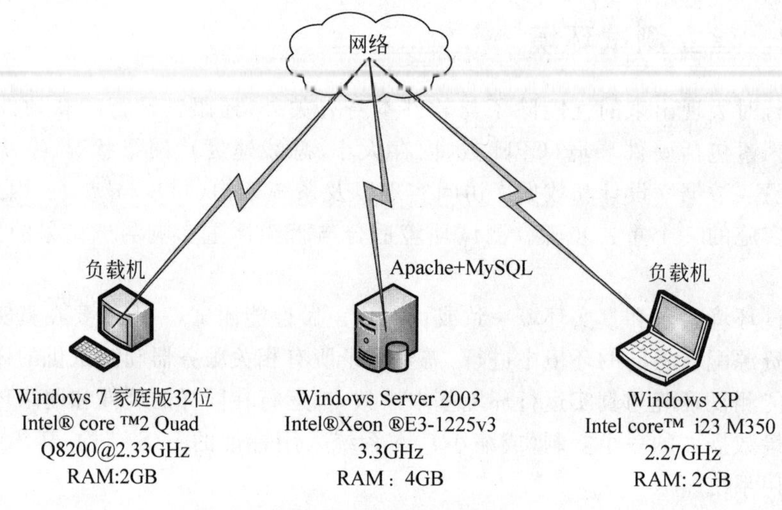

图 9-9 性能测试环境

志和上传照片的并发用户数可以少一些。

(1) 登录模块

在测试用例设计中，登录用户分别取 10、20、50、100、200。取 10 个并发用户是为了观察少量用户登录系统时系统的表现，然后逐渐增加用户，以观察系统性能指标随用户增加的变化情况。登录模块的测试用例见表 9-14。

表 9-14 登录模块测试用例

用例名称	登录个人主页测试用例		用例编号	Performance_Login	
用例目的	测试多用户登录时系统的处理能力				
用例步骤	(1) 访问首页 (2) 单击【登录】按钮 (3) 输入用户名、密码和验证码 (4) 单击【登录】按钮，完成登录				
测试方法	采用 LoadRunner 的 VuGen 录制登录过程，通过参数化模拟不同用户登录，并利用 IP 欺骗使不同用户使用不同的 IP 地址，然后利用 Controller 执行性能测试，收集性能测试数据				
并发用户数与事务执行情况					
并发用户数	事务平均响应时间	事务最大响应时间	事务成功率	每秒点击率	平均流量（字节/秒）
10					
20					
50					
100					
150					

(2) 发表日志(无附件)

发表日志(无附件)的测试用例见表 9-15。

表 9-15 发表日志测试用例

用例名称	发表日志测试用例		用例编号	Performance_Postlog_01	
用例目的	测试多用户同时添加日志时系统的处理能力				
用例步骤	(1) 登录个人主页 (2) 进入添加日志页面 (3) 填写日志内容,不添加附件 (4) 单击【提交】按钮,完成日志发布				
测试方法	采用 LoadRunner 的 VuGen 录制发表日志过程,模拟多个用户在不同客户端添加日志和提交日志的操作,然后利用 Controller 执行性能测试,收集性能测试数据				
并发用户数与事务执行情况					
并发用户数	事务平均响应时间/s	事务最大响应时间/s	事务成功率	每秒点击率	平均流量(字节/秒)
10					
20					
50					
100					

注:在添加日志测试用例中最大并发用户数只取了100,因为只有教师才会发表日志。

(3) 发表日志(带附件)

发表日志(带附件)的测试用例见表 9-16。

表 9-16 发表带附件的日志测试用例

用例名称	发表日志测试用例		用例编号	Performance_Postlog_02	
用例目的	测试多用户同时添加日志时系统的处理能力				
用例步骤	(1) 登录个人主页 (2) 进入添加日志页面 (3) 填写日志内容 (4) 添加附件(附件应小于100KB) (5) 单击【提交】按钮,完成日志发布				
测试方法	采用 LoadRunner 的 VuGen 录制发表日志过程,模拟多个用户在不同客户端添加日志和提交日志的操作,然后利用 Controller 执行性能测试,收集性能测试数据				
并发用户数与事务执行情况					
并发用户数	事务平均响应时间/s	事务最大响应时间/s	事务成功率	每秒点击率	平均流量/(B/s)
10					
20					
50					
100					

(4) 上传照片

上传照片的测试用例见表 9-17。

表 9-17　上传照片测试用例

用例名称	上传照片测试用例		用例编号	Performance_Photo	
用例目的	测试多用户同时上传照片时系统的处理能力				
用例步骤	(1) 登录个人主页 (2) 单击【管理】→【相册】→【上传照片】 (3) 在描述框中输入文字,单击【浏览】按钮,找到要上传的照片 (4) 选择图片专辑 (5) 单击【提交】按钮,完成上传照片操作				
方法	采用 LoadRunner 的 VuGen 录制上传照片的过程,模拟多个用户在不同客户端上传照片,然后利用 Controller 执行性能测试,收集性能测试数据,其中上传的照片不能超过 1MB				
并发用户数与事务执行情况					
并发用户数	事务平均响应时间/s	事务最大响应时间/s	事务成功率	每秒点击率	平均流量/(B/s)
10					
20					
50					
100					

(5) 查看日志

查看日志的测试用例见表 9-18。

表 9-18　查看日志测试用例

用例名称	查看日志测试用例		用例编号	Performance_Readlog	
用例目的	测试多用户同时查看日志时系统的处理能力				
用例步骤	(1) 访问首页 (2) 单击日志链接 (3) 阅读日志 (4) 关闭日志页面				
方法	模拟多个用户在不同客户端查看日志。采用 LoadRunner 的 VuGen 录制查看日志的过程,然后利用 Controller 执行性能测试,收集性能测试数据				
并发用户数与事务执行情况					
并发用户数	事务平均响应时间/s	事务最大响应时间/s	事务成功率	每秒点击率	平均流量/(B/s)
10					
20					
50					
100					
150					

(6) 组合业务性能测试

所有的用户不会只使用核心模块,通常每个功能都可能使用到,所以既要模拟多用户的相同操作,又要模拟多用户的不同操作,对多个业务进行组合性能测试。

业务组合测试是更接近用户实际操作系统的测试，因此用例编写要充分考虑实际情况，选择最接近实际的场景进行设计。这里的业务组成单位以不同模块中的"子操作事务"为单位，进行各个模块的不同业务的组合。

下面选择登录系统、添加日志、阅读日志、添加照片、浏览照片等事务作为一组组合业务进行测试，用例设计信息如表 9-19 所示。

表 9-19　组合业务测试用例

用例名称	组合业务测试用例		用例编号	Performance_ Combination		
测试目的	测试系统在线用户达到高峰时，用户可以正常使用系统，保证 1000 个以内用户可以同时访问网站					
测试方法	采用 LoadRunner 的 VuGen 录制 4 个业务： 业务 1——登录个人主页 业务 2——发布日志 业务 3——阅读日志 业务 4——在相册系统中上传照片 为每个业务分配一定数目的用户，利用 LoadRunner Controller 来执行测试，收集测试数据。其中业务 1 占总用户的 20%，业务 2 占总用户的 20%，业务 3 占总用户的 50%，业务 4 占总用户的 10%					
并发用户数与事务执行情况						
并发用户数		20	50	100	150	200
事务平均响应时间/s	业务 1					
	业务 2					
	业务 3					
	业务 4					
事务最大响应时间/s	业务 1					
	业务 2					
	业务 3					
	业务 4					
事务成功率	业务 1					
	业务 2					
	业务 3					
	业务 4					
平均每秒点击率						
吞吐量						

2．测试脚本开发

性能测试脚本是描述单个浏览器向 Web 服务器发送的 HTTP 请求序列。将业务流程转化为测试脚本，通常指的就是虚拟用户脚本或虚拟用户。虚拟用户通过驱动一个真正的客户程序来模拟真实用户。在这个步骤里，要将各类被测业务流程从头至尾进行确认和记录，弄清这些过程可以帮助分析到每步操作的细节和时间，并能精确地转化为脚本。此过程类似于制造一个能够模仿人的行为和动作的机器人的过程，其实质是将现实世界中的单个用户行为比较精确地转化为计算机程序语言。

脚本编辑和编译工作在 LoadRunner 的 Virtual User Generator(虚拟用户生成器, VuGen)中进行。VuGen 通过录制对客户端应用程序执行的操作来创建虚拟用户脚本。运行录制的脚本时,生成的虚拟用户将模拟客户端与服务器之间的交互活动(通信过程)。

使用 LoadRunner 进行性能测试,创建脚本的一般流程如下。

(1) 录制脚本

通过 VuGen 录制用户访问网站的业务过程,生成测试脚本,然后对脚本进行回放验证,确保脚本回放正确。

(2) 模拟用户行为

通过参数化、关联、集合点和运行时设置,对用户行为进行模拟。

(3) 添加监控

添加事务及手工事务检查,实现对业务的响应时间的监控。

创建的每个虚拟用户脚本至少包含 3 部分:vuser_init、一个或多个 Actions 以及 vuser_end。通常情况下,可以将登录到服务器的活动录制到 vuser_init 部分中、将客户端活动录制到 Actions 部分中,并将注销过程录制到 vuser_end 部分中。表 9-20 显示了要在每一部分录制的内容以及执行每一部分的时间。

表 9-20 虚拟用户脚本结构

脚本部分	录制内容	执行时间
vuser_init	登录到服务器	初始化 Vuser(已加载)
Action	客户端活动	Vuser 处于运行状态
vuser_end	注销过程	Vuser 完成或停止

运行多次迭代的 Vuser 脚本时,只有脚本的 Actions 部分重复,而 vuser_init 和 vuser_end 部分将不重复。

下面对博客系统中关键的业务流程进行录制,生成测试脚本,并调试测试脚本,对相关的输入项进行参数化。

(1) 用户登录

录制登录模块的脚本时涉及到验证码的问题。为简化问题,采用万能验证码,验证码为"1234",并对用户名和密码进行参数化。录制的业务过程为:用户输入网站首页地址,在用户名、密码和验证码输入框中输入正确的内容,然后单击【登录】按钮。

测试脚本如下。

```
Action()
{
    web_url("index.php",
        "URL = http://192.168.1.10/Blog/index.php",
        "Resource = 0",
        "RecContentType = text/html",
        "Referer = ",
        "Snapshot = t1.inf",
        "Mode = HTML",
```

```
        EXTRARES,
        "Url = image/default/guide - tab.gif", ENDITEM,
        "Url = image/default/guidebg.gif", ENDITEM,
        "Url = image/default/guideli.gif", ENDITEM,
        "Url = image/default/jionleft.gif", ENDITEM,
        "Url = image/default/jionright.gif", ENDITEM,
        "Url = image/default/jionmiddle.gif", ENDITEM,
        "Url = image/default/guideyinbg.gif", ENDITEM,
        "Url = image/default/fenleibg.gif", ENDITEM,
        "Url = image/default/tagsbg.gif", ENDITEM,
        "Url = image/default/mapsearchbt.gif", ENDITEM,
        "Url = image/default/zhucebg.gif", ENDITEM,
        "Url = image/default/tabA1.gif", ENDITEM,
        "Url = image/default/more.gif", ENDITEM,
        "Url = image/default/searchbg.gif", ENDITEM,
        "Url = image/default/bt.gif", ENDITEM,
        "Url = image/default/h5bg.gif", ENDITEM,
        LAST);
    lr_think_time(10);
    lr_rendezvous("login");
    lr_start_transaction("login");
    web_submit_form("login.php",
        "Snapshot = t2.inf",
        ITEMDATA,
        "Name = pwtypev", "Value = {Username}", ENDITEM,
        "Name = pwpwd", "Value = {Password}", ENDITEM,
        "Name = gdcode", "Value = 1234", ENDITEM,
        EXTRARES,
        "Url = image/default/guide - tab.gif", "Referer = http://192.168.1.10/Blog/", ENDITEM,
        "Url = image/default/guidebg.gif", "Referer = http://192.168.1.10/Blog/", ENDITEM,
        "Url = image/default/guideli.gif", "Referer = http://192.168.1.10/Blog/", ENDITEM,
        "Url = image/default/jionleft.gif", "Referer = http://192.168.1.10/Blog/", ENDITEM,
        "Url = image/default/jionright.gif", "Referer = http://192.168.1.10/Blog/", ENDITEM,
        "Url = image/default/jionmiddle.gif", "Referer = http://192.168.1.10/Blog/", ENDITEM,
        "Url = image/default/fenleibg.gif", "Referer = http://192.168.1.10/Blog/", ENDITEM,
        "Url = image/default/guideyinbg.gif", "Referer = http://192.168.1.10/Blog/", ENDITEM,
        "Url = image/default/tagsbg.gif", "Referer = http://192.168.1.10/Blog/", ENDITEM,
        "Url = image/default/mapsearchbt.gif", "Referer = http://192.168.1.10/Blog/", ENDITEM,
        "Url = image/default/tabA1.gif", "Referer = http://192.168.1.10/Blog/", ENDITEM,
        "Url = image/default/more.gif", "Referer = http://192.168.1.10/Blog/", ENDITEM,
        "Url = image/default/h5bg.gif", "Referer = http://192.168.1.10/Blog/", ENDITEM,
        "Url = image/default/searchbg.gif", "Referer = http://192.168.1.10/Blog/", ENDITEM,
        LAST);
    lr_end_transaction("login", LR_AUTO);
    return 0;
}
```

如果对系统用户的行为模仿失真，不能反映系统真实的使用情况，性能测试的有效性和必要性也就失去了意义。我们录制的脚本中用户名和密码是固定的，也就是说，所有用户都用同一个用户名和密码登录,这和实际情况不符,因此对用户名和密码进行参数化,以便更真实地模拟实际情况。在代码中进行参数化的语句是:

```
"Name = pwtypev", "Value = {Username}", ENDITEM,
"Name = pwpwd", "Value = {Password}", ENDITEM,
```

用户名和密码的参数化设置界面如图 9-10 所示。

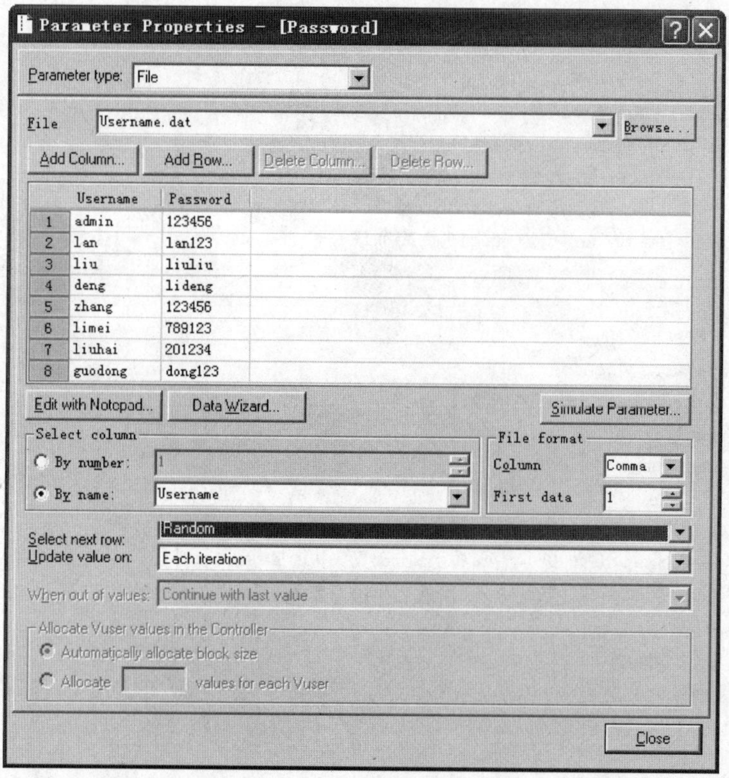

	Username	Password
1	admin	123456
2	lan	lan123
3	liu	liuliu
4	deng	lideng
5	zhang	123456
6	limei	789123
7	liuhai	201234
8	guodong	dong123

图 9-10 参数化脚本

(2) 发表日志

在发表日志模块中,需要录制两份脚本,分别是发表不带附件的日志和发表带有附件的日志。录制的业务过程为:登录个人主页,进入添加日志页面,填写日志内容,提交日志,退出系统。在脚本中需要插入事务和集合点。

① 插入事务:为了在执行测试时更准确地获得提交日志的响应时间和其他性能指标,需要将提交日志的过程单独作为一个事务。

② 插入集合点:在测试计划中,要求系统能够承受大量用户(如 100 人)同时提交数据,在 LoadRunner 中可以通过在提交数据操作前面加入集合点来实现。当虚拟用户运行到提交数据的集合点时,LoadRunner 会检查有多少用户运行到集合点,如果不到 100 人,LoadRunner 就会命令已经到集合点的用户在此等待;当在集合点等待的用户达到 100 人时,LoadRunner 命令 100 人同时提交数据,从而达到测试计划中的需求。

③ 参数化:为了更真实模拟用户发表日志的过程,需要对脚本中的日志标题和日志内

容进行参数化。

④ 设置思考时间：在录制测试脚本时，记录了用户的操作时间，在脚本中用 lr_think_time(16)函数来表示，其中 16 是录制脚本时测试者实际的操作时间。为了更合理地模拟用户使用系统，可以在 Run - time Settings 中设置思考时间，如将思考时间设置为 8～24 之间随机变化。

发表不带附件的日志的关键脚本如下。

```
Action()
{
    web_link("发表日志",
        "Text = 发表日志",
        "Snapshot = t3.inf",
        EXTRARES,
        "Url = image/default/user/bg.jpg", "Referer = http://192.168.1.10/Blog/user_
index.php?action = post&type = blog", ENDITEM,
        "Url = image/default/user/g2a.jpg", "Referer = http://192.168.1.10/Blog/user_
index.php?action = post&type = blog", ENDITEM,
        "Url = image/default/user/pwlogo.jpg", "Referer = http://192.168.1.10/Blog/user_
index.php?action = post&type = blog", ENDITEM,
        "Url = js/lang/zh_cn.js", "Referer = http://192.168.1.10/Blog/user_index.php?
action = post&type = blog", ENDITEM,
        "Url = js/zh_cn.js", "Referer = http://192.168.1.10/Blog/user_index.php?action =
post&type = blog", ENDITEM,
        "Url = image/default/user/box3bg.gif", "Referer = http://192.168.1.10/Blog/user_
index.php?action = post&type = blog", ENDITEM,
        "Url = image/default/user/more2.gif", "Referer = http://192.168.1.10/Blog/user_
index.php?action = post&type = blog", ENDITEM,
        "Url = image/default/user/btn.gif", "Referer = http://192.168.1.10/Blog/user_
index.php?action = post&type = blog", ENDITEM,
        "Url = image/smile/default/1.gif", "Referer = http://192.168.1.10/Blog/user_
index.php?action = post&type = blog", ENDITEM,
        "Url = image/smile/default/13.gif", "Referer = http://192.168.1.10/Blog/user_
index.php?action = post&type = blog", ENDITEM,
        "Url = image/smile/default/12.gif", "Referer = http://192.168.1.10/Blog/user_
index.php?action = post&type = blog", ENDITEM,
        "Url = image/smile/default/11.gif", "Referer = http://192.168.1.10/Blog/user_
index.php?action = post&type = blog", ENDITEM,
        "Url = image/smile/default/7.gif", "Referer = http://192.168.1.10/Blog/user_
index.php?action = post&type = blog", ENDITEM,
        "Url = image/smile/default/9.gif", "Referer = http://192.168.1.10/Blog/user_
index.php?action = post&type = blog", ENDITEM,
        "Url = image/smile/default/10.gif", "Referer = http://192.168.1.10/Blog/user_
index.php?action = post&type = blog", ENDITEM,
        "Url = image/smile/default/8.gif", "Referer = http://192.168.1.10/Blog/user_
index.php?action = post&type = blog", ENDITEM,
        LAST);
    lr_think_time(16);
    lr_rendezvous("PostLog");
```

```
    lr_start_transaction("PostLog");
    web_submit_data("user_index.php", "Action = http://192.168.1.10/Blog/user_index.php?
action = post&type = blog&job = add&verify = 55185844&",
        "Method = POST",
        "EncType = multipart/form - data",
        "RecContentType = text/html",
        "Referer = http://192.168.1.10/Blog/user_index.php?action = post&type = blog",
        "Snapshot = t4.inf",
        "Mode = HTML",
        ITEMDATA,
        "Name = step", "Value = 2", ENDITEM,
        "Name = atc_title", "Value = {Log_title}", ENDITEM,
        "Name = atc_iconid1", "Value = 0", ENDITEM,
        "Name = atc_iconid2", "Value = 0", ENDITEM,
        "Name = atc_autourl", "Value = 1", ENDITEM,
        "Name = atc_content", "Value = {Log_content}", ENDITEM,
        "Name = atc_desc1", "Value = ", ENDITEM,
        "Name = attachment_1", "Value = ", "File = Yes", ENDITEM,
        "Name = atc_cid", "Value = 1", ENDITEM,
        "Name = atc_dirid", "Value = ", ENDITEM,
        "Name = dirname", "Value = ", ENDITEM,
        "Name = dirorder", "Value = ", ENDITEM,
        "Name = atc_allowreply", "Value = 1", ENDITEM,
        "Name = atc_ifhide", "Value = 0", ENDITEM,
        "Name = Submit", "Value = 提 交", ENDITEM,
        EXTRARES,
        "Url = image/default/user/bg.jpg", "Referer = http://192.168.1.10/Blog/user_
index.php?action = itemcp&type = blog", ENDITEM,
        "Url = image/default/user/g2a.jpg", "Referer = http://192.168.1.10/Blog/user_
index.php?action = itemcp&type = blog", ENDITEM,
        "Url = image/default/user/pwlogo.jpg", "Referer = http://192.168.1.10/Blog/user_
index.php?action = itemcp&type = blog", ENDITEM,
        "Url = image/default/user/btn.gif", "Referer = http://192.168.1.10/Blog/user_
index.php?action = itemcp&type = blog", ENDITEM,
        LAST);
    lr_end_transaction("PostLog", LR_AUTO);
    return 0;
}
```

(3) 上传照片

上传照片的脚本如下。

```
Action()
{
    web_url("index.php",
        "URL = http://192.168.1.10/Blog/index.php",
        "Resource = 0",
        "RecContentType = text/html",
```

```
        "Referer = ",
        "Snapshot = t1.inf",
        "Mode = HTML",
        EXTRARES,
        "Url = image/default/guidebg.gif", ENDITEM,
        "Url = image/default/guide - tab.gif", ENDITEM,
        "Url = image/default/guideli.gif", ENDITEM,
        "Url = image/default/jionleft.gif", ENDITEM,
        "Url = image/default/jionright.gif", ENDITEM,
        "Url = image/default/jionmiddle.gif", ENDITEM,
        "Url = image/default/fenleibg.gif", ENDITEM,
        "Url = image/default/guideyinbg.gif", ENDITEM,
        "Url = image/default/tagsbg.gif", ENDITEM,
        "Url = image/default/mapsearchbt.gif", ENDITEM,
        "Url = image/default/searchbg.gif", ENDITEM,
        "Url = image/default/zhucebg.gif", ENDITEM,
        "Url = image/default/tabA1.gif", ENDITEM,
        "Url = image/default/more.gif", ENDITEM,
        "Url = image/default/bt.gif", ENDITEM,
        "Url = image/default/h5bg.gif", ENDITEM,
        LAST);
    lr_think_time(15);
    web_submit_form("login.php",
        "Snapshot = t2.inf",
        ITEMDATA,
        "Name = pwtypev", "Value = lan", ENDITEM,
        "Name = pwpwd", "Value = 123456", ENDITEM,
        "Name = gdcode", "Value = 1234", ENDITEM,
        EXTRARES,
        "Url = image/default/guide - tab.gif", "Referer = http://192.168.1.10/Blog/", ENDITEM,
        "Url = image/default/guidebg.gif", "Referer = http://192.168.1.10/Blog/", ENDITEM,
        "Url = image/default/guideli.gif", "Referer = http://192.168.1.10/Blog/", ENDITEM,
        "Url = image/default/jionleft.gif", "Referer = http://192.168.1.10/Blog/", ENDITEM,
        "Url = image/default/jionright.gif", "Referer = http://192.168.1.10/Blog/", ENDITEM,
        "Url = image/default/guideyinbg.gif", "Referer = http://192.168.1.10/Blog/", ENDITEM,
        "Url = image/default/jionmiddle.gif", "Referer = http://192.168.1.10/Blog/", ENDITEM,
        "Url = image/default/fenleibg.gif", "Referer = http://192.168.1.10/Blog/", ENDITEM,
        "Url = image/default/tagsbg.gif", "Referer = http://192.168.1.10/Blog/", ENDITEM,
        "Url = image/default/mapsearchbt.gif", "Referer = http://192.168.1.10/Blog/", ENDITEM,
        "Url = image/default/searchbg.gif", "Referer = http://192.168.1.10/Blog/", ENDITEM,
        "Url = image/default/more.gif", "Referer = http://192.168.1.10/Blog/", ENDITEM,
        "Url = image/default/h5bg.gif", "Referer = http://192.168.1.10/Blog/", ENDITEM,
        "Url = image/default/tabA1.gif", "Referer = http://192.168.1.10/Blog/", ENDITEM,
        LAST);
    lr_think_time(4);
    web_link("管理",
        "Text = 管理",
        "Snapshot = t3.inf",
        EXTRARES,
```

```
        "Url = image/default/user/bg.jpg", ENDITEM,
        "Url = image/default/user/pwlogo.jpg", ENDITEM,
        "Url = image/default/user/btn.gif", ENDITEM,
        "Url = image/default/user/h1bg.gif", ENDITEM,
        LAST);
    web_link("相册",
        "Text = 相册",
        "Snapshot = t4.inf",
        EXTRARES,
        "Url = image/default/user/g2a.jpg", "Referer = http://192.168.1.10/Blog/user_
index.php?action = post&type = photo", ENDITEM,
        "Url = js/lang/zh_cn.js", "Referer = http://192.168.1.10/Blog/user_index.php?
action = post&type = photo", ENDITEM,
        LAST);
    lr_think_time(19);
    lr_rendezvous("Photos");
    lr_start_transaction("Photos");
    web_submit_data("user_index.php", "Action = http://192.168.1.10/Blog/user_index.php?
action = post&type = photo&job = add&verify = 9caaf4ab&",
        "Method = POST",
        "EncType = multipart/form - data",
        "RecContentType = text/html",
        "Referer = http://192.168.1.10/Blog/user_index.php?action = post&type = photo",
        "Snapshot = t5.inf",
        "Mode = HTML",
        ITEMDATA,
        "Name = step", "Value = 2", ENDITEM,
        "Name = atc_desc1", "Value = 图片二", ENDITEM,
        "Name = atc_tags1", "Value = 六一图片 1", ENDITEM,
        "Name = attachment_1", "Value = C:\\Documents and Settings\\Administrator\\桌面\\1.
jpg", "File = Yes", ENDITEM,
        "Name = atc_desc2", "Value = ", ENDITEM,
        "Name = atc_tags2", "Value = ", ENDITEM,
        "Name = attachment_2", "Value = ", "File = Yes", ENDITEM,
        "Name = atc_aid", "Value = 2", ENDITEM,
        "Name = gdcode", "Value = 1234", ENDITEM,
        "Name = Submit", "Value = 提 交", ENDITEM,
        EXTRARES,
        "Url = image/default/user/bg.jpg", "Referer = http://192.168.1.10/Blog/user_
index.php?action = itemcp&type = photo", ENDITEM,
        "Url = image/default/user/g2a.jpg", "Referer = http://192.168.1.10/Blog/user_
index.php?action = itemcp&type = photo", ENDITEM,
        "Url = image/default/user/pwlogo.jpg", "Referer = http://192.168.1.10/Blog/user_
index.php?action = itemcp&type = photo", ENDITEM,
        "Url = image/default/user/btn.gif", "Referer = http://192.168.1.10/Blog/user_
index.php?action = itemcp&type = photo", ENDITEM,
        LAST);
    lr_end_transaction("Photos", LR_AUTO);
    return 0;
}
```

(4) 查看日志

在查看日志的性能测试中,需要录制两份测试脚本。一份只录制用户查看日志的过程,另一份录制用户查看日志和发表评论的过程。

查看日志(不发表评论)的脚本如下。

```
Action()
{
    web_url("index.php",
        "URL = http://192.168.1.10/Blog/index.php",
        "Resource = 0",
        "RecContentType = text/html",
        "Referer = ",
        "Snapshot = t1.inf",
        "Mode = HTML",
        EXTRARES,
        "Url = image/default/guidebg.gif", ENDITEM,
        "Url = image/default/guide - tab.gif", ENDITEM,
        "Url = image/default/guideli.gif", ENDITEM,
        "Url = image/default/jionleft.gif", ENDITEM,
        "Url = image/default/jionright.gif", ENDITEM,
        "Url = image/default/jionmiddle.gif", ENDITEM,
        "Url = image/default/guideyinbg.gif", ENDITEM,
        "Url = image/default/fenleibg.gif", ENDITEM,
        "Url = image/default/tagsbg.gif", ENDITEM,
        "Url = image/default/mapsearchbt.gif", ENDITEM,
        "Url = image/default/searchbg.gif", ENDITEM,
        "Url = image/default/zhucebg.gif", ENDITEM,
        "Url = image/default/more.gif", ENDITEM,
        "Url = image/default/tabA1.gif", ENDITEM,
        "Url = image/default/bt.gif", ENDITEM,
        "Url = image/default/h5bg.gif", ENDITEM,
        LAST);
    lr_think_time(8);
    web_link("日 志",
        "Text = 日 志",
        "Snapshot = t2.inf",
        EXTRARES,
        "Url = image/default/guideB.gif", "Referer = http://192.168.1.10/Blog/cate.php?
type = blog", ENDITEM,
        "Url = image/default/yue.gif", "Referer = http://192.168.1.10/Blog/cate.php?type
= blog", ENDITEM,
        LAST);
    lr_think_time(4);
    lr_start_transaction("Read_log");
    web_link("Web application testing",
        "Text = Web application testing",
        "Ordinal = 1",
        "Snapshot = t3.inf",
```

```
            EXTRARES,
            "Url = image/smile/dcfault/1.gif", "Referer = http://192.168.1.10/Blog/article.
php?type = blog&cid = 1&itemid = 2095", ENDITEM,
            "Url = image/smile/default/13.gif", "Referer = http://192.168.1.10/Blog/article.
php?type = blog&cid = 1&itemid = 2095", ENDITEM,
            "Url = image/smile/default/12.gif", "Referer = http://192.168.1.10/Blog/article.
php?type = blog&cid = 1&itemid = 2095", ENDITEM,
            "Url = image/smile/default/11.gif", "Referer = http://192.168.1.10/Blog/article.
php?type = blog&cid = 1&itemid = 2095", ENDITEM,
            "Url = image/smile/default/10.gif", "Referer = http://192.168.1.10/Blog/article.
php?type = blog&cid = 1&itemid = 2095", ENDITEM,
            "Url = image/smile/default/9.gif", "Referer = http://192.168.1.10/Blog/article.
php?type = blog&cid = 1&itemid = 2095", ENDITEM,
            "Url = image/smile/default/7.gif", "Referer = http://192.168.1.10/Blog/article.
php?type = blog&cid = 1&itemid = 2095", ENDITEM,
            "Url = image/smile/default/8.gif", "Referer = http://192.168.1.10/Blog/article.
php?type = blog&cid = 1&itemid = 2095", ENDITEM,
            LAST);
    lr_end_transaction("Read_log", LR_AUTO);
    return 0;
}
```

9.2.4 执行测试

1. 设置性能测试场景

在 LoadRunner 的 Controller 中使用“手动设置”方式来设计场景，其界面如图 9-11 所示。在 Scenario Scripts 中设置要执行的脚本，并选择 Load Generators(虚拟用户加载器)，即设置运行测试脚本的物理机器。在 Global Schedule 中主要设置虚拟用户的数量，虚拟用户初始化、启动、退出的方式，以及满负载时的持续时间等参数。

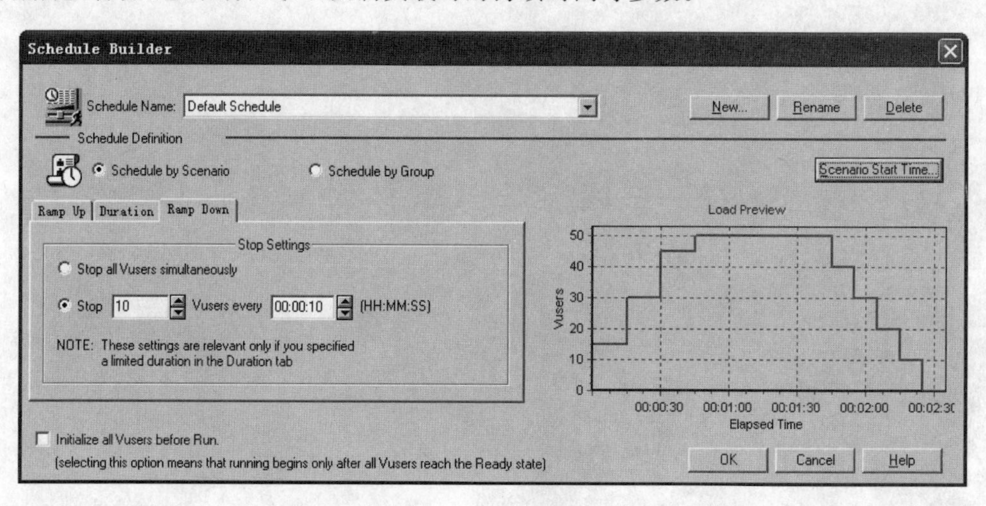

图 9-11 手动场景设置

2. 虚拟 IP 的设置

当运行场景时,虚拟用户使用它们所在的 Load Generator(虚拟用户加载器)的固定的 IP 地址。同时每个 Load Generator 上运行大量的虚拟用户,这样就造成了大量的用户使用同一 IP 地址同时访问一个网站,这种情况和实际运行的情况不符,并且有一些网站会根据用户 IP 地址来分配资源,这些网站会限制多个用户用同一个 IP 地址来登录和使用等。为了更加真实地模拟实际情况,LoadRunner 允许运行的虚拟用户使用不同的 IP 地址访问同一网站,这种技术称为 IP 欺骗(IP Spoofer)。启用该选项后,场景中运行的虚拟用户将模拟从不同的 IP 地址发送请求。

虚拟 IP 的设置过程请参看 LoadRunner 使用指南。

3. 监控各性能指标

在性能测试执行过程中,需要关注应用系统的各项响应指标和系统资源的各项指标。实时监测能让测试人员时刻了解应用程序的性能,在测试执行中及早发现性能瓶颈。

在 LoadRunner 的 Controller 中有 Windows 系统资源计数器、Apache 计数器、MySQL 计数器,能够检测系统资源消耗情况,并最终和测试结果数据合并,形成分析图表。测试结果可在测试执行完毕后,通过 LoadRunner 工具中的 Analysis(分析器)获得。

4. 执行测试场景

(1) 登录个人主页

按照测试用例的要求设置测试场景。

场景 1: 模拟 10 个用户在同一时刻登录系统,持续时间为 5min;

场景 2: 模拟 20 个用户在同一时刻登录系统,持续时间为 5min;

场景 3: 模拟 50 个用户在同一时刻登录系统,持续时间为 5min;

场景 4: 模拟 100 个用户在同一时刻登录系统,持续时间为 5min;

场景 5: 模拟 150 个用户逐步登录系统: 首先 10 个用户登录,然后每隔 10s 登录 5 个,持续时间为 5min。

场景设置完成后,控制器将脚本分发到负载生成器,负载生成器运行测试脚本,向被测系统发起负载,同时通过服务器上的性能监控器收集性能数据。性能信息采样频率会对服务器的性能产生影响,选取重要的性能计数器并使用低的采样率降低干扰。执行测试场景的界面如图 9-12 所示。

分别依次执行以上 5 个测试场景,并记录测试数据。测试数据如表 9-21 所示。

表 9-21　登录测试结果数据

用例名称	登录模块性能测试		用例编号	Performance_Login	
并发用户数	事务平均响应时间/s	事务最大响应时间/s	事务成功率	平均每秒点击率	平均流量/(B/s)
10	1.131	1.199	100%	9.5	66 480
20	1.059	1.097	100%	25.9	222 879
50	1.379	3.534	100%	54.8	140 484
100	5.525	11.125	100%	107	192 206
150	8.231	19.45	100%	89.2	200 385

注: 这里的登录成功用户指的是系统接受了其登录请求,并建立了连接。平均响应时间在登录脚本里设置检测点,由 LoadRunner 工具自动获得。

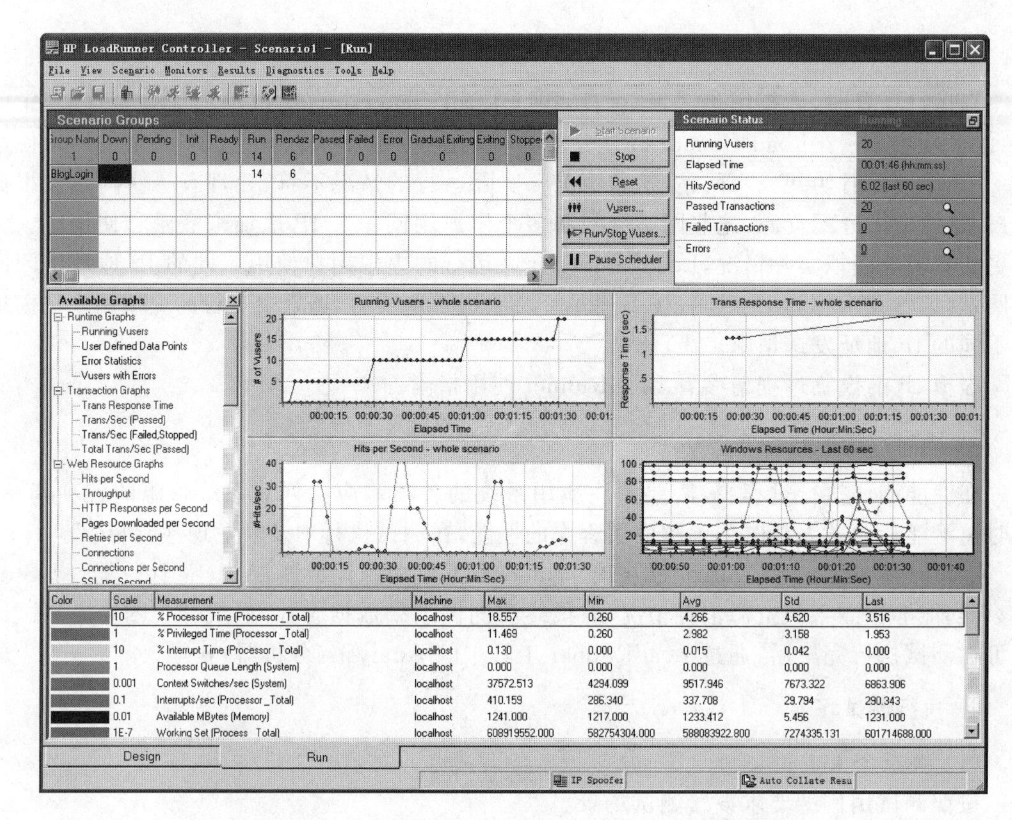

图 9-12 执行测试场景

(2) 发表日志(不带附件)

发表日志的测试场景设置方法同(1),依次执行各测试场景。测试结果数据见表 9-22。

表 9-22 发表日志(不带附件)测试数据

用例名称	发表日志(不带附件)性能测试		用例编号	Performance_Postlog01	
并发用户数	事务平均响应时间/s	事务最大响应时间/s	事务成功率	平均每秒点击率	平均流量/(B/s)
10	2.111	2.399	100%	18.8	59 513
20	2.105	2.133	100%	35.8	111 331
50	2.108	2.138	100%	76.1	236 345
100	2.395	5.711	100%	150.2	467 282

(3) 发表日志(带附件)

发表带附件的日志的测试过程同上,测试结果数据如表 9-23 所示。

表 9-23 发表日志(带附件)测试数据

用例名称	发表日志(带附件)性能测试		用例编号	Performance_Postlog02	
并发用户数	事务平均响应时间/s	事务最大响应时间/s	事务成功率	每秒点击率	平均流量/(B/s)
10	2.125	2.146	100%	11.4	35 565
20	2.15	2.323	100%	23.7	73 725

续表

并发用户数	事务平均响应时间	事务最大响应时间	事务成功率	每秒点击率	平均流量/(B/s)
50	2.182	2.483	100%	53.3	165 883
100	2.515	5.418	100%	102.3	318 843

(4) 上传图片

上传图片的测试结果数据见表 9-24。

表 9-24 上传图片测试数据

用例名称	上传图片性能测试		用例编号	Performance_Photo	
并发用户数	事务平均响应时间/s	事务最大响应时间/s	事务成功率	每秒点击率	平均流量/(B/s)
10	2.232	2.258	100%	10.8	36 547
20	2.245	2.375	100%	21.2	71 573
50	2.262	3.89	100%	49.8	169 615
100	8.358	16.8	100%	51.49	173 395

(5) 查看日志

查看日志的测试结果数据见表 9-25。

表 9-25 查看日志测试数据

用例名称	查看日志测试用例		用例编号	Performance_Readlog	
并发用户数	事务平均响应时间/s	事务最大响应时间/s	事务成功率	每秒点击率	平均流量/(B/s)
10	0.038	0.094	100%	35.9	146 906
20	0.041	0.097	100%	68.4	280 287
50	0.958	4.175	100%	105.5	431 173
100	2.351	10.117	100%	139.6	651 185
150	2.758	6.497	100%	69	685 121
200	8.892	20.153	100%	149.5	714 327

(6) 组合业务

组合业务的测试结果数据见表 9-26。

表 9-26 组合业务测试用例

用例名称	组合业务测试用例	用例编号	Performance_ Combination
测试说明	采用 LoadRunner 的 VuGen 录制 4 个业务： 业务 1——登录个人主页 业务 2——发表日志 业务 3——阅读日志 业务 4——在相册系统中上传照片 为每个业务分配一定数目的用户，利用 LoadRunner Controller 来执行测试，收集测试数据。其中业务 1 占总用户的 20%，业务 2 占总用户的 20%，业务 3 占总用户的 50%，业务 4 占总用户的 10%		

续表

并发用户数		20	50	100	150	200
事务平均响应时间/s	业务1	1.125	1.072	2.720	9.829	15.273
	业务2	2.210	2.152	3.526	9.460	12.402
	业务3	0.094	0.195	0.482	2.031	3.132
	业务4	2.136	2.306	4.292	9.416	12.411
事务最大响应时间/s	业务1	1.245	2.170	14.609	28.047	30.23
	业务2	2.455	2.910	11.891	22.845	23.252
	业务3	1.536	5.563	11.031	16.658	19.271
	业务4	3.052	5.709	13.529	22.217	23.181
事务成功率	业务1	100%	100%	100%	100%	100%
	业务2	100%	100%	100%	100%	100%
	业务3	100%	100%	100%	100%	100%
	业务4	100%	100%	100%	100%	100%
平均每秒点击率		1531	1802	1224	1043	813
平均每秒吞吐量		3 603 103	4 247 112	2 899 250	2 460 011	1 928 609
%Processor time(CPU)		17.2	47.3	68.6	57.6	42.1
Available M Bytes(Memory)		1164	1194	1175	1145	1130
Avg. Disk Bytes/Transfer (Physical Disk)		5420	32 615	24 989	20 198	16 278

9.2.5 分析测试结果

测试结果分析就是结合测试结果数据，分析出系统性能行为表现的规律，并准确定位系统的性能瓶颈所在。在这个步骤里，可以利用数学手段对大批量数据进行计算和统计，使结果更加具有客观性。

用 LoadRunner 的 Controller 执行完测试后，运行结果数据将从各负载生成器进行汇总，产生性能分析图表。它包括一些关键性能数据，如事务响应时间、吞吐量等。通过 Analysis 模块的输出功能，可方便地生成 HTML、Word 或者 Crystal 的报表，用户可以根据不同的测试需求进行定制、分析和再处理。

Analysis 中生成的测试结果摘要如图 9-13 所示。

下面对测试过程中记录的部分测试结果进行分析。

1. 50 个并发用户

从前面的测试结果数据可以看出，20、50 个并发用户时，各事务的最大响应时间均在 5s 以内，事务成功率 100%，满足系统的要求。

2. 100 个并发用户

通过前面的测试结果数据，可以看出响应时间有些变长，大多数操作响应时间在 8s 以内，在用户可以接受的范围之内，能够达到系统预定目标。

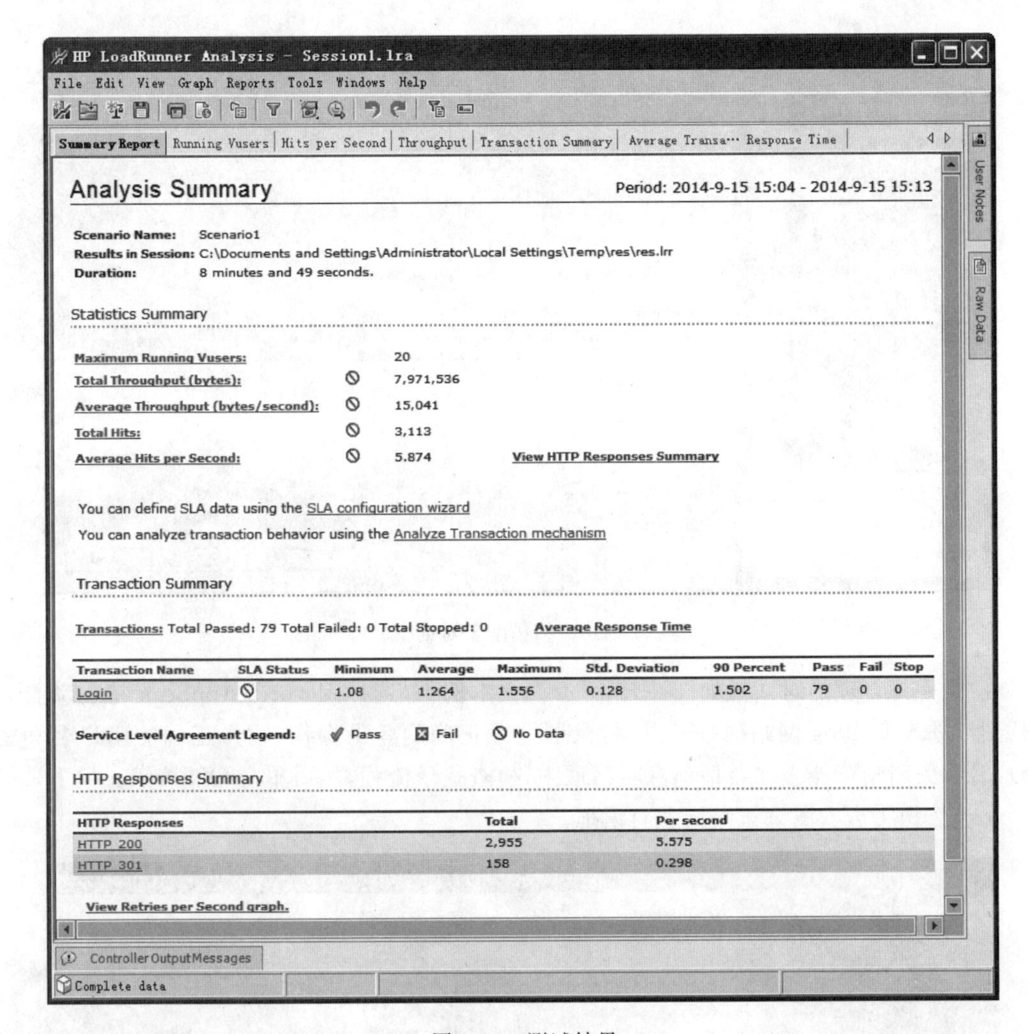

图 9-13 测试结果

9.3 博客系统安全性测试

IBM Rational AppScan 是一种自动化 Web 应用程序安全性测试引擎，能够连续、自动地审查 Web 应用程序，测试安全性问题，并生成包含修订建议的行动报告，简化修复过程。本次博客系统的安全性测试采用 AppSan 工具。

9.3.1 创建扫描

启动 AppScan，创建 Web 安全扫描任务，选择 Web Application Scan，单击【下一步】按钮，将弹出扫描配置对话框，如图 9-14 所示。

在 Start the scan from this URL 中，输入要扫描的站点的 URL。例如，在本例使用 LxBlog 系统进行安全测试，其 URL 地址为 http://192.168.1.10/Blog/index.php。配置好后，单击 Next 按钮，将进入配置登录管理。

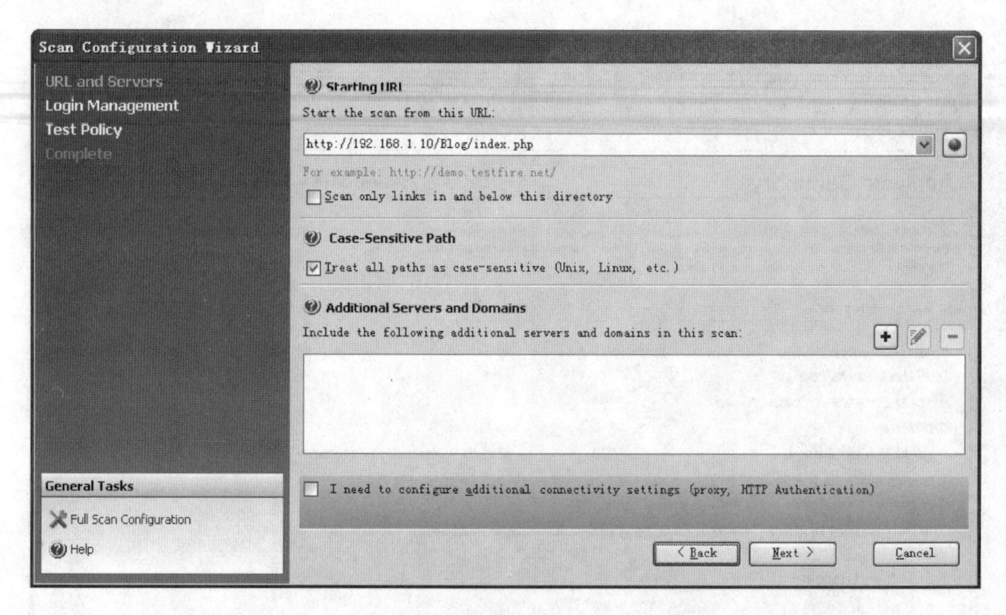

图 9-14 扫描配置对话框

配置登录管理的对话框如图 9-15 所示。在本例中,选择 Record,AppScan 将自动打开浏览器,进入 LxBlog 网站的登录页面,录制一段正确的登录操作(输入正确的用户名和密码),然后关闭浏览器。在会话信息对话框中,检查登录流程,然后单击 OK 按钮。接下来单击 Next 按钮将进入测试策略配置对话框。

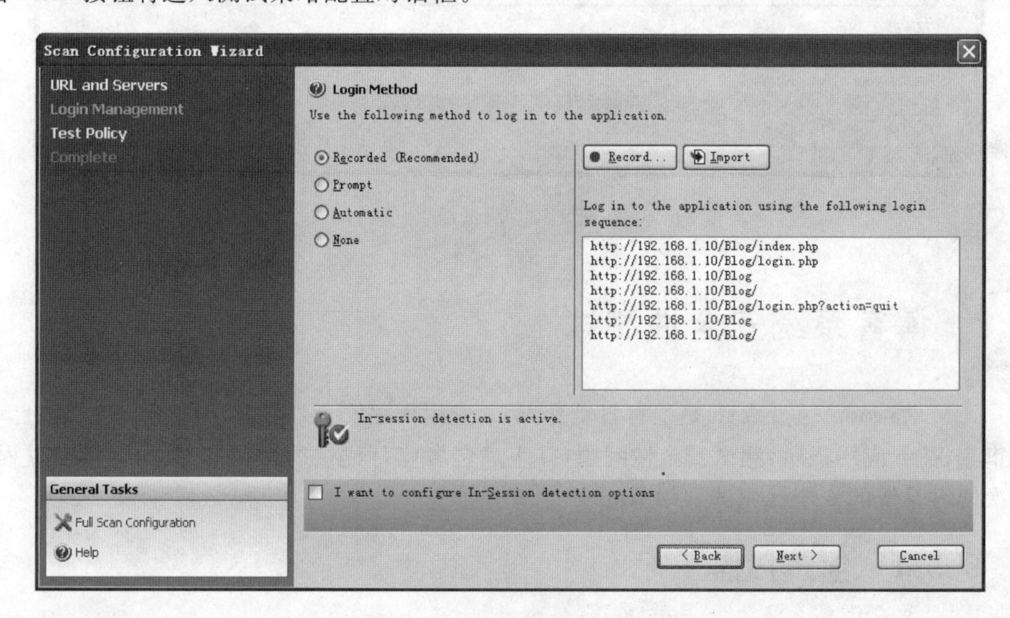

图 9-15 配置登录管理对话框

在这一步中需要检查扫描运用的测试策略,即使用哪种扫描类别。系统默认执行所有非侵入性测试。

9.3.2 执行扫描

1. 从扫描配置向导启动扫描

完成扫描配置向导后，就可以启动扫描。

2. 从扫描菜单或工具栏启动扫描

当打开 AppScan 时，可以使用当前配置从扫描菜单或工具栏来启动扫描。在扫描菜单上，或从工具栏上的扫描按钮中，选择下列任一操作。

(1) 全面扫描：运行全面扫描。继续探索应用程序，直到不再有未访问的 URL 为止，然后自动继续测试阶段（如果配置了多阶段扫描，则根据需要完成多个阶段）。

(2) 仅探索：探索应用程序，但不继续测试阶段。在继续测试阶段之前，该操作允许先检查探索结果，如果需要，会执行手动探索。

(3) 仅测试：基于现有探索结果来测试站点。注意：站点已探索时才是活动的。

扫描时，进度栏和状态栏提供扫描的详细信息。在处理过程中，窗格会显示实时结果。在执行 Web 安全扫描任务的过程中，可以随时查看已经检测出的 Web 安全问题。

9.3.3 扫描结果

扫描完成后，结果将显示在主窗口上。扫描结果可在 3 个视图中显示：Data（应用程序数据）、Issues（安全问题）、Tasks（补救任务）。默认为问题视图，如图 9-16 所示。

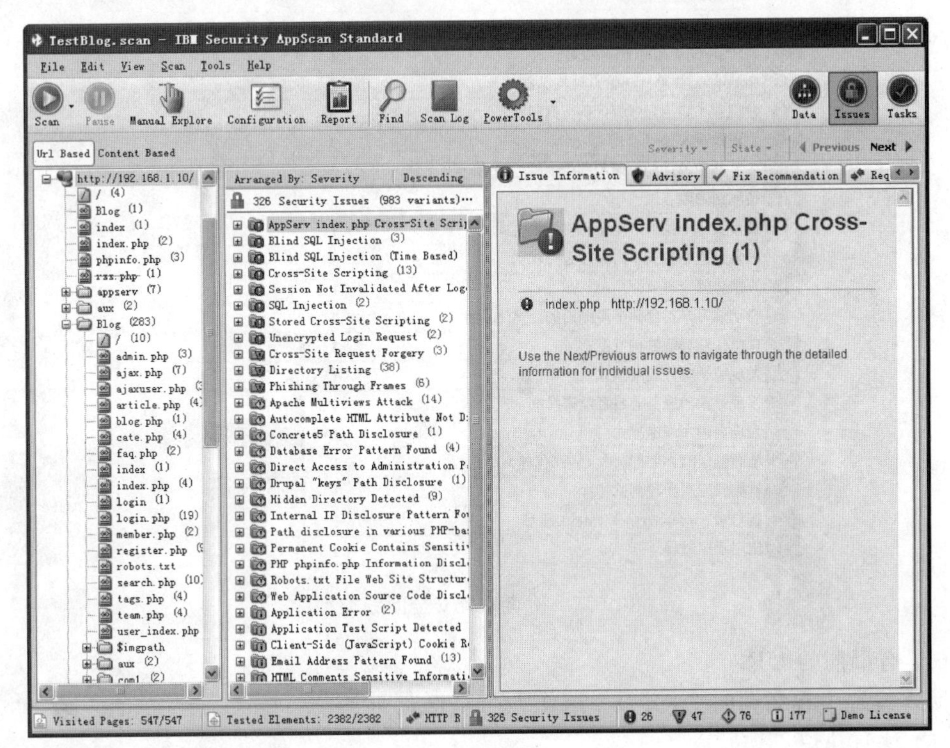

图 9-16 问题视图

9.3.4 结果报告

AppScan评估了站点的漏洞后,可生成针对组织中各种人员而配置的定制报告,从开发者、内部审计员、安全测试员到经理和主管。工具栏上的报告图标使用户可以选择报告模板,并且设置生成报告模板的内容和布局。

博客系统的安全测试报告内容丰富,其中包括管理综合报告、按问题类型分类的说明和应用程序数据,各项内容描述详细,报告共372页(详细内容请查看书籍配套的电子资源)。下面简要介绍博客系统安全测试报告中的内容。

管理综合报告中包括问题类型、有漏洞的URL、修订建议、安全风险、原因和WASC威胁分类)。

(1) 问题类型

博客系统的安全测试报告中指出的问题类型有28个,如图9-17所示。

	问题类型	问题数量
高	AppServ index.php 跨站脚本编制	1
高	SQL注入	2
高	存储的跨站点脚本编制	2
高	跨站点脚本编制	6
高	已解密的登录请求	1
中	目录列表	17
中	通过框架钓鱼	3
低	Apache Multiviews 攻击	13
低	Concrete5路经泄露	1
低	Drupal"keys"路经泄露	1
低	PHP phpinfo.php 信息泄露	1
低	Robots.txt文件Web站点结构暴露	1
低	发现Web应用程序源代码泄露模式	36
低	发现数据库错误模式	3
低	各种基于PHP的应用程序中的路经泄露	2
低	检测到隐藏目录	9
低	在参数值中找到了电子邮件地址模式	1
低	在参数值中找到了内部IP公开模式	2
低	直接访问管理页面	1
低	自动填写未对密码字段禁用的HTML属性	5
参	HTML注释敏感信息泄露	3
参	发现电子邮件地址模式	13
参	发现可能的服务器路经泄露模式	9
参	发现内部IP泄露模式	139
参	检测到HTTP请求转发(Web代理)	1
参	检测到应用程序测试脚本	1
参	客户端(JacaScript)Cookie引导	1
参	应用程序错误	2

图9-17 博客系统安全问题类型

(2) 有漏洞的URL

博客系统中有漏洞的URL共188条,在此省略。

(3) 修订建议

安全测试报告中给出了修订建议,具体内容如下。

(高) 查看危险字符注入的可能解决方案；
(高) 发送敏感信息时，始终使用 SSL 和 POST(主体)参数；
(中) 修改服务器配置以拒绝目录列表；
(低) 除去 HTML 注释中的敏感信息；
(低) 除去 Web 站点中的电子邮件地址；
(低) 除去 Web 站点中的内部 IP 地址；
(低) 除去 Web-Server 中的源代码文件；
(低) 除去服务器中的测试脚本；
(低) 除去客户端中的业务逻辑和安全逻辑；
(低) 从站点中除去 phpinfo. php 脚本和其他所有缺省脚本；
(低) 对禁止的资源发布 404 - Not Found 响应状态代码，或者将其完全除去；
(低) 将 autocomplete 属性正确设置为 off；
(低) 将服务器配置修改为禁用 Multiviews 功能；
(低) 将敏感内容移至隔离位置，以避免 Web 机器人搜索到此内容；
(低) 将适当的授权应用到管理脚本；
(低) 禁用 HTTP 请求转发(Web 代理)功能；
(低) 验证参数值是否在其预计范围和类型内，不要输出调试错误消息和异常。

(4) 安全风险

博客系统安全测试报告中指出了 16 条安全风险，如图 9-18 所示。

风险		问题数量
高	可能窃取或操纵客户会话和cookie，可能用于模仿合法用户，使黑客能够以该用户身份查看或变更用户记录以及执行	9
高	可能会查看、修改或删除数据库条目和表	5
高	可能窃取诸如用户和密码等未经加密即发送的用户登录信息	1
中	可能会查看和下载特定Web应用程序虚拟目录的内容，其中可能包含受限文件	17
中	可能会劝说初级用户提供诸如用户名、密码、信用卡号、社会保险号等敏感信息	3
低	可能检索Web服务器安装的绝对路径、这可能帮助攻击者开展进一步攻击和获取有关Web应用程序文件系统结构的信息	26
低	可能会泄露服务环境变量，这可能会帮助攻击者开展针对Web应用程序的进一步攻击	1
低	可能会检索有关站点文件系统结构的信息，这可能会帮助攻击者映射此Web站点	10
低	可能会检索服务器端脚本的源代码，这可能会泄露应用程序逻辑及其他诸如用户名和密码之类的敏感信息	36
低	可能会收集有关Web应用程序的敏感信息，如用户名、密码、机器名或敏感文件位置	158
低	可能会升级用户特权并通过Web应用程序获取管理许可权	1
低	可能会绕开Web应用程序的认证机制	5
参	攻击者可能用Web服务器攻击其他站点，这将增加其匿名性	1
参	可能会下载临时脚本文件，这会泄露应用程序逻辑及其他诸如用户名和密码之类的敏感信息	1
参	此攻击的最坏情形取决于在客户端所创建的cookie的上下文和角色	1

图 9-18　博客系统安全风险

(5) 原因

博客系统安全测试报告中分析出了安全问题的原因,其中有13条,内容如下。

(高) Web站点上安装了没有已知补丁且易受攻击的第三方软件;

(高) 未对用户输入正确执行危险字符清理;

(高) 诸如用户名、密码和信用卡号之类的敏感输入字段未经加密即进行了传递;

(中) 已启用目录浏览;

(低) Web服务器或应用程序服务器是以不安全的方式配置的;

(低) 在Web站点上安装了缺省样本脚本或目录;

(低) 未安装第三方产品的最新补丁或最新修订程序;

(低) 在生产环境中留下临时文件;

(低) 程序员在Web页面上留下调试信息;

(低) Web应用程序编程或配置不安全;

(低) Cookie是在客户端创建的;

(低) 未对入局参数值执行适当的边界检查;

(低) 未执行验证以确保用户输入与预期的数据类型匹配。

(6) WASC威胁分类

博客系统安全测试报告中,检查出了9种安全威胁,分别是:

① SQL注入;

② 功能滥用;

③ 可预测资源位置;

④ 跨站点脚本编制;

⑤ 目录索引;

⑥ 内容电子欺骗;

⑦ 信息泄露;

⑧ 应用程序隐私测试;

⑨ 应用程序质量测试。

9.4 博客系统兼容性测试

对于Web应用,无法预知用户的客户端配置和运行环境,所以,做好兼容性测试是非常重要的。对博客系统进行兼容性测试的具体内容包括操作系统测试、浏览器测试和分辨率测试。

最常见的操作系统有Windows、UNIX、Linux等,用户常用的浏览器有IE 6.0、IE 7、IE 8、Chrome、Firefox、360浏览器等。测试浏览器兼容性的一个方法是创建一个兼容性矩阵。测试中创建的操作系统和浏览器的兼容性测试矩阵见表9-27。

在对博客系统进行兼容性测试时候,发现系统兼容性良好,对于不同的浏览器均可正常显示。相对其他浏览器来说,IE浏览器更适合此博客系统。

表 9-27 兼容性测试用例

操作系统	浏览器					
	IE 8	IE 9	IE 10	Chrome	Firefox	360
Windows 7	正常	正常	正常	正常	正常	正常
Windows XP	正常	正常	正常	正常	正常	正常
Windows 2003	正常	正常	正常	正常	正常	正常
UNIX	正常	正常	正常	正常	正常	正常
Linux	正常	正常	正常	正常	正常	正常

9.5 博客系统界面测试

博客系统界面测试检查项及执行结果见表 9-28。

表 9-28 用户界面测试检查项

检 查 项	测试人员的类别及其评价
窗口切换、移动、改变大小时正常吗	是
各种界面元素的文字正确吗	是
各种界面元素的状态正确吗	正确
各种界面元素支持键盘操作吗	支持
各种界面元素鼠标操作正确吗	正确
对话框中的缺省焦点正确吗	正确
数据项能正确回显吗	是
对于常用的功能，用户能否不必阅读手册就能使用	易用性好
执行有风险的操作时，有“确认”、“放弃”等提示吗	是
操作顺序合理吗	合理
按钮排列合理吗	合理
导航帮助明确吗	明确
提示信息规范吗	规范
在不同的浏览器下用户界面的所有元素是否显示正常	正常
在调整分辨率的情况下用户界面的所有元素显示是否正常	正常
在同一种浏览器下，浏览器的版本不同，用户界面显示是否正常	正常

第四篇

工　具　篇

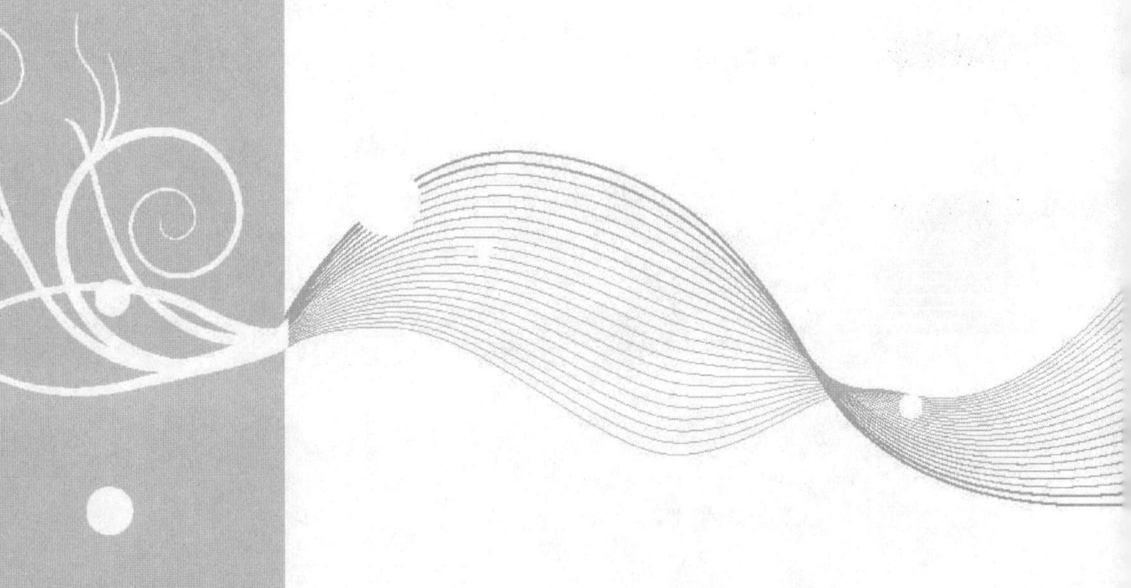

- 第10章　LoadRunner的使用
- 第11章　AppScan

第10章 LoadRunner的使用

10.1 LoadRunner概述

10.1.1 LoadRunner简介

LoadRunner是一种预测系统行为和性能的负载测试工具，通过模拟大量用户实施并发负载及实时性能监测来确认和查找问题。通过使用LoadRunner，企业能最大限度地缩短测试时间、优化性能和加速应用系统的发布周期。

LoadRunner是一种适用于各种体系架构的负载测试工具，它能预测系统行为并优化系统性能。LoadRunner的测试对象是整个企业的系统，它通过模拟实际用户的操作行为和实行实时性能监测，来帮助用户更快地查找和发现问题。此外，LoadRunner能支持广泛的协议和技术，为用户的特殊环境提供特殊的解决方案。

1. 轻松创建虚拟用户

使用LoadRunner的Virtual User Generator，能简便地创立起系统负载。该引擎能够生成虚拟用户脚本，以虚拟用户的方式模拟真实用户的业务操作行为。它首先记录业务流程(如下订单或机票预定)，然后将其转化为测试脚本。利用虚拟用户，可以在Windows、UNIX或Linux机器上同时产生成千上万的用户访问。所以LoadRunner能极大地减少负载测试所需的硬件和人力资源。

用Virtual User Generator建立测试脚本后，可以对其进行参数化操作，这一操作能用实际数据测试应用程序，从而反映出系统的负载能力。

2. 创建真实的负载

virtual users建立起后，需要设定负载方案、业务流程组合和虚拟用户数量。用LoadRunner的Controller，能很快组织起多用户的测试方案。Controller的Rendezvous功能提供一个互动的环境，在其中既能建立起持续且循环的负载，又能管理和驱动负载测试方案。

可以利用Conroller的日程计划服务来定义用户在什么时候访问系统以产生负载。这样，就能将测试过程自动化。同样还可以用Controller来限定负载方案，在这个方案中所有的用户同时执行一个动作来模拟峰值负载的情况。另外，在Controller中还能监测系统架构各个组件的性能，包括服务器、数据库、网络设备等，来帮助客户决定系统的配置。

LoadRunner 通过其 AutoLoad 技术，为用户提供了更多的测试灵活性。使用 AutoLoad，可以根据目前的用户人数事先设定测试目标，优化测试流程。

3．定位性能问题

LoadRunner 内含集成的实时监测器，在负载测试过程的任何时刻，可以观察到应用系统的运行性能。这些被动监测器将实时显示交易性能数据（如响应时间）和其他系统组件（如应用服务器、Web 服务器、数据库、网络设备等）的实时性能。一旦测试完毕后，LoadRunner 将收集汇总所有的测试数据，并提供高级分析和汇报，以便迅速查找到性能问题并追溯原由。

4．LoadRunner 支持的协议非常广泛

LoadRunner 支持广泛的协议，其中包括 B/S（Http）、C/S（Winsock，Oracle，DB2，SQL Server，Sybase 等）、分布式组件（COM/DCOM，CORBA）、Mail（MAPI，SMTP，POP3 等）、Wireless（WAP 等）、ERP/CRM（SAP 等）、VB VU、Java VU、C VU。从 7.6 版本开始还支持多协议。这比很多性能测试工具强，例如 Webload 仅仅支持 Web 的应用、OpenSTA 也仅仅支持 Web 的测试，支持这么广泛的协议的性能测试工具只有 LoadRunner。

10.1.2 LoadRunner 的组成

LoadRunner 主要由 4 部分组成，如图 10-1 所示。

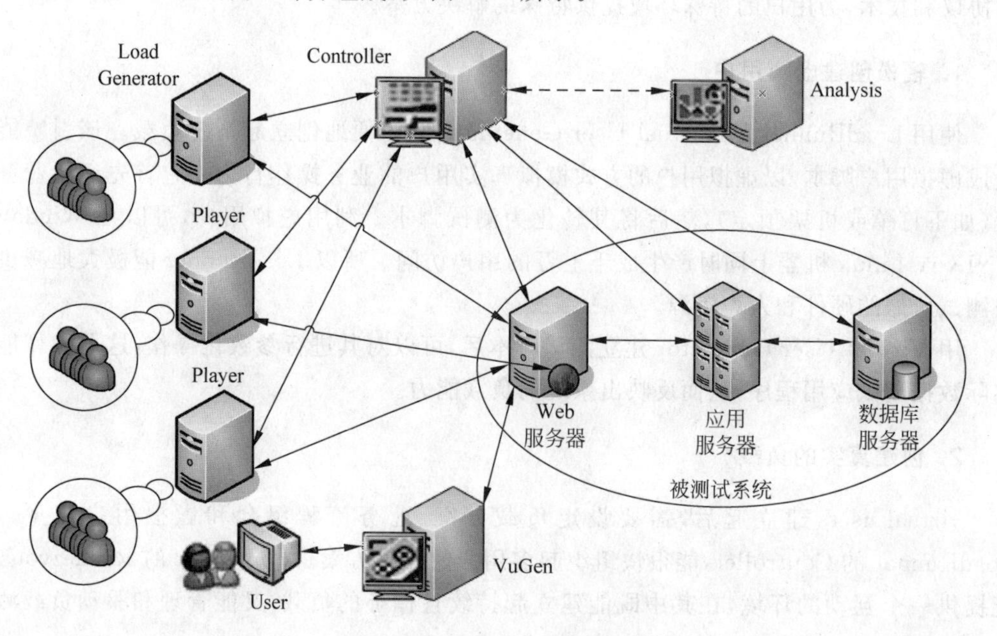

图 10-1 LoadRunner 的架构图

1．脚本生成器

脚本生成器（Virtual User Generator，VuGen）用于创建脚本。VuGen 提供了基于录制

的可视化图形开发环境，可以方便简洁地生成用于负载的性能脚本。VuGen 通过录制典型最终用户在应用程序上执行的操作来生成虚拟用户（或称 Vuser），然后将这些操作录制到自动化 Vuser 脚本中，将其作为负载测试的基础。

2. 控制器

控制器(Controller)是用来设计、管理和监控负载测试的中央控制台。它负责对整个负载的过程进行设置，指定负载的方式和周期，同时提供了系统监控的功能。使用 Controller 可运行模拟真实用户操作的脚本，并通过让多个 Vuser 同时执行这些操作，在系统上施加负载。

3. 压力生成器

压力生成器(Load Generator)负责将 VuGen 脚本复制成大量虚拟用户对系统生成负载。

4. 结果分析工具

结果分析工具(Analysis)用于分析场景。Analysis 提供包含深入性能分析信息的图和报告。使用这些图和报告可以找出并确定应用程序的瓶颈，同时确定需要对系统进行哪些改进以提高其性能。

10.1.3 LoadRunner 测试原理

1. 用户行为模拟

进行性能测试，必须模拟大量不同用户访问被测试系统，对被测试系统产生一定的用户负载。

(1) 不同用户使用不同的数据

LoadRunner 通过“参数化”的方式实现不同用户使用不同数据。例如不同的用户使用不同的用户名和密码登录系统，查看不同的内容。

(2) 多用户并发操作

在性能测试中，需要模拟多用户在某个时间点同时向被测试程序发送请求(多用户并发操作)，LoadRunner 通过“集合点”的方式实现。

(3) 请求间的延时

对于同一个业务功能，不同用户的操作时间是不同的，请求和响应的时间也不同，为了模拟这种情况，LoadRunner 通过“思考时间”来实现。

(4) 用户请求间的依赖关系

LoadRunner 通过“关联”来实现用户请求间的依赖关系。

2. 性能指标监控

在运行中需要监控各项性能指标，并分析指标的正确性。

(1) 请求响应时间监控

为了更准确地监控某项业务的性能，LoadRunner 通过“事务”的方式来监控请求响应时间。

(2) 服务器处理能力监控

服务器处理能力的一个重要表现就是吞吐量，LoadRunner 通过“事务”计算吞吐量。

(3) 服务器资源利用率监控

为了监控服务器资源利用率，LoadRunner 提供全面简洁的计数器接口，可以方便、准确地获取各项性能指标。

3. 性能调优

通过指标的监控发现系统存在的性能缺陷，利用分析工具定位并修正性能问题。

10.1.4 LoadRunner 测试流程

性能测试一般包括 5 个阶段：规划测试、创建脚本、定义场景、执行场景和分析结果，如图 10-2 所示。

图 10-2 LoadRunner 测试流程

(1) 规划性能测试

定义性能测试要求，例如并发用户数量、典型业务流程和要求的响应时间。制定完整的测试计划、定义明确的测试任务将确保制定的方案能完成测试目标。

(2) 创建 Vuser 脚本

使用 Virtual User Generator (VuGen)录制最终用户活动(即捕获在应用程序上执行的典型用户业务流程)，生成测试脚本，以便在执行性能测试时能以虚拟用户的方式模拟真实用户的业务操作行为。利用虚拟用户，可以模拟产生成千上万个用户访问。

(3) 定义场景

在 LoadRunner Controller 中，定义测试期间发生的事件，设置负载测试环境、业务流程组合和虚拟用户数量。

(4) 执行场景

使用 LoadRunner Controller 运行、管理并监控负载测试。在负载测试过程中，LoadRunner 自带的监测器可以随时观察到应用系统的运行性能。这些性能监测器实时显示性能数据(如响应时间)和其他系统组件，包括应用服务器、Web 服务器和数据库等的实时性能。这样，可以在测试过程中从客户和服务器双方面评估这些系统组件的运行性能。

(5) 分析结果

使用 LoadRunner Analysis 分析在负载测试期间生成的性能数据，创建图和报告，评估系统性能，以便迅速查找到性能问题并追溯原由。

10.2 脚本生成器

虚拟用户脚本生成器可以方便简洁地生成用于负载的测试脚本。LoadRunner 启动以后，在任务栏中会有一个 Agent 进程，通过 Agent 进程，监视各种协议的 Client 与 Server 端的通信，用 LoadRunner 的一套 C 语言函数来录制脚本，然后 LoadRunner 调用这些脚本向服务器端发出请求，接受服务器的响应。

10.2.1 创建脚本

创建负载测试的第一步是使用 VuGen 录制典型最终用户业务流程。VuGen 以“录制-回放”的方式工作。在应用程序中执行业务流程步骤时，VuGen 会将用户的操作录制到自动化脚本中，并将其作为负载测试的基础。

1. 启动 LoadRunner

选择【开始】→【程序】→HP LoadRunner→Applications→Virtual User Generator，打开 VuGen 窗口。

2. 创建测试脚本

在 VuGen 起始页，单击 File→New 按钮。将打开新建虚拟用户对话框，其中显示了新建单协议脚本屏幕。协议是客户端用来与系统后端进行通信的语言。如果要测试一个网站，将创建一个 Web 虚拟用户脚本。

在 Category 中选择 All Protocols(所有协议)，VuGen 将列出适用于单协议脚本的所有可用协议。向下滚动列表，选择 Web (HTTP/HTML)，如图 10-3 所示。

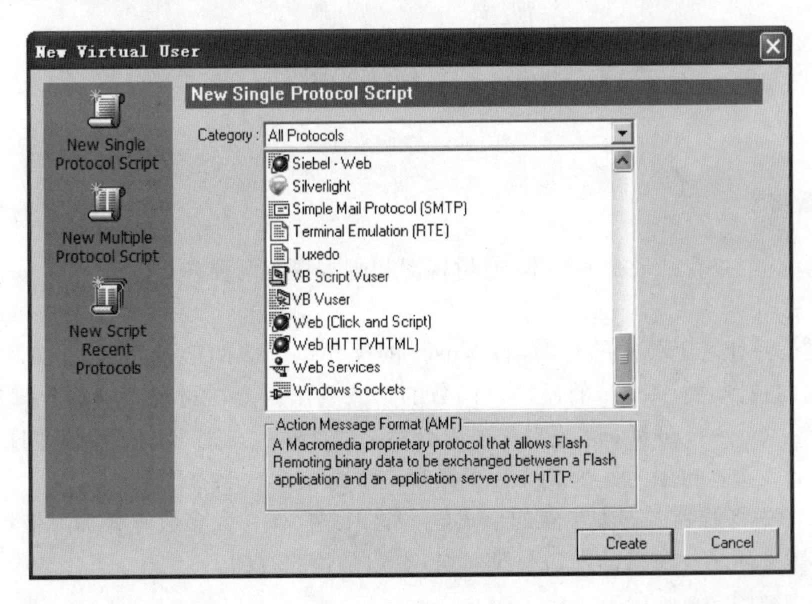

图 10-3 协议选择框

注：在多协议脚本中，高级用户可以在一个录制会话期间录制多个协议。在本例中将创建一个 Web 类型的协议脚本。录制其他类型的单协议或多协议脚本的过程与录制 Web 脚本的过程类似。

单击 Create 按钮，弹出 Start Recording 设置对话框，如图 10-4 所示。

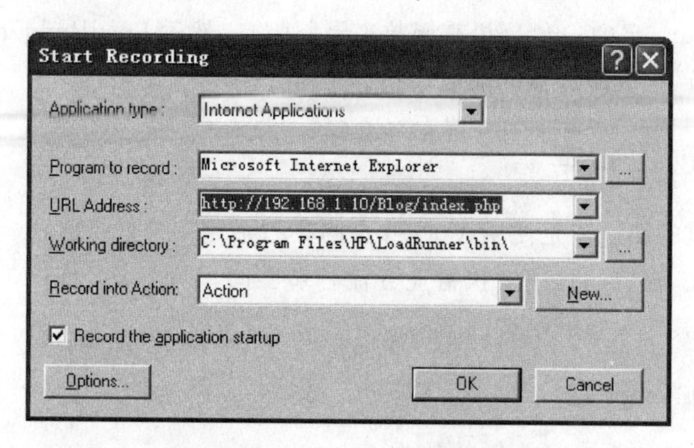

图 10-4 Start Recording 设置对话框

在 URL Address 中输入待测试网站的地址，单击 OK 按钮，此时 LoadRunner 将自动打开 IE 浏览器，并进入到要测试的网站，当用户在网站中操作业务功能时，LoadRunner 将以脚本的方式记录用户的每一步操作。操作完成后，单击 Stop 按钮（或者按 Ctrl+F5 键），LoadRunner 将停止录制，并生成测试脚本。

VuGen 的录制工具条如图 10-5 所示。

图 10-5 录制工具条

3. 查看脚本

在 VuGen 中查看已录制的脚本，有树视图和脚本视图两种方式。

（1）树视图

树视图是一种基于图标的视图，将 Vuser 的操作以步骤的形式列出，而脚本视图是一种基于文本的视图，将 Vuser 的操作以函数的形式列出。要在树视图中查看脚本，需在菜单栏中选择 View→Tree View，或者单击工具栏上的 Tree 按钮。对于录制期间执行的每个步骤，VuGen 在脚本树中为其生成一个图标和一个标题。

在树视图中将看到以脚本步骤的形式显示的用户操作。大多数步骤都附带相应的录制快照，如图 10-6 所示。窗口的左边是脚本树，右边是快照视图。

（2）脚本视图

脚本视图是一种基于文本的视图，以 API 函数的形式列出 Vuser 的操作。要在脚本视图中查看脚本，需选择 View→Script View 视图，或者单击工具栏上的【脚本】按钮。在脚本视图中，VuGen 在编辑器中显示脚本，并用不同颜色表示函数及其参数值，如图 10-7 所示。用户可以在窗口中直接输入 C 或 LoadRunner API 函数以及控制流语句。

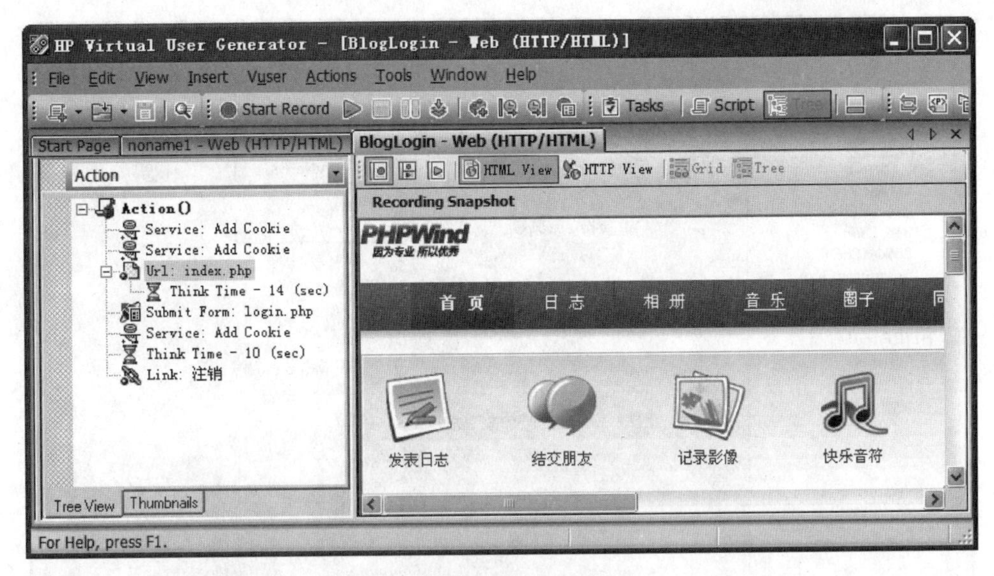

图 10-6 树视图

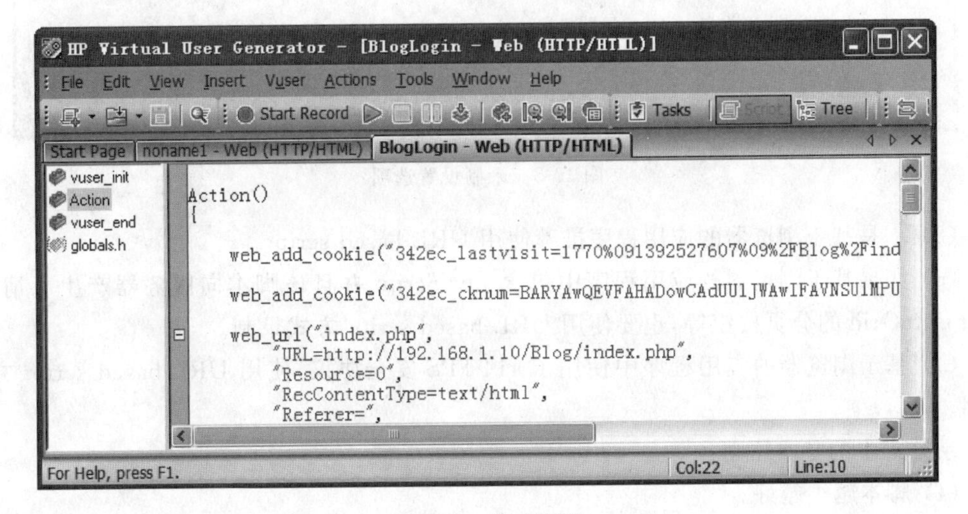

图 10-7 脚本视图

4. URL mode 和 HTML mode

在录制之前，可以设置录制选项。在 Start Recording 设置对话框（图 10-4）中单击 Options 按钮，将弹出 Recording Options 对话框，也可以通过菜单栏的 Tools→Recording Options 打开对话框，如图 10-8 所示。

在默认情况下，选择 HTML-based script，脚本采用 HTML 页面的形式来表示，这种方式的 Script 脚本容易维护、容易理解，推荐以这种方式录制。

URL-based script 脚本采用基于 URL 的方式，所有的 HTTP 请求都会被录制下来，单独生成函数，所以 URL 模式生成的脚本会显得有些杂乱。

选择 HTML 还是 URL 录制，有以下参考原则。

(1) 基于浏览器的应用程序推荐使用 HTML-based script。

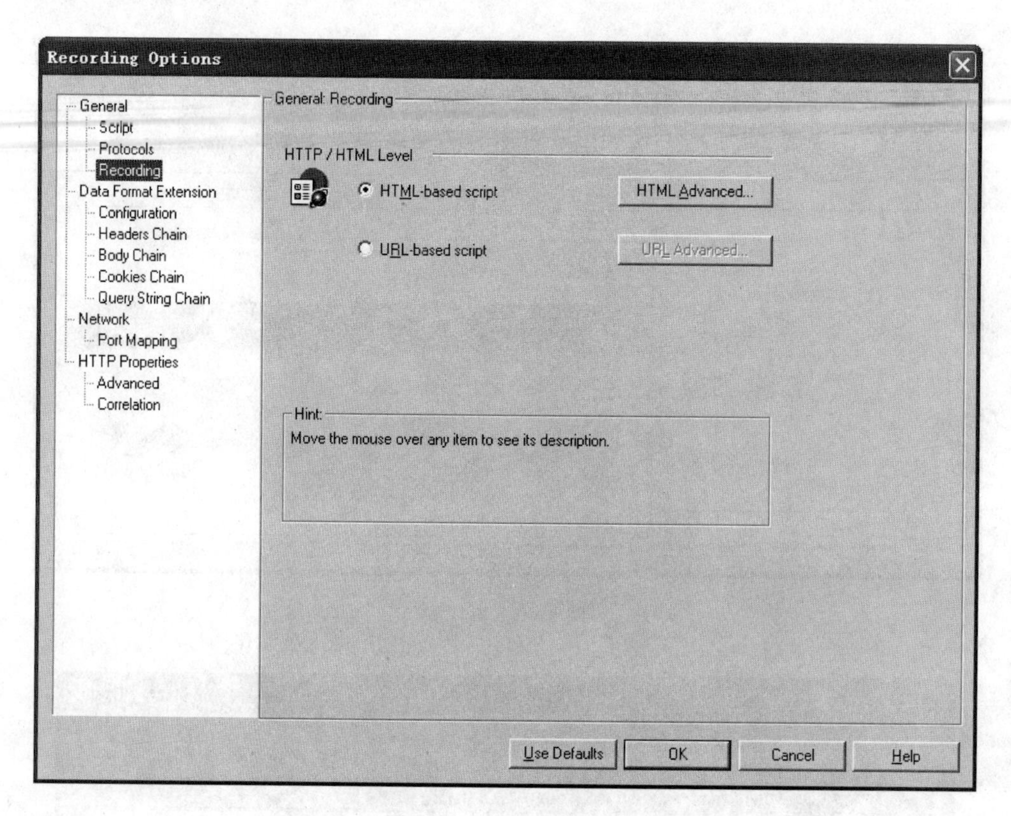

图 10-8 录制设置选项

(2) 不是基于浏览器的应用程序推荐使用 URL-based script。

(3) 如果基于浏览器的应用程序中包含 JavaScript 并且该脚本向服务器产生了请求，例如 DataGrid 的分页按钮等，也要使用 URL-based script 方式录制。

(4) 基于浏览器的应用程序中使用了 HTTPS 安全协议，使用 URL-based script 方式录制。

录制脚本的基本原则：

(1) 脚本越小越好。

(2) 选择使用频率最高的。

(3) 选择所需要测试的业务进行录制。

10.2.2 回放脚本

通过录制一系列典型用户操作，模拟真实用户操作。将录制的脚本合并到负载测试场景之前，需要回放此脚本以验证其是否能够正常运行。回放过程中，可以在浏览器中查看操作并检验是否一切正常。如果脚本不能正常回放，可能需要加关联。

1. 运行时设置

通过 LoadRunner 运行时设置，可以模拟各种真实用户活动和行为。例如，可以模拟一个对服务器输出立即做出响应的用户，也可以模拟一个先停下来思考，再做出响应的用户。

另外还可以配置运行时设置来指定 Vuser 应该重复一系列操作的次数和频率。

有一般运行时设置和专门针对某些 Vuser 类型的设置。下面介绍一般运行时设置。

(1) 打开运行时设置对话框。

按 F4 键或单击菜单栏中的 Vuser→Run-Time Setings 按钮，这时将打开运行时设置对话框，如图 10-9 所示。

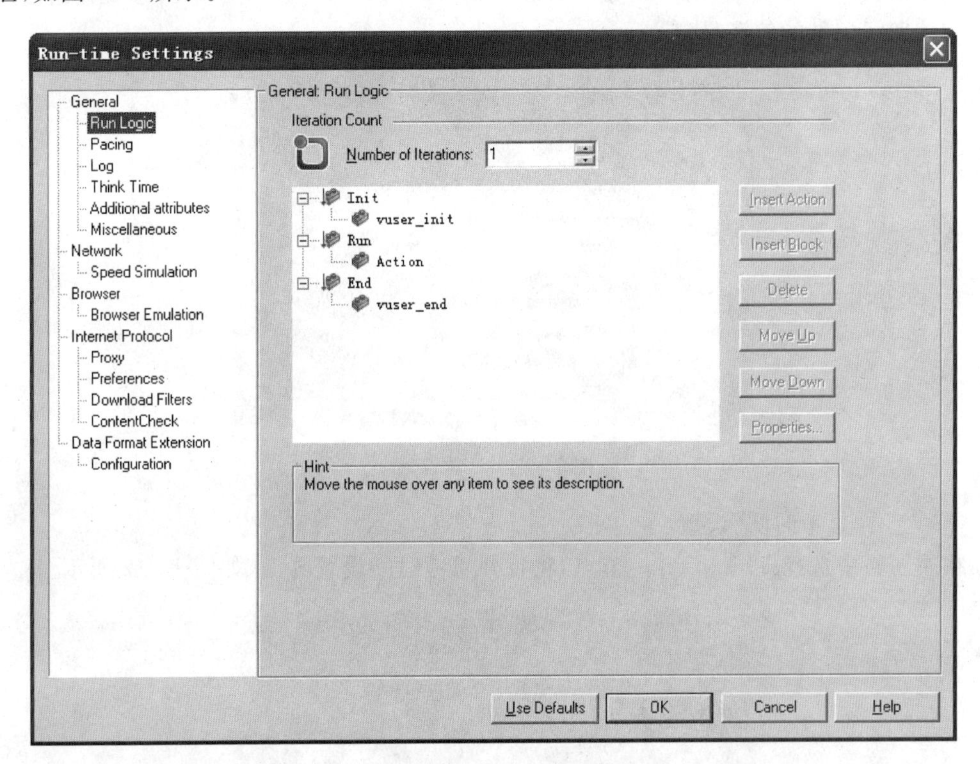

图 10-9　运行的设置

(2) 设置"运行逻辑"。

在左窗格中选择 Run Logic 节点，将打开运行逻辑设置界面，如图 10-9 的右边窗格所示。此时可设置迭代次数或连续重复活动的次数，例如将迭代次数设置为 3。

(3) 配置"步"设置。

在左窗格中选择 Pacing 节点，将打开步的设置界面，如图 10-10 所示。

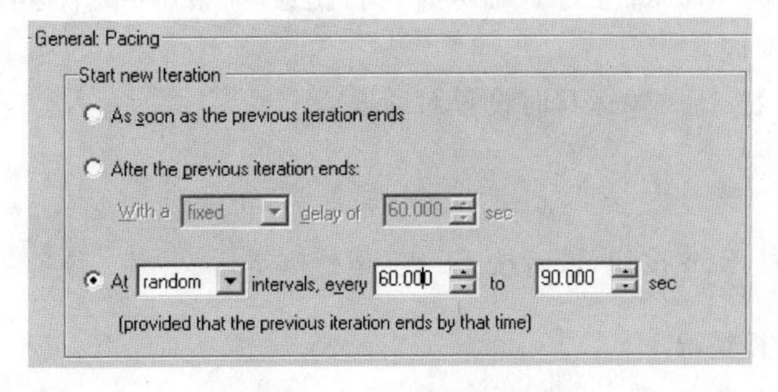

图 10-10　步的设置界面

此节点用于控制迭代时间间隔。可以指定一个随机时间,这样可以准确模拟用户在操作之间等待的实际时间。选择第三个单选按钮并选择下列设置:时间为 random(随机),间隔为 60.000 到 90.000 秒。

(4) 配置"日志"设置。

在左窗格中选择 Log 节点,将打开日志设置界面,如图 10-11 所示。日志设置指出要在运行测试期间记录的信息量。

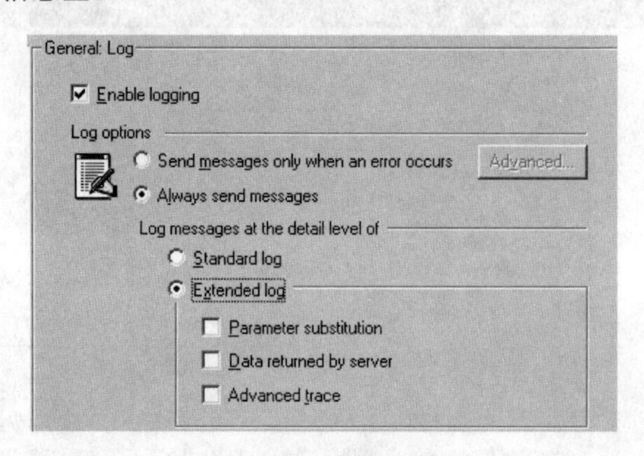

图 10-11 日志设置

(5) 查看"思考时间"设置。

在左窗格中选择 Think Time 节点,将打开思考时间设置界面,如图 10-12 所示。

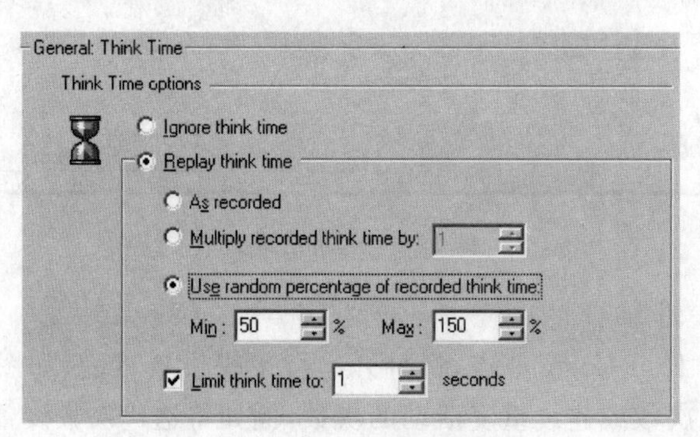

图 10-12 思考时间的设置

我们也可以在 Controller 中设置思考时间。注意,在 VuGen 中运行脚本时速度很快,因为它不包含思考时间。

(6) 单击【确定】按钮关闭运行时设置对话框。

2. 执行脚本

单击工具条上的 Run 按钮,或者按 F5 键,运行脚本。

3. 查看脚本运行情况

(1) 查看概要信息

运行过程中,可以看到每一个 Action 的执行过程。当脚本停止运行后,可以在向导中查看关于这次回放的概要信息。查看回放概要的具体操作是：单击工具栏上的 Tasks 图标，然后选择 Replay→Verify Replay，脚本回放之后将弹出回放概要对话框，如图 10-13 所示。

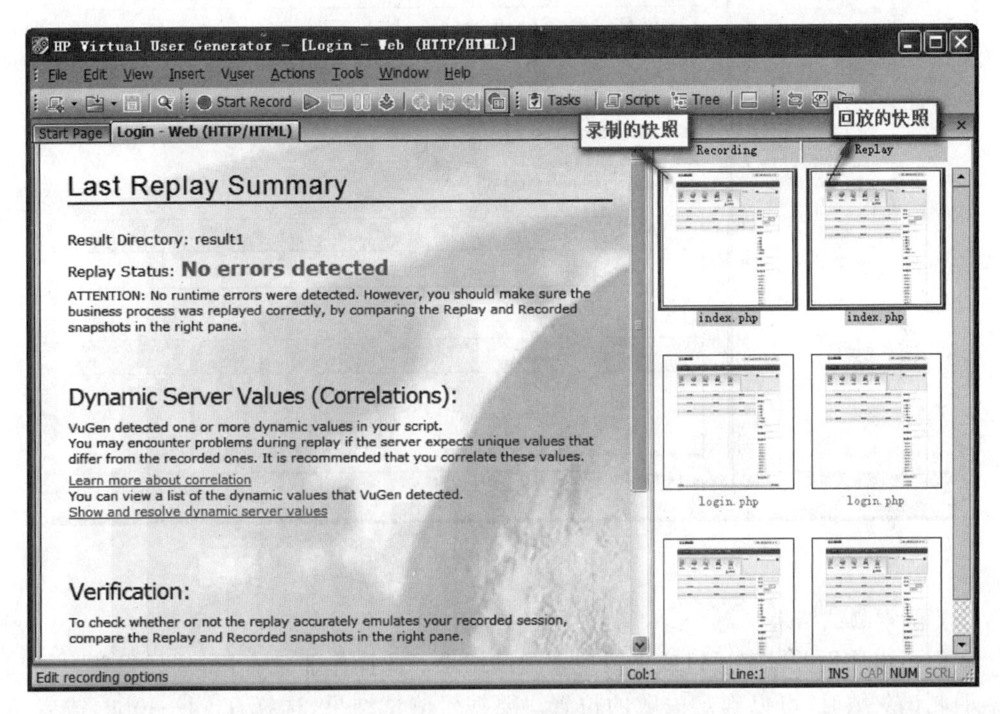

图 10-13　回放概要

回放概要窗口列出检测到的所有错误，并显示录制和回放快照的缩略图。通过比较快照，找出录制的内容和回放的内容之间的差异。也可以通过复查事件的文本概要来查看 Vuszr 操作。输出窗口中 VuGen 的 Replay log 选项卡用不同的颜色显示这些信息。

(2) 查看测试结果

要查看测试结果，执行下列操作：在菜单栏上选择 View→Test Results，这时将打开测试结果窗口，如图 10-14 所示。

测试结果窗口首次打开时包含两个窗格：树窗格(左侧)和概要窗格(右侧)。树窗格包含结果树，每次迭代都会进行编号。概要窗格包含关于测试的详细信息。

在概要窗格中，上方指出哪些迭代通过了测试，哪些未通过。如果 VuGen 的 Vuser 按照原来录制的操作成功执行所有操作，则认为测试通过。在概要窗格中，下方指出哪些事务和检查点通过了测试，哪些未通过。

在树窗格中，可以展开测试树并分别查看每一步的结果。概要窗格将显示迭代期间的回放快照。

在树视图中展开迭代节点，然后单击加号(+)展开左窗格中的 Action 概要节点。展开的节点将显示这次迭代中执行的一系列步骤。选择一个页面节点，概要窗格上半部分将显示步骤概要信息，包括对象或步骤名、关于页面加载是否成功的详细信息、结果(通过、失败、完成或警告)以及步骤执行时间；概要窗格下半部分将显示与该步骤相关的回放快照。

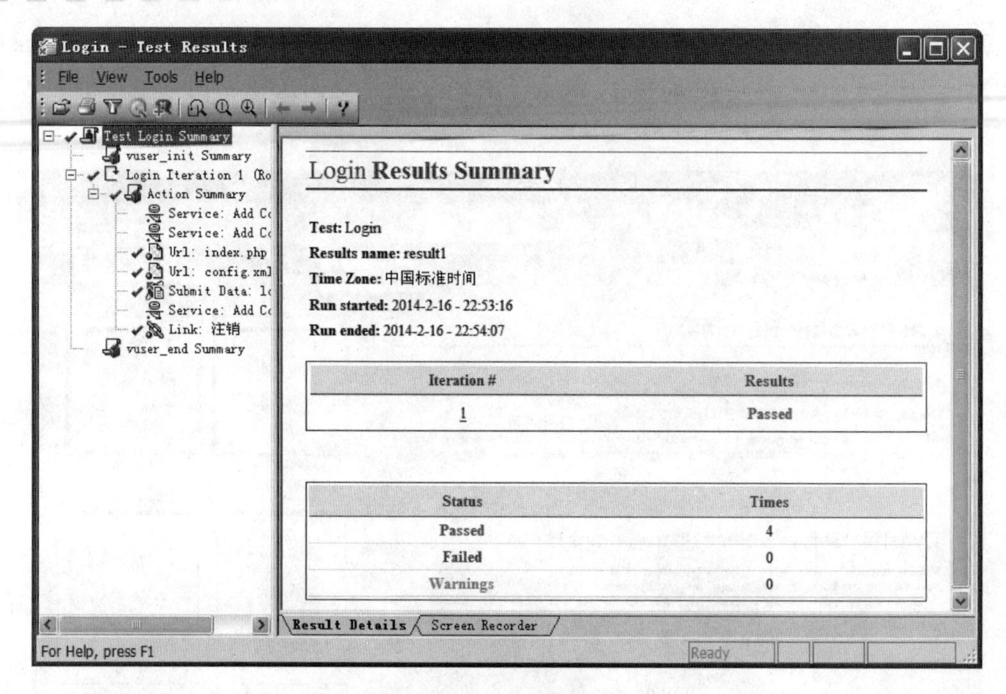

图 10-14 测试结果

(3) 搜索测试结果

我们可以使用关键字通过或失败搜索测试结果。此操作非常有用，例如当整个结果概要表明测试失败时，可以确定失败的位置。要搜索测试结果，选择 Tool→Find，或者单击 Find 按钮。这时将打开查找对话框，如图 10-15 所示。

选择 Passed 复选框，确保未选择其他选项，然后单击 Find Next 按钮。树窗格突出显示第一个状态为通过的步骤。

(4) 筛选结果

可以筛选树窗格来显示特定的迭代或状态。例如，可以进行筛选以便仅显示失败状态。要筛选结果，选择 View→Filters，或者单击 Filters 按钮。这时将打开筛选器对话框，如图 10-16 所示。

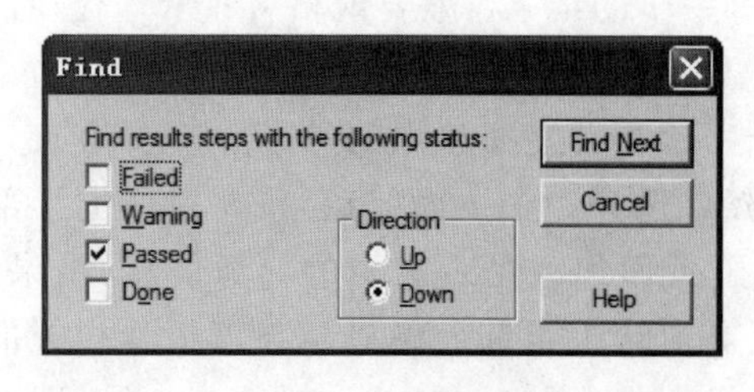

图 10-15 查找对话框

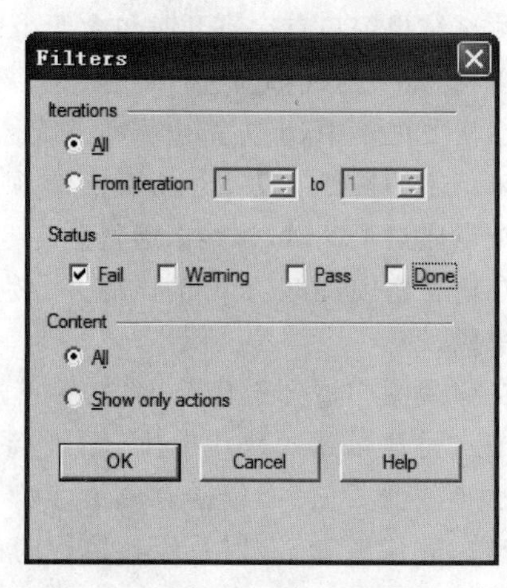

图 10-16 筛选器对话框

在状态部分选择 Fail,不选择其他选项。在内容部分选择 All 并单击 OK 按钮。因为没有失败的结果,所以左窗格为空。

关闭测试结果窗口。

4. 查看日志

在录制和回放的时候,VuGen 会分别把发生的事件记录成日志文件,这些日志有利于跟踪 VuGen 和服务器的交互过程。可以通过 VuGen 输出窗口观察日志,也可以到脚本目录中直接查看文件。其中有如下三个主要的日志对录制很有用。

(1) 执行日志(Replay Log)

脚本运行时的输出都记在 Replay Log 里。Replay Log 显示的消息用于描述 Vuser 运行时执行的操作,该信息可说明在方案中执行脚本时,该脚本的运行方式。

脚本执行完成后,检查 Replay Log 中的消息,以查看脚本在运行时是否发生错误。

Replay Log 中使用了不同颜色的文本。

① 黑色:标准输出消息。

② 红色:标准错误消息。

③ 绿色:用引号括起来的文字字符串(例如 URL)。

④ 黄色:事务信息(开始、结束、状态和持续时间)。

如果双击以操作名开始的行,光标将会跳到生成的脚本中的相应步骤上。

图 10-17 显示了 Web Vuser 脚本运行时的 Replay Log 消息。执行日志是调试脚本时最有用的信息。

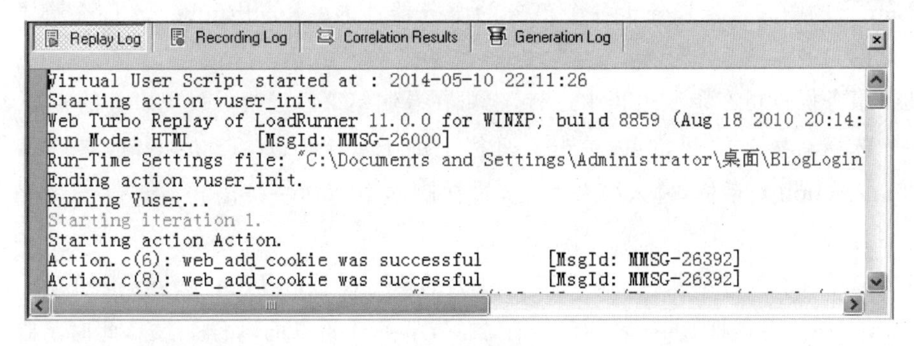

图 10-17 VuGen 脚本执行日志

(2) 录制日志(Recording Log)

录制脚本时,VuGen 会拦截客户端(浏览器)与服务器之间的对话,并且全部记录下来,产生脚本。在 Recording Log 中,可以找到浏览器与服务器之间所有的对话,包含通信内容、日期、时间、浏览器的请求、服务器的响应内容等,如图 10-18 所示。

脚本和 Recording Log 最大的差别在于,脚本只记录了 Client 端要对 Server 端所说的话,而 Recording Log 则是完整记录二者的对话。因此通过录制日志,能够更加清楚地看到客户端与服务器的交互,这对开发和调试脚本非常有帮助。

(3) 生成日志(Generation Log)

生成日志记录了脚本录制的设置、网络事件到脚本函数的转化过程。

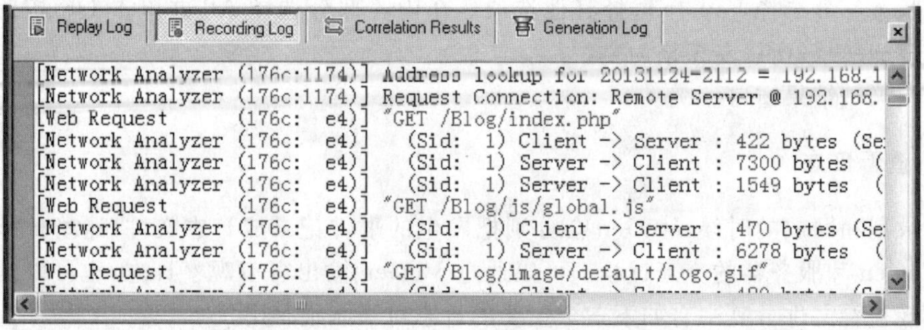

```
Replay Log | Recording Log | Correlation Results | Generation Log
[Network Analyzer (176c:1174)] Address lookup for 20131124-2112 = 192.168.1
[Network Analyzer (176c:1174)] Request Connection: Remote Server @ 192.168.
[Web Request      (176c:  e4)] "GET /Blog/index.php"
[Network Analyzer (176c:  e4)]   (Sid:  1) Client -> Server : 422 bytes (Se
[Network Analyzer (176c:  e4)]   (Sid:  1) Server -> Client : 7300 bytes  (
[Network Analyzer (176c:  e4)]   (Sid:  1) Server -> Client : 1549 bytes  (
[Web Request      (176c:  e4)] "GET /Blog/js/global.js"
[Network Analyzer (176c:  e4)]   (Sid:  1) Client -> Server : 470 bytes (Se
[Network Analyzer (176c:  e4)]   (Sid:  1) Server -> Client : 6278 bytes  (
[Web Request      (176c:  e4)] "GET /Blog/image/default/logo.gif"
```

图 10-18　VuGen 脚本录制日志

需要注意的是，脚本能正常运行后应禁用日志，因为产生及写入日志需占用一定资源。

10.2.3　增强脚本

1. Transaction(事务)

在 LoadRunner 里，定义事务主要是为了度量服务器的性能。每个事务度量服务器响应指定的 Vuser 请求所用的时间，这些请求可以是简单任务，也可以是复杂任务。要度量事务，需要插入 Vuser 函数以标记任务的开始和结束。在脚本内，可以标记的事务不受数量限制，每个事务的名称都不同。

在场景执行期间，Controller 将度量执行每个事务所用的时间。场景运行后，可使用 LoadRunner 的图和报告来分析各个事务的服务器性能。LoadRunner 允许在脚本中插入不限数量的事务。

插入事务操作可在录制过程中进行，也可在录制结束后进行。设置事务的方法如下。

(1) 选择新事务的开始点，单击工具栏上的 Insert Start Transaction 按钮，弹出 Start Transaction 对话框，输入事务名称，将在脚本中增加一条语句：lr_start_transaction ("事务名称")。

(2) 选择新事务的结束点，单击工具栏上的 Insert End Transaction 按钮，将弹出 End Transaction 对话框，事务名称已经存在(与事务开始点的名称一致)，此时将在脚本中增加一条语句：lr_end_transaction("事务名称", LR_AUTO)。

例如录制一个登录网站的动作。登录前填好用户名和密码，在单击【登录】按钮之前设置事务起始点 Login，在单击【登录】按钮后，页面完全显示后，再设置事务结束点 Login，这样一个 Login 的事务就设置完成了，生成的脚本如下。

```
lr_start_transaction("Login");
web_submit_data("login.php",
    "Action = http://192.168.1.10/Blog/login.php",
    "Method = POST",
        …
lr_end_transaction("Login", LR_AUTO);
```

提示：Transaction的开始点和结束点必须在一个Action中，跨越多个Action是不允许的。Transaction的名字在脚本中必须是唯一的，当然也包括在多Action的脚本中。

可以在一个Transaction中创建另外一个Transaction，叫做Nested Transaction。详细使用方法可参看LoadRunner函数手册。

2. Rendezvous Point(集合点/同步点)

要在系统上模拟大量的用户负载，需要集合各个Vuser以便在同一时刻执行任务。通过创建集合点，可以确保多个Vuser同时执行操作。当某个Vuser到达该集合点时，Controller会将其保留，直到参与该集合的全部Vuser都到达。当满足集合条件时，Controller将释放Vuser。

可通过将集合点插入到Vuser脚本中来指定会合位置。在Vuser执行脚本并遇到集合点时，脚本将暂停执行，Vuser将等待Controller允许继续执行。Vuser从集合释放后，将执行脚本中的下一个任务。

在脚本中插入集合点的方法是：单击菜单中的Insert→Rendezvous，或者单击工具栏上的 按钮，将弹出插入集合点对话框，如图10-19所示。

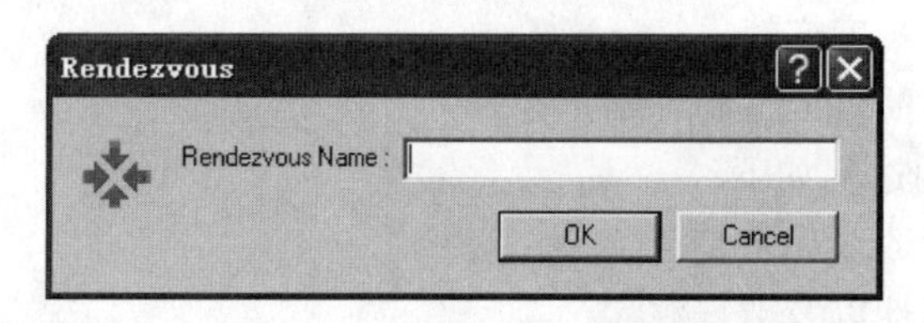

图10-19 插入集合点对话框

输入集合点名称，单击OK按钮，此时脚本中将增加一条语句：lr_rendezvous("集合点名称")。

注意：只能在Action中添加集合点(不能在vuser_init/vuser_end中添加)。由于同步点是协调多个虚拟用户的并发操作，因此只有在Controller中多用户并发场景时，同步点的意义才能表现出来。

3. Think Time(思考时间)

用户在执行两个连续操作期间等待的时间称为思考时间。Vuser使用lr_think_time函数模拟用户思考时间。录制Vuser脚本时，Vugen将录制实际的思考时间和相应的lr_think_time语句插入到Vuser脚本。可以编辑已录制的lr_think_time语句，而且可以向Vuser脚本中手动添加更多的lr_think_time语句。

lr_think_time的参数单位是秒，例如lr_think_tim(5)意味着LoadRunner执行到此条语句时，停留5秒，然后再继续执行后面的语句。

在Run-time Settings中可以设置思考时间。如果不想在脚本中执行Think Time语句，直接忽略Think Time，而不用修改脚本。

4. Parameters(参数化)

数据驱动就是把测试脚本和测试数据分离开来的一种思想，脚本体现测试流程，数据体现测试案例。数据不是在 hard-code 脚本里面,这样大大提高了脚本的可复用性。而 LoadRunner 的参数化功能是数据驱动测试思想的一个重要实现。

(1) 为什么需要参数化

在录制程序运行的过程中,Vugen(脚本生成器)自动生成了脚本以及录制过程中实际用到的数据。在这个时候,脚本和数据是混在一起的。

例如,录制一个用户登录 Web 网站的过程,对于登录的操作,脚本中将记录登录的用户名和密码。当 Controller 里以多用户方式运行这个脚本时,每个虚拟用户都会以同样的用户名和密码登录这个网站。这样将无法模拟一个真实的业务场景。尤其现在服务器大多会采用 Cache 功能提高系统性能,用同样的用户名/密码登录系统的 Cache 命中率会很高,也要快得多。

因此,客户希望当用 LoadRunner 多用户多循环运行时,不要只是重复一个用户的登录。也就是说,把这些数据用一个参数来代替,其实就是把常量变成变量。

参数化后,用户名被一个参数替换,密码被另外一个参数代替。脚本运行时,用户名和密码的值从参数中获得。

除了实现数据驱动之外,参数化脚本还有以下两个优点。

① 可以使脚本的长度变短。

② 可以增强脚本的可读性和可维护性。

实际上,参数化的过程如下。

① 在脚本中用参数取代常量值。

② 设置参数的属性以及数据源。

(2) 参数的创建

VU 可以通过 Tree View 和 Script View 两种途径来查看脚本,我们可以在基于文本的脚本视图中参数化。

① 将光标定位在要参数化的字符上,右击,弹出快捷菜单,如图 10-20 所示。

在弹出菜单中,选择 Replace with a Parameter,选择或者创建参数对话框,如图 10-21 所示。

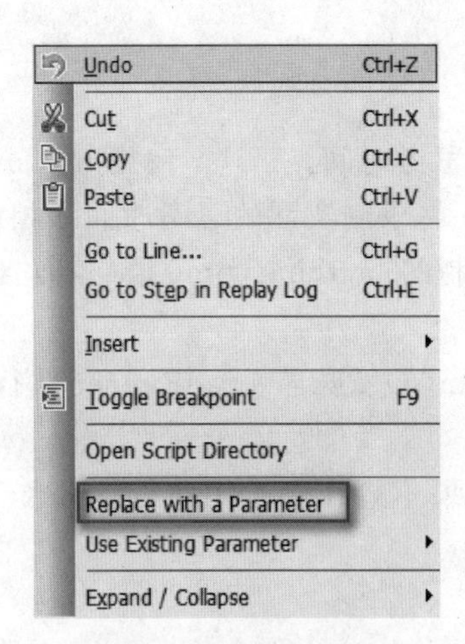

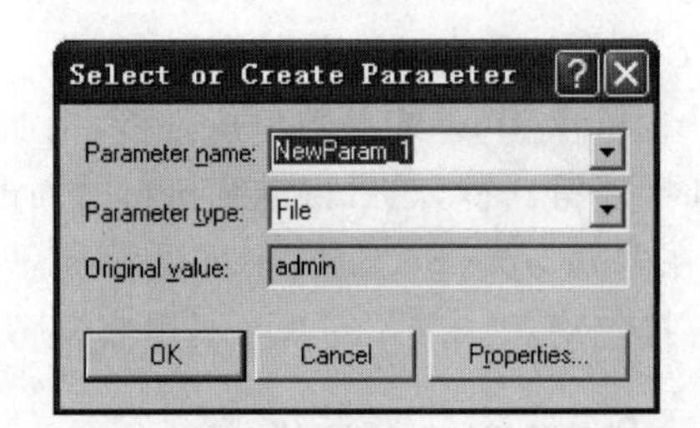

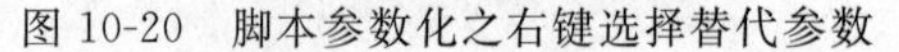

图 10-20 脚本参数化之右键选择替代参数

图 10-21 脚本参数化之设定参数名字和类型

在 Parameter name 中输入参数的名称，或者选择一个在参数列表中已经存在的参数。在 Parameter type 下拉列表中选择参数类型。

在定义参数属性的时候，要指定参数值的数据源。我们可以指定下列数据源类型中的任何一种。

Data Files：这是最常使用的一种参数类型，它的数据存在文件中。该文件的内容可以手工添加，也可以利用 LoadRunner 的 Data Wizard 从数据库中导出。

User-Defined Functions：调用外部 DLL 函数生成的数据。

Internal Data：虚拟用户内部产生的数据。

Internal Data 包括以下几种类型。

- Date/Time：用当前的日期/时间替换参数。要指定一个 Date/Time 格式，可以从菜单列表中选择格式，或者指定自己的格式。这个格式应该和脚本中录制的 Date/Time 格式保持一致。
- Group Name：用虚拟用户组名称替换参数。在创建 scenario 的时候，可以指定虚拟用户组的名称。注意，当从 VU 运行脚本的时候，虚拟用户组名称总是 None。
- Load Generator Name：用脚本负载生成器的名称替换参数，负载生成器是虚拟用户在运行的计算机。
- Iteration Number：用当前的迭代数目替换参数。
- Random Number：用一个随机数替换参数。通过指定最大值和最小值来设置随机数的范围。
- Unique Number：用一个唯一的数字来替换参数，可以指定一个起始数字和一个块的大小。使用该参数类型必须注意可以接受的最大数。
- Vuser ID：用分配给虚拟用户的 ID 替换参数，ID 是由 LoadRunner 的控制器在 scenario 运行时生成的。如果从脚本生成器运行脚本的话，虚拟用户的 ID 总是 −1。

输入参数名，选择好参数类型后，单击 OK 按钮，关闭该对话框。脚本生成器便会用参数中的值来取代脚本中被参数化的字符，参数名用一对花括号“{}”括住。

② 用同样的参数替换字符的其余情况。选中参数右击，在弹出的菜单中选择 Replace more occurrences，打开搜索和替换对话框。Find What 中显示了想要替换的值，Replace With 中显示了括号中参数的名称。选择适当的检验框来匹配整个字符或者大小写，然后单击 Replace 或者 Replace All 按钮。

提示：小心使用 Replace All，尤其替换数字字符串的时候。脚本生成器将会替换字符出现的所有情况。

③ 用以前定义过的参数来替换常量字符串的情况。选中常量字符串右击，然后选择 Use existing parameters，从弹出的子菜单中选择参数，或者用 Select from Parameter List 来打开参数列表对话框。用以前定义过的参数来替换常量字符串，使用此方法非常方便，同时还可以查看和修改该参数的属性。

④ 对于已经用参数替换过的地方，如果想取回原来的值，可以在参数上右击，然后选择 Restore Original value，即可取回原来的值。

提示：LoadRunner 给我们提供了一种很方便的机制去参数化。但这种机制的应用范围是有限的，只有函数的参数才能参数化，不能参数化非函数参数的数据。同时，不是所有函数的参数都能参数化。

对于不能使用上面机制参数化的数据，可以在 Vuser 脚本的任何地方使用 lr_eval_string 来参数化数据。lr_eval_string 用来得到一个参数的值，而参数可以预先在 LoadRunner 的 Parameter List 里定义好，也可以是之前通过其他函数创建的。lr_eval_string 的详细使用方法可参见 LoadRunner 函数手册。

(3) 定义参数的属性

创建参数完成后，就可以定义其属性了。参数的属性定义就是在脚本执行过程中，定义参数使用的数据源。在 Web 用户脚本中，既可以在基于文本的脚本视图中定义参数属性，也可以在基于图标的树视图中定义参数属性。

① 使用参数列表

使用参数列表可以在任意时刻查看所有的参数、创建新的参数、删除参数，或者修改已经存在参数的属性。单击工具条上的【参数列表】按钮或者选择菜单栏上的 Vuser→Parameter List，打开参数列表对话框，如图 10-22 所示。

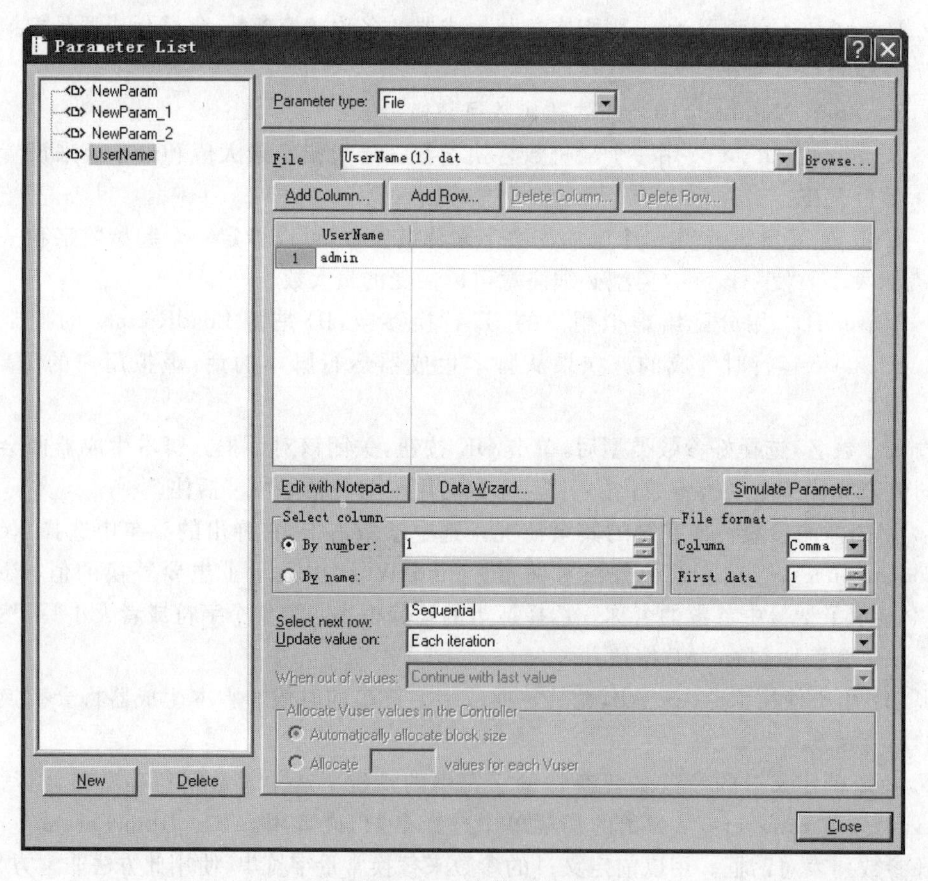

图 10-22 参数列表

要创建新的参数，单击左下方的 New 按钮，新的参数则被添加在参数树中，该参数有一个临时的名字，可以给它重新命名，然后回车。要删除已有的参数，首先要从参数树中选择该参数，单击 Delete 按钮，然后确认即可。要修改已有的参数，首先要从参数树中选择该参数，然后编辑参数的类型和属性。

② 数据文件

数据文件包含脚本执行过程中虚拟用户访问的数据。局部和全局文件中都可以存储数据。可以指定现有的ASCII文件、用脚本生成器创建一个新的文件或者引入一个数据库。数据文件中的数据是以表的形式存储的。一个文件中可以包含很多参数值。每一列包含一个参数的数据，列之间用分隔符隔开，例如用逗号。

如果使用文件作为参数的数据源，必须指定以下内容：文件的名称和位置、包含数据的列、文件格式、包括列的分隔符、更新方法。

如果参数的类型是File，打开Parameter Properties对话框，设置文件属性如下。

在File输入框中输入文件的位置，或者单击Browse按钮指定一个已有文件的位置。在默认情况下，所有新的数据文件名都是“参数名.dat”。需要注意的是数据文件的后缀必须是.dat。

单击Edit With Notepad按钮，打开记事本，里面第一行是参数的名称，第二行是参数的初始值。使用诸如逗号之类的分隔符将列隔开。对于每一个新的表开始一行新的数据。

③ 设置参数的属性

在脚本视图中，选中参数名右击，弹出快捷菜单，选择Parameter Properties，将弹出参数属性对话框，如图10-23所示。

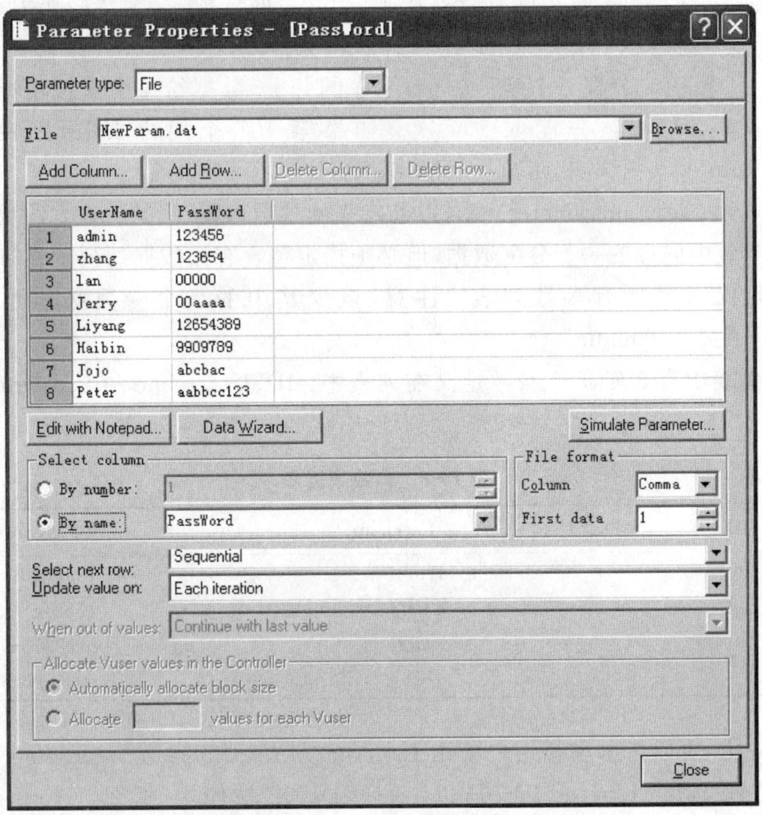

图10-23 参数属性设置对话框

单击 Add Column 按钮，打开 Add new column 对话框。输入新列的名称，单击 OK 按钮，脚本生成器就会将该列添加到表中，并显示该列的初始值。

单击 Add Row 按钮，将在数据表中增加一行，可以在表中输入数据。

Select column：指明选择参数数据的列。可以指定 By number(列号)或者 By name(列名)。列号是包含所需要数据的列的索引；列名显示在每列的第一行(row 0)。

File format：选择列分隔符。可以指定 Comma(逗号)、Tab、Space(空格)作为列的分隔符。

First data：在脚本执行的时候选择第一行数据使用。列标题是第 0 行，若从列标题后面的第一行开始，就在 First data 中输入 1；如果没有列标题，就输入 0。

Select next row：输入更新方法，以说明虚拟用户在获取第一行数据后，下一行数据按照什么规则来取。在 Select next row 中可以选择顺序的(Sequential)、随机的(Random)、唯一的(Unique)，或者与其他参数相同的行(Same Line as..)。

- Sequential(顺序)：顺序地给虚拟用户分配参数值。正在运行的虚拟用户访问数据表时，它会取到下一行中可用的数据。也就是说，虚拟用户脚本运行时按照数据表的顺序一个一个地取，取了第一行再取第二行，取了第二行再取第三行，以此类推。如果参数表里的数据都取一遍了，就回到第一行，重新开始顺序地取数据。
- Random(随机)：在每次迭代的时候会从数据表中随机取一个数据。例如当前参数表中有 100 行数据，那么随机数就从 1～100 之间任取一个，然后作为行号，去取相应行的参数数据。
- Unique(唯一)：分配一个唯一的(有顺序的分配)数据给每个虚拟用户的参数。如果有 100 行数据，只能取 100 次。如果第 101 个用户来取，则没有数据了，LoadRunner 会报错，提示数据不够用。
- Same Line As <parameter>(与以前定义的参数取同一行)：该方法从与以前定义过的参数中同样的一行分配数据，但必须指定包含有该数据的列。在下拉列表中会出现定义过的所有参数列表。注意，至少其中的一个参数必须是 Sequential、Random 或者 Unique。

例如，数据表中有 3 列，3 个参数定义在列表中：ID、Username 和 Password，如表 10-1 所示。

表 10-1 参数数据表

ID	Username	Password
1001	admin	12abc89
1002	lihai	1289fg
1003	wanghua	hf12679a
…	…	…

对于参数 ID，可以指示虚拟用户使用 Random 方法，而为参数 Username 和 Password 就可以指定方法 Same Line as ID。所以，一旦 ID1002 被使用，那么，Username“lihai”和 Password“1289fg”就同时被使用。

Updtae value on：指定数据的更新方法。对应参数表的读取规则来说，上面的 Select

next row 指的是怎么取新值(是顺序还是随机等),而 Update value on 指的是什么时候取新值。LoadRunner 中有以下几种取新值的策略。

- Each iteration:每次迭代时取新值(在同一个迭代中,无论读几次参数,获得的都是同一个参数值)。
- Each occurrence:只要取一次,就要新的(在同一个迭代中,读一次参数,就要取其新值,而新值由 Select next row 来规定)。
- Once:在所有的循环中都使用同一个值(只取一次,也就是说,这个参数只有一个值)。

When out of values:指出超出范围时的处理方式(选择数据为 Unique 时才会用到)。

- Abort Vuser:中止虚拟用户。
- Continue in a cyclic manner:继续循环取值。
- Continue with last value:取最后一个值。
- Allocate Vuser values in the Controller:在控制器中分配虚拟用户的值。
- Automatically allocate block size:自动分配。
- Allocate values for each Vuser:为每一个虚拟用户指定一个值。

例如,某场景需求:50 个不同的用户以各自的用户名和密码登录到博客网站,然后每个用户发表 10 个不同标题的日志,最后退出系统。参数表该如何设计呢? 根据要求,在此场景中,至少需要三个参数:username、password 和 title,分别存储用户名、密码和标题。其中 username 参数包含 50 条记录,password 参数包含 50 条记录,keyword 参数包含 50×10=500 条记录。脚本结构设计中,可以把登录的操作放在 vuser_init 中,发表日志的操作放在 Action 中,迭代设为 10 次,退出操作放在 vuser_end 中。在参数表中做如下设置。

(1) username

Select next row 设为 Unique(或 Sequential);

Update value on 设为 Each iteration。

(2) password

Select next row 设为 Same Line as username(保证 username 和 password 一一对应);

Update value on 设置与 username 相同。

(3) title

Select next row 设为 Unique(或 Sequential);

Update value on 设为 Each iteration。

5. Check point(检查点)

LoadRunner 的很多 API 函数的返回值会改变脚本的运行结果。例如 web_find 函数,如果它查找匹配的结果为空,它的返回值就是 LR_FAIL,整个脚本的运行结果也将置为 FAIL;反之,查找匹配成功,则 web_find 返回值是 LR_PASS,整个脚本的运行结果置为 PASS。而脚本的结果则反应在 Controller 的状态面板上和 Analysis 统计结果中。但仅仅通过脚本函数执行结果无法判断整个脚本的成功或失败。因为脚本一般是执行一个业务流程,VU 脚本函数本身是协议级的,它执行的失败会引起整个业务的失败,但它运行成功却未必意味着业务会成功。例如,要测 100 人登录一个 Web 网站,此 Web 网站有限制,即不允许使用同一个 IP 登录两个用户。如果 LoadRunner 没有开启多 IP 欺骗功能,第一个虚拟用户登录成功后，第二个虚拟用户试图登录，系统将返回一个页面，提示用户“您已登录，请不要重复登录！”。在这种场景下，如果没有设检查点来判断这个页面，那么虚拟用户(VU)认为它已经成功地发送了请求，并接到了页面结果(http状态码为200，虽然是个错误页面)。这样VU就认为这个动作是成功的，但事实并非如此。因此需要采用检查点来判断结果。

检查点(Check Point)的作用是验证程序的运行结果是否与预期结果相符。在进行压力测试时，为了检查Web服务器返回的网页是否正确，VuGen允许插入Text/Imag检查点，这些检查点将验证网页上是否存在指定的Text或者Imag，还可以在比较大的压力测试环境中测试被测的网站功能是否保持正确。

(1) 添加文本检查点(Text Check)

在树视图中，选中要插入检查点的节点右击，在快捷菜单中选择Insert After或者Insert Before，将弹出如图10-24所示的对话框。

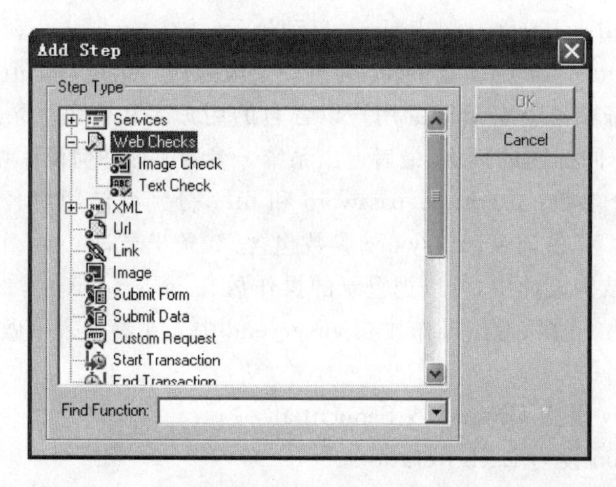

图10-24 添加检查点

选择Text Check，单击OK按钮，将弹出文本检查点属性框，如图10-25所示。

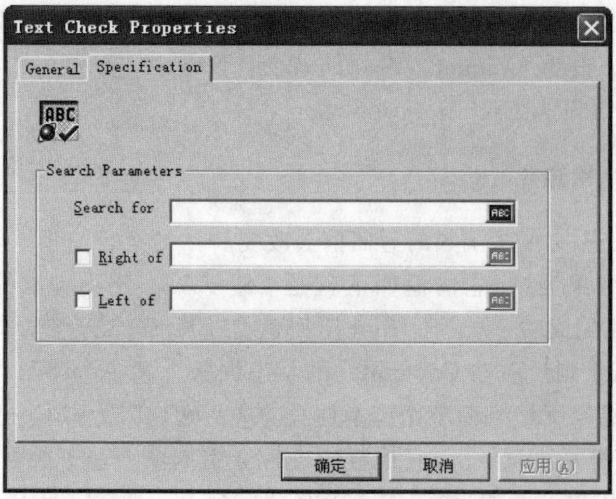

图10-25 文本检查点属性框

在 Search for 中输入要查找的字符串。为了更好地定位要查找的字符串的位置，可以勾选 Right of，并输入要查找的字符串的左边的内容；或勾选 Left of，并输入要查找的字符串的右边的内容。单击 General 将弹出 available properties 设置窗口，对文本检查点进行更详细的设置。设置好后，单击 OK 按钮，Vuser 脚本中将增加下列语句。文本检查点的功能由 web_find 函数来实现。

```
web_find("web_find",
    "RightOf = (",
    "LeftOf = )",
    "What = admin",
    LAST);
```

在本例中，web_find 函数在网页中搜索关键字“admin”。有关 web_find 函数的各个参数的含义以及使用方法，可参看 LoadRunner 的函数手册。

(2) 添加图像检查点(Image Check)

图像检查点的功能由 web_image_check 实现。添加图像检查点的步骤与添加文本检查点的步骤类似，在此不再详述。

设置检查点时需注意：

① 检查的内容必须是验证事务通过与否的充分必要条件。

② 检查点可以是常量，也可以是变量。

③ 检查点可以是文本、图像文件，也可以是数据库记录等。

6. Comment(注释)

写脚本和写程序一样，应该养成经常写注释的习惯。在 LoadRunner C 脚本中，LoadRunner 支持 C 的注释方法。在脚本视图中，在需要插入注释的地方右击，弹出快捷菜单，选择 Insert→Comment，将弹出添加注释对话框，如图 10-26 所示。在文本框中输入要添加的注释内容，然后单击 OK 按钮即可。

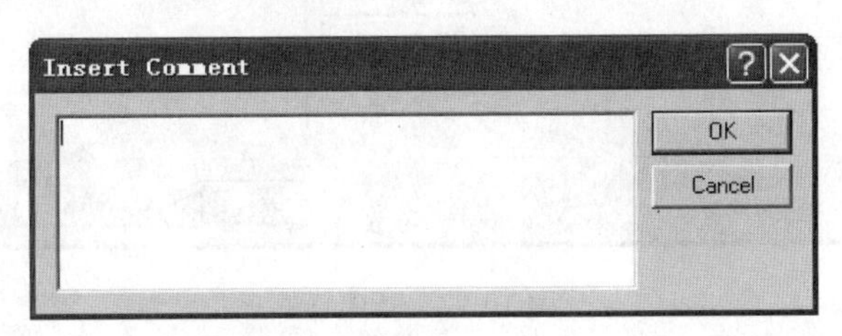

图 10-26 添加注释对话框

7. Correlation(关联)

关联是把脚本中某些写死的(hard-coded)数据，转变成是撷取自服务器所送的、动态的、每次都不一样的数据。

VuGen 提供两种方式做关联：自动关联和手动关联。有关关联的相关内容，请查阅 LoadRunner 使用指南。

10.3 控制器

控制器是设计与执行性能测试用例场景的组件。在 VuGen 中完成的虚拟用户脚本调试后，就可以将其添加到 Controller 中来创建场景。在 Controller 中完成虚拟用户的数量与行为等场景设置后，就可以运行场景来产生压力。

在场景运行过程中，Controller 可以提供对服务器资源、虚拟用户执行情况、事务响应时间等方面的监控，帮助测试人员分析系统状态，并在运行完毕给出结果以便进一步分析。

10.3.1 设计场景

1. 打开 Controller

选择【开始】→【程序】→ HPLoadRunner → Applications → Controller，将打开 LoadRunner Controller。默认情况下，Controller 打开时将显示新建场景对话框，如图 10-27 所示。

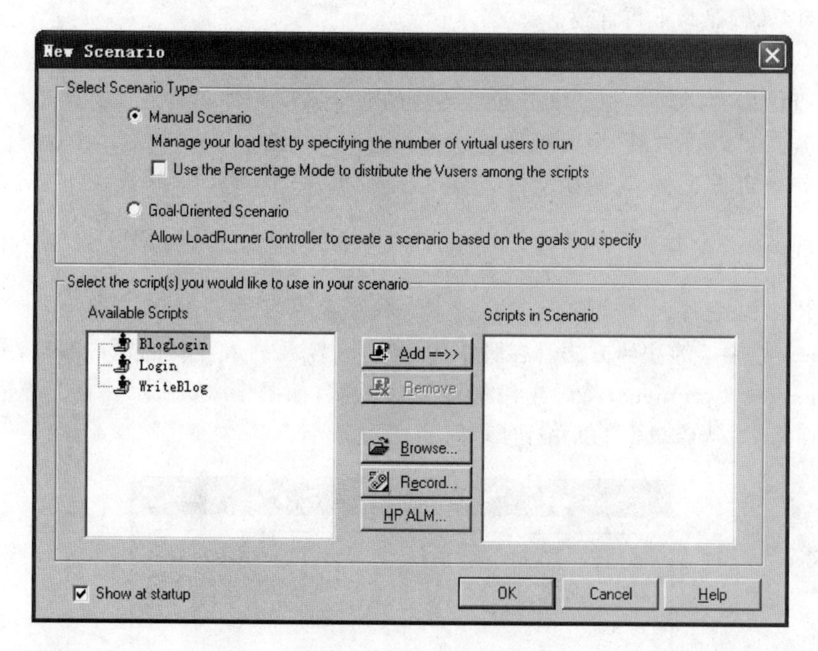

图 10-27　新建场景

2. 选择场景类型

使用 Controller 可以选择不同的场景类型，其中包括 Manual Scenario（手动场景）和 Goal-Oriented Scenario（面向目标的场景）。

（1）Manual Scenario ：完全手动的设置场景。

（2）Goal-Oriented Scenario：如果测试计划是要达到某个性能指标，例如每秒多少点击、每秒多少 transactions、能达到多少 VU、某个 Transaction 在某个范围 VU（500～1000）内的响应时间等，那么就可以使用面向目标的场景。在面向目标场景中，先定义测试要达到的目标，然后 LoadRunner 自动基于这些目标创建场景，运行过程中不断将运行结果和目标相比较，以决定下一步怎么做。

3. 添加脚本

选择手工场景，添加脚本到场景中。在打开 Controller 之前，如果已经录制了一些虚拟用户脚本，此时就可以在图 10-27 左下部的 Available Scripts 框中看到可用的虚拟用户脚本。选中要使用的脚本，单击 Add 按钮，可以把脚本加入到要测试的场景中。

单击 OK 按钮，LoadRunner Controller 将打开场景设计窗口，如图 10-28 所示。

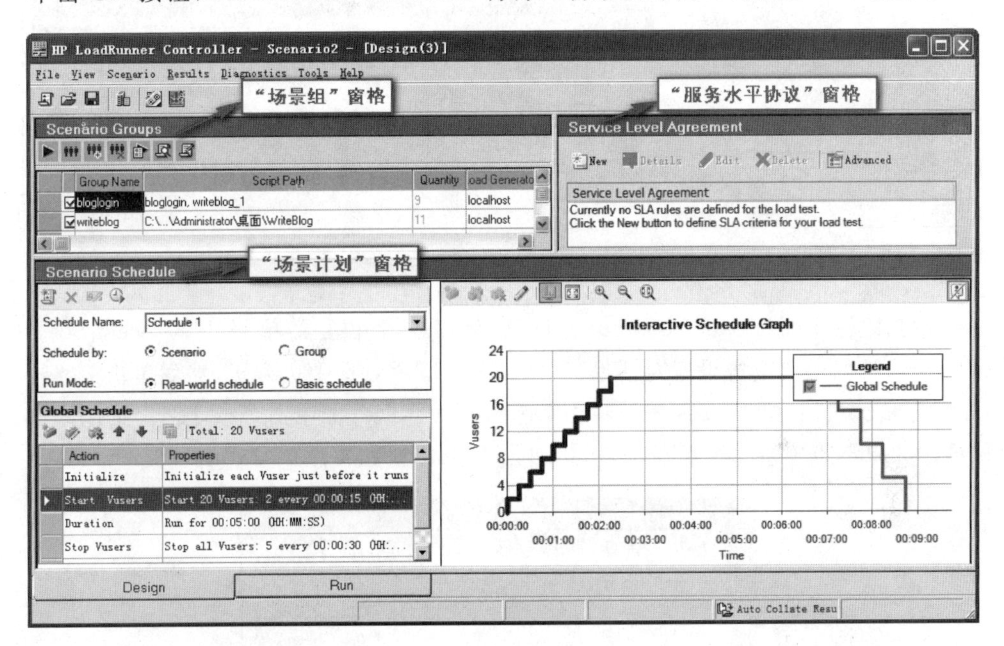

图 10-28 场景设计

Controller 的场景设计窗口中包含三个主要部分：场景计划、场景组和服务水平协议。

(1) 场景组窗格

在场景组部分配置 Vuser 组。创建不同的组来代表系统的典型用户。在这里可以定义典型用户将执行的操作、运行的 Vuser 数和运行场景时所用的计算机。

(2) 场景计划窗格

在场景计划部分，设置负载行为以准确模拟用户行为。在这里可以确定在应用程序上施加负载的频率、负载测试的持续时间以及负载的停止方式。

(3) 服务水平协议窗格

设计负载测试场景时，可以为性能指标定义目标值或服务水平协议(SLA)。运行场景时，LoadRunner 收集并存储与性能相关的数据。分析运行情况时，Analysis 将这些数据与 SLA 进行比较，并为预先定义的测量指标确定 SLA 状态。

4. 配置负载生成器

LoadRunner 可以使用多个 Load Generator，并在每个 Load Generator 上运行多个

Vuser 来产生重负载。运行场景时，Controller 自动连接到 Load Generator，启动进程或线程执行虚拟用户脚本。在场景组窗格中，单击 Load Generators 的下拉列表框，选中 Add，将弹出 Add New Load Generator 对话框，如图 10-29 所示。在 Name 中输入负载机(用于运行虚拟用户脚本的计算机)的 IP 地址或者计算机名称，如果是本机，可输入 localhost。

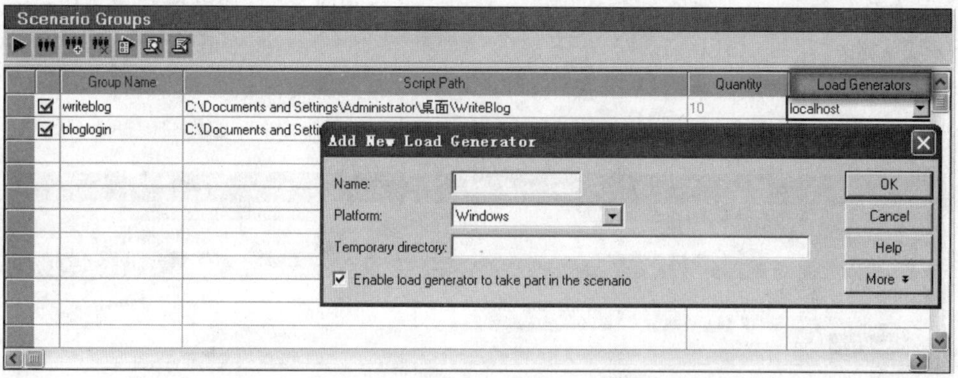

图 10-29　添加负载生成器

单击工具栏上的 Load Generators 按钮，或者单击菜单栏中的 Scenario→Load Generators，将弹出负载机设置对话框，如图 10-30 所示。选中负载机，然后单击 Connect 按钮，连接好负载机后，其 Status 属性将由 Down 变为 Ready。单击 Add 按钮，可以添加新的负载机。如果不想连接某个负载机，可以单击 Delete 按钮删除此负载机。

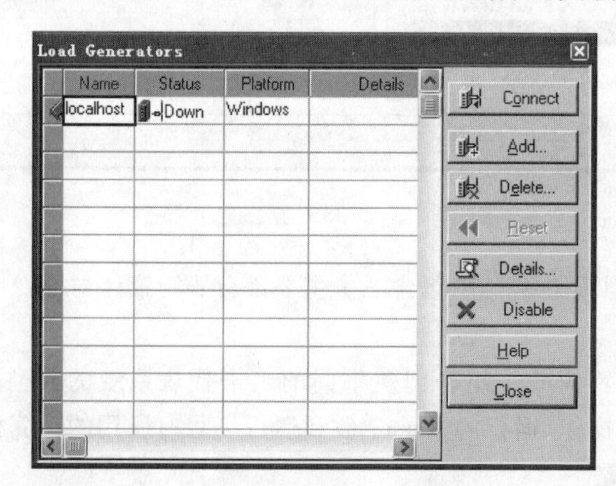

图 10-30　查看负载生成器

5. 模拟真实负载

典型用户不会正好同时登录和退出系统。利用 Controller 窗口的场景计划窗格，可创建能更准确模拟典型用户行为的场景计划。例如，创建手动场景后，可以设置场景的持续时间或选择逐渐运行和停止场景中的 Vuser。

(1) 选择计划类型和运行模式

在场景计划窗格中，选择计划方式为 Scenario(场景)、运行模式为 Real-word schedule(实际计划)。

(2) 设置计划操作定义

如图 10-31 所示,可设置计划操作定义。

Global Schedule

Total: 20 Vusers

Action	Properties
Initialize	Initialize each Vuser just before it runs
Start Vusers	Start 20 Vusers: 2 every 00:00:15 (HH:MM:SS)
Duration	Run for 00:05:00 (HH:MM:SS)
Stop Vusers	Stop all Vusers: 5 every 00:00:30 (HH:MM:SS)

图 10-31　制定场景计划

① 设置 Vuser 初始化

在 Action 网格中双击 Initialize,即初始化。这时将打开 Edit Action 对话框,显示初始化操作,如图 10-32 所示。可供选择的内容如下。

- 同时初始化所有 Vuser;
- 每隔多长时间(HH:MM:SS)初始化多少个 Vuser;
- Vuser 运行之前对其进行初始化。

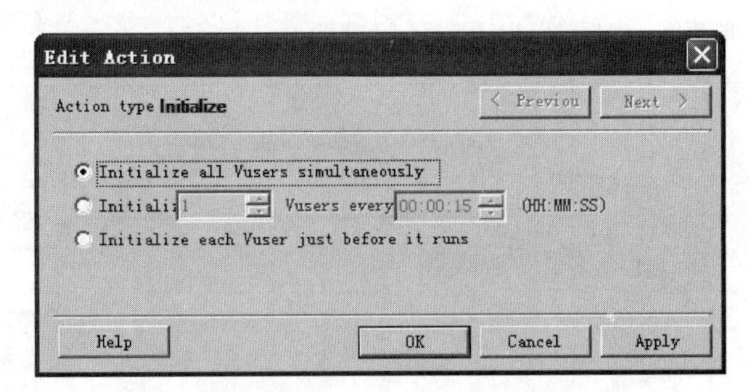

图 10-32　初始化设置

② 指定启动方式

LoadRunner 中场景启动方式有两种:逐步加压模式和瞬间并发模式。

- 逐步加压模式:通常情况下,为了真实地模拟用户业务情况、有效地衡量服务器性能,大多数会采用逐步加压、持续施压、逐步减压的方式启动场景。
- 瞬间并发模式:如果是单测并发数,则在场景中直接设计若干个(例如 1000 个)并发进行业务操作,无需设置逐步加压、持续施压、逐步减压的过程,以此方法达到瞬间的并发测试效果。

在 Action 网格中双击 Start Vusers,这时将打开 Edit Action 对话框,显示 Start Vusers 操作,如图 10-33 所示。Start Vusers 框中可设置启动的用户数量。Simultaneously 选项表示同时启动所有的 Vusers;第二个选项表示每隔多长时间启动多少个虚拟用户,例如每隔 15 秒启动两个。

③ 计划持续时间

在 Action 网格中双击 Duration,即持续时间。这时将打开 Edit Action 对话框,显示持续时间操作。例如设置运行 5 分钟。

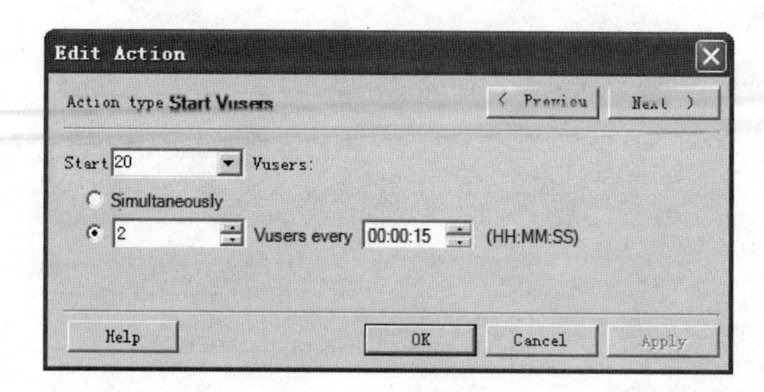

图 10-33 启动模式设置

④ 计划逐渐关闭

在 Action 中双击 Stop Vusers。这时将打开 Edit Action 对话框，显示 Stop Vusers 操作。选择第二个选项：每隔 30 秒停止 5 个 Vuser。

(3) 查看计划程序图示

Interactive Schedule Graph(交互计划图)显示了场景计划中的 Start Vusers、Duration 和 Stop Vusers 操作，如图 10-34 所示。此图的一个特点是其交互性，如果单击【编辑模式】按钮，就可以通过拖动图本身的行来更改任何设置。

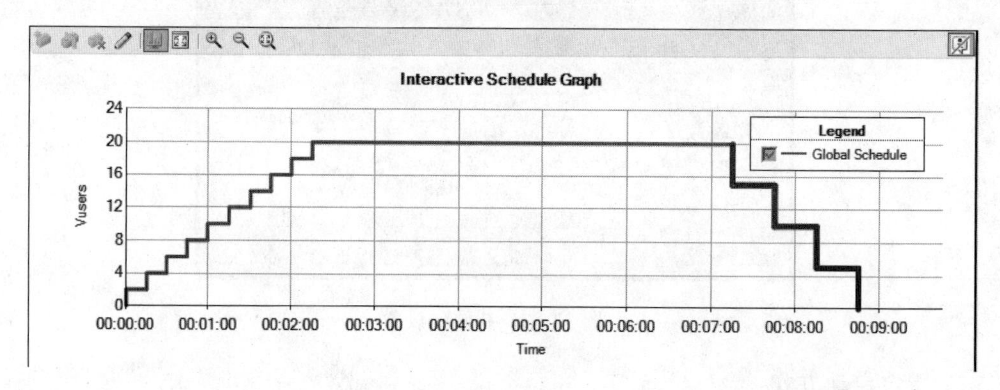

图 10-34 计划程序图示

6. 设置集合点

如果在脚本中设置了集合点，还需要在 Controller 中设置集合点策略。在菜单中选择 Scenario→Rendezvous 插入集合点，将弹出集合点信息对话框，如图 10-35 所示。

在场景中设置集合点实施策略，单击 Policy 按钮，将弹出集合点实施策略对话框，如图 10-36 所示。

集合点设置策略如下。

第一项：表示当所有用户数的 $X\%$ 到达集合时，就开始释放等待的用户，并继续执行场景。

第二项：表示当前正在运行用户数的 $X\%$ 到达集合点时，就开始释放等待的用户并继续执行场景。

第三项：表示当有 X 个用户到达集合点时，就开始释放等待的用户并继续执行场景。

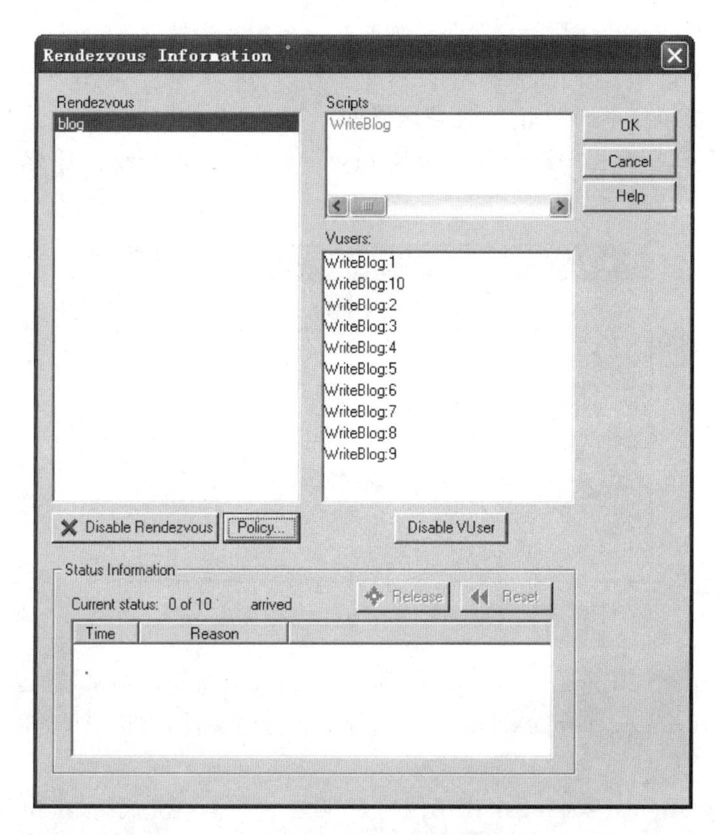

图 10-35 集合点信息

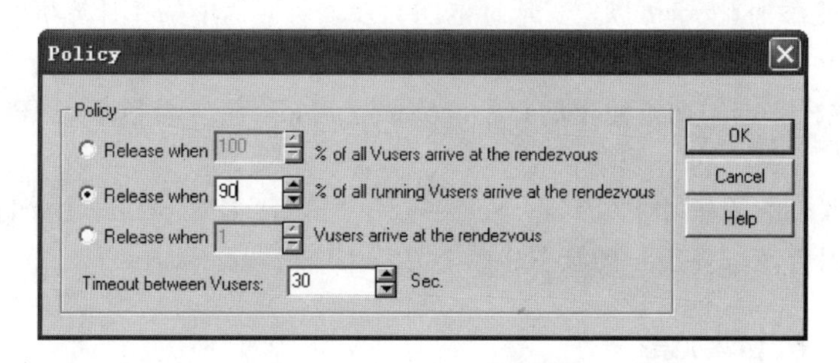

图 10-36 集合点实施策略

超时配置：默认的超时时间是 30 秒。当第一个虚拟用户到达后，Controller 会计算等待下一个虚拟用户的时间。每当有新的虚拟用户到达时，计时器就会重置为 0。如果过了超时时间，下一个虚拟用户还未到达，Controller 会释放所有当前处于集合点的虚拟用户，而不会考虑释放条件是否满足。

7. IP Spoofer 设置(IP 欺骗技术)

当运行场景时，虚拟用户使用它们所在的负载机(Load Generator)的固定 IP 地址。由于每个负载机上运行大量的虚拟用户，这样就造成了大量的用户使用同一 IP 同时访问一个网站的情况。这种情况和实际运行的情况不符，并且有一些网站会根据用户 IP 来分配资源,限制同一个IP登录和使用等。为了更加真实地模拟实际情况,LoadRunner允许运行的虚拟用户使用不同的IP访问同一网站,这种技术称为"IP欺骗"。启用该技术后,场景中运行的虚拟用户将模拟从不同的IP地址发送请求。

单击【开始】→【所有程序】→HP LoadRunner→Tools→IP Wizard,将弹出IP Wizard配置对话框,如图10-37所示。

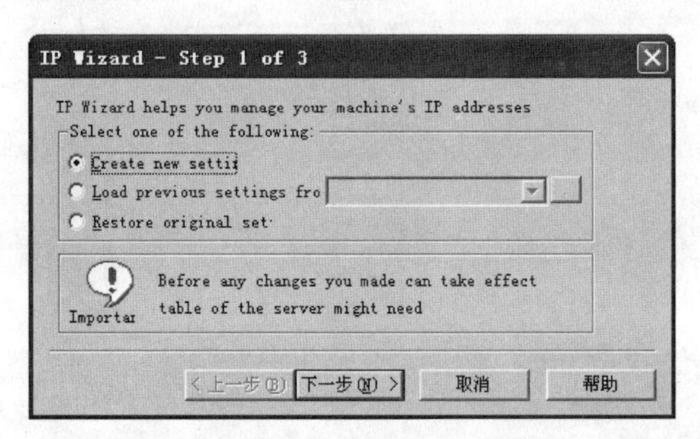

图10-37 IP Wizard配置

(1) Create new settings:第一次运行IP Wizard需要选择该项来增加新的IP。

(2) Load previous settings from file:选择保存好的文件,如果以前运行过IP Wizard,可以选择该项。

(3) Restore original settings:用于使用IP欺骗进行测试完成后,释放IP的过程。

单击【下一步】按钮,设置服务器的IP地址。单击【下一步】按钮将看到该计算机的IP地址列表。单击【添加】按钮可以定义地址范围。在该对话框中选择计算机的IP地址类型,指定要创建的IP地址数。选中【验证新的IP地址未被使用】复选框,以指示IP向导对新地址进行检查。这样只会添加未使用的地址。完成之后,IP向导会显示出IP变更统计的对话框。

在Controller的场景中,在菜单Scenario→Enable IP Spoofer中,打勾即可启用IPSpoofer。启用后,Controller的状态栏里会显示IP Spoofer标志。

10.3.2 执行场景

设计好负载测试场景之后,就可以运行该测试并观察应用程序在此负载下的性能。单击▶按钮,或者单击菜单栏上的Scenario→Start,将开始运行场景。此时可看到Controller的"运行"视图,如图10-38所示,"运行"视图用来管理和监控测试情况的控制中心。

"运行"视图包含下面几部分。

(1) 场景组窗格

场景组窗格位于左上角的窗格,可以在其中查看场景组内Vuser的状态。使用该窗格右侧的按钮可以启动、停止和重置场景,查看各个Vuser的状态,通过手动添加更多Vuser增加场景运行期间应用程序的负载。

(2) 场景状态窗格

场景状态窗格位于右上角的窗格,可以在其中查看负载测试的概要信息,包括正在运行

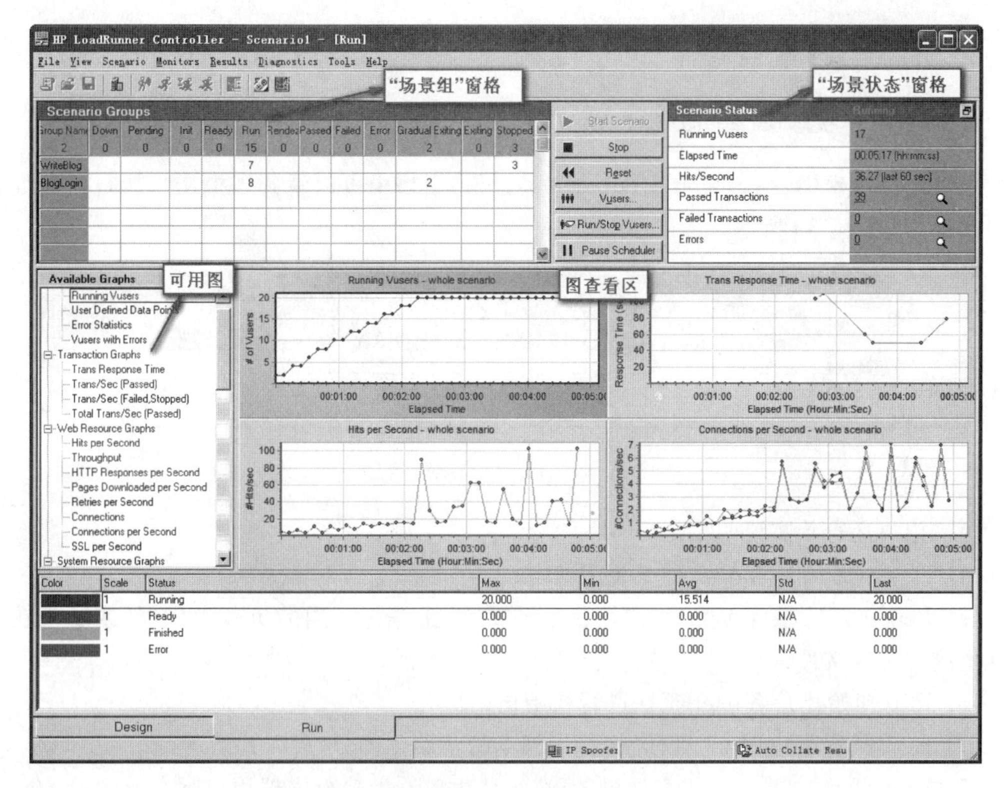

图 10-38 场景运行窗口

的 Vuser 数目和每个 Vuser 操作的状态。

(3) 可用图树

可用图树位于中间偏左位置的窗格,可以在其中看到一列 LoadRunner 的图表。要打开图,需在树中选择一个图,并将其拖到图查看区域。

(4) 图查看区域

图查看区域位于中间偏右位置的窗格。用户可以在其中自定义显示画面,可查看 1～8 幅图。单击菜单中的 View→View Graphs 可设置图的显示方式。

(5) 图例

图例位于底部的窗格,可以在其中查看所选图的数据。选中一行时,图中的相应线条将突出显示,反之则不突出显示。

场景停止运行的情况有三种:所有用户都执行完脚本,测试人员手动停止了场景的运行,执行超时。LoadRunner 可以根据用户的设定,采用不同的停止方式。

(1) 如果想停止整个场景的运行,可以在场景运行过程中单击 Run 标签中的 Stop 按钮。

(2) 如果希望选定的用户组停止执行,可以在场景运行过程中单击 Run 标签中的 Run/Stop Vusers 按钮。

(3) 如果在 Tools→Options→Run-Time Settings 中设定了 Wait for the current iteration to end before stopping 或者 Wait for the current action to end before stopping,那么可以单击 Vusers→Gradual Stop 按钮逐渐停止场景的运行。

10.3.3 场景监控

1. 场景用户状态(Scenario Groups)

场景运行过程中,在 Scenario Groups(场景组)窗格中可以看到虚拟用户执行时所处的各种状态,如图 10-39 所示。

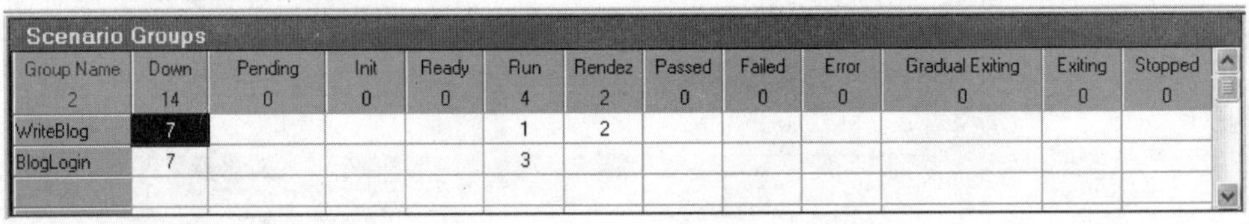

Scenario Groups

Group Name	Down	Pending	Init	Ready	Run	Rendez	Passed	Failed	Error	Gradual Exiting	Exiting	Stopped
2	14	0	0	0	4	2	0	0	0	0	0	0
WriteBlog	7				1	2						
BlogLogin	7				3							

图 10-39 场景用户状态信息

虚拟用户运行状态说明如下。

(1) Down(关闭):Vuser 处于关闭状态;

(2) Pending(挂起):Vusers 初始化已经就绪,正等待可用的负载生成器,或者正在向负载生成器传输文件;

(3) Init(初始化):Vuser 正在进行初始化;

(4) Ready(就绪):Vuser 已经执行了脚本的初始化部分,可以开始运行;

(5) Run(运行):Vuser 正在运行,正在负载生成器上执行虚拟用户脚本;

(6) Rendezvous(集合点):Vuser 已经到达了集合点,正在等待释放;

(7) Passed(完成并通过):Vuser 已经运行结束,并且成功通过;

(8) Failed(完成但失败):Vuser 已经运行结束,并且是失败的;

(9) Error(错误):Vuser 发生了错误,可以查看单个 Vuser 的详细状态日志;

(10) Gradual Exiting(逐步退出):Vuser 正在运行退出前的最后一次迭代;

(11) Exiting(退出):Vuser 已经完成操作,正在退出;

(12) Stoped(停止):Vuser 被停止。

单击【虚拟用户】按钮  Vusers... ,将打开虚拟用户信息框,如图 10-40 所示。在这里可以看到每个虚拟用户的详细信息。

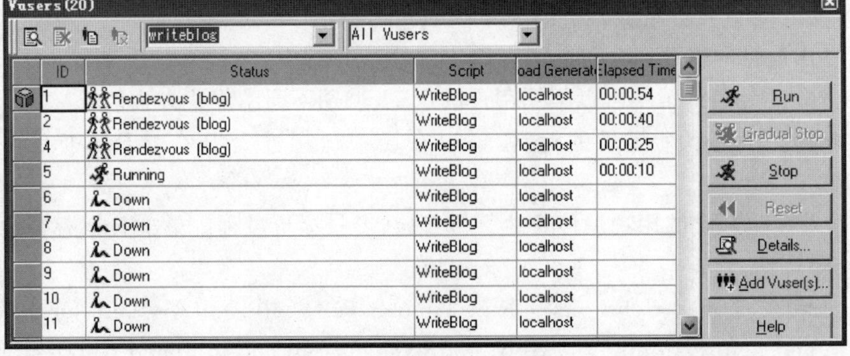

Vusers (20)

writeblog | All Vusers

ID	Status	Script	oad Generat	Elapsed Time
1	Rendezvous (blog)	WriteBlog	localhost	00:00:54
2	Rendezvous (blog)	WriteBlog	localhost	00:00:40
4	Rendezvous (blog)	WriteBlog	localhost	00:00:25
5	Running	WriteBlog	localhost	00:00:10
6	Down	WriteBlog	localhost	
7	Down	WriteBlog	localhost	
8	Down	WriteBlog	localhost	
9	Down	WriteBlog	localhost	
10	Down	WriteBlog	localhost	
11	Down	WriteBlog	localhost	

Run | Gradual Stop | Stop | Reset | Details... | Add Vuser(s)... | Help

图 10-40 虚拟用户状态信息

2. 场景运行状态

场景运行过程中,在 Scenario Status(场景状态)窗格中,可以看到当前负载的用户数、消耗时间、每秒点击量、事务通过/失败的数量,以及系统错误的数量等信息,如图 10-41 所示。

场景状态信息说明如下。

(1) Running Vusers(正在运行的虚拟用户):负载生成器上正在执行的虚拟用户数;

(2) Elapsed Time(已用时间):自场景开始运行到现在所用的时间;

(3) Hits/Second(每秒点击次数):场景运行期间,每秒的点击次数(每秒对测试网站发出的 HTTP 请求数);

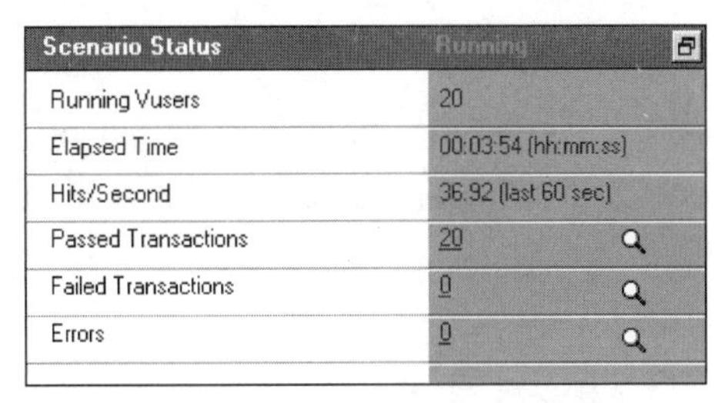

图 10-41 场景运行状态信息

(4) Passed Transactions(通过的事务数):场景运行到现在成功通过的事务数;

(5) Failed Transactions(失败的事务数):场景运行到现在失败的事务数;

(6) Errors(错误数):场景运行到现在发生的错误数。

单击场景状态窗格中的【查询】按钮,可以打开事务的信息,如图 10-42 所示。

Transactions

Name	TPS	Passed	Failed	Stopped
Action_Transaction	0.6	147	0	0
vuser_init_Transaction	0.0	15	0	0

Close Help

图 10-42 事务执行信息

3. 计数器管理

当测试运行时,可以通过 LoadRunner 的一套集成监控器实时了解应用程序的实际性能以及潜在的瓶颈。在 Controller 的联机图上可查看监控器收集的性能数据。联机图显示在【运行】选项卡的图查看区域,如图 10-43 所示。

Available Graphs
Runtime Graphs
Running Vusers
User Defined Data Points
Error Statistics
Vusers with Errors
Transaction Graphs
Trans Response Time
Trans/Sec (Passed)
Trans/Sec (Failed,Stopped)
Total Trans/Sec (Passed)
Web Resource Graphs
Hits per Second
Throughput
HTTP Responses per Second
Pages Downloaded per Second
Retries per Second
Connections
Connections per Second
SSL per Second

图 10-43 可用图树

(1) Runtime Graphs(运行时图):显示参与场景的 Vuser 数和状态,以及 Vuser 生成的错误数和类型。

(2) Transaction Graphs(事务图):显示场景运行时,各事务速率和响应时间。

(3) Web Resource Graphs(Web 资源图):监视场景运行期间 Web 服务器上的信息,主要包括 Web 连接数、吞吐量、HTTP 响应数、服务器重试次数和下载到服务器的页面数信息。

(4) SystemResource Graphs(系统资源):主要是监控场景

运行期间 Windows、UNIX、Tuxedo、SNMP、SiteScope 等的资源使用情况。

(5) Network Graphs(网络)：监控网络发送的数据包，数据包返回后，监视器计算包到达请求的节点和返回所用的时间，即网络延迟时间。

(6) Web Server Resource Graphs(Web 服务器资源)：用于度量 Apache、MS IIS 等 Web 服务器资源信息。

(7) Database Server Resource Graphs(数据库服务器资源)：用于度量场景运行期间数据库 DB2、Oracle、SQL 服务器和 Sybase 统计信息的情况。

(8) Streaming Media(流媒体)：用于度量场景运行期间 RealPlayer 和 Media Player 客户端以及 Windows Media 服务器和 RealPlayer 音频/视频服务器的统计信息。

(9) ERP/CRM Server Resource Graphs(ERP/CRM 服务器资源)：用来度量场景执行期间 SAP R/3 系统、SAP Portal、Siebel Server Manager、Siebel Web 服务器和 PeopleSoft (Tuxedo)服务器的统计信息。

(10) Application Component Graphs(应用程序组件)：用来度量场景执行期间 Microsoft COM+和 Microsoft .NET CLR 服务器的统计信息。

(11) Application Deployment Solutions(应用程序部署解决方案)：用来度量场景执行期间 Citrix 服务器的统计信息。

(12) Middleware Performance Graphs(中间件性能)：度量场景执行期间 Tuxedo 和 IBM WebSphere MQ 服务器的统计信息。

(13) Infrastructure Resource Graphs(基础结构资源)：用于度量场景执行期间网络客户端数据点的统计信息。

10.4 分析器

通过分析器(Analysis)可以对负载生成后的相关数据进行整理分析。

10.4.1 新建数据分析

现在场景运行已经结束，可以使用 HP LoadRunner Analysis 来分析场景运行期间生成的性能数据。Analysis 将性能数据汇总到详细的图和报告中。使用这些图和报告，可以轻松找出并确定应用程序的性能瓶颈，同时确定需要对系统进行哪些改进以提高其性能。

下列三种方式均可打开 Analysis 会话框。

(1) 在 Controller 中，在 Controller 菜单中选择【工具】→Analysis，或选择【开始】→【程序】→HPLoadRunner→【应用程序】→Analysis 来打开 Analysis。

(2) 在 Analysis 窗口中选择【文件】→【打开】。这时将打开【打开现有 Analysis 会话文件】对话框。

(3) 在"LoadRunner 安装位置\Tutorial"文件夹中，选择 analysis_session 并单击打开。Analysis 将在 Analysis 窗口中打开该会话文件。

10.4.2 场景摘要

当 Analysis 导入场景数据后，首先看到的就是统计表格 Analysis Summary 场景摘要，提供了对整个场景数据的简单报告。通过 Analysis Summary 可以对整个性能测试的结果有一个直观的了解。Analysis Summary 界面如图 10-44 所示。

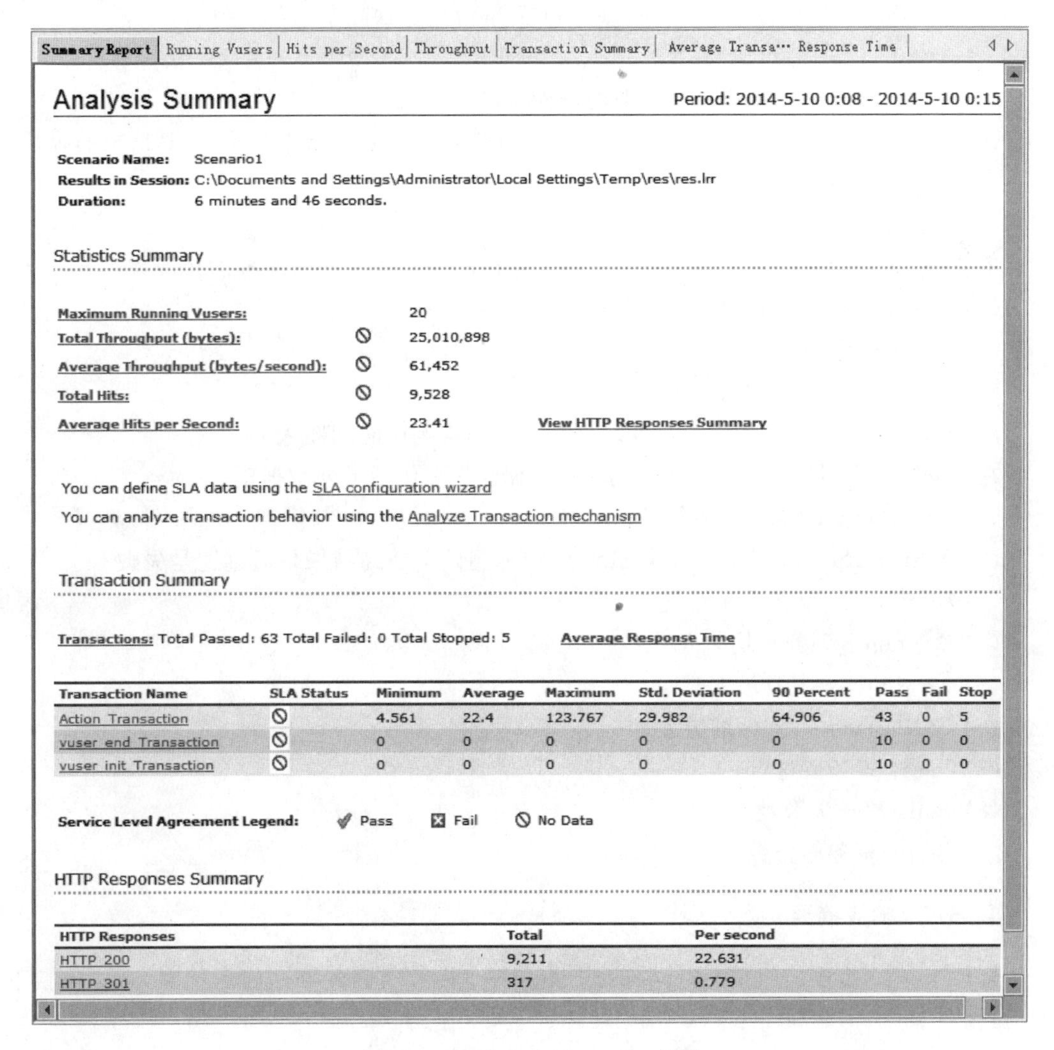

图 10-44 Analysis Summary 界面

1. 场景摘要

通过场景摘要可以了解场景执行的基础信息。场景摘要包括以下内容。

(1) Period：场景运行的起止时间；

(2) Scenario Name：场景名称；

(3) Results in Session：场景运行的结果目录；

(4) Duration：场景运行的持续时间。

2. 统计信息

场景状态的统计(Statistics Summary)信息包含下列内容。

(1) Maximum Running Vusers：场景运行的最大用户数；

(2) Total Throughput(bytes)：总吞吐量(总带宽流量)；

(3) Average Throughput(bytes/second)：平均每秒吞吐量(带宽流量)；

(4) Total Hits：总点击数；

(5) Average Hits per Second：平均每秒点击数；

(6) 单击 View HTTP Responses Summary 选项可以在下端看到 HTTP 请求的统计。

3. 事务摘要

事务摘要(Transaction Summary)中首先给出的是场景中所有事务的情况说明。

(1) Total Passed：事务的总通过数；

(2) Total Failed：事务的总失败数；

(3) Total Stopped：事务的总停止数。

单击 Average Response Time 可以打开事务平均响应时间图表。

在事务摘要中可以看到每个具体事务的情况，其中包括下列数据项。

(1) Transaction Name：事务名；

(2) SLA Status：SLA 状态，在 SLA 的指标测试中最终结果是通过还是失败；

(3) Minimum：事务最小时间；

(4) Average：事务平均时间；

(5) Maximum：事务最大时间；

(6) Std. Deviation：标准方差；

(7) Pass：事务通过数；

(8) Fail：事务失败数；

(9) Stop：事务停止数。

4. HTTP 响应摘要

HTTP 响应摘要(HTTP Response Summary)将给出服务器返回的状态，其中包括下列信息。

(1) HTTP Responses：服务器返回 HTTP 请求状态。

(2) Total：HTTP 请求返回次数。

(3) Per second：每秒请求数。

5. 测试数据图表

Analysis 窗口左窗格内的图树列出了已经打开可供查看的图。在图树中，可以选择打开新图，也可以删除不想再查看的图。这些图显示在 Analysis 窗口右窗格的图查看区域中，可以在该窗口下部窗格内的图例中查看所选图的详细数据。Analysis 窗口如图 10-45 所示。

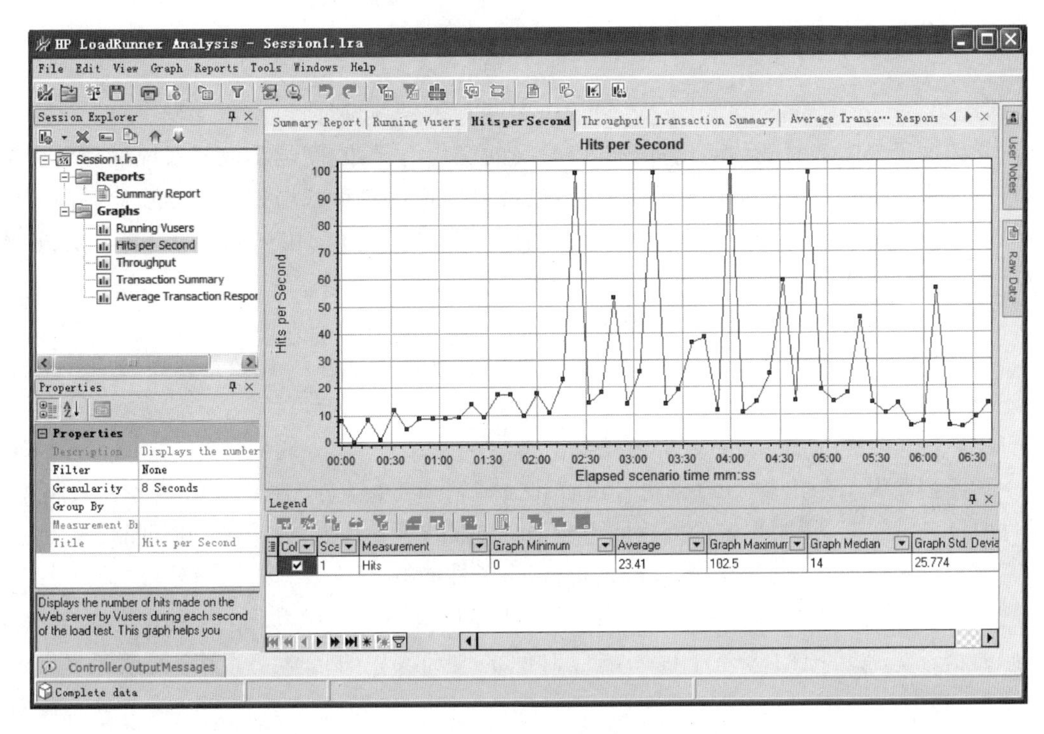

图 10-45 Analysis 窗口

10.4.3 数据图

Analysis 分析器提供了丰富的分析图，常见的有虚拟用户图、错误图、事务图、Web 资源图、网页分析图、系统资源图、Web 服务器资源图和数据库服务器资源图等。

1. Vusers(虚拟用户)

Vusers 用户状态计数器组提供了产生负载的虚拟用户运行状态的相关信息，可以帮助我们了解负载生成的过程。

(1) Running Vusers(负载过程中的虚拟用户运行情况)：反映系统形成负载的过程，随着时间的推移，虚拟用户数是如何变化的。

(2) Rendezvous(负载过程中集合点下的虚拟用户数)：反映随着时间的推移各个时间点上并发用户的数目，方便我们了解并发用户数的变化情况。

2. Errors(错误统计)

当场景在运行过程中出现错误时，错误信息会被保存在 Errors 计算器组中，通过 Error 信息可以了解错误产生的时间和错误的类型，帮助我们确定错误产生的原因。

Errors per Second(每秒错误数)可以了解在每个时间点上错误产生的数目。通过这个图可以了解错误随负载的变化情况，定位何时系统在负载下开始不稳定甚至出错，配合系统日志可以定位产生错误的原因。

3. Transaction(事务)

(1) Average Transaction Response Time(平均事务响应时间)

此数据反映随着时间的变化事务响应时间的变化情况，时间越小说明系统处理的速度越快。如果和用户负载生成图合并在一起，就可以发现用户负载增加对事务响应时间的影响规律。这里不但要评估响应时间的长短，还要评估响应时间随用户增加的趋势，增长趋势越平稳系统性能越好。

(2) Transactions per Second(每秒事务数)

每秒事务数反映了系统在同一时间内能处理业务的最大能力，此数据越高，说明系统处理能力越强。

(3) Transaction Summary(事务概要说明)

事务概要说明给出事务的成功(Pass)和失败(Fail)个数，了解负载的事务完成情况。通过的事务数越多，说明系统的处理能力越强；失败的事务越少，说明系统越可靠。

(4) Transaction Performance Summary(事务性能概要)

事务性能概要给出事务的平均时间、最大时间、最小时间柱状图，方便分析事务响应时间的情况。柱状图的落差小说明响应时间的波动小；如果落差很大，说明系统不够稳定。

(5) Transaction Response Time Under Load(在用户负载下事务响应时间)

给出了在负载用户增长的过程中响应时间的变化情况，此图的线条越平稳，说明系统越稳定。

(6) Transaction Response Time(Percentile)(事务响应时间的百分比)

给出不同百分比下的事务响应时间范围。通过此图可以了解有多少比例的事务发生在某个时间内，也可以发现响应时间的分布规律，数据越平稳说明响应时间变化越小。

(7) Transaction Response Time(Distribution)(每个时间段上的事务数)

给出在每个时间段上的事务个数，响应时间较小的情况下事务数越多越好。

4. Web Resource(网页资源信息)

(1) Hits per Second(每秒点击数)

每秒点击数提供了当前负载中对系统所产生的点击量记录。每一次点击相当于对服务器发出了一次请求，一般点击数会随着负载的增加而增加，数据越大越好。

(2) Throughput(带宽使用)

给出在当前系统负载下所使用的带宽，该数据越小说明系统的带宽依赖越少，通过此数据能够确定是否出现了网络带宽的瓶颈。这里使用的单位是字节。

(3) HTTP Response per Second(每秒 HTTP 响应数)

给出每秒服务器返回各种状态的数目，该数值一般和每秒点击量相同。点击量是指客户端发出的请求数，而 HTTP 响应数是指服务器返回的响应数。如果服务器返回的响应数小于客户端发出的点击数，说明服务器无法应答超出负载的连接请求。如果这个数据和每秒点击数吻合，说明服务器能够对每个客户端请求进行应答。

(4) Retries per Second(每秒重接数)

反映服务器端主动关闭的连接情况,该数据越低说明服务器端的连接释放越长。

(5) Connection per Second(每秒连接数)

给出两种不同状态的连接数,一种是中断的连接,一种是新建的连接,方便用户了解当前每秒对服务器产生的连接数量。同时连接数越多,说明服务器的连接池越大。当连接数随着负载上升而停止上升时,说明系统的连接池已满,无法连接更多的用户。通常这个时候服务器会返回504错误,可以通过修改服务器的最大连接数来解决此问题。

5. Web Page Diagnostics(网页分析)

当在场景中打开Diagnostics菜单下的Web Page Diagnostics功能,就能得到网页分析组图。通过这个图,可以对事务的组成进行抽丝剥茧的分析,得到组成这个页面的每一个请求时间分析,进一步了解响应时间中有关网络和服务器处理时间的分配关系。通过这个功能,可以实现对网站的前端性能分析,明确系统响应时间较长是由服务器端(后端)处理能力不足还是短连接到服务器的网络(前端)消耗导致的。

(1) Web Page Diagnostics(网页分析)

添加该图先会得到整个场景运行后虚拟用户访问的Page列表,也就是所有页面下载时间列表。

① Download Time(下载时间分析):组成页面的每个请求下载时间。

② Component(Over time)(各模块的时间变化):通过这个功能可以分析响应时间变长是因为页面生成慢,还是因为图片资源下载慢。

③ Download Time(Over time)(模块下载时间):针对每个组成页面元素的时间组成部分分析,方便确认该元素的处理时间组成部分。

④ Time to Buffer(Over time)(模块时间分类):列出该元素所使用的时间分配比例,是受Network Time影响的多还是Server Time影响的多。Server Time是服务器对该页面的处理时间,Network Time是指网络上的时间开销。

(2) Page Download Time Breakdown(页面响应时间组成分析)

Page Download Time Breakdown显示每个页面响应时间的组成分析。一个页面的响应时间一般由以下内容组成。

① Client Time:客户端浏览接收所需要使用的时间,可以不用考虑。

② Connections Time:连接服务器所需要的时间,越小越好。

③ DNS Resolution Time:通过DNS服务器解析域名所需要的时间,解析受到DNS服务器的影响,越小越好。

④ Error Time:服务器返回错误响应时间,这个时间反映了服务器处理错误的速度,一般是Web服务器直接返回的,包含网络时间和Web服务器返回错误的时间,该时间越小越好。

⑤ First Buffer Time:连接到服务器,服务器返回第一个字节所需要的时间,反映系统对于正常请求的处理时间开销,包含网络时间和服务器正常处理的时间,该时间越小越好。

⑥ FTP Authentication Time FTP:认证时间,这是进行FTP登录等操作所需要消耗

的认证时间，越短越好。

⑦ Receive Time：接受数据的时间，这个时间反映了带宽的大小，带宽越大，下载时间越短。

⑧ SSL Handshaking Time SSL：加密握手的时间。

Analysis将分析得到页面请求的组成比例图，便于分析页面时间浪费在哪些过程中。

(3) Page Download Time Breakdown(Over Time)(页面组成部分时间)

随着时间的变化所有请求的响应时间变化过程。这里会将整个负载过程中每个页面的每个时间组成部分都做成单独的时间线，以便分析在不同的时间点上组成该页面的各个请求时间是如何变化的。在分析过程中，首先找到变化最明显或者响应时间最高的页面，随后再针对这个页面进行进一步的分析，了解时间偏长或者变化较快的原因。

(4) Time to First Buffer Breakdown(页面请求组成时间)

通过这个图，可以直接了解到整个页面的处理是在服务器端消耗的时间长，还是在客户端消耗的时间长，从而分析得到系统的性能问题是在前端还是在后端。

(5) Time to First Buffer Breakdown(Over Time)(基于时间的页面请求组成分析)

在整个负载过程中，每一个请求的Server Time和Client Time随着时间变化的趋势，可以方便定位响应时间随着时间变化的原因到底是由于客户端变化导致的还是由于服务器端变化导致的。

6. Network Monitor(网络监控)

在Controller中添加Network Delay Time监控后会出现该数据图。这个功能很好，但不是非常直观和方便，建议使用第三方专门的路由分析工具进行网络延迟和路径分析。

(1) Network Delay Time(网络延迟时间)

从监控机至目标主机的平均网络延迟变化情况。

(2) Network Sub-path Time(网络Sub-path时间)

从监控机至目标机各个网络路径的平均时间。当客户端在连接一个远程服务器时，路径并不是唯一的，收到路由器的路由选择，可能会选择不同的路径最终访问到服务器。

(3) Network Segment Delay Time(网段延迟时间)

各个路径上的各个节点网络延迟情况。

7. Resource(资源监控)

资源包括很多种，在Analysis中监控的都是各种系统的计数器，这些计数器反映了系统中硬件或者软件的运行情况，通过它可以发现系统的瓶颈。

(1) System Resources(系统资源)

列出在负载过程中系统的各种资源数据是如何变化的，该图需要在场景中设置对应系统的监控后才出现。

(2) Database Server Resources(数据库资源)

数据库的相关资源在负载过程中的变化情况。

(3) Web Server Resources(Web 服务器资源)

Web 服务器资源在负载过程中的变化情况。

10.4.4 图的操作

1. 合并图

在图窗格中右击,在弹出的菜单中选择 Merge Graphs,将弹出 Merge Graphs 对话框,如图 10-46 所示。在 Select graph to merge with 下拉列表中选择要合并的图。在 Select type of merge 单选按钮组中有三种方式(Overlay、Tile 和 Correlate)可供选择。

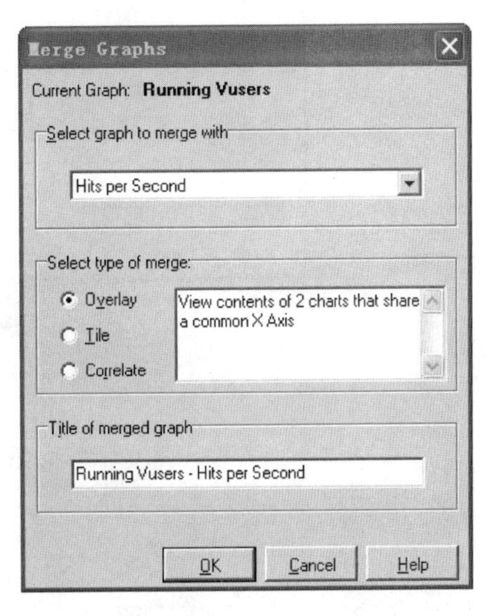

图 10-46 合并图选项

(1) Overlay(叠加):查看共用同一 X 轴的两个图的内容。合并图左侧的 Y 轴显示当前图的 Y 轴值,右边 Y 轴显示合并进来的图的 Y 轴值。例如将 Running Vusers 与 Hists per Second 以 Overlay 方式合并,合并结果如图 10-47 所示。

(2) Tile(平铺):查看在平铺布局共用同一个 X 轴,合并进来的图显示在当前图的上面。例如将 Running Vusers 与 Hists per Second 以 Tile 方式合并,合并结果如图 10-48 所示。

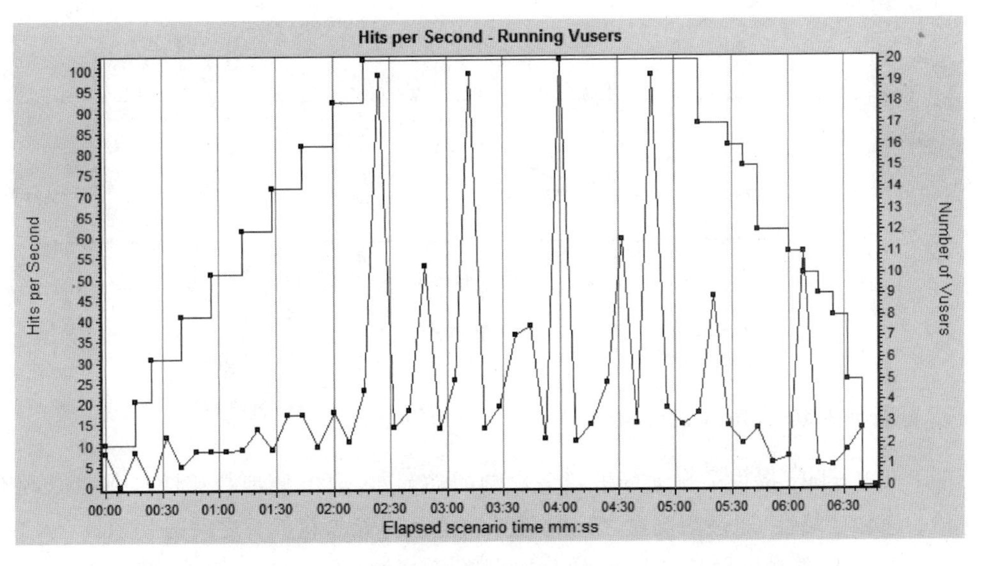

图 10-47 叠加方式合并图

(3) Correlate(关联):合并后当前图的 Y 轴变为合并图的 X 轴,被合并图的 Y 轴作为合并图的 Y 轴。例如将 Running Vusers 与 Hits per Second 以 Correlate 方式合并,合并结果如图 10-49 所示。

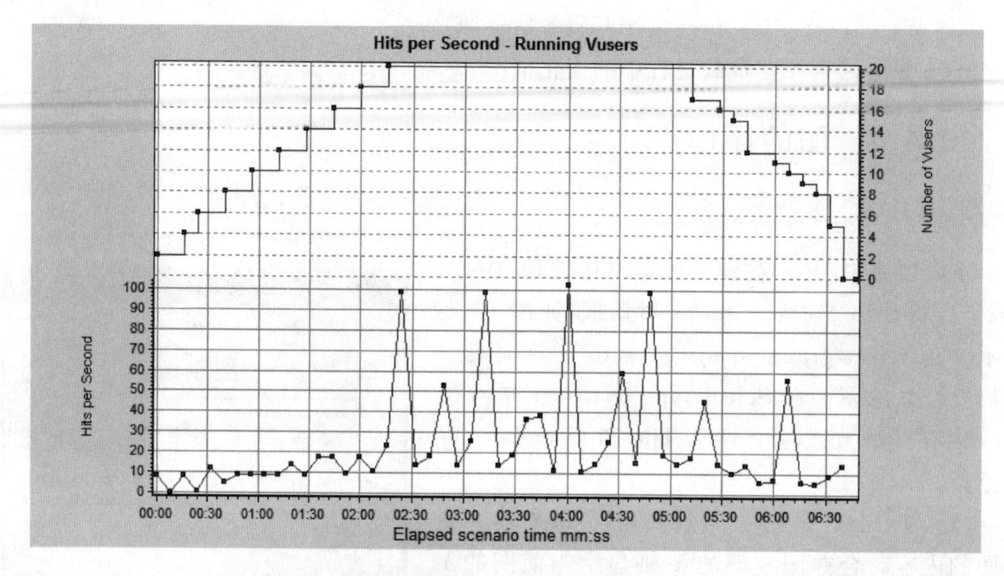

图 10-48 平铺方式合并图

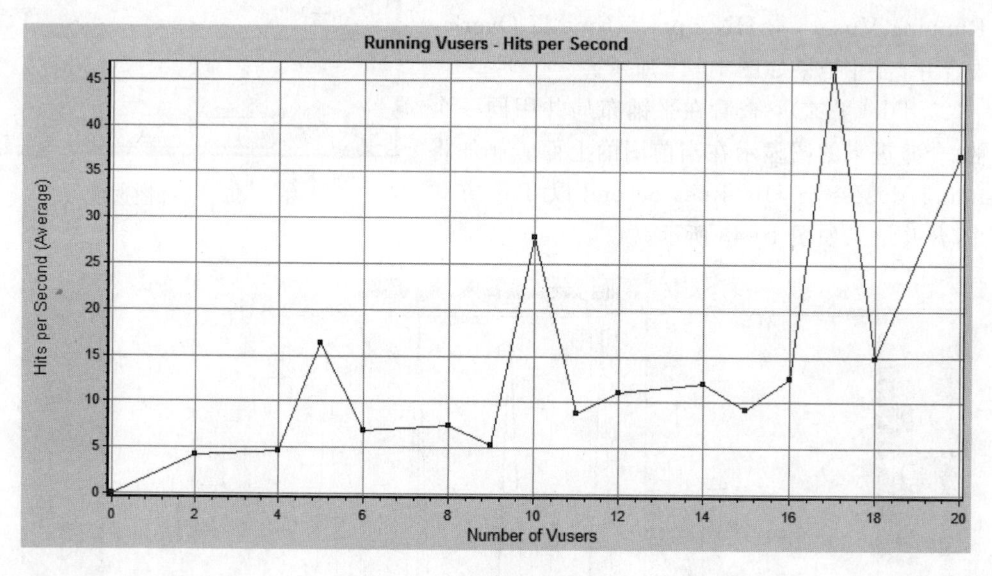

图 10-49 关联方式合并图

2. 分析图关联(Auto Correlate)

Auto Correlate 提供了自动分析趋势影响的功能,可以方便地找出哪些数据之间有明显的相关性和依赖性,通过图与图之间的关系确定系统资源和负载之间的关系。

启动自动关联的步骤是选择菜单上的 View→Auto Correlate 命令,即可打开自动关联,如图 10-50 所示。

(1) Time Range

Trend(趋势):选择关联度量值变化趋势相对稳定的一段为时间范围。

Feature(功能):在关联度量值变化相对稳定的时间内,选择一段大体与整个趋势相似

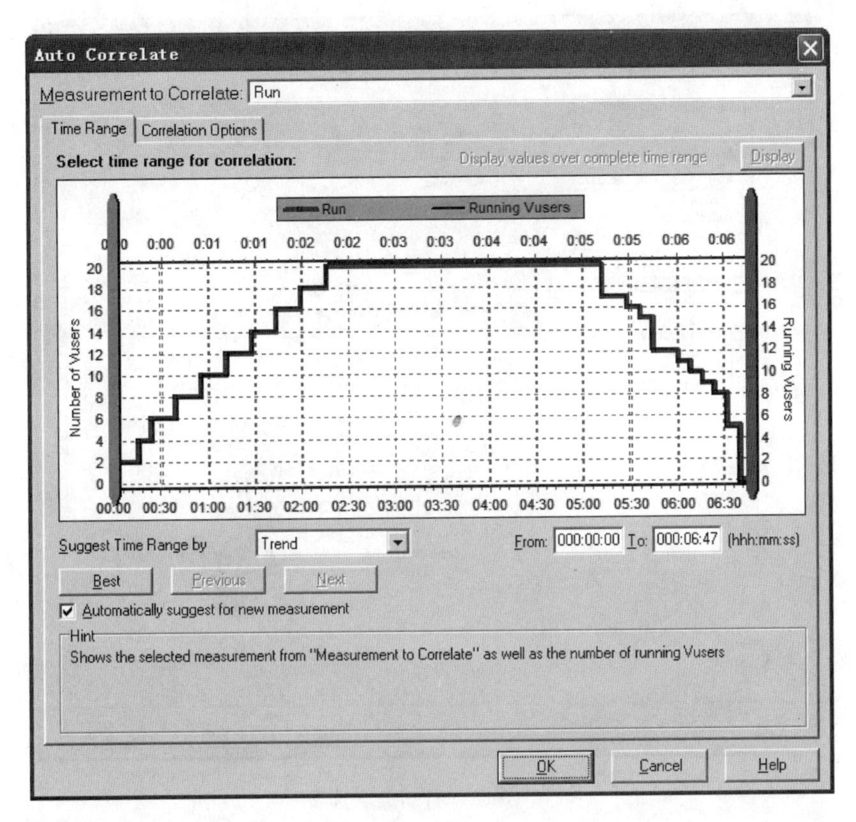

图 10-50 自动关联

的时间范围。

Best(最佳):选择关联度量值发生明显变化趋势的一段时间范围。

(2) Correlation Options

单击 Correlation Options 标签,在 Select Graphs for Correlation 中将列出所有和当前图可以进行关联的内容,用户可以选择需要关联的图,如图 10-51 所示。

单击 OK 按钮,将看到自动关联的结果,如图 10-52 所示。

3. 导入外部数据

LoadRunner 自带了一个导入数据的工具。在 Analysis 的菜单中,选择 Tools→External Monitors→Import Data 命令可打开导入数据对话框。

LoadRunner 支持下列文件类型:

(1) NT Performance Monitor(*.csv) NT 性能监视器;

(2) Win2K Performance Monitor (*.csv)Windows 2000 性能监视器;

(3) Standard Comma Separated files(*.csv)标准逗号分隔文件;

(4) Standard Microsoft Excel Files(*.csv)Microsoft Excel 文件;

(5) Master-Detail Comma Separated files(*.csv) 主从逗号分隔文件;

(6) Master-Detail Microsoft Excel Files(*.csv)主从 Microsoft Excel 文件。

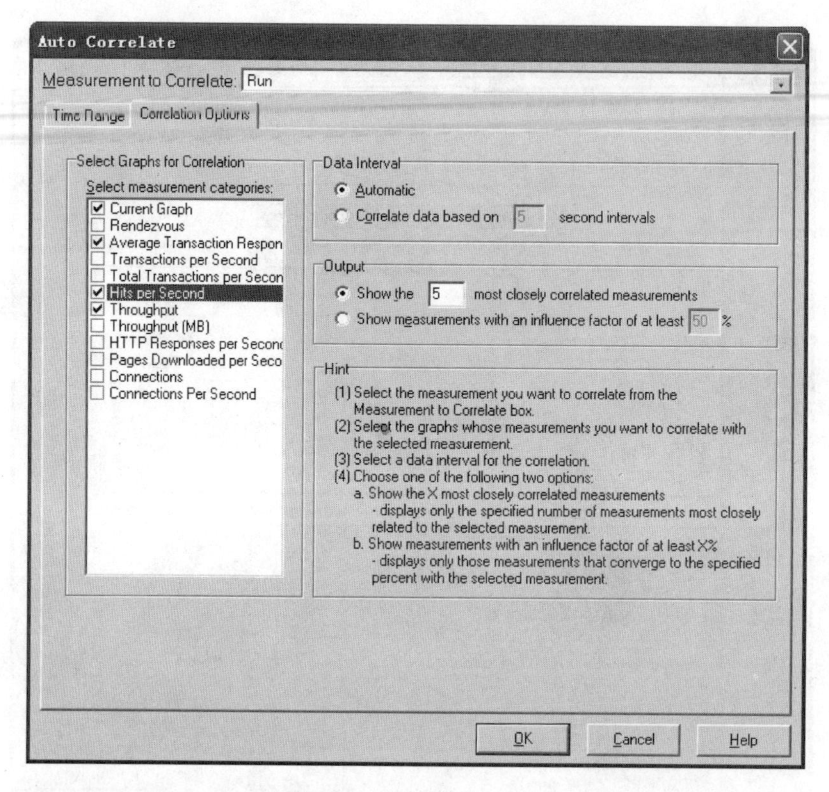

图 10-51 自动关联选项

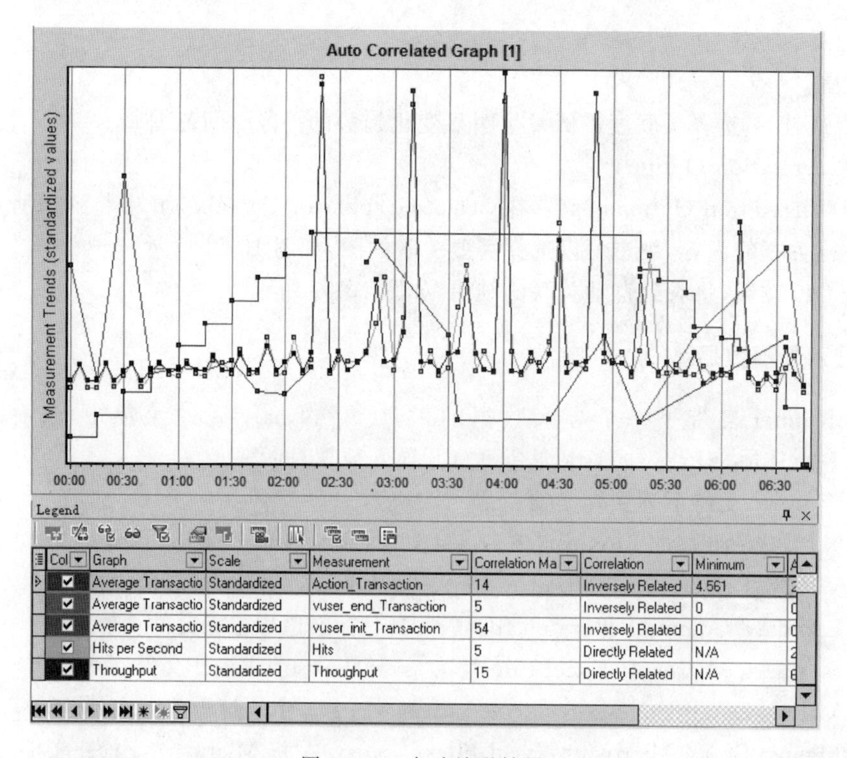

图 10-52 自动关联结果

10.5.5 生成报告

1. 新建报告(New Report)

单击 Reports 菜单中的 New Report 菜单项,将弹出新的报告模板,如图 10-53 所示。在这里用户可以对报告的基本信息、格式和内容进行定义。

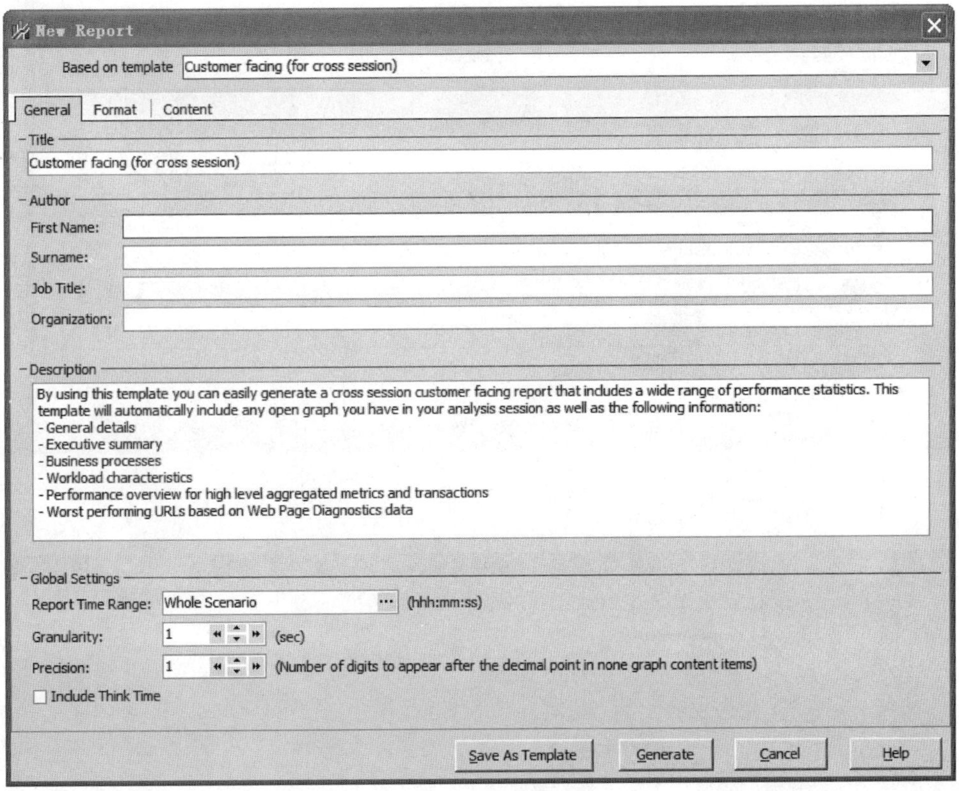

New Report
Based on template Customer facing (for cross session)
General Format Content
Title
Customer facing (for cross session)
Author
First Name:
Surname:
Job Title:
Organization:
Description
By using this template you can easily generate a cross session customer facing report that includes a wide range of performance statistics. This template will automatically include any open graph you have in your analysis session as well as the following information:
- General details
- Executive summary
- Business processes
- Workload characteristics
- Performance overview for high level aggregated metrics and transactions
- Worst performing URLs based on Web Page Diagnostics data
Global Settings
Report Time Range: Whole Scenario (hhh:mm:ss)
Granularity: 1 (sec)
Precision: 1 (Number of digits to appear after the decimal point in none graph content items)
Include Think Time
Save As Template Generate Cancel Help

图 10-53 新建报告

在 General 中,可以定义报告的标题、作者信息、备注信息,以及场景持续时间等信息。在 Format 中,提供了对正文的格式设计,包括报告中标题的字体、颜色等。在 Content 中,可以设置报告中需要包含的内容。

2. 报告模板(Report Templates)

单击 Reports 菜单中的 Report Templates 菜单项,将弹出报告模板窗口,通过选择不同模板即可生成最终的性能测试报告。单击窗口中的 Generate Report 按钮,将生成性能测试报告,如图 10-54 所示。

3. HTML 格式报告

单击 Reports 菜单中的 Report Templates 菜单项,将生成 HTML 格式的性能测试报告,如图 10-55 所示。

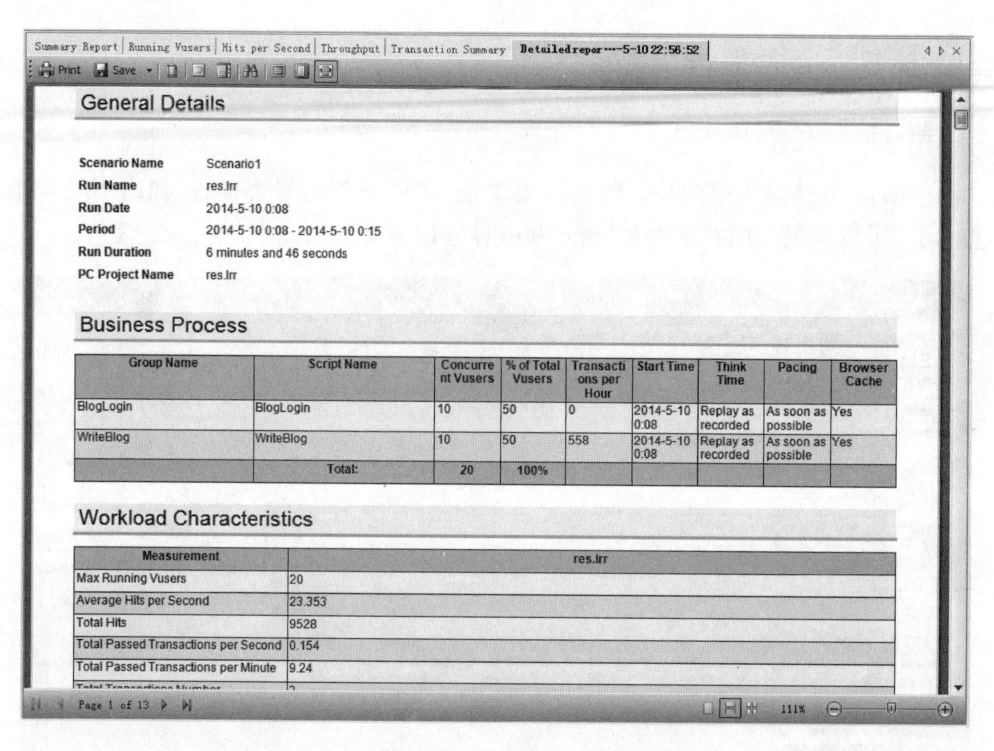

图 10-54 性能测试报告

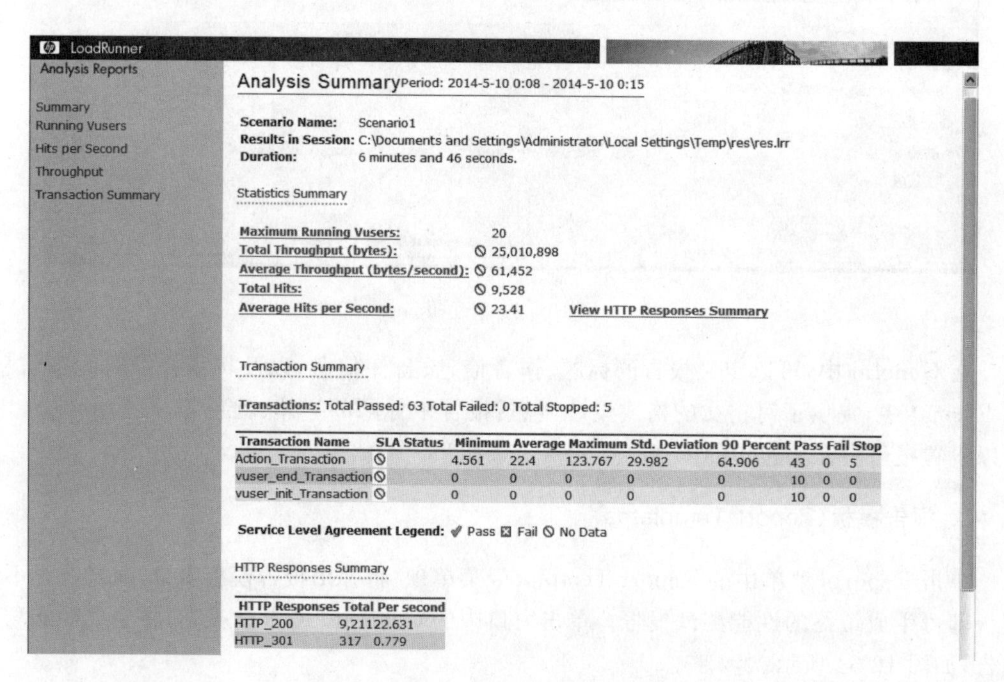

图 10-55 HTML 格式报告

第11章 AppScan

11.1 AppScan 概述

11.1.1 AppScan 简介

IBM Rational AppScan 是一种自动化 Web 应用程序安全性测试引擎，能够连续、自动地审查 Web 应用程序，测试安全性问题，并生成包含修订建议的行动报告，简化修复过程。

IBM Rational AppScan 提供下列功能。

(1) 核心漏洞支持：包含 WASC 隐患分类中已识别的漏洞，如 SQL 注入、跨站点脚本攻击和缓冲区溢出。

(2) 广泛的应用程序覆盖：包含集成 Web 服务扫描和 JavaScript 执行(包括 Ajax)与解析。

(3) 自定义和可扩展功能：AppScan eXtension Framework 运行用户社区共享和构建开源插件。

(4) 高级补救建议：展示全面的任务清单，用于修订扫描过程中揭示的问题。

(5) 面向渗透测试人员的自动化功能：高级测试实用工具和 Pyscan 框架作为手动测试的补充，提供更强大的力量和更高的效率。

(6) 法规遵从性报告：40 种开箱即用的遵从性报告，包括 PCI Data Security Standard、ISO 17799 和 ISO 27001 以及 Basel Ⅱ。

11.1.2 扫描原理

AppScan 扫描包括三个阶段，即探测阶段、测试阶段、扫描阶段。

1. 探测阶段

在探测阶段，AppScan 将模仿一个用户对被访问的 Web 应用或 Web 服务站点进行探测访问，通过发送请求对站点内的链接与表单域进行访问或填写，以获取相应的站点信息。然后，AppScan 的分析器将会对已发送的每一个请求后的响应做出判断，查找出可能存在潜在风险的地方，并针对这些可能会隐含风险的响应，确定将要自动生成的测试用例。探测过程中所采用的测试策略可以选择默认的或自定义的。用户可根据测试需求采用不同的测试策略。测试策略库是 AppScan 内置的，用户可以定义适当的组合，来检测可能存在的安全隐患。

AppScan 测试策略库是针对 WASC 和 OWASP 这两大安全组织所认为的安全风险定制的。测试策略库就如同病毒库一般，时刻保持着最新的状态，可以通过对策略库的更新，来检测最近发现的 Web 漏洞。

探测阶段完成后，这些高危区域是否真的隐含安全缺陷或应做更好的改良，以及这些隐含的风险处于什么程度，需要在测试执行完成后，才能最终得出结论。

2. 测试阶段

探测阶段后，AppScan 已经分析出可能潜在安全风险的站点模型，并知道需要生成多少的测试用例，此阶段主要就是生成这些已经计划好的测试用例。AppScan 通过测试策略库中对相应安全隐患的检测规则而生成对应的测试输入，这些测试输入，将在扫描执行阶段对系统进行验证。通常对一个系统的测试，将会生成上万甚至几十万上百万的测试用例输入。

3. 扫描阶段

扫描阶段，AppScan 才真正地工作起来。它把测试阶段的测试用例产生的服务请求陆续发送出去，然后再检测分析服务的响应结果，从而判断该测试用例的输入，是否造成了安全隐患或安全问题，然后再通过测试用例生成的策略，找出该安全问题的描述，以及该问题的解决方案，同时还报告相关参数的请求发送以及响应结果。

扫描阶段完成以后，AppScan 中将统计相应的安全问题的检测结果，可以再进行检测结果的报告导出等，继而对检测出的问题进行逐个的分析，并可依据报告对问题进行修复或改良。

AppScan 安全测试模式如图 11-1 所示。

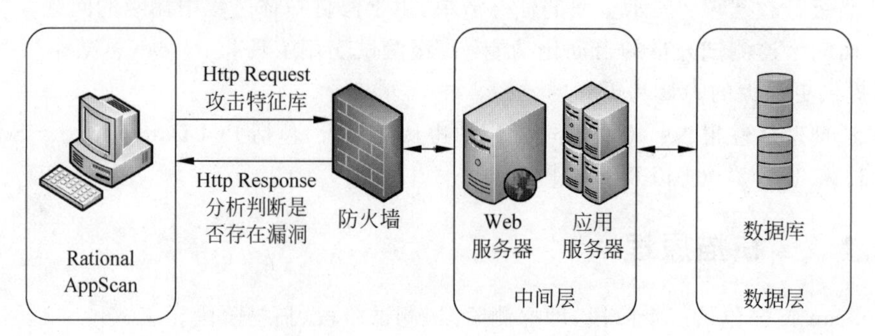

图 11-1 AppScan 安全测试模式

11.1.3 典型工作流程

Appscan 是一个交互式的工具，其测试范围和测试程度取决于用户对它进行的相应配置。因此，在使用 Appscan 之前，应先对其进行相应的配置，以满足我们不同范围和程度的需求。当然，用户也可以通过默认的内置定义进行测试，此时 Appscan 将会按照缺省的设置进行测试。

通常情况下 Appscan 操作流程如图 11-2 所示。

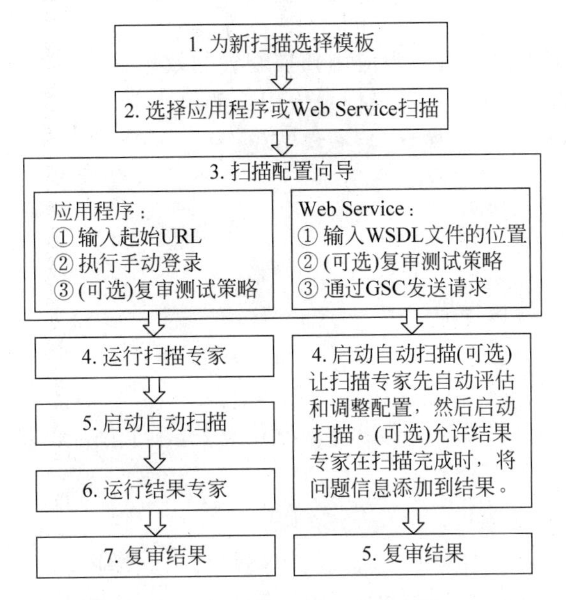

图 11-2 AppScan 基本工作流程

1. Template Selection（模板选择）

可以预先定义一套模板，或者选择系统默认的设置模板。预定义模板可以通过先选择默认模板，完成向导后先暂时不执行测试，然后再对当前的扫描任务进行自定义，定义为想要的模板样式，在 Scan Configuration 中选择另存，保存模板。在创建新的扫描时，就可以选择这个定义好的扫描模板。

2. Application or Web Service Scan（选择应用或 Web Service 扫描）

打开配置向导，根据需要选择测试的对象是 Web 应用程序还是 Web Service。

3. Scan Configuration（扫描配置）

在进行扫描配置时，需要设置将要访问的应用或服务，设置登录验证，选择测试策略。也可以使用默认的配置或加载修改适合需要的配置。

扫描 Web 应用的步骤如下。

(1) 填入开始的 URL；

(2) (推荐)手动执行登录指南；

(3) (可选)检查测试策略。

扫描 Web Service 的步骤如下。

(1) 输入 WSDL 文件位置；

(2) (可选)检查测试策略；

(3) 在 AppScan 录制用户输入和回复时，用自动打开的 Web 服务探测器接口发送请求到服务端。

4. 运行扫描专家(可选,仅 Web 应用)

(1) 打开扫描专家来检查用户为应用扫描配置的效果;

(2) 复审建议的配置更改,并选择性地应用这些更改。

注意:启动扫描时,可以配置"扫描专家"以执行分析,然后在开始扫描时应用它的部分建议。

5. 启动自动扫描

启动自动扫描功能进行扫描。

6. 运行结果专家(可选)

运行结果专家以处理扫描结果,并向【问题信息】选项卡添加信息。

7. 复审结果

复审结果用于评估站点的安全状态。还可以执行下列操作:

(1) 为没有发现的链接额外执行手工的扫描;

(2) 打印报告;

(3) 复审修复任务。

11.2 Appscan 窗口

AppScan 主窗口包括一个菜单栏、工具栏和视图选择,还有三个数据窗口,即应用树、结果列表和细节。AppScan 主窗口如图 11-3 所示。窗口顶部是菜单栏和工具栏,左边窗格是应用程序树,右上窗格是结果列表,右下窗格是详细信息窗格,最下面是状态栏。

(1) 菜单栏(Menu):涵盖了 AppScan 中的所有可用功能。

(2) 工具栏(Tools):常用功能的快捷菜单,如开始扫描、扫描配置、扫描专家等。

(3) 应用程序树(Application Tree):在扫描过程中 AppScan 会按照一定的层次组织显示站点结构图。默认按照 URL 层次进行组织,用户可以在扫描配置中更改这一设置。

(4) 视图选择器(View Selector):单击三个按钮中的其中一个,以选择在三个主窗格中显示的数据类型。

(5) 结果列表(Result List):在此视图中列出检测到的所有安全缺陷。

(6) 详细信息窗格(Detail Pane):此视图的内容与安全问题显示视图相关,用来显示某特定安全问题的详细信息,包括问题介绍、修复建议、测试数据等。

(7) 状态栏(Status Bar):实时显示 AppScan 状态信息。

下面详细介绍菜单栏和工具栏,其余界面信息在后面的使用过程中介绍。

1. 菜单栏

(1) File Menu(文件菜单):进行创建、打开和保存扫描。

① New:创建一个新的扫描。

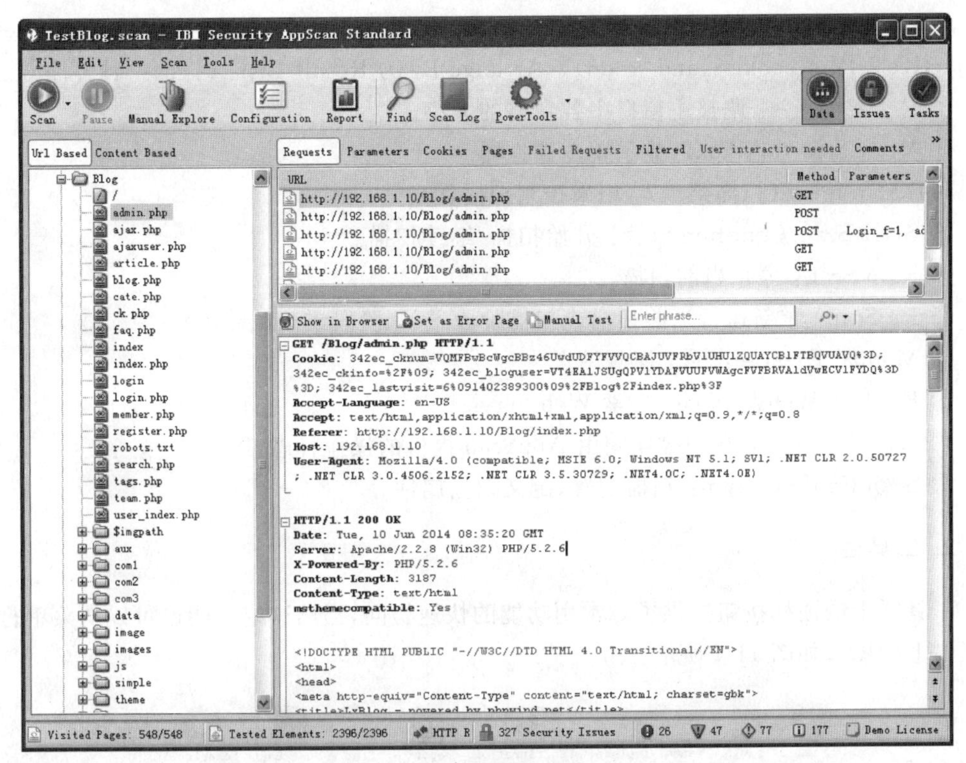

图 11-3 AppScan 主窗口

② Open：打开一个保存的扫描或者扫描模板。

③ Save：保存一个当前的扫描或者扫描模板。

④ Save As：另存为一个当前的扫描或扫描模板。

⑤ Export Scan Results：以 XML 或数据库文件形式保存并导出扫描结果。

⑥ Import Explore Data：加载一个导出的手工探测文件。

⑦ Print Preview：打开一个预览窗口显示应用树或结果清单，这些将会在执行打印命令时被打印。

⑧ Page Setup：为打印操作定义纸张尺寸、来源、方向和页边距。

⑨ Print：打印的前应用树和结果清单。

⑩ Exit：退出 AppScan。

⑪ filenames：最近被使用的文件。

(2) Edit Menu(编辑菜单)：提供定制扫描结果功能。

① Delete：删除被选择的问题或修复任务。

② Severity：对被选择的问题自定义严重程度(仅在问题视图时被激活)。

③ Priority：为修复任务更改优先级别(仅在修复视图时被激活)。

④ Find：在当前扫描结果集查找 strings、IDs、HTTP code 等(操作依赖于一项在当前三个视图中都被选择的)。

(3) View Menu(视图菜单)：让用户决定主窗口的数据如何显示。

① Security Issues：显示安全问题视图。

② Remediation Tasks：显示修复任务视图。

③ Application：显示应用数据视图(broken links、visited URLs、script、Data parameters、interactive URLs、cookies、and so on)。Arrange By 为 Result List 选择的一种排序方法。

④ Resize Panes：调整主窗口中各窗格的大小。

⑤ View Selector：隐藏/显示视图选择器。

(4) Scan menu(扫描菜单)：用来控制扫描。

① Start Scan/Continue Scan：开始扫描/继续扫描。

② Stop Scan：停止当前扫描。

③ Re-Scan：重新运行当前扫描或扫描阶段(探测阶段或测试阶段)。

④ Manual Explore：手工探测站点。

⑤ Explore Web Service：探索 Web Service。

⑥ Scan Log：打开在扫描期间由 AppScan 提供的操作日志。

⑦ Scan Configuration：扫描配置，定义扫描属性。

2. 工具栏

工具栏上的图标按钮提供了对常用功能的快速访问，当然这些功能也可以从菜单打开。工具栏上的图标如图 11-4 所示。

图 11-4　AppScan 工具栏

工具栏按钮功能特性如表 11-1 所示。

表 11-1　AppScan 工具栏按钮功能

图标	名称	描　述
	Scan(扫描)	仅当已装入并配置扫描后此按钮才可用
	Pause(暂停)	暂停当前扫描。注意：仅当扫描正在执行时，该按钮才是活动的
	Manual Explore(手动探索)	打开浏览器，进入应用程序的 URL，手动浏览该站点，像用户一样填入参数，AppScan 为该站点创建测试时，会将该探索数据添加到其本身自动收集的探索数据中
	Configuration(配置)	打开扫描对话框，以配置扫描
	Report(创建报告)	使用当前扫描数据来创建报告
	Find(查找)	查找问题，打开 AppScan 搜索引擎
	Scan Log(扫描日志)	显示扫描期间或扫描之后的扫描日志，列出扫描期间 AppScan 执行的所有操作
	PowerTools	打开 AppScan 提供的某个 Power Tool 应用程序，帮助完成各项任务

11.3 AppScan 操作

11.3.1 创建扫描

1. 启动 AppScan

启动 AppScan，在屏幕中央将会出现一个对话框，如图 11-5 所示。在此对话中，可以单击 Getting Started(PDF)链接，查看 IBM Rational AppScan 的新手入门帮助文档。也可以单击 Create New Scan 来创建 Web 安全扫描任务。

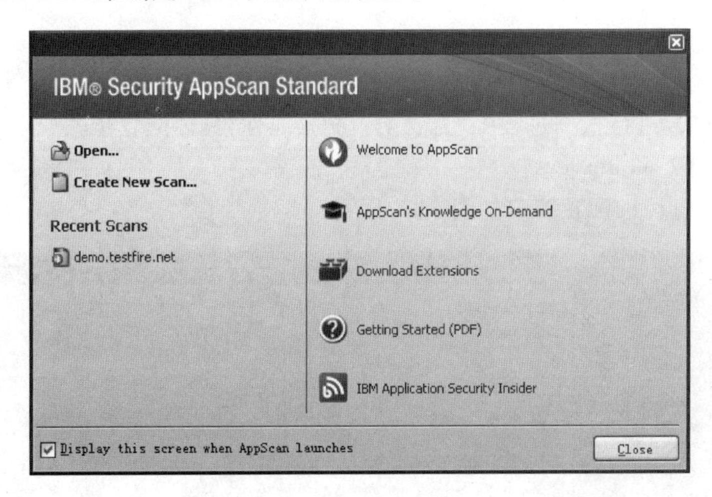

图 11-5 启动 AppScan

2. 新建扫描

单击 Create New Scan 按钮，在屏幕中央会出现新建扫描对话框，如图 11-6 所示。

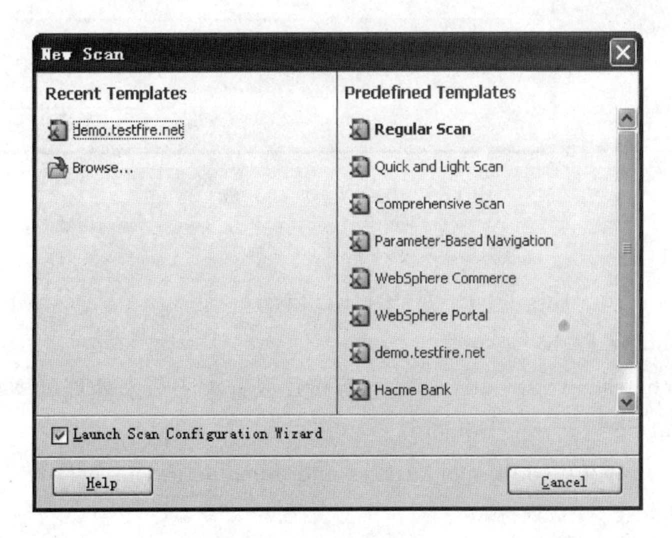

图 11-6 新建扫描对话框

下面以常规扫描为例。单击右侧预定义模板中的 Regular Scan，将出现扫描配置向导窗口。AppScan 提供了 Web 应用程序和 Web 服务的扫描(如果需要 Web Server 的扫描必须先下载)。

Web 应用：在应用的情况下，它会在开始的 URL 和注册认证方面进行充分的安全扫描以保证能够测试站点。如果有必要也可以手动运行站点，以扩大安全扫描到只有用户手动才能涉及到的范围。

Web 服务：在 Web 服务的情况下，IBM 特殊工具 Web Services Explorer 创建一个简单的界面显示可连接的服务和输入参数及结果。过程是 AppScan 录制和为服务创建测试。

在本例中，我们选择 Web Application Scan，单击【下一步】按钮，将弹出扫描配置对话框。

3. 配置扫描

使用 AppScan 进行扫描过程中，需要配置扫描属性，具体配置步骤如下。

(1) 配置 URL 和 Servers

URL 和 Servers 的配置窗口如图 11-7 所示。

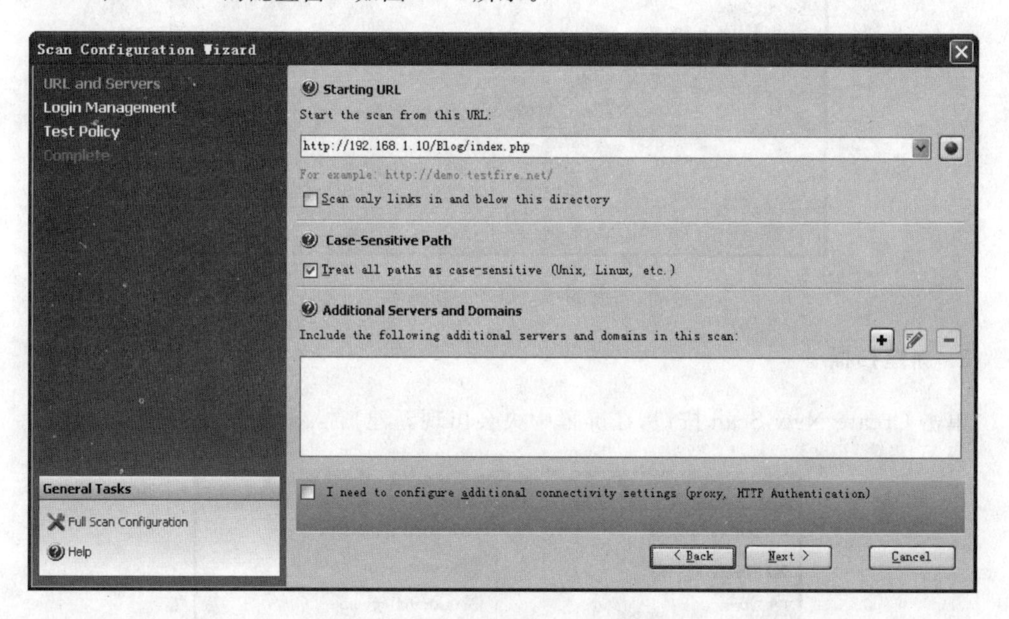

图 11-7　配置 URL and Servers

① Starting URL

Start the Scan from this URL：从该 URL 启动扫描。

② Case-Sensitive Path

Treat all paths as case-sensitive：将所有路径区分大小写来处理(UNIX，Linux 等)。

③ Additional Servers and Domains

Include the following additional servers and domains in this scan：在该扫描中包含以下其他服务和域。

在 Start the scan from this URL 中，输入要扫描的站点的 URL。例如，在本例使用

LxBlog 系统进行安全测试，其 URL 地址为 http://192.168.1.10/Blog/index.php。

配置好后，单击 Next 按钮，将进入登录管理配置。

(2) 配置登录管理

配置登录管理的窗口如图 11-8 所示。

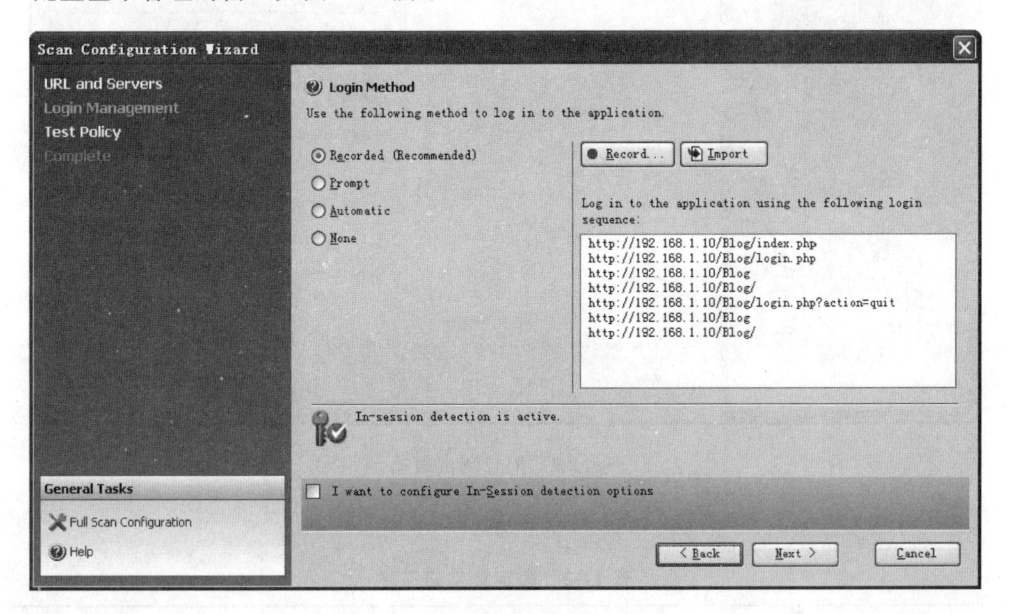

图 11-8 登录管理

Login Method(登录方法)包括以下几种。

① Use the following method to log in to the application：使用以下方法登录应用程序；

② Recorded(Recommended)：记录(推荐)；

③ Prompt：提示；

④ Automatic：自动；

⑤ None：无。

在本例中，我们选择 Record，AppScan 将自动打开浏览器，进入 LxBlog 网站的登录页面，录制一段正确的登录操作(输入正确的用户名和密码)，然后关闭浏览器。在会话信息对话框中，检查登录流程，然后单击 OK 按钮。接下来单击 Next 按钮将进入测试策略配置。

(3) 选择测试策略

测试策略配置窗口如图 11-9 所示。在这一步中需要检查扫描运用的测试策略，即使用哪种扫描类别。

注意：系统默认所有非侵入性测试将被执行。

① Test Policy：测试策略。

Use this test policy for the scan：使用该测试策略进行扫描。

② Policy Files：策略文件。

Recent Policies：最近的策略。

Predefined Policies：预定义策略。

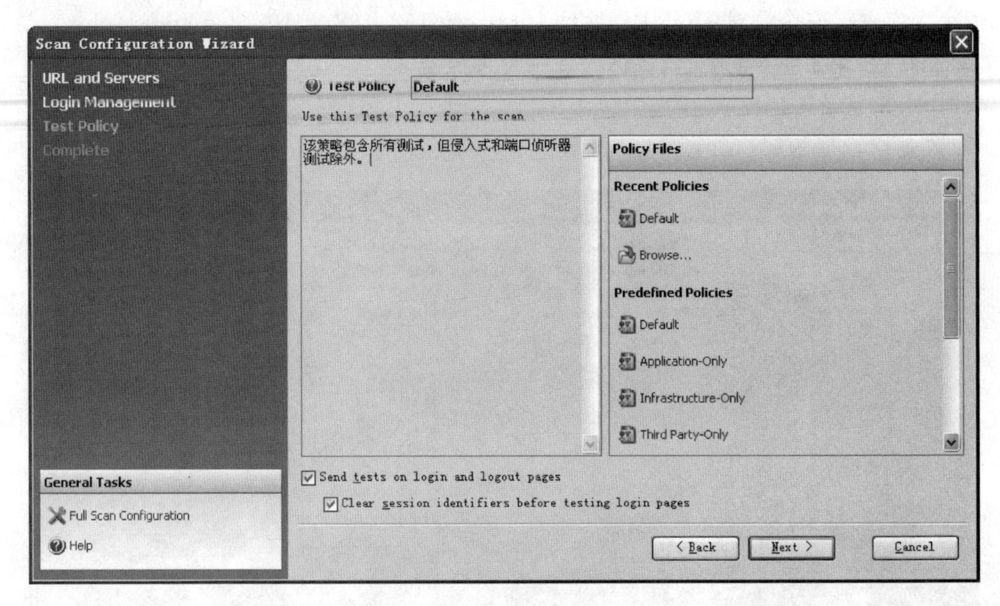

图 11-9 配置测试策略

其中预定义策略的详细描述如表 11-2 所示。

表 11-2 预定义策略描述

策略名称	描述
Default(缺省值)	该策略包含所有测试,但侵入式和端口侦听器测试除外
Application-Only(仅限应用程序)	该策略包含所有应用程序级别测试,但侵入式和端口侦听器测试除外
Infrastructure-Only(仅限基础结构)	该策略包含所有基础结构级别测试,但侵入式和端口侦听器测试除外
Third Party-Only(仅限第三方)	该策略包含所有第三方级别的测试,但侵入式和端口侦听器测试除外
Invasive(侵入式)	该策略包含所有侵入式测试(即可能会影响服务器稳定性的测试)
Complete(完成)	该策略包含所有 AppScan 测试,但端口侦听器测试除外
Web Services(Web 服务)	该策略包含所有 SOAP 相关的非侵入式测试
The Vital Few(少数关键的)	该策略包含一些成功可能性极高的测试的精选,这在时间有限时可能对站点评估有所帮助
Developer Essentials(开发者精要)	用户自定义的(包含一些成功可能性极高的应用程序测试的精选)

(4) 完成配置向导

在上一步中单击 Next 按钮完成扫描配置向导,如图 11-10 所示。

① Complete Scan Configuration Wizard：完成扫描配置向导。

启动的方法包括如下几种。

- Start a full automatic scan：启动全面自动扫描；
- Start with automatic Explore only：仅使用自动“探测”,不自动进入测试阶段；

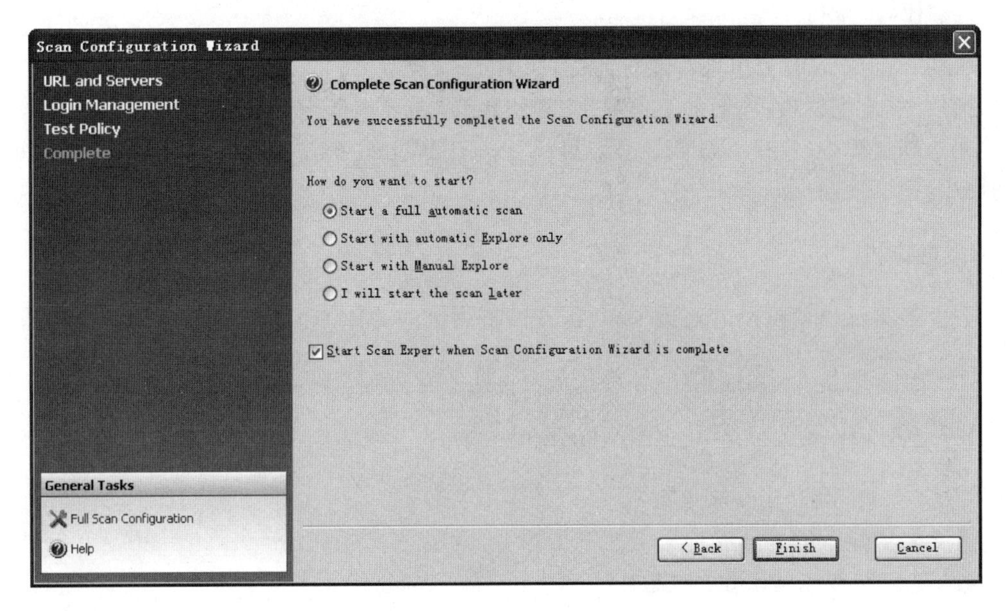

图 11-10 完成配置向导

- Start with manual Explore：使用“手动探测”；
- I will start the scan later：稍后启动扫描，关闭向导后再手动开始扫描。

② Start Scan Expert when Scan Configuration Wizard is complete：当结束向导时开启扫描专家。

选择 Start a full automatic scan，并勾选 Start Scan Expert when Scan Configuration Wizard is complete 选项，单击 Finish 按钮，关闭向导。

单击 Finish 按钮后，将弹出自动保存对话窗口。单击 Yes 按钮，将立即保存扫描。单击 No 按钮，将仅对该扫描禁用“在扫描过程中自动保存”。单击 Disable 按钮，将对该扫描及以后的扫描禁用“在扫描过程中自动保存”。

11.3.2 执行扫描

1. 启动扫描

(1) 从扫描配置向导启动扫描

完成扫描配置向导后，就可以启动扫描，详细信息见图 11-9。

(2) 从扫描菜单或工具栏启动扫描

当打开 AppScan 时，可以使用当前配置从扫描菜单或工具栏来启动扫描。在扫描菜单上，或从工具栏上的扫描按钮中，选择下列任一操作。

① 全面扫描：运行全面扫描。继续探索应用程序，直到不再有未访问的 URL 为止，然后自动继续测试阶段(如果配置了多阶段扫描，请根据需要完成多个阶段)。

② 仅探索：探索应用程序，但不继续测试阶段。在继续测试阶段之前，该操作允许先检查探索结果，如果需要，会执行手动探索。

③ 仅测试：基于现有探索结果来测试站点。注意，站点已探索时才是活动的。

(3) 从“欢迎”对话框启动扫描

启动 AppScan 时会出现欢迎对话框，如图 11-5 所示。

扫描时，进度栏(在界面的上部显示)和状态栏(在界面的下部显示)提供扫描的详细信息。在处理过程中，窗格会显示实时结果。在执行 Web 安全扫描任务的过程中，我们可以随时查看已经检测出的 Web 安全问题。

2. 进度栏

进度栏显示当前阶段的扫描，以及正在进行测试的 URL 和参数，如图 11-11 所示。

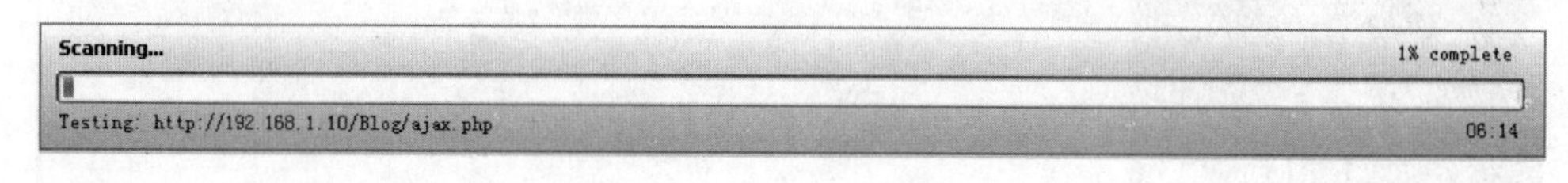

图 11-11　AppSan 扫描进度栏

进度栏上显示的内容有：

(1) 当前被探索或测试的 URL；

(2) 测试阶段完成的百分比；

(3) 如果这是后续测试阶段，会显示当前的阶段号；

(4) 自扫描开始的时间量(mm:ss 或 hh:mm:ss 或 dd:hh:mm:ss)。

如果在扫描的过程中发现新的链接(并且启用了多阶段扫描)，会在先前的阶段完成后自动启动其他扫描阶段。新阶段可能比前一阶段短很多，因为仅会扫描新链接。在进度栏上还可能会显示报警，如服务器关闭。扫描完成时关闭进度栏。

3. 状态栏

状态栏在界面的底部，显示当前运行扫描读取的详细信息(实时显示)，如图 11-12 所示。状态栏上的信息包括以下几个。

图 11-12　AppScan 状态栏

(1) Visited Pages(已访问页面数)：已访问的页面数量/要访问的页面总数。

随着扫描的进行，会发现某些页面，然后因为不需要扫描这些页面而拒绝此类页面，第二个数字可能会在扫描期间增加，然后减少。扫描结束时，这两个数字应该是相等的。

(2) Tested Elements(已测试元素数量)：已测试元素数量/要测试的元素总数。

随着发现要测试的元素，第二个数字会在“探索阶段”增加。测试阶段，第一个数字将增加。扫描结束时，这两个数字应该相等。

(3) Http Requests(发送的 HTTP 请求数量)。

该数字代表发送的所有请求数，包括会话内检测请求、服务器关闭检测请求、登录请求、多步骤操作和测试请求。因此在扫描期间，该数量是 AppScan 正在工作的指示符，但是扫描期间或扫描结束后，其实际数量不具有任何特殊意义。

(4) Security Issues(安全问题数量)。

各个类别中发现的安全问题总数(后跟数量),分为高、中、低和参考。

4. 导出扫描结果

扫描完成后,结果将显示在主窗口上。用户可以以 XML 文件或者相关数据库的形式输出完成扫描的结果。

输出一个报告文档的步骤如下。

(1) 单击 File→Export;

(2) 输入文档名称;

(3) 选择 XML 或者 Relational DB 格式;

(4) 单击【保存】按钮。

11.3.3 扫描结果

1. 结果视图

扫描结果可在三个视图中显示:Data(应用程序数据)、Issues(安全问题)、Tasks(补救任务)。通过视图选择上的按钮选择视图(默认为问题视图),这三个视图中显示的数据会随着所选择的视图不同而改变。结果视图的详细说明见表 11-3。

表 11-3 结果视图信息

图标	名　　称	描　　述
	Data 应用程序 数据视图	应用程序视图显示来自探索步骤的脚本参数、交互式 URL、已访问的 URL、中断链接、已过滤的 URL、注释、JavaScript 和 Cookie • 应用程序树:显示 URL 和文件节点 • 结果列表:对结果列表栏上的可选列表进行过滤,以确定显示哪一项的详细信息 • 详细资料栏:结果列表中所选项的详细信息 与其他两个视图不同的是:即使 AppScan 仅完成了探索步骤,应用程序数据视图也可用
	Issues 安全问题 视图	安全问题视图从宏观到特定的请求/响应显示发现的实际问题。一般情况下,安全问题视图是缺省视图 • 应用程序树:完整应用程序树,计数器显示每一项所发现的问题数 • 结果列表:显示所选树中节点的问题列表,以及每个问题的优先级别 • 详细信息栏:显示在结果列表上所选问题的顾问信息、修改建议、请求/响应(包括所使用的所有变体)
	Tasks 补救任务 视图	补救任务视图将提供一个修复扫描中发现问题的详细修改意见表,以修订扫描中所发现的问题 • 应用程序树:完成应用程序树,计数器显示每一项所提供的修改建议数量 • 结果列表:列出应用程序树中所选节点的修订任务,以及每项任务的优先级 • 详细资料栏:显示结果栏中所选定的修复任务的详细信息,以及该修复将解决的问题的详细分析

应用程序数据视图如图 11-13 所示。

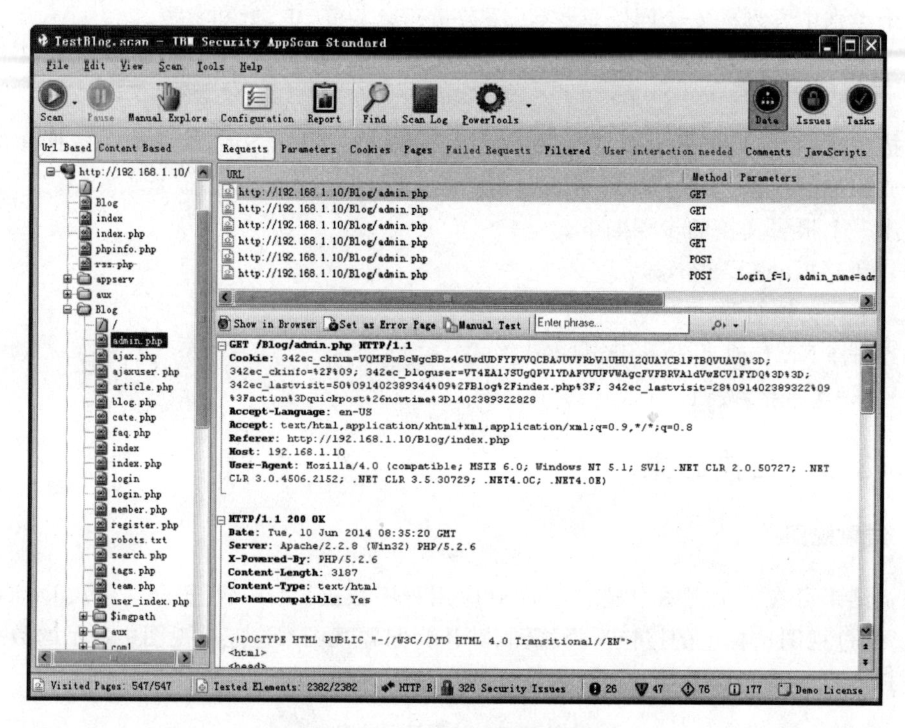

图 11-13　应用程序数据视图

安全问题视图如图 11-14 所示。

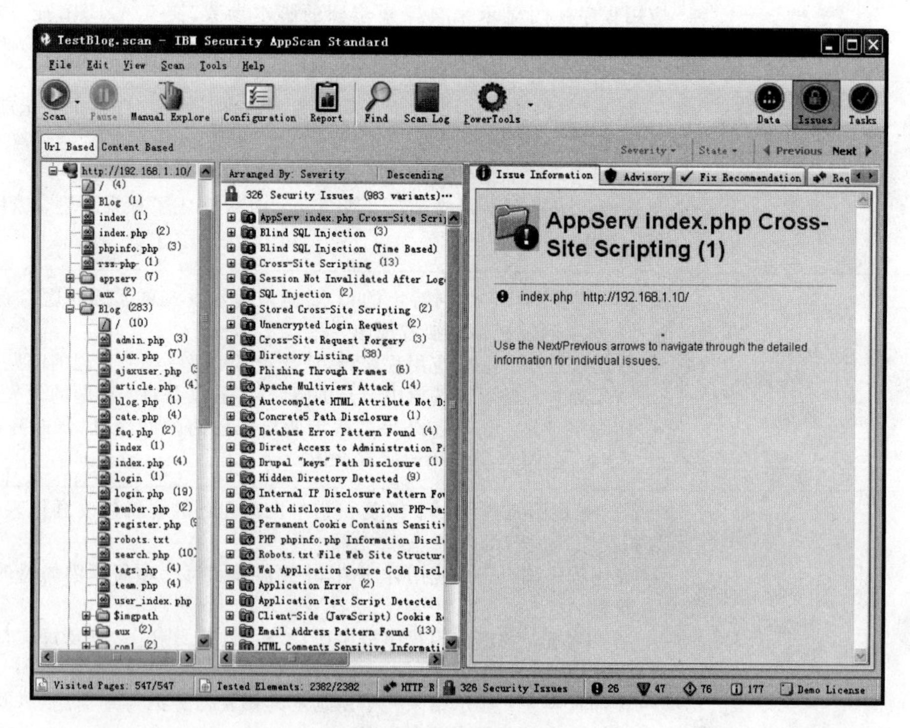

图 11-14　安全问题视图

补救任务视图如图 11-15 所示。

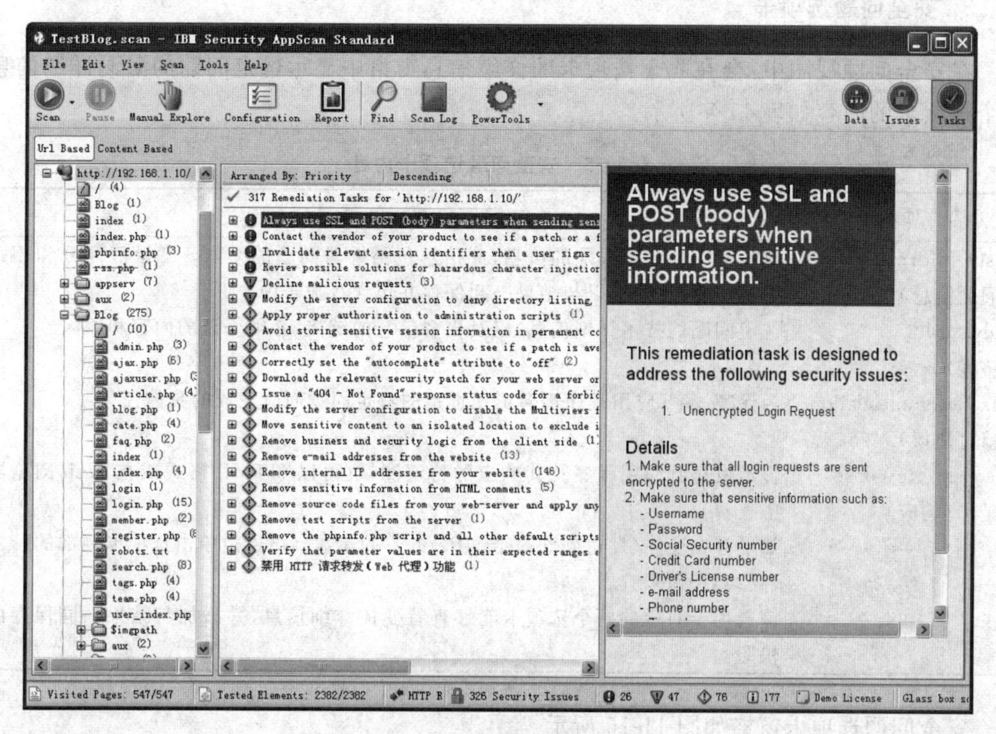

图 11-15　补救任务视图

2. 严重等级

结果列表会显示应用树中所选择节点的问题，这些问题分为下列几种级别。

(1) 基本级：显示所有站点问题。

(2) 页面级：显示所有页面问题。

(3) 参数级：显示所有特定页面特定请求的问题。

AppScan 给每一个发现的问题分配安全级别，安全级别分为 4 个严重等级，如表 11-4 所示。

表 11-4　严重等级

图标	名称	描　述	示　例
	高严重级别	直接危害应用程序、Web 服务器或信息	拒绝服务
	中严重级别	尽管数据库和操作系统没有危险，但会通过未授权的访问威胁私有区域	脚本源代码泄露
	低严重级别	允许未授权的侦测	服务器路径泄露
	报告安全问题	应当了解的问题，未必是安全问题	启用了不安全的方法

注意：分配给任何问题的严重级别都可以通过右击节点来进行手动更改。

3. 安全问题选项卡

在安全问题视图中，会在 4 个选项卡的详细信息窗格中显示选定问题的漏洞详细信息，每个选项卡的内容如表 11-5 所示。

表 11-5 安全问题选项卡内容

选 项 卡	描 述
Issue Information （问题信息）	显示由结果专家添加的信息，此信息包括针对问题的 CVSS 度量值评分和相关屏幕快照，这些可以与结果一起保存并包含在报告中
Advisory （咨询）	选定问题的技术详细信息，以及更多信息的链接、必须修订的内容和原因
Fix Recommendation （修订建议）	为保障 Web 应用程序不会出现选定的特定问题而应完成的具体任务
Request/Response （请求/响应）	显示发送到应用程序及其响应的特定测试（可以 HTML 格式或在 Web 浏览器中查看） 如果存在变体（发送到同一个 URL 的不同参数），可通过单击选项卡顶部的【<】和【>】按钮来查看 该选项卡右边的两个选项卡能够查看变体详细信息，并添加与结果一同保存的快照

安全问题选项卡窗格如图 11-16 所示。

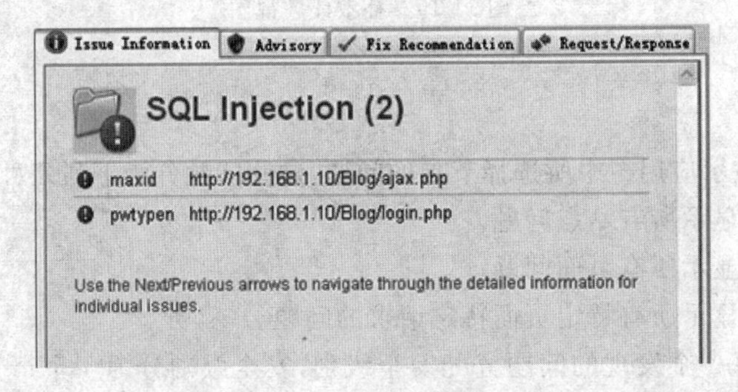

图 11-16 安全问题选项卡

4. 结果专家

结果专家通常在全面扫描之后自动运行，但是也可以在全面或部分扫描结果上随时手动运行。如果测试时间有限，而且结果数量很大，可以决定不使用结果专家。

11.3.4 结果报告

1. 报告类型

AppScan 评估了站点的漏洞后，可以生成针对组织中各种人员而配置的定制报告，从开发者、内部审计员、安全测试员到经理和主管。工具栏上的报告图标使用户可以选择报告模板，并且设置生成报告模板的内容和布局。报告描述如表 11-6 所示。

表 11-6 报告类型

图 标	名 称	描 述
Security	安全报告	扫描中发现的安全问题报告。安全信息可能非常广泛，可根据用户的需要进行过滤，包括 6 个标准模板。根据需要，每个模块都可轻易调整，以包括或排除信息类别。有下列可选项： • 概要——图表和表格形式的统计概要 • 细节——在概要中增加所有细节 • 修改——要求修改的工作列表以及决定发现的问题 • 开发——问题列表，修改工作和应用资料 • QA——报告列表和修改建议，应用资料和访问的 URL • 站点清单——站点列表和应用资料
Industry Standard	行业标准报告	应用程序针对选定的行业委员会标准(例如 OWASP Top10、SANS Top 20、WASC 等)定制的报告。如果有必要用户可以创建并根据自己的习惯检查标准检查列表(详见用户指导)
Regulatory Compliance	合规一致性报告	应用程序针对规范或法律标准的大量选项提供其内容(例如 HIPAA、GLBA、COPPA、SOX、加州 SB1386 和 AB1950、欧洲的 1995/46/EC) 如果有必要用户可以创建并根据自己的习惯检查标准并修改标准模板(详见用户指导)
Delta Analysis	增量分析报告	增量分析报告比较了两组扫描结果，并显示发现的 URL 和/或安全问题中的差异
Template Based	基于模板的报告	报告的一种形式，包括用户规定的数据和用户规定的文件格式，采用微软 Word .doc 格式

2. 生成安全报告

扫描完成后，即可生成安全报告。安全报告会提供扫描期间发现的安全问题信息。生成安全报告的步骤如下。

(1) 创建报告

单击工具栏上的图标，或者单击菜单栏上的 Tools→Report 按钮，可打开创建报告对话框，如图 11-17 所示。

单击窗口上面的图标可选择报告类型。缺省情况下，打开的是安全报告(Security)。本例中，我们选择安全报告。

(2) 选择报告类型

① 选择模板

安全报告中提供了 6 种报告模板，即管理综合报告、详细报告(Detailed Report)、修复

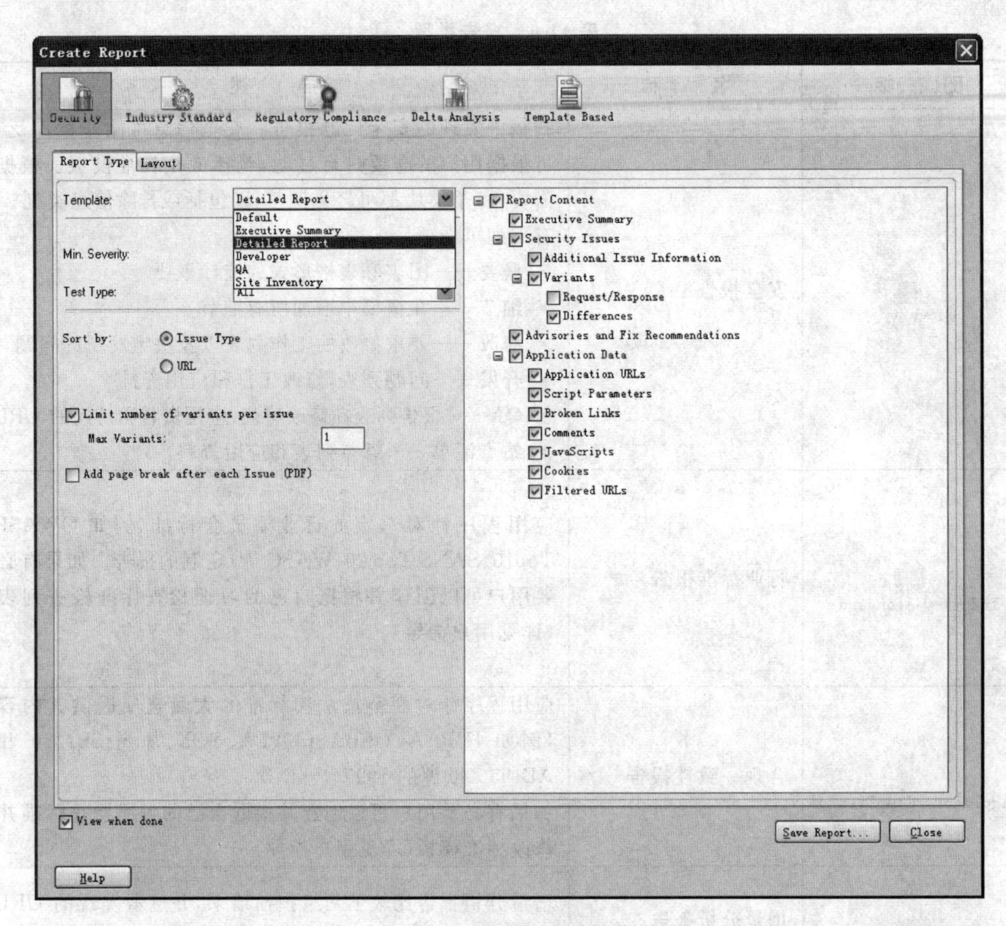

图 11-17　创建报告对话框

任务、开发者(Developer)、QA、站点目录(Site Inventory)。安全报告模板的详细信息见表 11-7。

表 11-7　安全报告模板

报告模板	描　　述
管理综合报告(Executive Summary)	高级别的综合报告,突出显示在 Web 应用程序中找到的安全风险以及扫描结果统计信息,其格式为表和图表
详细报告(Detailed Report)	包含管理综合报告、安全问题(受影响的 URL、威胁类、严重性等)、注释、咨询、修订建议、修复、应用程序数据和 URL
修复任务	为处理扫描中所发现的问题而设计的操作
开发者(Developer)	安全问题、变体、咨询和修订建议、不需要【管理综合报告】或【修复任务】部分
QA	安全问题、咨询和修订建议、应用程序数据,不需要详细变体信息、【管理综合报告】或【修复任务】部分
站点目录(Site Inventory)	仅应用程序数据

注:可以按照我们所需要的内容,在右侧树中选择报告所要体现的内容。

本例中，在 Report Type 中，在 Template 的下拉列表中选择 Detailed Report。

如果 Template 中提供的这 6 种模板不能满足需要，可以采用自定义的方式，在右边窗格中，选择报告中需要的内容。然后单击 Save Report，此时 AppScan 将弹出文件对话框，在对话框中选择报告存储的位置，填写报告文档的名称。

② 从 Min Severity（最低严重性）列表中，选择要包含在报告中的问题最低严重性级别。

（3）保存报告

单击 Save Report 按钮保存报告。AppScan 将自动生成报告。生成报告需要一定的时间，请耐心等待。随后 AppScan 将以 PDF 的格式展示报告内容。

报告内容非常丰富。报告中包含介绍、管理综合报告、按问题类型分类的问题、修订建议、咨询和应用程序数据。

注：IBM Rational AppScan 试用版可以在 IBM 的官网上下载，下载地址为 http://www.ibm.com/developerworks/cn/downloads/r/appscan/。

附录A 相关术语

英　文	中　文
A	
acceptance testing	验收测试
action stub	动作桩
actual result	实际结果
ad hoc testing	随机测试
anomaly	异常
apha testing	α测试
application server	应用程序服务器
AUT(Application Under Test)	被测试的应用程序
ASP(Active Server Page)	动态服务器页面
assertion checking	断言检查
audit	审计
automated testing	自动化测试
availability	可用性
B	
B/S(Browser/Server)	浏览器/服务器模式
beta testing	β测试
big-bang testing	大棒测试/一次性集成测试
black box testing	黑盒测试
bottom-up testing	自底向上测试
boundary values	边界值
boundary values analysis	边界值分析
boundary values testing	边界值测试
branch	分支
branch condition	分支条件
branch coverage	分支覆盖
branch testing	分支测试
browser	浏览器
bug report	缺陷报告
bug tracking system	缺陷跟踪系统
bug	缺陷
build	工作版本（内部小版本）
build-in	内置
C	
C/S(Client/Server)	客户/服务器模式
capacity testing	容量测试
capture/replay tool	录制/回放工具
cause-effect graph	因果图
certification	认证、确认
CGI(Common Gateway Interface)	公共网关接口
change control	变更控制
code	代码
code analyzer	代码分析器
code coverage	代码覆盖
code inspection	代码检查
code rule	编码规范
code style	编码风格
code walkthrough	代码走读
code-based testing	基于代码的测试
compatibility testing	兼容性测试
complete path testing	完全路径测试
complexity	复杂性
compliance	一致性
compliance testing	一致性测试
component	组件
component testing	组件测试
compound condition	复合条件
concurrency testing	并发测试
concurrency user	并发用户

续表

英　文	中　文
condition	条件
condition combination coverage	条件组合覆盖
condition coverage	条件覆盖
condition item	条件项
configuration item	配置项
configuration management	配置管理
configuration testing	配置测试
confirmation testing	确认测试
conformance testing	一致性测试
connection speed testing	连接速度测试
consistency	一致性
control flow graph	控制流程图
coverage	覆盖率
coverage item	覆盖项
crash	崩溃
CSRF(cross-site request forgery)	跨站请求伪造
cyclomatic complexity	圈复杂度
D	
data definition	数据定义
data driven testing	数据驱动测试
data flow analysis	数据流分析
data flow coverage	数据流覆盖
data flow diagram	数据流图
data flow testing	数据流测试
data use	数据使用
dead code	死代码
debug	调试
debugger	调试器
decision	判定
decision condition	判定条件
decision coverage	判定覆盖
decision outcome	判定结果
decision table	判定表
decision-condition coverage	判定-条件覆盖
defect	缺陷
defect density	缺陷密度
defect management	缺陷管理
defect report	缺陷报告
defect tracking tool	缺陷跟踪工具
deployment	部署
desk checking	桌面检查
diagnostic	诊断
documentation testing	文档测试
domain	域
domain testing	域测试
driver	驱动模块
dynamic analysis	动态分析
dynamic testing	动态测试
E	
entry criteria	准入条件
entry point	入口点
equivalence class	等价类
equivalence partition testing	等价划分测试
equivalence partitioning	等价划分
error guessing	错误猜测
error	错误
error tolerance	容错
evaluation	评估
event-driven	事件驱动
exception handlers	异常处理器
exception	异常/例外
executable statement	可执行语句
exhaustive testing	穷尽测试
exit point	出口点
expected outcome	预期结果
exploratory testing	探索性测试
F	
fail	失败
failover testing	失效恢复测试
failure	失效
fault	故障
form	表单
fragment	信息片断
framework	框架
functional decomposition	功能分解
functional point analysis (FPA)	功能点分析
functional requirement	功能需求
functional testing	功能测试
G	
glass-box testing	玻璃盒测试/白盒测试
GUI software testing	用户界面测试

续表

英文	中文
GUI(Graphical User Interface)	图形用户界面
H	
home page	主页
hostname	主机名
HTML(Hyper Text Markup Language)	超文本标记语言
HTTP Status Code	HTTP 状态码
HTTPS(Hyper Text Transfer Protocol over Secure Socket Layer)	超文本传输安全协议
hyperlink	超链接
hypertext transfer protocol	HTTP 协议
I	
IIS(Internet Information Server)	互联网信息服务
incremental testing	渐增测试
infeasible path	不可达路径
injection	注入
input domain	输入域
inspection	审查
installation testing	安装测试
integration testing	集成测试
interface	接口
interface testing	接口测试
invalid input	无效输入
invalid testing	无效性测试
isolation testing	孤立测试
iteration	迭代
iterative development	迭代开发
L	
line coverage	行覆盖/语句覆盖
link	链接
load testing	负载测试
localization testing	本地化测试
logic analysis	逻辑分析
logic coverage testing	逻辑覆盖测试
M	
maintainability	可维护性
maintainability testing	可维护性测试
maintenance	维护
measurement	度量
memory lcak	内存泄露
module	模块
module testing	模块测试
monitor	监测器/监视器
multiple condition coverage	多条件测试/组合条件测试
N	
N/A(not applicable)	不适用的
negative testing	逆向测试，反向测试，负面测试
non-conformity	不一致
non-functional requirement	非功能需求
non-functional testing	非功能性测试
O	
operability	可操作性
operational environment	运行环境
operational testing	可操作性测试
outcome	结果
output	输出
output domain	输出域
output value	输出值
P	
page	页面
parameters	参数
pass	通过
pass/fail criteria	通过/失败准则
path	路径
path coverage	路径覆盖
path testing	路径测试
peer review	同行评审
performance	性能
performance indicator	性能指标
performance testing	性能测试
performance testing tool	性能测试工具
PHP(Hypertext Preprocessor)	超文本预处理器
port	端口号
portability	可移植性
portability testing	可移植性测试
positive testing	正向测试
postcondition	后置条件
precondition	前置条件
predicted outcome	预期结果

续表

英　文	中　文	英　文	中　文
predicate	谓词	risk assessment	风险评估
predicate data use	谓词数据使用	risk control	风险控制
priority	优先级	robustness	健壮性
problem	问题	robustness testing	健壮性测试
process	过程	**S**	
project	项目	safety	安全性
project risk	项目风险	safety testing	安全性测试
program instrument	程序插装	sanity test	健全测试
program testing	程序测试	scalability	可扩展性
project test plan	项目测试计划	scalability testing	可扩展性测试
protocol	协议	scenario testing	场景测试
prototype	原型	scripting language	脚本语言
pseudo code	伪代码	security	安全性
pseudo-random	伪随机	security testing	安全性测试
Q		security testing tool	安全性测试工具
query	查询	severity	严重性
quality	质量	simulation	模拟
quality assurance	质量保证	simulator	模拟器
quality management	质量管理	software	软件
R		software engineering	软件工程
random testing	随机测试	software quality	软件质量
record/playback tool	录制/回放工具	source code	源代码
recoverability	可恢复性	specification	规格说明书
recovery testing	恢复测试	specification-based testing	基于规格说明的测试
regression testing	回归测试	stability	稳定性
relative URL	相对 URL	SQL(Structured Query Language)	结构化查询语言
release note	版本说明		
release	发布	SQL Injection	SQL注入
reliability testing	可靠性测试	state	状态
reliability	可靠性	state diagram	状态图
reliability assessment	可靠性评价	state transition	状态转换
reliability testing	可靠性测试	state transition testing	状态转换测试
requirement	需求	statement	语句
requirement-based testing	基于需求的测试	statement coverage	语句覆盖
requirements management tool	需求管理工具	statement testing	语句测试
		static analysis	静态分析
requirements phase	需求阶段	static analysis tool	静态分析工具
resource utilization	资源使用	static analyzer	静态分析器
result	结果	static code analysis	静态代码分析
review	评审	static code analyzer	静态代码分析器
reviewer	评审人	static testing	静态测试
risk	风险	statistical testing	统计测试

续表

英　文	中　文	英　文	中　文
storage	存储	test pass	测试通过
stress testing	压力测试	test phase	测试阶段
stub	桩	test plan	测试计划
synchronization	同步	test procedure	测试规程
syntax testing	语法测试	test process	测试过程
system	系统	test record	测试记录
system analysis	系统分析	test report	测试报告
system design	系统设计	test requirement	测试需求
system integration	系统集成	test result	测试结果
system testing	系统测试	test scenario	测试场景
T		test script	测试脚本
technical review	技术评审	test specification	测试规格
test	测试	test strategy	测试策略
test automation	测试自动化	test suite	测试套件
test basis	测试依据	test summary report	测试总结报告
test case	测试用例	test target	测试目标
test case suite	测试用例集	test technique	测试技术
test condition	测试条件	test tool	测试工具
test coverage	测试覆盖	test type	测试类型
test cycle	测试周期	testability	可测试性
test data	测试数据	tester	测试员
test design	测试设计	testing bed	测试平台
test driver	测试驱动	testing coverage	测试覆盖
test driven development	测试驱动开发	testing environment	测试环境
test environment	测试环境	top-down testing	自顶向下测试
test evaluation report	测试评估报告	traceability	可跟踪性
test execution	测试执行	traceability analysis	跟踪分析
test execution automation	测试执行自动化	transaction	事务/处理
test execution phase	测试执行阶段	transform analysis	事务分析
test fail	测试失败	truth table	真值表
test generator	测试生成器	**U**	
test input	测试输入	unit	单元
test item	测试项	unit testing	单元测试
test level	测试级别	URL(Uniform Resource Locator)	统一资源定位符
test log	测试日志		
test management	测试管理	usability	可用性
test management tool	测试管理工具	usability testing	易用性测试/可用性测试
test measurement technique	测试度量技术		
test object	测试对象	usage scenario	使用场景
test objective	测试目标	user acceptance testing	用户验收测试
test oracle	测试准则	UI(User Interface)	用户界面
test outcome	测试结果	user profile	用户信息

续表

英　文	中　文	英　文	中　文
user scenario	用户场景	web page	网页
user test	用户测试	web server	Web 服务器
V		web testing	网站测试
validation	确认	white-box testing	白盒测试
verification	验证	WWW(World Wide Web)	万维网
verification & validation	验证 & 确认	X	
version	版本	XML(Extensible Markup Language)	可扩展标记语言
volume testing	容量测试	XSS(Cross-Site Scripting)	跨站点脚本攻击
virtual user	虚拟用户		
W			
walkthrough	走读/走查		

附录B 软件测试文档模板

1. 测试计划模板

测试计划模板如表 B-1 所示。

表 B-1 测试计划模板

××系统测试计划

作者：
发布日期：
文档版本：
文档编号：
修订记录

版本	日期	修订者	说明

1 概述
1.1 编写目的
[简要说明编写此计划的目的。]
1.2 参考资料
[列出软件测试所需的资料，如需求分析、设计规范、用户操作手册、安装指南等。]
1.3 术语和缩写词
[列出本次测试所涉及的专业术语和缩写词等。]
1.4 测试种类
[说明本次测试所属的测试种类(单元测试、集成测试、系统测试、验收测试)及测试的对象。]
1.5 测试提交文档
[列出在测试结束后所要提交的文档。]
2 系统描述
[简要描述被测软件系统，说明被测系统的输入、基本处理功能及输出，为进行测试提供一个提纲。]

续表

3 测试进度

测试活动	计划开始日期	实际开始日期	结束日期
制定测试计划			
设计测试			
……			
对测试进行评估			
产品发布			

4 测试资源

4.1 测试环境

[硬件环境：列出本次测试所需的硬件资源的型号、配置和厂家。

软件环境：列出本次测试所需的软件资源，包括操作系统和支持软件的名称和版本。]

4.2 人力资源

[列出在此项目的人员配备和工作职责。]

4.3 测试工具

[列出测试使用的工具。]

用途	工具	生产厂商/自产	版本

5 系统风险和优先级

[简要描述测试阶段的风险和处理的优先级。]

6 测试策略

[测试策略主要提供对测试对象进行测试的推荐方法。

对于每种测试，都应提供测试说明，并解释其实施的原因。

制定测试策略时需要给出判断测试何时结束的标准。]

7 测试数据的记录、整理和分析

[对本次测试得到数据的记录、整理和分析的方法和存档要求。]

审核：

年 月 日

批准：

年 月 日

2. 用例模板

测试用例通用模板如表 B-2 所示。

表 B-2 测试用例模板

用例编号			用例名称		
项目/软件			所属模块		
用例设计者			设计时间		
用例优先级			用例类型		
测试类型			测试方法		
测试人员			测试时间		
测试功能					
测试目的					
前置条件					
序号	操作描述	输入数据	期望结果	实际结果	备注
1.					
2.					
……					

3. 缺陷报告模板

缺陷报告模板如表 B-3 所示。

表 B-3 缺陷报告模板

缺陷编号		缺陷类型		严重级别		缺陷状态	
项目名称		用例编号		软件版本			
测试阶段	□单元 □集成 □系统 □验收 □其他( )						
测试人		测试时间		可重现性	□是 □否		
缺陷原因	□需求分析 □概要设计 □详细设计 □设计样式理解 □编程 □数据库设计 □环境配置 □其他( )						
缺陷描述							
预期结果							
重现步骤							
错误截图							
备注							
以下部分由缺陷修改人员填写							
缺陷 修改 描述							
修正人		修正日期		确认人		确认日期	

参考文献

[1] GB/T 15532—200X,计算机软件测试规范[S].

[2] 范勇,兰景英,李绘卓.软件测试技术[M].西安：西安电子科技大学出版社,2009.

[3] [美]Ron Patton 著.张小松,王珏,曹跃等译.软件测试[M].北京：机械工业出版社,2006.

[4] 杜庆峰.高级软件测试技术[M].北京：清华大学出版社,2011.

[5] 朱少民.软件测试方法和技术(第2版)[M].北京：清华大学出版社,2010.

[6] [印度]Srinivasan Desikan Gopalaswamy Ramesh 著.韩柯,李娜等译.软件测试原理与实践[M].北京：机械工业出版社,2009.

[7] 宫云战,赵瑞莲等.软件测试教程[M].北京：清华大学出版社,2008.

[8] 崔启亮.软件测试的前途与职业发展[EB/OL].http://www.51testing.com/html/index.html.

[9] [美]David Schultz,Craig Cook 著.谢延晟译.深入浅出 HTML[M].北京：人民邮电出版社,2008.5.

[10] XML 语法规则[EB/OL].http://www.w3school.com.cn/xml/xml_syntax.asp.

[11] 王顺.软件开发工程师成长之路——PHP 网站开发实践指南(高级篇)[M].北京：清华大学出版社,2011.11.

[12] 沈泽刚,秦玉平.Java Web 编程技术[M].北京：清华大学出版社,2010.

[13] 宋琦.Web 脚本攻击与防范检测研究(D).上海交通大学,2010.1.

[14] 黄鹤.Web 应用程序的性能测试研究及其应用(D).西南石油大学,2006.4.

[15] 曾卫红. Web 应用的验证与测试方法研究(D).上海大学,2008.2.

[16] 路海英.Web 测试技术研究与应用(D).北京邮电大学,2011.5.

[17] 肖路.Web 应用系统功能测试研究与应用(D).重庆大学软件学院,2007.10.

[18] 闵祥伟.基于模型的 Web 测试技术研究与应用(D).哈尔滨工程大学,2011.3.

[19] 孙景景.基于 Web 的多媒体网络教学系统的测试与研究(D),北京邮电大学,2008.3.

[20] 许蕾,徐宝文等.Web 测试综述[J].计算机科学,2003,30(3)：100-110.

[21] 张熙.Web 应用性能优化模型及测试框架的研究(D).南京航空航天大学,2008.1.

[22] Cookie 安全测试[EB/OL]. http://cnblogs.com/hackchecker.

[23] 理解 HTTP session 原理及应用[EB/OL].http://www.2cto.com/kf/201206/135471.html.

[24] 林艳琴.Web 功能测试自动化的研究与应用(D).电子科技大学,2010.5.

[25] 兼容性测试[EB/OL].http://www.51testing.com/html/50/216950-108549.html.

[26] 汪颖.Web 数据库应用测试(D).华东大学,2004.1.

[27] 安博测试空间技术中心[EB/OL].http://www.btestingsky.com/.

[28] Steven Splaine, Stefan P. Jaskiel. The Web Testing Handbook. STQE Publishing,2001.

[29] 丁秀兰.Web 测试中性能测试工具的研究与应用[D],太原理工大学,2008.5.

[30] 刘苗苗.Web 性能测试的方法研究与工具实现[D].西安理工大学,2007.1.

[31] 陈绿萍.性能：软件测试中的重中之重[EB/OL].http://www.51.testing.com/tech/performance,2003.08.2.

[32] 杜香和.Web 性能测试模型研究[D].重庆：西南大学,2008.5.

[33] 卢建华.基于 Web 应用系统的性能测试及工具开发[D].西安电子科技大学,2009.1.

[34] 浦云明,王宝玉.基于负载性能指标的 Web 测[J].计算机系统应用,2010,19(5)：220-223.

[35] 陈欣.基于用户会话的 Web 测试集的设计与研究[D].上海师范大学,2011.4.

[36] [美]Mark E . Russinovich,David A. Solomon 著.潘爱民译.深入解析 Windows 操作系统[M].电子

工业出版社,2007.4.
[37] LuccaGAD,Fasolino AR. Tsting Web-based applications:The state of the art and futUre trends[J]. Infornation and Software Technology,2006,48(12):1172-1186.
[38] 周涛. Web安全技术培训[DB/OL]. 2013.6.
[39] 邱勇杰. 跨站脚本攻击与防御技术研究[D]. 北京:北京交通大学,2010.6.
[40] 梁新开. 基于脚本安全的防御技术研究[D]. 杭州电子科技大学,2012.1.
[41] SQL注入攻击实现原理与攻击过程详解[EB/OL]. http://database.ctocio.com.cn/391/9401391.shtml.
[42] Web的安全性测试要素[EB/OL]. http://www.cnblogs.com/zgqys1980/archive/2009/05/13/1455710.html,2009.05.
[43] 郑光年. Web安全检测技术研究与方案设计[D]. 北京邮电大学,2010.6.
[44] 王利青,武仁杰,兰安怡. Web安全测试及对策研究[J]. 通信技术,2008,41(6):29-32.
[45] Web测试兼容性[OL]:http://www.taobaotesting.com/blogs/2098.
[46] 博客系统[OL]. http://www.onlinedown.net/soft/178921.html.
[47] 百度百科[OL]. http://baike.baidu.com.
[48] 维基百科[OL]. http://zh.wikipedia.org.